全国高职高专教育"十二五"规划教材

畜牧基础

● 朱兴贵
● 杨久仙　主编

【畜牧兽医及相关专业使用】

中国农业科学技术出版社

图书在版编目（CIP）数据

畜牧基础/朱兴贵，杨久仙主编 . —北京：中国农业科学技术出版社，2012. 8
(2021.12重印)
ISBN 978-7-5116-0837-6

Ⅰ. ①畜…　Ⅱ. ①朱…②杨…　Ⅲ. ①畜牧学　Ⅳ. ①S8

中国版本图书馆 CIP 数据核字（2012）第 046275 号

责任编辑　　闫庆健　　刘耀华
责任校对　　贾晓红

出版发行　　中国农业科学技术出版社
　　　　　　　　北京市中关村南大街 12 号　邮编：100081
电　　话　　(010) 82106632（编辑室）(010) 82109704（发行部）
　　　　　　　　(010) 82109709（读者服务部）
传　　真　　(010) 82106632
网　　址　　http:// www. castp. cn
经 销 者　　各地新华书店
印 刷 者　　北京建宏印刷有限公司
开　　本　　787mm×1092mm　1/16
印　　张　　20. 375
字　　数　　504 千字
版　　次　　2012 年 8 月第 1 版　2021 年 12 月第 3 次印刷
定　　价　　32. 00 元

范学伟（黑龙江农业经济职业学院）

马　君（黑龙江生物科技职业学院）

周树芹（黑龙江农业工程职业学院）

周之佳（黑龙江畜牧兽医职业学院）

俞　浩（云南农业职业技术学院）

杨　凯（湖北生物科技职业学院）

董　琪（成都农业科技职业学院）

曾　权（长沙绿叶生物科技有限公司）

钟　庆（云南神农农业产业集团）

王关跃（云南农业职业技术学院）

王桂瑛（云南农业职业技术学院）

鲁增荣（云南省冷冻精液站）

内容提要

　　本书是畜牧兽医类高职高专的教材，包括了畜禽营养基础、饲料加工与调制技术、动物遗传基础、畜禽选育与杂交改良技术、畜禽繁殖技术、畜舍的建筑设计、畜舍环境控制、畜牧场的环境保护与无公害生产技术等内容。在每个项目的前面列出了知识目标与技能目标，以及每个项目与基础学科的链接。本书按照项目化教学内容编写，理论结合实际。书中采用多个图表，通俗易懂。此书可以作为动物医学（兽医）、农学园艺、农业经济管理、生物技术等专业学生的教材，也可作为畜牧、科研、生产和管理人员的实用参考书。

前　言

为适应新形势的要求，提高畜牧兽医行业学生的理论水平，我们编写了这本书。

本书编写的指导思想是，以能力为本位，以学生为主体，精选内容，加强应用，充分体现针对性、实践性和应用性。

本书是为了不断加强科学研究与科技创新、培养掌握新理论与新技术的推广应用人才，而设立的这门课程。通过学习必要的理论、掌握必需的技能，培养解决实际工作中问题的能力。

《畜牧基础》是一门重要的综合基础课程，本书在编写过程中按照教学方案和教学大纲的要求，正确处理知识、能力与素质的关系，充分体现高职高专的特色。本书中基本理论以应用为目的、以必需够用为尺度、突出技能培养与训练，且每章后面都有复习思考题。

《畜牧基础》的内容包括动物营养基础、畜禽的营养需要与饲养标准、饲料加工与调制；动物遗传基础、畜禽选育与杂交改良；家畜生殖器官、生殖激素、受精与妊娠；动物饲养场的场址选择与生产布局、畜舍的建筑设计、畜舍环境控制、畜牧场的环境保护与无公害生产等。

相信通过《畜牧基础》这门课程的学习，可为学生构建一个专业学习的基础，为开拓知识面搭建一个良好的平台。

本书由杨久仙（北京农业职业学院）编写项目一、二；李亚丽（黑龙江生物科技职业学院）编写项目三；任静波（黑龙江畜牧兽医职业学院）编写项目四；张传生（河北科技师范学院）编写项目五；解志峰（黑龙江农业职业技术学院）编写项目六；朱兴贵（云南农业职业技术学院）编写前言、绪论和项目七；王立辛（辽宁医学院畜牧兽医学院）编写项目八；何敏（信阳农业高等专科学校）编写项目九；王红戟（云南农业职业技术学院）编写全部实训内容。江西省农业科学院畜牧兽医研究所张吉鹗研究员和云南农业大学动物科技学院李琦华副教授对本教材进行了审定并提出了修改意见，在此表示诚挚的谢意。

娄义洲（云南农业大学动物科技学院）、范学伟（黑龙江农业经济职业学院）、马君（黑龙江生物科技职业学院）、周树芹（黑龙江农业工程职业学院）、周之佳（黑龙江畜牧兽医职业学院）、俞浩（云南农业职业技术学院）、杨凯（湖北生物科技职业学院）董琪（成都农业科技职业学院）、曾权（长沙绿叶生物科技有限公司）、钟庆（云南神农农业产业集团）、王关跃（云南农业职业技术学院）、王桂瑛（云南农业职业技术学院）、鲁增荣（云南省冷冻精液站）等专家，作为行业指导与实训内容编写指导，提出许多修改意见，一并在此表示衷心的感谢。

本书可以作为动物医学（兽医）、农学园艺、农业经济管理、生物技术等专业学生的教材，也可作为畜牧、科研、生产和管理人员解决技术问题、进行科技创新的实用参考书。

由于本书涉及的内容范围较广，加之畜牧业技术处于快速发展阶段，限于编者所掌握的资料和编写能力，书中难免会有缺点、疏漏甚至错误之处，恳请广大读者批评指正，力求今后再版时能有显著提高和改正。

编　者

2012 年 7 月

目　录

绪　　论

　　进入 21 世纪，生物技术快速发展，同时也推动畜牧技术有了快速发展。中国是农业大国，又是畜牧业大国，如何面对"三农"，全面建设小康社会，是农村工作的关键。通过畜牧业的发展，带动饲料加工业、畜产品加工业、兽药等相关产业的发展。畜牧业已经成为农牧民增收的主要来源，建设现代农业的重要内容，农村经济发展的重要支柱，国民经济发展的重要产业。

　　农业包括种植业和养殖业。现代的畜牧业比过去传统的养殖业内容更广，包括"养、繁、防、治、管、加、销"等环节，环环相扣。家畜饲养技术在近年发展很快，已经有包括家畜、家禽、宠物等物种的饲料。家畜遗传繁育技术在近 20 年中取得了突飞猛进的发展，大家畜的人工授精和冷配已相当普及，家畜整个繁殖过程如生殖细胞的发生、受精、妊娠、分娩、泌乳等活动都可利用激素进行人为控制。环境卫生的控制能为现代养殖场的发展、减少高热病等疾病的发生起到关键的作用，这已经成为畜牧界的共识。

　　中国正处于传统畜牧业向现代畜牧业转型的过程中。目前，畜牧业发展面临的困难主要有：（1）畜牧业生产方式和技术的相对落后；（2）地方优良畜禽品种资源的利用不合理；（3）畜牧业发展中对环境和生态的影响；（4）家畜繁殖改良技术的相对滞后；（5）动物疫病的复杂化对防控技术带来的挑战。

　　《畜牧基础》课程包括家畜饲养基础、遗传繁育种基础、动物繁殖基础、家畜环境卫生控制基础等内容，以应用为目的，以必需够用为尺度，以讲清概念、强化应用为重点，以培养适应畜牧业发展的应用型专门人才为任务。

　　1. 通过家畜饲养基础的学习，认识营养物质及能量在动物体内的代谢转化，能够做到：（1）根据适当的饲养标准和生产经验合理使用饲料和饲料添加剂，为各类畜禽配制出平衡日粮；（2）应用相应的饲养技术，把日粮转化为高品质的畜产品；（3）纠正饲养中的不足，完善饲养技术，提高养殖业的经济效益。

　　2. 通过遗传育种基础的学习，了解遗传的基本规律和育种理论；掌握现代的育种方法；能够进行引种及地方品种的综合利用。

　　3. 通过繁殖基础的学习，能够进行动物的发情鉴定、人工授精、妊娠诊断；了解同期发情、排卵控制、胚胎移植等技术。

　　4. 通过畜舍环境控制与无公害生产技术的学习，能够了解温热环境、水、土壤、空气环境的控制；能进行畜牧场的规划设计、畜牧场消毒、畜牧场废弃物无害化处理等。

通过本课程的学习，使学生掌握畜牧行业基本的专业理论和专业技能，为将来更好地投身畜牧业建设打下坚实的基础，为生产出更多的绿色、健康、安全的动物产品作出贡献。

项目一 畜禽营养基础

畜禽在生命活动和生产过程中，必须不断地从饲料中摄取各种营养物质，进而生产畜产品，满足人们的需求。研究饲料中的营养物质与畜禽营养的关系以及它们在畜禽体内的消化代谢特点和相互关系，以满足各种畜禽的营养需要，对不断提高饲料转化率、促进畜产品数量的增加和质量的提高具有重要意义。

单元一 畜禽对饲料的消化利用

饲料中的营养物质进入动物消化道后，需要经过物理的、化学的、微生物的复杂作用，将大分子的有机化合物分解为简单的在生理条件下可溶解的物质，才能被动物机体吸收利用。饲料在动物消化道内这种复杂的变化过程，就叫消化。

一、消化方式

物理性消化是由动物摄取饲料开始，主要是指饲料在动物口腔内的咀嚼和在胃肠运动中的消化。物理性消化是靠动物的牙齿和消化道管壁的肌肉运动把饲料压扁、撕碎、磨烂，从而增加饲料的表面积，易于与消化液充分混合，并把食糜从消化道的一个部位运送到另一个部位。

化学性消化主要是酶的消化。酶的消化是高等动物主要的消化方式，是饲料变成动物能吸收的营养物质的一个过程，反刍与非反刍动物都存在着酶的消化，但是非反刍动物酶的消化具有特别重要的作用。不同种类动物酶消化的特点明显不同。

动物对饲料中粗纤维的消化，主要靠消化道内微生物的发酵。消化道微生物在消化过程中起着积极作用，这种作用对反刍动物十分重要。瘤胃是反刍动物微生物消化的主要场所。

动物的物理性、化学性和微生物消化过程，并不是彼此孤立的，而是相互联系共同作用的，只是在消化道某一部位和某一消化阶段，某种消化过程才居于主导地位。

二、畜禽对饲料的吸收特点

饲料被消化后，其分解产物经消化道黏膜的上皮细胞进入血液或淋巴液的过程称为吸收。

消化道的部位不同，吸收程度不同。消化道各段都能不同程度地吸收无机盐和水分。非反刍动物胃的吸收有限，只能吸收少量水分和无机盐。成年反刍动物的前胃（瘤胃、网胃和瓣胃）能吸收大量的挥发性脂肪酸，约75%的前胃微生物消化产物在前胃中吸收。小肠是各种动物吸收营养物质的主要场所，其吸收面积最大，吸收的营养物质也最多。肉食动物的大肠对有机物的吸收作用有限，而在草食动物和猪的盲肠及结肠中，还存在较强烈的微生物消化，对其消化产物，盲肠和结肠的吸收能力也较强。

1. 胞饮吸收 初生哺乳动物对初乳中免疫球蛋白的吸收即胞饮吸收。胞饮吸收对初生动物获取抗体具有十分重要的意义。

2. 被动吸收 简单的多肽、各种离子、电解质、水及水溶性维生素和某些糖类的吸收。

3. 主动吸收 主要靠消化道上皮细胞的代谢活动，是一种需消耗能量的主动吸收过程，营养物质的主动吸收需要有细胞膜上载体的协助。主动吸收是动物吸收营养物质的主要途径，绝大多数有机物的吸收依靠主动吸收完成。

三、有机物的消化与利用

饲料中有机物被动物采食后，首先要经过胃肠消化。其中一部分被消化了；另一部分未被消化。消化的最终产物大部分被小肠吸收，少部分未被吸收，未被吸收的部分随同未被消化的部分一起由粪便排出体外。饲料中被动物消化吸收的营养物质称为可消化营养物质。可消化营养物质占食入营养物质的百分比称为消化率。

$$消化率 = \frac{可消化营养物质}{食入营养物质} \times 100\% = \frac{食入营养物质 - 粪中排出物质}{食入营养物质} \times 100\%$$

粪中排出的物质，除饲料中未消化吸收的营养物质外，还有消化道脱落细胞及分泌物、肠道微生物及其产物等，这一部分称作粪代谢产物。另外，在计算可消化营养物质时，也未扣除饲料在消化道发酵所产生气体的损失部分，故此消化率又称为表观消化率。而真消化率如下式计算：

$$真消化率 = \frac{食入营养物质 - （粪中排出物质 - 粪代谢产物）}{食入营养物质} \times 100\%$$

表观消化率比真消化率一般要低，但真消化率的测定比较复杂困难，因此，一般测定和应用的饲料营养物质消化率多指表观消化率。饲料的消化率可通过消化试验测得。

吸收后的营养物质，被利用于两个方面：一是氧化供给动物体能量；二是形成动物体成分（体蛋白、体脂肪及少量糖元）和体外产品（奶、蛋及皮毛等）。将饲料中用于形成动物成分、体外产品和氧化供给动物体能量的营养物质称为可利用营养物质。可利用营养物质占可消化营养物质的百分比称为利用率。则：

$$利用率 = \frac{可利用营养物质}{可消化营养物质} \times 100\%$$

$$= \frac{食入物质 - 粪中物质 - 尿中物质 - 胃肠气体损失物质}{食入物质 - 粪中物质} \times 100\%$$

正常情况下，尿中没有碳水化合物和脂肪的代谢产物，只有蛋白质的尾产物尿素等。胃肠气体损失物质主要是指消化道中微生物酵解碳水化合物时产生的甲烷等，以气体形式排出体外的损失。

动物对饲料蛋白质的利用率又称为蛋白质生物学价值（BV）。蛋白质生物学价值即动物体内被利用氮占由肠道吸收氮的百分比。其计算公式如下：

$$蛋白质生物学价值 = \frac{利用氮}{吸收氮} \times 100\% = \frac{食入氮 - （粪中氮 + 尿中氮）}{食入氮 - 粪中氮} \times 100\%$$

若要准确测定蛋白质生物学价值，还应按下列公式计算：

$$蛋白质真实生物学价值 = \frac{食入氮 - （粪中氮 - 代谢氮） - （尿中氮 - 内源氮）}{食入氮 - （粪中氮 - 代谢氮）} \times 100\%$$

测定粪中代谢氮与尿中内源氮的方法是：用无氮日粮饲喂动物或绝食法，其粪中排出的氮即为代谢氮，尿中排出的氮即为内源氮。

蛋白质生物学价值愈高，表明蛋白质的营养价值越高。

四、影响消化率的因素

影响消化率的因素有很多，凡影响动物消化生理、消化道结构及机能和饲料性质的因素，都会影响饲料的消化率。主要影响因素来自三个方面。

1. 动物

（1）动物的种类　不同种类的动物，其消化道结构、功能、长度和容积不同，因而消化力也不一样。一般说来，不同种类动物对粗饲料的消化率差异较大，对精料、块根块茎类饲料的消化率差异较小，如表 1-1 所示。

（2）年龄及个体差异　消化器官和机能发育的完善程度不同，消化力强弱不同，对饲料的消化率也不一样。幼年动物对蛋白质、脂肪、粗纤维的消化率有随动物年龄的增长而上长的趋势，尤以粗纤维最明显。老年动物因牙齿的磨损严重，加上消化器官机能衰退，对饲料的消化率又逐渐降低。

同品种、同年龄的不同个体，对同一种饲料养分的消化率也有差异。

表 1-1　各种动物对干草和玉米的消化率比较　　　　（%）

动物种类	饲料	粗蛋白质	粗脂肪	粗纤维	无氮浸出物
牛、羊	草地干草	57	54	52	64
猪	草地干草	37	—	44	47
马	草地干草	58	18	39	58
牛、羊	玉米籽实	75	84	65	94
猪	玉米籽实	75	64	44	92
马	玉米籽实	76	61	40	92

2. 饲料

（1）饲料种类　不同种类的饲料因养分含量和性质不同，消化率也不同。一般幼嫩青绿饲料的消化率较高，干粗饲料的消化率较低，作物籽实的消化率高，而茎秆的消化率低。

（2）化学成分　饲料的化学成分以粗蛋白质和粗纤维对消化率的影响最大。粗蛋白质含量愈多，消化率愈高；粗纤维愈多，消化率愈低。粗蛋白质和粗纤维对消化率的影响分别见表 1-2、表 1-3。

（3）饲料中的抗营养物质　饲料中的抗营养物质是指饲料本身含有或从外界进入饲料中的阻碍养分消化的微量成分。饲料中常见的影响蛋白质消化的抗营养物质或营养抑制因子有蛋白酶抑制剂、凝结素、皂素、单宁、胀气因子等；影响矿物质消化利用的抗营养物质有植酸、草酸、葡萄糖硫苷、棉酚等；影响维生素消化利用的抗营养物质有大豆中的脂氧化酶，能破坏维生素 A、胡萝卜素，而双香豆素能影响维生素 K 的利用。

表 1-2　粗蛋白质水平对各种养分消化率的影响　　　　（%）

饲料粗蛋白质水平	消化率				
	有机物	粗蛋白质	粗脂肪	粗纤维	无氮浸出物
8.8	60.7	54.5	52.5	59.6	62.8
12.5	65.4	64.0	56.0	61.4	68.9
17.2	66.3	72.7	61.3	56.5	70.9
21.9	69.9	79.0	55.4	55.1	74.2
26.7	69.7	82.7	54.5	61.7	67.2
33.2	77.5	84.6	71.8	72.1	73.9

表 1-3　粗纤维对日粮有机物质消化率的影响　　　　（%）

粗纤维占日粮干物质比例	牛	猪	马
10.0~15.0	76.3	68.9	81.2
15.1~20.0	73.3	65.8	74.9
20.1~25.0	72.4	56.0	68.6
25.1~30.0	66.1	44.5	62.3
30.1~35.0	61.0	37.3	56.0

3. 饲料加工调制与饲喂水平

饲料的加工调制方法有物理、化学、微生物等方法。适度磨碎、加热、酸碱处理、发酵等都能提高饲料的消化率,见表1-4。

表1-4 碱化处理对稿秆消化率的影响 (%)

营养物质	未经处理	处理时间/h				
		1.5	3	6	12	72
有机物	45.7	59.3	68.1	70.3	71.2	73.1
粗纤维	58.0	69.2	77.5	79.8	80.3	72.3
无氮浸出物	40.2	48.1	57.6	57.3	60.3	78.5

饲喂水平不同,消化率也不同,一般随饲料喂量的增加,饲料消化率下降。草食动物表现比较明显。以维持水平饲养,养分消化率最高,随饲养水平的提高消化率逐渐下降,见表1-5。

表1-5 不同饲养水平对消化率的影响 (%)

动物	1倍维持水平	2倍维持水平	3倍维持水平
阉牛	69.4	67.0	64.4
绵羊	70.0	67.7	65.5

单元二 饲料中营养成分与功能

动物的饲料绝大多数来源于植物。因此,研究动植物体的化学组成、化合物及其相互关系、饲料中营养成分与功能,是满足畜禽营养需要、提高饲料转化率、增加畜产品数量和提高畜产品质量的内在要求。

一、动植物体的营养物质组成

动植物体内含60余种化学元素,按其含量的多少分为两大类:含量大于或等于0.01%者称为常量元素,如碳、氢、氧、氮、钙、磷、钾、钠、氯、镁和硫等;含量小于0.01%的元素称为微量元素,如铁、铜、钴、锰、锌、硒、碘、钼、铬和氟等。碳、氢、氧、氮四种元素,所占比例最大,它们在植物体中约占95%,在动物体中约占91%。饲料与动物体中的元素,绝大部分不是以游离状态单独存在,而是互相结合为复杂的无机化合物或有机化合物,构成各种组织器官和产品。

1. 饲料的营养物质组成

饲料一般都由水分、粗灰分、粗蛋白质、粗脂肪、碳水化合物和维生素六种营养物质组成。饲料中水分含量越高,干物质越少,饲料的营养价值就越低,而且高水分饲料不利于饲料的运输和保存。饲料中粗蛋白质越高,饲料营养价值也越高,但对猪和家禽,饲料中氨基酸尤其是可利用氨基酸含量更能衡量饲料的营养价值。粗纤维含量越高,饲料的消化率越低，因而高纤维饲料的营养价值较低。通常分析的饲料粗灰分是一个混合物，因此粗灰分含量不能表明饲料的营养价值，对有机饲料而言，粗灰分过高其营养价值下降。油脂的能值很高，所以，粗脂肪含量越高，饲料的能量含量越高。

2. 影响饲料营养成分的因素

饲料营养成分表中所列各种养分含量的数值是多次分析结果的平均数，与具体使用的饲料中养分含量常有一定的差异。

（1）植物的生长环境

①土壤：土壤化学元素含量影响饲料作物的化学组成，如有些地区的土壤中缺少铜、硒、碘，则该地区生产的饲料作物相应的也缺少这几种元素，从而引起动物患地方性矿物质缺乏症。某些地区的土壤中含有过多的氟、钼、硒等元素，也容易导致动物患氟、钼、硒的中毒症。

②肥料：施用肥料，既可提高饲料作物产量，又可影响饲料中营养物质的含量。

③气候：寒冷气候条件下生长的植物比温热条件下生长的植物粗纤维含量多，而粗蛋白质和粗脂肪的含量较少，气候干旱可使植物中磷的含量减少1/2。生长在阳光充足的向阳坡地的植物，粗蛋白质含量显著高于背阴坡地的植物。

（2）植物的品种、收获期、加工调制及贮存条件

①饲料的种类与品种：不同种类的饲料营养物质的组成差异很大，如青饲料的特点是水分含量高，幼嫩多汁，富含动物所需要的多种维生素。蛋白质饲料中的豆饼、鱼粉等，蛋白质含量高，品质也较好，是动物蛋白质营养的主要来源。禾本科籽实中的玉米等含有大量的淀粉，主要作用是供给动物所需要的能量。同一种饲料，其营养物质组成因品种不同而异。

②收获期：植物在不同生长阶段，养分含量不同。随着植物的逐渐成熟，蛋白质、矿物质、胡萝卜素的含量递减，粗纤维的含量递增。

③饲料作物部位：植物叶子中营养丰富，远远超过茎秆，收获、晒制、贮存饲用饲料的过程中，应该尽量避免叶片的损失。

④贮存时间：收获后的饲料，经长期贮存，养分含量会有很大变化。良好贮存条件下，马铃薯在整个冬季可失重8%～10%，且损失的主要是淀粉。

从图1-1可以看出，动物体与植物性饲料组成上有相同之处，即都由水分、粗灰分、粗蛋白质、粗脂肪、碳水化合物和维生素六种营养物质组成。但两者的同名营养物质，各自在成分上又有明显的区别，主要表现在：第一，植物干物质中主要为碳水化合物，而动物则主要为蛋白质；第二，植物体的碳水化合物中，包括无氮浸出物（主要是淀粉）和粗纤维，而动物体中没有粗纤维，只含有少量的葡萄糖、低级羧酸和糖元；第三，植物体内蛋白质含量比动物少，且一部分以多种氨化物的形式存在，而动物体中的含氮物除蛋白质外，其余为一些游离氨基酸和激素；第四，植物体的粗脂肪中，除了中性脂肪、脂肪酸、脂溶性维生素和磷脂外，还有树脂和蜡质，而动物体的粗脂肪中，不含树脂和蜡质。

动物体与饲料各种成分的含量及变化幅度也极不一致，且植物性饲料养分含量变化幅度明显高于动物体。碳水化合物在植物性饲料中含量高，占干物质的70%左右，而动物体中糖分含量极少，只占体重的1%以下；植物性饲料因种类不同，含水量在5%～95%

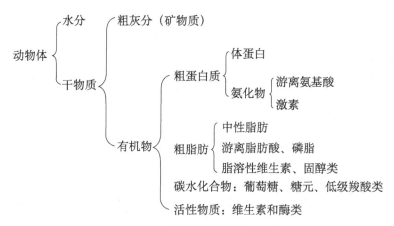

图1-1　动物体的营养成分组成

之间变化，而动物体的含水量虽也有变化，但比较稳定，一般多为体重的1/2~2/3；蛋白质和脂肪的含量，除肥育动物变动明显外，一般健康的成年动物都相似。但植物性饲料则不然，如块根块茎类饲料的粗蛋白质含量不超过4%，粗脂肪含量仅在0.5%以下；而大豆中粗蛋白质含量为37.5%，粗脂肪含量为16%。

由此可见，动物体与植物性饲料的组成既有相同点又有很大的差别。动物从饲料中摄取六种营养物质后，必须经过体内的新陈代谢过程，才能将饲料中的营养物质转变为机体成分、动物产品或为使役提供能量。

二、蛋白质与畜禽营养

蛋白质和核酸是生命活动的物质基础，是塑造一切细胞和组织结构的重要成分。蛋白质在动物营养中占有特殊地位，它的营养作用是其他营养物质不能代替的。蛋白质是由氨基酸组成的一类数量庞大的物质的总称。通常所讲的饲料蛋白质包括真蛋白质和非蛋白质类含氮化合物，因此统称为粗蛋白质。蛋白质的主要组成元素是碳、氢、氧、氮，大多数的蛋白质还含有硫，少数含有磷、铁、铜和碘等元素。各种蛋白质的含氮量虽不完全相等，但差异不大，一般蛋白质的含氮量按16%计。动物组织和饲料中真蛋白质含氮量的测定比较困难，通常只测定其中的总含氮量，然后乘以蛋白质系数6.25（或除以16%）并以粗蛋白质表示。

1. 蛋白质的营养生理功能

（1）蛋白质是构建机体组织细胞的主要原料　动物的肌肉、神经、结缔组织、腺体、精液、皮肤、血液、毛发、角、喙等都以蛋白质为主要成分，起着传导、运输、支持、保护、连接、运动等多种功能。

（2）蛋白质是机体内功能物质的主要成分　在动物的生命和代谢活动中起催化作用的酶、某些起调节作用的激素、具有免疫和防御机能的抗体（免疫球蛋白）都是以蛋白质为主要成分。蛋白质对维持体内的渗透压和水分的正常分布也起着重要的作用。

（3）蛋白质是组织更新、修补的主要原料　在动物的新陈代谢过程中，组织和器官的蛋白质更新、损伤组织的修补都需要蛋白质。

（4）蛋白质可供能和转化为糖、脂肪　在机体能量供应不足时，蛋白质也可分解供能，维持机体的代谢活动。当摄入蛋白质过多或氨基酸不平衡时，多余的部分也可转化成糖、脂肪或分解产热。

（5）蛋白质是遗传物质的基础　动物的遗传物质 DNA 与组蛋白结合成为一种复合体——核蛋白。而 DNA 以核蛋白的形式存在于染色体上，将本身所蕴藏的遗传信息，通过自身的复制过程遗传给下一代。

（6）蛋白质是动物产品的重要成分　蛋白质是形成奶、肉、蛋、皮毛及羽绒等畜产品的重要原料。

2. 氨基酸的营养生理功能

目前，各种生物体中发现的氨基酸已有 180 多种，但常见的构成动植物体蛋白质的氨基酸只有 20 种。植物能自己合成全部所需的氨基酸，动物蛋白虽然含有与植物蛋白同样的氨基酸组成，但动物不能全部自己合成。

几种主要氨基酸的生理功能是：

（1）赖氨酸　赖氨酸是动物体内合成细胞蛋白质和血红蛋白所必需的氨基酸，也是幼龄动物生长发育所必需的营养物质。日粮中缺乏赖氨酸，食欲降低，体况憔悴消瘦，瘦肉率下降，生长停滞。红细胞中血红蛋白量减少，贫血，甚至引起肝脏病变。皮下脂肪减少，骨的钙化失常。植物性饲料除大豆、豆饼富含赖氨酸外，其余含量均低。赖氨酸常为第一限制性氨基酸。

（2）蛋氨酸　蛋氨酸是动物体代谢中一种极为重要的甲基供体。通过甲基转移，参与肾上腺素、胆碱和肌酸的合成；肝脏脂肪代谢中，参与脂蛋白的合成，将脂肪输出肝外，防止产生脂肪肝，降低胆固醇；此外，还具有促进动物被毛生长的作用。蛋氨酸脱甲基后可转变为胱氨酸和半胱氨酸。动物缺乏蛋氨酸时，发育不良，体重减轻，肌肉萎缩，禽蛋变轻，被毛变质，肝脏肾脏机能损伤，易产生脂肪肝。

动物性饲料中含蛋氨酸较多，植物性饲料中均欠缺，一般常采用 DL -蛋氨酸补饲。

（3）色氨酸　色氨酸参与血浆蛋白的更新，并与血红素、烟酸的合成有关；它能促进维生素 B_2 作用的发挥，并具有神经冲动的传递功能；是幼龄动物生长发育和成年动物繁殖、泌乳所必需的氨基酸。动物缺少色氨酸时，食欲降低，体重减轻，生长停滞，产生贫血、下痢，视力破坏并患皮炎等。种公畜缺乏时睾丸萎缩。产蛋母鸡缺乏时无精卵多，胚胎发育不正常或中途死亡。

色氨酸在动物蛋白中含量多，玉米中缺少。

3. 肽的营养生理功能

近年来，一些研究发现，动物采食纯合饲粮（蛋白质完全由工业氨基酸或氨基酸平衡的低蛋白质饲粮）时，不能达到最佳生产性能。经过深入研究，人们认识到动物对蛋白质的需要不能完全由游离氨基酸来满足，肽特别是小肽（二肽、三肽）在蛋白质营养中有着重要的作用。许多研究表明，动物为了达到最佳生产性能，必须需要一定数量的小肽。因此，肽是一种动物所必需的营养素。

肠道小肽转运系统具有转运速度快、耗能低、不易饱和等特点。大量研究表明，小肽的吸收比由相同氨基酸组成的混合物的吸收快而且多。究其原因，除了氨基酸转运载体易饱和和吸收时耗能高外，游离氨基酸在吸收时还互相竞争转运系统。例如，精氨酸对赖氨酸的吸收抑制，在氨基酸为游离形式时表现明显；当以小肽形式供给赖氨酸时，其吸收速度不受精氨酸的影响。

小肽与游离氨基酸的吸收机制是相互独立的，肽不影响氨基酸的吸收。在动物体内，小肽与游离氨基酸两种吸收机制对氨基酸吸收量的贡献大小，取决于蛋白质在胃肠道消化过程中释放的肽与游离氨基酸的数量及比例。

以小肽形式作为氮源的饲粮，其整体蛋白质沉积效率高于相应的以氨基酸或完整蛋白质作为氮源的饲粮。肽不仅是机体蛋白质代谢的底物，而且还具有其他重要的生物学作用，如蛋白质在消化道中水解产生的某些肽类具有神经递质的作用；某些肽在机体免疫调节中有着重要作用；酪蛋白水解产生的某些肽还可促进大鼠肠细胞分泌缩胆囊素（CCK）；从鸡蛋蛋白中提取的肽能促进细胞的生长和 DNA 的合成。总之，肽是蛋白质营养生理作用的一种重要形式，用生物活性肽提高动物的生产性能具有重要的实践意义。

饲料中蛋白质不足或蛋白质品质低下，影响动物的健康、生长、繁殖及生产性能，其主要表现有：

1. 消化机能紊乱　饲粮中蛋白质的缺乏会影响消化道组织蛋白质的更新和消化液的正常分泌，动物会出现食欲下降，采食量减少，营养不良及慢性腹泻等现象。

2. 幼龄动物生长发育受阻　幼龄动物正处于皮肤、骨骼、肌肉等组织迅速生长和各种器官发育的旺盛时期，需要蛋白质多。若供应不足，幼龄动物增重缓慢，生长停滞，甚至死亡。

3. 易患贫血症及其他疾病　动物缺少蛋白质，体内就不能形成足够的血红蛋白和血球蛋白而患贫血症。并因血液中免疫抗体数量的减少，使动物抗病力减弱，容易感染各种疾病。

4. 影响繁殖　蛋白质不足使公畜性欲降低，精液品质下降，精子数目减少；母畜不发情，性周期失常，卵子数量少质量差，受胎率低；受孕后胎儿发育不良，产生弱胎，死胎或畸型胎儿。

5. 生产性能下降　蛋白质缺乏可使生长动物增重缓慢，泌乳动物泌乳量下降，绵羊的产毛量及家禽的产蛋量减少，而且动物产品的质量也降低。

饲粮中蛋白质超过动物的需要，不仅造成浪费，而且多余的氨基酸在肝脏中脱氨，形成尿素由肾随尿排出体外，加重肝肾负担，严重时引肝肾的病患，夏季还会加剧热应激。

1. 单胃动物蛋白质消化代谢特点

猪等单胃动物对蛋白质的消化由胃开始。饲料中的粗蛋白质被猪采食后，在胃酸和胃蛋白酶的作用下，部分蛋白质被分解为分子较小的胨与胅，然后随同未被消化的蛋白质一起进入小肠。在小肠中受到胰蛋白酶、糜蛋白酶、羧基肽酶及氨基肽酶等作用，最终被分解为氨基酸及部分寡肽（二肽、三肽）。氨基酸和寡肽都可被小肠黏膜直接吸收。

氨基酸可用于合成组织蛋白质，供机体组织的更新、生长及形成动物产品的需要；氨基酸也可用来合成酶类和某些激素以及转化为核苷酸、胆碱等含氮的活性物质。没有被细胞利用的氨基酸，在肝脏中脱氨，脱掉的氨基生成氨又转变为尿素，由肾脏以尿的形式排出体外。剩余的酮酸部分氧化供能或转化为糖元和脂肪作为能量贮备。氨基酸在肝脏中还可通过转氨基作用，合成新的氨基酸。

尿中排出的氮有一部分是机体组织蛋白质的代谢产物，通常将这部分氮称为"内源尿氮"，内源尿氮可视为给动物采食不含氮日粮时，由尿中排出的氮。

由消化代谢过程可看出，猪对蛋白质消化代谢的特点是：蛋白质消化吸收的主要场所是小肠，并在酶的作用下，最终以大量氨基酸和少量寡肽的形式被机体吸收，进而被利用。而大肠的细菌虽然可利用少量氨化物合成菌体蛋白，但最终绝大部分还是随粪便排出。因此，猪能大量利用饲料中的蛋白质，但不能大量利用氨化物。

家禽消化器官中的腺胃容积小，饲料停留时间短，消化作用不大，而肌胃又是磨碎饲料的器官，因此家禽蛋白质消化吸收的主要场所也是小肠，其特点大致与猪相同。

马属动物和兔等单胃草食动物的盲肠与结肠相当发达，它们在蛋白质的消化过程中起着重要作用，这一部位消化蛋白质的过程类似反刍动物，而胃和小肠蛋白质的消化吸收过程与猪类似。因此，草食动物利用饲料中氨化物转为菌体蛋白的能力比较强。

单胃动物猪和家禽的蛋白质营养过程就是饲料蛋白质的营养过程，动物所吸收的氨基酸种类和数量在很大程度上取决于饲料蛋白质本身的氨基酸组成和比例。

2. 单胃动物对饲料蛋白质品质的要求

（1）氨基酸的种类　构成蛋白质的氨基酸有 20 多种，对动物来说都是必不可少的。根据是否必须由饲料提供，通常将氨基酸分为必需氨基酸和非必需氨基酸两大类。

①必需氨基酸（EAA）：是指在机体内不能合成，或者合成的速度慢、数量少，不能满足动物需要而必须由饲料供给的氨基酸。对成年动物，必需氨基酸有 8 种，即赖氨酸、蛋氨酸、色氨酸、苯丙氨酸、亮氨酸、异亮氨酸、缬氨酸和苏氨酸。生长家畜有 10 种，除上述 8 种外，还有精氨酸和组氨酸。雏鸡有 13 种，除上述 10 种外，还有甘氨酸、胱氨酸和酪氨酸。

②非必需氨基酸（NEAA）：在动物体内能利用含氮物质和酮酸合成，或可由其他氨基酸转化代替，无需饲料提供即可满足需要的氨基酸。如丙氨酸、谷氨酸、丝氨酸、羟谷氨酸、脯氨酸、瓜氨酸、天门冬氨酸等。

从饲料供应角度考虑，氨基酸有必需与非必需之分。但从营养角度考虑，二者都是动物合成体蛋白和产品蛋白所必需的营养，且它们之间的关系密切。某些必需氨基酸是合成某些特定非必需氨基酸的前体，如果饲粮中某些非必需氨基酸不足时，则会动用必需氨基酸来转化代替。

（2）限制性氨基酸　动物对各种必需氨基酸的需要量有一定的比例，但不同种类、不同生理状态等情况下，所需要的比例不同。饲料或日粮缺乏一种或几种必需氨基酸时，就会限制其他氨基酸的利用，致使整个日粮中蛋白质的利用率下降，故称它们为该日粮（或饲料）的限制性氨基酸。一般缺乏最严重的称第一限制性氨基酸，相应为第二、第三、第四……限制性氨基酸。根据饲料氨基酸分析结果与动物需要量的对比，即可推断出饲料中哪种必需氨基酸是限制性氨基酸。必需氨基酸的供给量与需要量相差越多，则缺乏程度越大，限制作用就越强。

饲料种类不同，所含必需氨基酸的种类和数量有显著差别。动物则由于种类和生产性能等不同，对必需氨基酸的需要量也有明显差异。因此，同一种饲料对不同动物或不同种饲料对同一种动物，限制性氨基酸的种类和顺序不同。谷实类饲料中，赖氨酸均为猪和肉鸡的第一限制性氨基酸。蛋白质饲料中一般蛋氨酸较缺乏。大多数玉米-豆饼型日粮，蛋氨酸和赖氨酸分别是家禽和猪的第一限制性氨基酸。

3. 理想蛋白质与饲粮的氨基酸平衡

（1）理想蛋白质　尽管必需氨基酸对单胃动物十分重要，但还需在非必需氨基酸或合成非必需氨基酸所需氮源满足的条件下，才能发挥最大的作用。近年提出，最好供给动物各种必需氨基酸之间以及必需氨基酸总量与非必需氨基酸总量之间具有最佳比例的"理想蛋白质"。理想蛋白质是以生长、妊娠、泌乳、产蛋等的氨基酸需要为理想比例的蛋白质，通常以赖氨酸作为100，用相对比例表示，猪三个生长阶段必需氨基酸的理想模型如表1-6所示。有人建议必需氨基酸总量与非必需氨基酸总量之间的合适比例约为1∶1。

运用理想蛋白质最核心的问题是以第一限制性氨基酸为标准，确定饲料蛋白质和氨基酸的水平。

表1-6　猪三个生长阶段必需氨基酸理想模式（NRC，1998）

氨基酸	5～20 kg	20～50 kg	50～100 kg
赖氨酸	100	100	100
精氨酸	42	36	30
组氨酸	32	32	32
色氨酸	18	19	20
异亮氨酸	60	60	60
亮氨酸	100	100	100
缬氨酸	68	68	68
苯丙＋酪氨酸	95	95	95
蛋＋胱氨酸	60	65	70
苏氨酸	65	67	70

（2）饲粮的氨基酸平衡　饲喂动物理想蛋白质可获得最佳生产性能。因为理想蛋白质可使饲粮中各种氨基酸保持平衡，即饲粮中各种氨基酸在数量和比例上同动物最佳生产水平的需要相平衡。

平衡饲粮的氨基酸时，应重点考虑和解决的：一是氨基酸的缺乏。一般情况下，动物饲粮中往往有一种或几种氨基酸不能满足需要。可参考理想蛋白质的氨基酸配比，确定饲粮中必需氨基酸的限制顺序，确认第一限制性氨基酸及其喂量。但氨基酸的缺乏不完全等于蛋白质的缺乏，如用机榨菜籽饼作为猪的主要蛋白质饲料，有可能蛋白质水平超标，而可利用赖氨酸缺乏。二是氨基酸失衡。氨基酸失衡是指饲粮中各种必需氨基酸相互间的比例与动物需要的比例不相适应。一种或几种氨基酸数量过多或过少都会导致氨基酸失衡。可根据理想蛋白质中各种必需氨基酸同赖氨酸间的比例调整其他氨基酸的给量，使饲粮中氨基酸达到平衡。

平衡饲粮的氨基酸时，要防止氨基酸过量。添加过量的氨基酸会引起动物中毒，且不能以补加其他氨基酸加以消除。尤其是蛋氨酸，过量摄食可引起动物生长抑制，降低蛋白质的利用率。

4. 提高饲料蛋白质转化效率的措施

目前，蛋白质饲料既短缺又昂贵，在广开蛋白质饲料资源的同时，必须采取各种措施，合理利用有限的蛋白质资源，提高饲料蛋白质转化效率。

（1）配合日粮时原料应多样化　原料种类不同，蛋白质中所含的必需氨基酸的种类、数量也不同。多种原料搭配，能起到氨基酸的互补作用，改善饲粮中氨基酸的平衡，提高蛋白质的转化效率。

（2）补饲氨基酸添加剂　向饲粮中直接添加所缺少的限制性氨基酸，力求氨基酸的平衡。目前，生产中广泛应用的有赖氨酸和蛋氨酸，色氨酸和苏氨酸还有待于进一步推广。

（3）合理地供给蛋白质营养　参照饲养标准，均衡地供给氨基酸平衡的蛋白质营养，则合成的体蛋白和产品蛋白的数量就多，饲料蛋白质转化效率就高。采用有效氨基酸（如可消化氨基酸、真可消化氨基酸等）指标平衡日粮，更能准确满足动物之需要，因而有利于饲料的高效利用。

（4）日粮中蛋白质与能量要有适当比例　正常情况下，被吸收蛋白质的70% ~ 80%被动物合成体组织或产品，20% ~ 30%分解供能。碳水化合物和脂肪不足时，必然会加大蛋白质的供能部分，减少合成体蛋白和动物产品的部分，导致蛋白质转化效率的降低。因此，必须合理配合日粮中蛋白质与能量之间的比例，以最大限度地减少蛋白质的供能部分。

（5）控制饲粮中的粗纤维水平　单胃动物饲粮中粗纤维过多，尤其大量饲喂秕壳类、秸秆类等高纤维饲料时，会加快饲料通过消化道的速度，不仅使其本身消化率降低，而且影响蛋白质及其他营养物质的消化，应严格控制单胃动物猪与家禽饲粮中粗纤维水平。

（6）掌握好饲粮中蛋白质水平　饲粮蛋白质数量适宜、品质好，则蛋白质的转化效率高。若喂量过多，蛋白质的转化效率随过多程度的增加而逐渐下降。结果多余的蛋白质只能作能源，既不经济而且还增加肝肾的负担。因此，饲粮中蛋白质水平要适宜。

（7）豆类饲料的湿热处理　生豆类与生豆饼等饲料中含有胰蛋白酶抑制素等，会抑制胰蛋白酶和糜蛋白酶等的活性，影响蛋白质的消化吸收。可采取浸泡蒸煮、膨化或高压蒸汽处理的方法破坏抑制素。但加热时间不宜过长，否则会使蛋白质变性，赖氨酸被破坏。

（8）保证其他养分的供给　保证与蛋白质代谢有关的维生素 A、维生素 D、维生素 B_{12} 及铁、铜、钴等的供应。

1. 反刍动物蛋白质消化代谢特点

饲料蛋白质被采食进入瘤胃后，在瘤胃微生物蛋白质水解酶作用下，分解为寡肽和氨基酸。寡肽和氨基酸可被微生物利用合成菌体蛋白，其中部分氨基酸又在细菌脱氨基酶作用下，降解为挥发性脂肪酸、氨和二氧化碳。饲料中的氨化物也可在细菌脲酶作用下分解为氨和二氧化碳。在瘤胃被微生物降解的蛋白质称为瘤胃降解蛋白（RDP）。瘤胃中的氨基酸和氨化物的降解产物氨，也可被细菌利用合成菌体蛋白。

瘤胃内未被微生物降解的饲料蛋白质，通常称为过瘤胃蛋白（RBPP），也称为未降解蛋白（UDP）。过瘤胃蛋白与瘤胃微生物蛋白一同由瘤胃转至真胃，随后进入小肠和大肠，其蛋白质消化、吸收，以及吸收后的利用过程与单胃动物基本相同。

由上述代谢过程看出，反刍动物蛋白质消化代谢的特点是：蛋白质消化吸收的主要场所是瘤胃，靠微生物的降解。其次是在小肠，在酶的作用下进行。因此，反刍动物不仅能大量利用饲料中的蛋白质，而且也能很好地利用氨化物。也就是说，反刍动物可以利用非蛋白质含氮物，合成体蛋白。

　　饲料中的蛋白质和氨化物在瘤胃中被细菌降解生成的氨，除被合成菌体蛋白外，经瘤胃、真胃和小肠吸收后转送到肝脏合成尿素。尿素大部分经肾脏随尿排出，一部分被运送到唾液腺随唾液返回瘤胃，再次被细菌利用，氨如此循环反复被利用的过程称为"瘤胃氮素循环"。这对反刍动物的蛋白质营养具有重要意义，既可提高饲料中粗蛋白质的利用率，又可将食入的植物性粗蛋白质反复转化为菌体蛋白，供动物体利用，提高饲料蛋白质的品质。

2. 反刍动物对非蛋白氮（NPN）的利用

　　（1）反刍动物利用非蛋白氮的机制　　反刍动物对尿素、双缩脲等非蛋白氮化合物（也称氨化物）的利用主要靠瘤胃中的细菌。以尿素为例，其利用机制简述如下：

$$尿素 \xrightarrow{\text{细菌脲酶}} 氨 + 二氧化碳$$

$$碳水化合物 \xrightarrow{\text{细菌酶}} 酮酸 + 挥发性脂肪酸$$

$$氨 + 酮酸 \xrightarrow{\text{细菌酶}} 氨基酸 \xrightarrow{\text{细菌酶}} 菌体蛋白$$

$$菌体蛋白 \xrightarrow{\text{真胃和小肠消化酶}} 氨基酸$$

　　瘤胃内的细菌利用尿素作为氮源，以可溶性碳水化合物作为碳架和能量的来源合成菌体蛋白，进而和饲料蛋白质一样在动物体消化酶的作用下，被动物体消化利用。

　　尿素含氮量为42%～46%，若按尿素中的氮70%被合成菌体蛋白计算，1 kg尿素经转化后，可提供相当于4.5 kg豆饼的蛋白质。

　　（2）反刍动物日粮中使用非蛋白氮的目的　　一是在日粮蛋白质不足的情况下，补充非蛋白质，提高采食量和生产性能；二是用非蛋白质适量代替高价格的蛋白质饲料，在不影响生产性能的前提下，降低饲料成本，提高生产效益；三是用于平衡日粮中可降解与过瘤胃蛋白，以充分发挥瘤胃的功能，促进整个日粮的有效利用。

　　（3）提高尿素利用率的措施　　尿素等分解的氨态氮并非全部在瘤胃内合成菌体蛋白，且尿素的利用效果又受多种因素的影响。为了提高尿素的利用率并防止动物氨中毒，饲喂尿素时应注意：

　　①日粮中必须有一定量易消化的碳水化合物。瘤胃细菌在利用氨合成菌体蛋白的过程中，需要同时供给可利用能量和碳架，后者主要由碳水化合物酵解供给。淀粉的降解速度与尿素分解速度相近，能源与氮源释放趋于同步，有利于菌体蛋白的合成。因此，粗饲料为主的日粮中，添加尿素时应适当增加淀粉质的精料。有人建议，每100 g尿素可搭配1 kg易消化的碳水化合物，其中2/3淀粉，1/3是可溶性糖。

　　②日粮中蛋白质水平要适宜。有些氨基酸如赖氨酸、蛋氨酸，是细菌生长繁殖所必需的营养，它们不仅作为成分参与菌体蛋白的合成，而且还具有调节细菌代谢的作用，从而促进细菌对尿素的利用。为了提高尿素的利用率，日粮中蛋白质水平要适宜。日粮中蛋白质含量超过13%时，尿素在瘤胃转化为菌体蛋白的速度和利用程度显著降低，甚至会发生氨中毒。日粮中蛋白质水平低于8%时，又可能影响细菌的生长繁殖。一般认为补加尿素时，日粮蛋白质水平不应高于13%。

　　③保证供给微生物生命活动所必需的矿物质。钴是在蛋白质代谢中起重要作用的维生素B_{12}的成分。如果日粮中钴不足，则维生素B_{12}合成受阻，会影响细菌对尿素的利

用。硫是合成菌体蛋白中蛋氨酸、胱氨酸等含硫氨基酸的原料。为提高尿素的利用率，有人建议，在保证硫供应的同时还要注意氮硫比和氮磷比，含尿素日粮的最佳氮硫比为（10~14）：1，氮磷比为8：1。此外，还要保证细菌生命活动所必需的钙、磷、镁、铁、铜、锌、锰及碘等的供给。

④控制喂量，注意喂法。尿素被利用时，首先要在细菌分泌的脲酶作用下分解为氨和二氧化碳。由于脲酶的活性很强，致使尿素在瘤胃中分解为氨的速度很快，如加入日粮干物质量1%的尿素只需20多分钟就全部分解完毕。然而细菌利用氨合成菌体蛋白的速度仅为尿素分解速度的1/4。如果尿素喂量过大，它会被迅速地分解产生大量的氨，而细菌又来不及利用，其中一部分氨被胃壁吸收后随血液输入肝脏形成尿素，由肾排出，这部分尿素往返徒劳，造成浪费。更严重的是，如果吸收的氨超过肝脏将其转变为尿素的能力时，氨就会在血液中积蓄，出现氨中毒症状，表现为运动失调、肌肉振颤、痉挛、呼吸急促、口吐白沫等。上述症状一般在喂后0.5~1 h内发生，如不及时治疗，可能在2~3 h内导致死亡。因此，要严格控制尿素的喂量并注意喂法。

喂量：尿素的喂量为日粮粗蛋白质的20%~30%或不超过日粮干物质的1%；成年牛每头每天饲喂60~100 g，成年羊6~12 g。出生后2~3月内的犊牛和羔羊，由于瘤胃机能尚未发育完全，严禁饲喂尿素。如果日粮中含有非蛋白氮高的饲料如青贮料，则尿素用量可减半。

喂法：为了有效地利用尿素，防止中毒，饲喂尿素时，必须将尿素均匀地搅拌到精粗饲料中混喂，最好先用糖蜜将尿素稀释或用精料拌尿素后再与粗料拌匀，还可将尿素加到青贮原料中青贮后一起饲喂。饲喂尿素时，开始少喂，逐渐加量，使反刍动物有5~7 d的适应期。尿素1d的喂量要分几次饲喂；生豆类、生豆饼类、苜蓿草籽、胡枝子种子等含脲酶多的饲料，不要大量掺在加尿素的谷物饲料中一起饲喂。严禁将尿素单独饲喂或溶于水中饮用，应在饲喂尿素3~4 h后饮水。

饲用缓释型技术处理的尿素：为减缓尿素在瘤胃的分解速度，使细菌有充足的时间利用氨合成菌体蛋白，提高尿素利用率和饲用安全性，在饲用尿素时可采用下列措施。第一，向尿素饲粮中加入脲酶抑制剂，如醋酸氧肟酸、辛酰氧肟酸、脂肪酸盐、四硼酸钠等，以抑制脲酶的活性。第二，包被尿素，用煮熟的玉米面糊或高粱面糊拌合尿素后饲喂，也可用硬脂酸、二双戊聚合物、羟甲基纤维素、聚乙烯、干酪素、丹宁、蜡类或蛋白质将尿素包被后制成颗粒饲喂。第三，制成颗粒凝胶淀粉尿素，此产品在降低氨释放速度的同时，加快淀粉的发酵速度，保持能氮同步释放，提高菌体蛋白的合成效率。第四，制成尿素舔块，将尿素、糖蜜、矿物质等压制或自然凝固制成块状物，让牛羊添食，可控制尿素的食入速度，提高尿素的利用率。第五，饲喂尿素衍生物，如磷酸脲、双缩脲、脂肪酸脲、羟甲基脲等。与尿素相比，其降解速度减慢，饲用效果和安全性均高。

实际生产中马（驴、骡）补饲尿素，代替日粮中的一部分蛋白质饲料，试验证明也有一定效果，但应用不多。而猪、鸡饲喂尿素，没有实用价值。

3. 反刍动物对必需氨基酸的需要

反刍动物同单胃动物一样，真正需要的不是蛋白质本身，而是蛋白质在真胃以后分解产生的氨基酸，因此，反刍动物蛋白质营养的实质是小肠氨基酸营养。

通常饲养管理条件下，反刍动物所需必需氨基酸的50%~100%来自瘤胃微生物蛋白

（含 10 种必需氨基酸），其余来自饲料。中等以下生产水平的反刍动物，仅微生物蛋白和少量过瘤胃饲料蛋白所提供的必需氨基酸足以满足需要。但对高产反刍动物，上述来源的氨基酸远不能满足需要，限制了生产潜力的发挥。据研究，日产奶 15 kg 以上的奶牛，蛋氨酸和亮氨酸可能是限制性氨基酸；日产奶 30 kg 以上的奶牛，除上述 2 种外，赖氨酸、组氨酸、苏氨酸和苯丙氨酸可能都是限制性氨基酸。研究确认，蛋氨酸是反刍动物最主要的限制性氨基酸。

三、碳水化合物与畜禽营养

碳水化合物广泛地存在于植物性饲料中，在动物日粮中占 1/2 以上，是供给动物能量最主要的营养物质。

1. 碳水化合物的组成

植物性饲料中的碳水化合物又称糖，虽然种类繁多，性质各异，但是除个别糖的衍生物中含有少量氮、硫等元素外，都由碳、氢、氧三种元素组成。其中氢与氧原子的比为2∶1，与水的组成相同，故称其为碳水化合物。

寡聚糖又称为低聚糖或寡糖，是指 2~10 个单糖通过糖苷键连接起来形成直链或支链的一类糖；而将 10 个糖单位以上的称为多聚糖，包括淀粉、纤维素、半纤维素、果胶、半乳聚糖、甘露聚糖、黏多糖等；纤维素、半纤维素及果胶则统称为非淀粉多糖。

2. 碳水化合物的营养功能

（1）碳水化合物是动物机体组织的构成物质　碳水化合物普遍存在于动物体的各种组织中，作为细胞的构成成分，参与多种生命过程，在组织生长的调节上起着重要作用。

（2）碳水化合物是供给动物能量的主要来源　动物为了生存和生产，必须维持体温的恒定和各个组织器官的正常活动。如心脏的跳动、血液循环、胃肠蠕动、肺的呼吸、肌肉收缩等都需要能量。动物所需能量中，约 80% 由碳水化合物提供。碳水化合物广泛存在于植物性饲料中，价格便宜，由它供给动物能量最为经济。

（3）碳水化合物是机体内能量贮备物质　饲料中碳水化合物在动物体内可转变为糖元和脂肪而作为能量贮备。碳水化合物在动物体内除供给能量还有多余时，可转变为肝糖元和肌糖元。当肝脏和肌肉中的糖元已贮满，血糖量也达到 0.1% 还有多余时，便转变为体脂肪。母畜在泌乳期，碳水化合物也是乳脂肪和乳糖的原料。体脂肪约有 50%、乳脂肪有60%~70% 是以碳水化合物为原料合成的。

饲养实践中，如日粮中碳水化合物不足，动物就要动用体内贮备物质（糖元、体脂肪，甚至体蛋白），出现体况消瘦，生产性能降低等现象。因此，必须重视碳水化合物的供给。

（4）粗纤维是各种动物，尤其是草食动物日粮中不可缺少的成分　粗纤维并非一种纯净的化合物，而是由纤维素、半纤维素、果胶和木质素等所组成的混合物。现代畜牧生产中，常用含粗纤维高的饲料稀释日粮的营养浓度，以保证动物胃肠道的充分发育。

（5）寡聚糖的特殊作用　碳水化合物中的寡聚糖已知有 1 000 种以上，目前在动物营养中常用的主要有寡果糖（又称果寡糖或蔗果三糖）、寡甘露糖、异麦芽寡糖、寡乳糖及寡木糖。近年研究表明，寡聚糖可作为有益菌的基质，改变肠道菌相，建立健康的肠道微生物区系。寡聚糖还有消除消化道内病原菌，激活机体免疫系统等作用。日粮中添加寡聚糖可增强机体免疫力，提高成活率、增重及饲料转化率。寡聚糖作为一种稳定、安全、环保性良好的抗生素替代物，在畜牧业生产中有着广阔的发展前景。

　　碳水化合物进入消化道，从口腔到回肠主要是营养性碳水化合物的消化吸收部位，从回肠末端以后是微生物消化结构性碳水化合物的场所。

　　饲料中的碳水化合物进入口腔同唾液混合后便开始化学消化，但这种作用不是所有单胃家畜都有的。猪、兔、灵长目动物等的唾液中含有 α-淀粉酶，在微碱性条件下能将淀粉分解成麦芽糖、麦芽三糖和糊精。但因时间短，消化很不彻底。其他单胃家畜的唾液只起物理消化作用。下面以猪为例，介绍其对碳水化合物的消化代谢过程。

　　饲料碳水化合物中的淀粉，在猪的口腔可以分解一部分，把淀粉变为麦芽糖，这部分麦芽糖和未被分解的淀粉一起进入胃中，在胃内酸性条件下，仅有部分淀粉和部分半纤维素被酸解，消化甚微。淀粉和麦芽糖又向后移，到了十二指肠，这里是碳水化合物消化吸收的主要部位。饲料在十二指肠受胰淀粉酶和麦芽糖酶作用，把淀粉变为麦芽糖，再把麦芽糖变为葡萄糖。

　　其他糖类则由相应的酶分解为葡萄糖。小肠食糜的葡萄糖，一部分被肠壁吸收，一部分被微生物分解产生有机酸，其中 1/2 以上是乳酸，其余为挥发性脂肪酸，至小肠末端食糜排入盲肠时，有机酸几乎全部变为挥发性脂肪酸。在小肠内未被消化的淀粉及葡萄糖，转移到盲肠及结肠，受细菌作用产生挥发性脂肪酸和气体，气体被排出体外，挥发性脂肪酸则被肠壁吸收，参与畜体代谢。

　　单胃草食动物，如马、驴、骡等，对碳水化合物的消化代谢过程与猪基本相同。单胃草食动物虽然没有瘤胃，但盲肠结肠较发达，其中细菌对纤维素和半纤维素具有较强的消化能力。因此，它们对粗纤维的消化能力比猪强，但不如反刍动物。马属动物在碳水化合物消化代谢过程中，既可进行挥发性脂肪酸代谢，又能进行葡萄糖代谢。马属动物在使役时，需要较多的能量，日粮中应增加含淀粉多的精料。休闲时，可多供给些富含粗纤维的秸秆类饲料。

　　瘤胃是反刍动物消化粗纤维的主要器官。饲料粗纤维进入瘤胃后，被瘤胃细菌降解为乙酸、丙酸和丁酸等挥发性脂肪酸，同时产生甲烷、氢气和二氧化碳等气体。分解后的挥发性脂肪酸，大部分可直接被瘤胃壁迅速吸收，吸收后由血液输送至肝脏。在肝脏中，丙酸转变为葡萄糖，参与葡萄糖代谢，丁酸转变为乙酸，乙酸随体循环到各组织中参加三羧酸循环，氧化释放能量供给动物体需要，同时也产生二氧化碳和水。还有部分乙酸被输送至乳腺，用以合成乳脂肪。所产生的气体以嗳气等方式排出体外。

　　瘤胃中未被降解的粗纤维通过小肠时无大变化，到达结肠与盲肠中部分粗纤维又可被细菌降解为挥发性脂肪酸及气体。挥发性脂肪酸可被肠壁吸收参加机体代谢，气体排出体外。

　　反刍动物的口腔中唾液多但淀粉酶很少，饲料中淀粉在口腔内变化不大。饲料中大部分淀粉和糖进入瘤胃后被细菌降解为挥发性脂肪酸及气体。挥发性脂肪酸被瘤胃壁吸收参加机体代谢，气体排出体外。

　　瘤胃中未被降解的淀粉和糖进入小肠，在淀粉酶、麦芽糖酶及蔗糖酶等的作用下分解为葡萄糖等单糖被肠壁吸收，参加机体代谢。小肠未被消化的淀粉和糖进入结肠与盲肠，被细菌降解为挥性脂肪酸并产生气体。挥发性脂肪酸被肠壁吸收参加代谢，气体排出体外。在所有消化道中未被消化吸收的无氮浸出物和粗纤维，最终由粪便排出体外。

　　由碳水化合物消化代谢过程可知，反刍动物碳水化合物消化代谢的特点是：以挥发性脂肪酸代谢为主，是在瘤胃和大肠中靠细菌发酵；而以葡萄糖代谢为辅，是在小肠中靠酶的作用进行。故反刍动物不仅能大量利用无氮浸出物，也能大量利用粗纤维。反刍动物对粗纤维的消化率一般可达 40% ~ 60%。

　　瘤胃发酵形成的各种挥发性脂肪酸的数量，因日粮组成、微生物区系等因素而异。对于肉牛，提高饲粮中精料比例或将粗饲料磨成粉状饲喂，瘤胃中产生的乙酸减少，丙酸增多，有利于合成体脂肪，提高增重，改善肉质。对于奶牛，增加饲粮中优质粗饲料的给量，则形成的乙酸多，有利于形成乳脂肪，提高乳脂率。

　　反刍动物对粗纤维的利用程度变化极大，影响消化道中微生物的所有因素均影响粗纤维的利用。在平时饲养工作中，粗饲料应该是反刍动物日粮之主体，一般应占整个日粮干物质的 50% 以上。奶牛粗饲料供给不足或粉碎过细，轻者影响产奶量，降低乳脂率，重则引起奶牛蹄叶炎、酸中毒、瘤胃不完全角化症、皱胃移位等。日粮粗纤维水平低于或高于适宜范围都不利于对能量的利用，会对动物产生不良影响。奶牛日粮中按干物质计，粗纤维含量约 17% 或酸性纤维约 21%，才能预防出现粗纤维不足的症状。

　　合理利用粗纤维的关键是要在日粮中保持适宜的粗纤维水平，影响粗纤维消化率的因素有：

　　（1）动物种类和年龄　反刍动物消化粗纤维的能力最强，高达 50% ~ 90%，其次是马、兔、猪，鸡对粗纤维的消化能力最差。成年动物对粗纤维的消化率高于同种幼龄动物。生产实践中，将一些含粗纤维多的饲料饲喂草食动物，而猪禽只能适当喂给优质粗饲料。

　　（2）饲料种类　同种动物对不同种饲料的粗纤维消化率也不相同。家兔对甘蓝叶粗纤维的消化率为 75%，对胡萝卜为 65.3%，对秸秆为 22.7%，对木屑粗纤维消化率仅为 20.0%。

　　（3）日粮蛋白质水平　反刍动物日粮中蛋白质营养水平是改善瘤胃对粗纤维消化能力的重要因素。因此，以这类饲料为主的牛羊日粮中要注意蛋白质营养的供给。

　　（4）日粮粗纤维和淀粉含量　日粮中粗纤维的含量越高，粗纤维本身的消化率就越低，而且还能使其他养分的消化率也降低。其原因是日粮中的粗纤维能刺激胃肠蠕动，使食糜在肠道内停留时间减少，并且妨碍消化酶对营养物质的接触，因此可影响饲粮中蛋白质、碳水化合物、脂肪和矿物质的消化。

　　粗纤维消化率又与日粮中淀粉含量有关。如用粗纤维与淀粉含量不同的日粮喂羊，在一定范围内，随着日粮中粗纤维含量的减少，淀粉含量的增加，日粮中包括粗纤维在内的各种营养物质的消化率有提高的趋势。

　　（5）添加矿物质　在反刍动物的日粮中，添加适量的食盐、钙、磷、硫等，可促进瘤胃微生物的繁殖，提高对粗纤维的消化率。

（6）合理使用与加工调制　粗饲料喂前进行加工调制，可改变饲料原来的理化特性，改善其适口性，提高粗纤维的消化率和饲料的营养价值。如秸秆经碱化处理，粗纤维消化率可提高 20% ~ 40%。但粗饲料粉碎过细，反刍动物对粗纤维的消化率降低 10% ~ 15%。

四、脂肪与畜禽营养

各种饲料和动物体中均含有脂肪。根据结构不同，主要分为真脂肪和类脂肪两大类，两者统称为粗脂肪。真脂肪在体内脂肪酶的作用下，分解为甘油和脂肪酸，类脂肪则除了分解为甘油和脂肪酸外，还含有磷酸、糖和其他含氮物。

脂肪水解时，如有碱类存在，则脂肪酸皂化而成肥皂。脂肪酸皂化时所需的碱量，叫做皂化价。脂肪酸皂化时，每分子脂肪酸与一原子的钠或其他相当的碱元素化合，脂肪酸的分子量愈小，则在一定重量中分子数愈多，所能化合的碱元素也愈多，其皂化价愈高；脂肪酸分子量愈大，则皂化价低。因此，脂肪酸分子量的大小及脂肪酸分子中碳原子的多少，可用皂化价的大小来测定。

不饱和脂肪酸也能与碘化合，每 100g 脂肪或脂肪酸所能吸收的碘克数，叫做碘价。脂肪酸不饱和程度愈大，所能化合的碘愈多，则碘价愈高，所以脂肪酸饱和程度可以用碘价来测定。

构成脂肪的脂肪酸种类很多，已发现有 100 多种，包括脂肪酸结构中不含双键的饱和脂肪酸与含有双键的不饱和脂肪酸。脂肪酸的饱和程度不同，脂肪酸和脂类的熔点和硬度不同。脂肪中含不饱和脂肪酸越多，其硬度越小，熔点也越低；不饱和脂肪酸所含双键数不同，脂类碘价不同；脂肪酸分子量不同，脂类皂化价不同。

植物油脂中不饱和脂肪酸含量高于动物油脂。故常温下，植物油脂呈液体状态，而动物油脂呈固体状态。

1. 脂肪的水解作用

脂肪可在酸或碱的作用下发生水解，水解产物为甘油和脂肪酸，动植物体内脂肪的水解在脂肪酶催化下进行。水解所产生的游离脂肪酸大多数无嗅无味，但低级脂肪酸，特别是 4 ~ 6 个碳原子的脂肪酸，如丁酸和乙酸，具有强烈的气味，影响动物适口性，动物营养中把这种水解看成影响脂肪利用的因素。

多种细菌和霉菌均可产生脂肪酶，当饲料保管不善时，其所含脂肪易于发生水解而使饲料品质下降。

2. 酸败作用

脂肪暴露在空气中，经光、热、湿和空气的作用，或者经微生物的作用，可逐渐产生一种特有的臭味，此作用称为酸败作用。

存在于植物饲料中的脂肪氧化酶或微生物产生的脂肪氧化酶最容易使不饱和脂肪酸氧化酸败，脂肪酸败产生的醛、酮和酸等化合物，不仅具有刺激性气味，影响适口性，而且在氧化过程中所生成的过氧化物，还会破坏一些脂溶性维生素，降低脂类和饲料的营养价值。

脂肪的酸败程度可用酸价表示，酸价是指中和 1 g 脂肪中的游离脂肪酸所需的氢氧化钾的毫克数，通常酸价大于 6 的脂肪即可能对动物健康造成不良影响。

3. 氢化作用

在催化剂或酶的作用下，不饱和脂肪酸的双键可与氢发生反应而使双键消失，转变为饱和脂肪酸，从而使脂肪的硬度增加，不易酸败，有利于贮存，但也损失必需脂肪酸。

反刍动物进食的饲料脂肪可在瘤胃中发生氢化作用，因此其体脂肪中饱和脂肪酸含量较高。

（1）脂肪是动物体组织的重要成分　动物的各种组织器官，如皮肤、骨骼、肌肉、神经、血液及内脏器官中均含脂肪，主要为磷脂和固醇类等。脑和外周神经组织含有鞘磷脂；蛋白质和脂肪按一定比例构成细胞膜和细胞原生质，因此，脂肪也是组织细胞增殖、更新及修补的原料。

（2）脂肪是供给动物体能量和贮备能量的最好形式　脂肪含能量高，在体内氧化产生的能量为同重量碳水化合物的 2.25 倍。脂肪的分解产物游离脂肪酸和甘油都是供给动物维持生命活动和生产的重要能量来源。

（3）脂肪是脂溶性维生素的溶剂　脂溶性维生素 A、维生素 D、维生素 E、维生素 K 及胡萝卜素，在动物体内必须溶于脂肪后才能被消化吸收和利用。如母鸡日粮中含 4% 脂肪时，能吸收 60% 的胡萝卜素，当脂肪含量降至 0.07% 时，只能吸收 20%。日粮中脂肪不足，可导致脂溶性维生素的缺乏。

（4）脂肪为动物提供必需脂肪酸　脂肪可为动物提供 3 种必需脂肪酸，即亚油酸（十八碳二烯酸）、亚麻酸（十八碳三烯酸）和花生油酸（二十碳四烯酸），它们对动物，尤其是幼龄动物具有重要作用，缺乏时，幼龄动物生长停滞。

（5）脂肪对动物具有保护作用　脂肪不易传热，因此，皮下脂肪能够防止体热的散失，在寒冷季节有利于维持体温的恒定和抵御寒冷，这对生活在水中的哺乳动物显得更为重要。脂肪充填在脏器周围，具有固定和保护器官以及缓和外力冲击的作用。

（6）脂肪是动物产品的成分　动物产品奶、肉、蛋及皮毛、羽绒等均含有一定数量的脂肪。因此，脂肪的缺乏也会影响到动物产品的形成和品质。

近年研究表明，动物日粮中添加一定比例的脂肪可提高生产性能。

1. 饲料脂肪对肉类脂肪的影响

（1）单胃动物　单胃动物的胃黏膜和胰脏均能分泌脂肪酶。单胃动物消化吸收脂肪的主要场所是小肠，在胆汁、胰脂肪酶和肠脂肪酶的作用下，水解为甘油和脂肪酸。经吸收后，家禽主要在肝脏，家畜主要在脂肪组织（皮下和腹腔）中再合成体脂肪。在猪的催肥期，如喂给脂肪含量高的饲料，可使猪体脂肪变软，易于酸败，不适于制作腌肉和火腿等肉制品。因此，猪肥育期应少喂脂肪含量高的饲料，多喂富含淀粉的饲料，因为由淀粉转变成的体脂肪中含饱和脂肪酸较多。采取这种措施，既保证猪肉的优良品质，又可降低饲养成本。饲料脂肪性质对鸡体脂肪的影响与猪相似。一般说来，日粮中添加脂肪对总体脂含量的影响较小，对体脂肪的组成影响较大。

（2）反刍动物　反刍动物的饲料主要是牧草和秸秆类。以鲜草中脂肪为例，不饱和脂肪酸占 4/5，饱和脂肪酸仅占 1/5。但牧草中的脂肪在瘤胃内微生物的作用下，水解为甘油和脂肪酸，其中大量的不饱和脂肪酸可经细菌的氢化作用转变为饱和脂肪酸，再由小肠吸收后合成体脂肪。因此，反刍动物体脂肪中饱和脂肪酸较多，体脂肪较为坚硬。反刍动物体脂肪品质受饲草脂肪性质影响极小，但高精料饲养容易使皮下脂肪变软。

2. 饲料脂肪对乳脂肪品质的影响

饲料脂肪在一定程度上可直接进入乳腺，饲料脂肪的某些成分，可不经变化地用以形成乳脂肪。因此，饲料脂肪性质与乳脂肪品质密切相关。奶牛饲喂大豆时黄油质地较软，饲喂大豆饼时黄油较为坚实，而饲喂大麦粉、豌豆粉和黑麦麸时黄油则坚实。添加油脂对乳脂率影响较小，一般不能通过添加油脂的办法改善奶牛的乳脂率。

3. 饲料脂肪对蛋黄脂肪的影响

将近 1/2 的蛋黄脂肪是在卵黄发育过程中，摄取经肝脏而来的血液脂肪而合成，这说明蛋黄脂肪的质和量受饲料脂肪影响较大。据研究，饲料脂类使蛋黄脂肪偏向不饱和程度大，一些特殊饲料成分可能对蛋黄造成不良影响，例如硬脂酸进入蛋黄中会产生不适宜的气味。添加油脂（主要为植物油）可促进蛋黄的形成，继而增加蛋重，并可能生产富含亚油酸的"营养蛋"。

油脂是高能饲料。饲粮中添加油脂，除供能外，还可改善适口性，增加饲料在肠道的停留时间，有利于其他营养成分的消化吸收和利用，即具有"增能效应"，高温季节可降低动物的应激反应。研究表明，添加油脂还能显著提高生产性能并降低饲养成本，尤其对于生长发育快生产周期短或生产性能高的动物效果更为明显。

为了满足肉鸡对高能量饲粮的要求，通常需在饲粮中添加油脂。研究表明，日粮中添加适量油脂能显著提高肉鸡日增重和饲料转化率，改善肉质，缩短饲养周期，经济效益显著。肉鸡体内脂肪沉积绝大部分在肥育阶段，从减少腹脂和提高生产性能两方面考虑，建议在肉鸡前期饲粮中添加 2% ~4% 的猪油等油脂，以提高生产性能；而在后期饲粮中添加必需脂肪酸含量高的玉米油、豆油等油脂，以改善肉质。

奶牛精饲料中油脂添加量建议为 3% ~5%；蛋鸡饲粮中油脂添加量建议为 3% 左右；肉猪添加量为 4% ~6%，仔猪为 3% ~5%。添加植物油优于动物油，而椰子油、玉米油、大豆油为仔猪的最佳添加油脂。由于油脂价格高，且混合工艺存在问题，目前，国内的油脂实际添加量远低于上述建议添加量。

加工生产预混料时，为避免产品吸湿结块，减少粉尘，常在原料中加一定量油脂。

五、能量与畜禽营养

动物在维持生命活动和生产过程中，均需要能量。动物所需要的能量来源于饲料中的碳水化合物、脂肪和蛋白质三大有机物质。蛋白质在体内不能完全氧化，若蛋白质在体内大量分解，会产生过多氨气，危害动物健康和生产；脂肪的能值虽是碳水化合物的 2.25 倍，但是由于饲料中脂肪含量一般较少，如果脂肪用量过大也会对动物产生不利影响，同时蛋白质和脂肪的价格均较高，因此，能量的主要来源是碳水化合物中的淀粉和纤维素。

饲料中三大有机物在动物体内的代谢过程伴随着能量的转化过程。动物食入的能量，损耗的能量及沉积的能量，是遵循能量守恒定律的，称为能量平衡。饲料中的能量在动物体内的转化过程见图1-2。

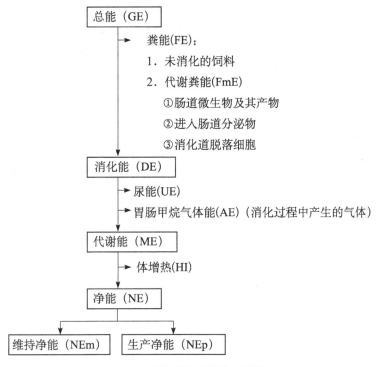

图1-2　饲料能量在动物体内转化过程

1. 能量在动物体内的转化规律

（1）总能（GE）　　总能是指饲料在氧弹式热量计中完全燃烧后，以热的形式释放出来的能量。三种主要有机物的平均能值（kJ/g）为：碳水化合物17.35，蛋白质23.64，脂肪39.54。脂肪的产热量最高，约为碳水化合物或蛋白质的2.25倍。

每种饲料只有一个总能值。总能不能反映饲料的真实营养价值，只表示饲料完全燃烧后化学能转变成热能的多少，并不说明被动物利用的有效程度，也绝不是饲料的全面营养价值，但总能是评定能量代谢过程中其他能值的基础。

（2）消化能（DE）　　饲料的可消化营养物质中所含的能量为消化能。动物采食饲料后，未被消化吸收的营养物质等由粪便排出体外，粪便燃烧所产生的能量为粪能（FE）。有公式：

$$ADE = GE - FE,$$

式中：

ADE 为饲料表观消化能；GE 为进食饲料总能；FE 为进食饲料所排出的粪能。

$$TDE = GE - （FE - FmE）$$

式中：

TDE 为饲料的真实消化能；FmE 为代谢粪能。

表观消化能低于真实消化能，但生产实践中多应用表观消化能。

由总能转化为消化能的过程中，粪能丢失的多少因动物品种及饲料性质而异。吮乳的幼龄动物粪能丢失不到 10%，而采食劣质粗饲料的动物粪能丢失高达 60%。正常情况下，反刍动物采食粗饲料粪能损失 40% ~ 50%，而采食精料为 20% ~ 30%。马的粪能损失约 40%，猪约 20%。

测定饲料的消化能采用消化试验。用饲料消化能评定饲料的营养价值和估计动物的能量需要量比饲料总能更为准确，可反映出饲料能量被消化吸收的程度。用总能不能区别饲料在营养价值上的差异，用消化能则可大致加以区别。

禽类粪尿难以分开，一般不测定禽类饲料的消化能。

（3）代谢能（ME） 饲料的可利用营养物质中所含的能量称为代谢能。它表示饲料中真正参与动物体内代谢的能量，故又称为生理有效能。

饲料中被吸收的营养物质，在利用过程中有两部分能量损失。一是尿中蛋白质的尾产物尿素、尿酸等燃烧所产生的尿能；二是碳水化合物在消化道，经微生物酵解所产生的气体中甲烷燃烧所产生的能量，即胃肠甲烷气体能。则：

$$ME = DE - UE - AE \text{ 或 } ME = GE - FE - UE - AE$$

式中：

ME 为饲料代谢能；UE 为尿能；AE 为胃肠气体能。

哺乳动物尿中的含氮化合物主要是尿素，禽类主要是尿酸。据测定，每克尿素含能量 23kJ，每克尿酸含能量 28kJ。一般情况下，猪的尿能占采食总能的 2% ~ 3%，牛的尿能占总能的 4% ~ 5%。尿能损失也受饲粮结构的影响，特别是饲粮中蛋白质水平、氨基酸平衡状况等。

反刍动物损失的甲烷气体能较多，一般占总能的 6% ~ 8%。猪禽损失很少，常忽略不计。

通常所说的代谢能，系指表观代谢能。用代谢能评定饲料的营养价值和动物的能量需要，比消化能更进一步明确了饲料能量在动物体内的转化与利用程度。

测定饲料的代谢能常采用代谢试验，即在消化试验的基础上增加收集尿和收集甲烷气体的装置。

（4）净能（NE） 代谢能在动物体内转化过程中，还有部分能量以体增热的形式损失。体增热又称热增耗（HI），是指绝食动物饲给饲粮后短时间内，体内产热量高于绝食代谢产热的那部分热能，它由体表散失。体增热包括发酵热（HF）和营养代谢热（HNM）。发酵热是指饲料在消化过程中由消化道微生物发酵产生的热量（主要是对草食动物而言）。反刍动物的发酵热为食入总能的 5% ~ 10%，非草食动物一般忽略不计。营养代谢热是指动物采食饲料后体内代谢加强而增加的产热量。它主要产生于养分吸收的代谢过程。此外，消化道肌肉活动、呼吸加快以及内分泌系统和血液循环系统等机能加强，都会引起体热增加。体增热代表代谢能中被用于养分的转化和代谢作用所消耗的热能。冷应激环境中，动物可利用体增热维持体温。热应激环境中，体增热是一种负担，设法降低体增热是提高饲料利用率和动物生产性能的主要措施之一。体增热受动物种类、饲料成分、饲粮组成、饲养水平及日粮全价性等因素的影响，一般占食入总能的 10% ~ 40% 不等。

代谢能减去体增热即为净能。则：

$$NE = ME - HI \text{ 或 } NE = GE - FE - UE - AE - HI$$

式中：

NE 为净能；HI 为体增热。

净能是指饲料总能中，完全用来维持动物生命活动和生产产品的能量。前者称为维持净能（NEm），后者称为生产净能（NEp）。不同生产用途时生产净能的表现形式不同，例如肥育动物的产脂净能（NEF）、泌乳动物的产奶净能（NEL）、产蛋动物的产蛋净能（NEE）、生长动物的增重净能（NEG）等。

测定饲料净能，除进行代谢试验外，还要测定饲料在动物体内产生的体增热。由于净能常常是在测定表观代谢能基础上进行，所以它也是表观净能。

用净能评定饲料的营养价值比代谢能又进了一步，它与动物产品密切相联。但是，由于测定净能费时费工，所需装置比较复杂，当今饲料营养价值表中所列净能值多是推算出来的。

由上可见，动物采食饲料能量后，经消化、吸收、代谢及合成等过程，大部分能量（70%～80%）以各种废能（粪能、尿能、气体能、体增热、维持净能）的形式损失掉，仅有少部分食入饲料能量转化为不同形式的产品净能（NEp）供人类使用。总能、消化能、代谢能、生产净能均可评价饲料的能量营养价值，由于依次愈来愈接近饲料利用之终端，所以评定饲料能量营养价值或估计动物能量需要时，其准确性以总能最差，生产净能最高。

2. 能量转化规律的实践意义

合理利用饲料能量，提高饲料能量利用效率是动物饲养中的一项重要任务。饲料能量利用效率是指饲料在动物体内经过代谢转化后，最终用于维持动物生命和生产。动物利用饲料中能量转化为产品净能，这种投入的能量与产出的能量的比率关系称为饲料能量利用效率。能量用于维持需要和用于生产的效率不同，用于维持需要所占的比例愈小，用于生产需要所占的比例愈大，则效率越高。

（1）动物的能量体系　虽然净能最能准确表明饲料能量价值和动物的能量需要，但考虑到数据来源的难易程度，一般在生产实践中，中国采用消化能作为猪的能量指标，以表示猪对能量的需要和猪饲料的能值。一般情况下，猪饲料消化能中96%可以转化为代谢能，66%～72%的代谢能可以转变为净能；对于禽则采用代谢能作为能量指标，饲料在禽体内有75%～80%的代谢能可转变为净能；对反刍动物则采用净能作为能量指标，反刍动物饲料中的消化能有76%～86%可转变为代谢能，代谢能的30%～65%可转变为净能。在我国，奶牛采用奶牛能量单位，缩写为NND（汉语拼音字首）或DCEU（Dairy Cattle Energy Unit之缩写），即1 kg含脂4%的标准乳能量或3 138kJ产奶净能为1个NND。对肉牛采用肉牛能量单位，缩写为RND（汉语拼音字首）或BCEU（Beef Cattle Energy Unit之缩写），即1 kg中等品质玉米所含的综合净能8.08 MJ为1个RND。

（2）影响饲料能量利用效率的因素

①动物的种类、性别与年龄：动物的种类不同，饲料能量的利用效率不同，猪禽等单胃动物，代谢能用于生长育肥的效率比反刍动物高。一般母畜对饲料能量利用率高于公畜。

②生产目的：能量转化效率的高低为维持＞产奶＞生长、肥育＞妊娠和产毛。

③饲养水平：适宜的饲养水平范围内，随着饲喂水平的增加，饲料有效能量用于维持

需要部分相对减少，用于生产的纯效率增加。但超过适宜的饲养水平，随采食量的增加，饲料中的消化能值和代谢能值都减少。

④饲粮组成和饲料成分：不同营养素体增热不同，蛋白质体增热最大。饲粮中蛋白质含量过高或氨基酸不平衡，会导致大量氨基酸在肝脏脱氨，其氨基合成尿素由尿排出，增加了尿能损失。况且氨基酸碳架氧化时释放大量热，又增加体增热的损失，降低了饲料能量的利用效率；饲料中纤维素水平及饲料形状影响消化过程的产热及体增热的产生；日粮中添加油脂可提高能量的利用效率；饲料中缺乏某些矿物质（如钙、磷）或维生素（如核黄素）都会使体增热增加，净能减少。

⑤环境因素：包括温度、湿度、气流、光照、饲养密度、应激等。环境温度不仅影响动物的采食、消化、代谢及产热，而且直接影响动物生产，动物处在温度适宜的环境中时，饲料能量用于维持的能量最少，用于生产的能量最多，能量利用效率也最高。

⑥疾病：动物疾病的临床表现大都有食欲降低，进而引发不同的其他症状，甚至导致代谢紊乱，必然影响到动物对饲料采食、营养物质的消化吸收与利用，同时也影响能量的转化，最终导致能量利用效率的降低。

⑦群体效率：畜牧业生产中，除了要考虑动物个体效率外，还应考虑群体效率。如产仔少、增重慢、雄性动物多及群居间骚扰都会降低能量利用效率。

（3）提高饲料能量利用率的营养学措施

①减少能量转化损失：通过正确合理的饲料配制、加工及饲喂技术，可减少能量在转化过程中，粪能、尿能、胃肠甲烷气体能、体增热等各种能量的损失，减少动物的维持消耗，增加生产净能，以提高动物的能量利用效率，多出产品，出好产品。

②确切满足动物需要：给动物配制全价日粮，即根据动物的具体情况，参照各自的饲养标准，满足其对能量、蛋白质、矿物质和维生素等各种营养物质量的需要及其相互间的适宜比例，尤其应供给氨基酸平衡的蛋白质营养及适宜的粗纤维水平。

③减少维持需要：动物的维持需要是动物为维持生命活动，而不生产任何动物产品的情况下对各种营养物质的需要。维持需要属于无效生产的需要，但它是生产产品需要的基础，又是必不可少的一部分需要。生产实践中可采取多种措施减少维持需要。例如，对育肥动物，在保证健康前提下，减少不必要的运动、缩短饲养期；创造适宜圈舍温度，做到冬季防寒，夏季防暑；蛋用禽类和种用动物的体重控制为标准体重；动物的饲养水平既不能过低又不能过高；加强动物的饲养管理，合理组群，以减少或防止疾病的发生及群体效率下降带来的不利影响。

六、矿物质与畜禽营养

矿物质存在于动物体的各种组织中，广泛参与体内各种代谢过程。除碳、氢、氧和氮四种元素主要以有机化合物形式存在外，其余各种元素无论含量多少，统称为矿物质或矿物质元素。矿物质元素在机体生命活动过程中起十分重要的调节作用，尽管占体重很小，且不供给能量、蛋白质和脂肪，但缺乏时动物生长或生产受阻，甚至死亡。

矿物质具有多种营养生理功能，主要有：矿物质是构成动物体组织的重要成分，如钙、磷、镁是构成骨骼和牙齿的主要成分，磷和硫是组成体蛋白的重要成分；矿物质在维持体液渗透压恒定和酸碱平衡上起着重要作用；矿物质是维持神经和肌肉正常功能所必需的物质；矿物质是机体内多种酶的成分或激活剂；矿物质是乳蛋产品的成分。

动物对矿物质的需要受多种因素的影响。现将一些动物对主要必需矿物质元素的最低需要量列于表 1-7 中。在现代动物生产中，由天然饲料配制成的日粮不能满足需要的部分，一般都用矿物质饲料或微量元素添加剂来补足。由于矿物质元素间易发生相互作用，包括协同作用和拮抗作用，生产中最多的应注意相互间的抑制，配合饲料时必须保证矿物质元素之间的平衡（表 1-7）。

表 1-7　各种动物对必需矿物质元素的最低需要量

矿物质元素	小猪	生长猪	母猪	肉鸡	产蛋鸡	小牛羔羊	生长反刍动物	产奶反刍动物
钙/%	0.8	0.70	0.60	1.00	3.5	0.45	0.40	0.50
磷/%	0.7	0.60	0.50	0.80	0.6	0.35	0.30	0.30
钠/%	0.13	0.13	0.20	0.16	0.15	0.12	0.12	0.15
氯/%	0.13	0.13	0.20	0.20	0.20	0.13	0.13	0.20
钾/%	0.50	0.50	0.70	0.40	0.50	0.50	0.50	0.70
镁/%	0.05	0.05	0.05	0.05	0.05	0.10	0.25	0.25
硫/%	0.10	0.10	0.10	0.10	0.10	0.10	0.10	0.10
铁/(mg/kg)	75	50	40	40	40	75	50	50
锰/(mg/kg)	25	25	30	60	60	60	60	60
锌/(mg/kg)	40	40	40	50	40	30	30	40
铜/(mg/kg)	6	5	5	5	5	8	8	8
硒/(mg/kg)	0.15	0.15	0.15	0.20	0.20	0.15	0.15	0.15
碘/(mg/kg)	0.20	0.20	0.30	0.20	0.30	0.20	0.20	0.30
钴/(mg/kg)	0.05	0.05	0.05	0.05	0.05	0.08	0.08	0.08
钼/(mg/kg)	0.10	0.10	0.10	0.10	0.10	0.10	0.10	0.10

（引自：杨凤. 动物营养学. 北京：中国农业出版社，1993）

1. 钙和磷

（1）营养生理功能　机体中的钙约 99% 构成骨骼和牙齿；钙在维持神经和肌肉正常功能中起抑制神经和肌肉兴奋性的作用，当血钙含量低于正常水平时，神经和肌肉兴奋性增强，引起动物抽搐；钙可促进凝血酶的致活，参与正常血凝过程；钙是多种酶的活化剂或抑制剂；钙能激活肌纤凝蛋白-ATP 酶与卵磷脂酶，能抑制烯醇化酶与二肽酶的活性。

机体中的磷约 80% 构成骨骼和牙齿；磷以磷酸根的形式参与糖的氧化和酵解，参与脂肪酸的氧化和蛋白质分解等多种物质代谢；在能量代谢中磷以 ADP 和 ATP 的成分，在能量贮存与传递过程中起着重要作用；磷还是 RNA、DNA 及辅酶Ⅰ、Ⅱ的成分，与蛋白质的生物合成及动物的遗传有关；另外，磷也是细胞膜和血液中缓冲物质的成分。

（2）钙磷缺乏症与过量的危害　动物日粮钙磷缺乏主要表现以下缺乏症。

①食欲不振与生产力下降：食欲不振或废绝，缺磷时更为明显。患畜消瘦、生长停滞；母畜不发情或屡配不孕，可导致永久性不育，或产畸胎、死胎，产后泌乳量减少；公畜性机能降低，精子发育不良，活力差；母鸡产软壳蛋或蛋壳破损率高，产蛋率和孵化率下降。

②异嗜癖：动物喜欢啃食泥土、石头等异物，互相舔食被毛或咬耳朵。母猪吃仔猪，

母鸡啄食鸡蛋等。缺磷时异嗜癖表现更为明显。

③幼年动物患佝偻症：幼年动物的饲粮中缺乏钙磷及其比例不当或维生素 D 不足时均可引起。患佝偻症的动物表现为骨端粗大，关节肿大，四肢弯曲，呈 "X" 型或 "O" 型，肋骨有 "捻珠状" 突起。骨质疏松，易骨折。幼猪多呈犬坐姿式，严重时后肢瘫痪。犊牛四肢畸形、弓背。幼年动物在冬季舍饲期，喂以钙少磷多的精料，又很少接触阳光时最易出现这种症状。

④成年动物患软骨症：此症常发生于妊娠后期与产后母畜、高产奶牛和产蛋鸡。饲粮中缺少钙磷或比例不当，为供给胎儿生长或产奶、产蛋的需要，动物过多地动用骨骼中的贮备，造成骨质疏松、多孔呈海绵状，骨壁变薄，容易在骨盆骨、股骨和腰荐部椎骨处发生骨折。母牛、母猪常于分娩前后瘫痪。母鸡胸骨变软，翼和足易折断，严重时引起死亡。

动物对钙、磷有一定程度的耐受力，过量直接造成中毒的少见，但超过一定限度会降低动物的生产性能。生长猪和禽供钙量超过需要量的 50% 时，就会产生不良后果；磷过多，使血钙降低。

（3）钙磷的合理供应　钙磷的合理供应主要从影响钙磷吸收的因素、钙磷的来源与供应两方面综合考虑。饲料中的钙和无机磷可以直接被吸收，而有机磷则需经过酶水解成为无机磷后才能吸收。钙磷的吸收须在溶解状态下进行，能促进钙磷溶解的因素就能促进钙磷的吸收。影响钙磷吸收的因素主要有以下几点。

①酸性环境：饲料中的钙可与胃液中的盐酸化合生成氯化钙，氯化钙极易溶解，故可被胃壁吸收。小肠中的磷酸钙、碳酸钙等的溶解度受肠道 pH 值影响很大，在碱性、中性溶液中其溶解度很低，难于吸收。酸性溶液中溶解度大大增加，易于吸收。小肠前段为弱酸性环境，是饲料中钙和无机磷吸收的主要场所。小肠后段偏碱性，不利于钙磷的吸收。因此，增强小肠酸性的因素有利于钙磷的吸收。

②钙磷比例：一般动物，钙磷比例在（1～2）:1 范围内吸收率高。若钙磷比例失调，小肠内又偏碱性条件下，如果钙过多，将与饲粮中的磷更多地结合成磷酸钙沉淀；如果磷过多，同样也与更多的钙结合成磷酸钙沉淀；磷酸钙沉淀被排出体外。因此，饲粮中钙过多易造成磷的不足，磷过多又会造成钙的缺乏。

③维生素 D：维生素 D 对钙磷代谢的调节是通过它在肝脏、肾脏羟化后的产物 1,25 二羟维生素 D_3 起作用的。1,25 二羟维生素 D_3 具有增强小肠酸性，调节钙磷比例，促进钙磷吸收与沉积的作用。因此，保证动物对维生素 D 的需要可促进钙磷的吸收。尤其是动物在冬季舍饲期，满足维生素 D 的供应就显得更为重要。但是，过高的维生素 D 会使骨骼中钙磷过量动员，反而可能产生骨骼病变。

④饲粮中过多的脂肪、草酸、植酸的影响：饲粮中脂肪过多，易与钙结合成钙皂，由粪便排出，影响钙的吸收；以谷实类、麸皮类饲料为主的单胃动物日粮中，应适当补加无机磷。植酸与钙结合为不易溶解的植酸钙，也影响钙的吸收。反刍动物瘤胃中的微生物水解植酸磷能力很强，不影响其对钙磷的吸收。

单胃动物对植酸磷利用率低，因此对猪和家禽又提出有效磷的供应问题。有效磷又称为可利用磷，一般认为矿物质饲料和动物性饲料中的磷 100% 为有效磷，而植物性饲料中的磷 30% 为有效磷，为保证单胃动物对磷的需要，最好使无机磷的比例占总磷需要量的

30%以上。

钙磷的来源与供应主要从以下几方面考虑。

①饲喂富含钙磷的天然饲料：含有骨骼的动物性饲料，如鱼粉、肉骨粉等钙磷含量均高。豆科植物，如大豆、苜蓿、花生秧等含钙丰富。禾谷类籽实和糠麸类中钙少磷多。

②补饲矿物质饲料：植物性饲料常满足不了动物对钙磷的需要，必须在饲粮中添加矿物质饲料，如含钙的蛋壳粉、贝壳粉、石灰石粉、石膏粉等以及含钙磷的蒸骨粉、磷酸氢钙等，但同时要调整钙磷比例为（1~2）∶1，其吸收率高。

③加强动物的舍外运动：多晒太阳，使动物被毛、皮肤、血液等中7-脱氢胆固醇大量转变为维生素 D_3，或在饲粮中添加维生素 D。

④对饲料地、牧草地多施含钙磷的肥料，以增加饲料中钙磷的含量。

⑤优良贵重的种用动物可采用注射维生素 D 和钙的制剂或口服鱼肝油的办法，起预防和治疗作用。

2. 钾、钠与氯

钾、钠与氯这3种元素又称为电解质元素，主要分布于动物体液和软组织中。

（1）钾　钾在维持细胞内液渗透压的稳定和调节酸碱平衡上起着重要作用；钾参与蛋白质和糖的代谢；钾可促进神经和肌肉兴奋性。植物性饲料，尤其是幼嫩植物中含钾丰富，一般情况下，动物饲粮中不会缺钾。钾过量影响钠、镁的吸收，甚至引起"缺镁痉挛症"。

（2）钠与氯

①钠与氯的营养生理功能：钠和氯的主要作用是维持细胞外液渗透压和调节酸碱平衡。钠也可促进神经和肌肉兴奋性，并参与神经冲动的传递；以重碳酸盐形式存在的钠可抑制反刍动物瘤胃中产生过多的酸，为瘤胃微生物活动创造适宜环境。氯为胃液盐酸的成分，能激活胃蛋白酶，活化唾液淀粉酶，有助于消化。盐酸可保持胃液呈酸性，具有杀菌作用。

②钠和氯的来源与供应：除鱼粉、酱油渣等含盐饲料外，多数饲料中均缺乏钠和氯。食盐是供给动物钠和氯的最好来源。食盐具有调节饲料口味，改善适口性，刺激唾液分泌，活化消化酶等作用。动物饲粮中，一般都需要另补食盐。

动物缺少食盐的表现为食欲不振，被毛脱落，生长停滞，生产力下降，并有掘土毁圈、喝尿、舔脏物、猪相互咬尾巴等异嗜癖。重役动物由汗液排出大量钠和氯，缺少食盐时，可发生急性食盐缺乏症，其表现：神经肌肉活动失常，心脏机能紊乱，甚至死亡。因此，必须经常供给动物食盐。

食盐过多、饮水量少，会引起动物中毒。猪和鸡对食盐过量较为敏感，容易发生食盐中毒。因此，要严格控制食盐给量，一般猪为混合精料的0.25%~0.5%，鸡为0.35%~0.37%（应将含食盐量高的饲料中的含盐量计算在内），并将食盐压碎后，均匀地混拌在饲料中饲喂。由于动物性饲料及赖氨酸盐酸盐用量的增加，猪禽饲粮中食盐用量降低，而用小苏打可补充钠离子之不足。草食动物不易发生食盐中毒，可自由舔食。

3. 镁

（1）营养生理功能　约有70%的镁参与骨骼和牙齿的构成；镁具有抑制神经和肌肉兴奋性及维持心脏正常功能的作用；镁还是焦磷酸酶、胆碱脂酶、三磷酸腺苷酶和肽酶等多种酶的活化剂，从而影响碳水化合物、脂肪、蛋白质这三种有机物的代谢；镁还参与遗传物质 DNA 和 RNA 的合成。

（2）缺乏症与过量危害　非反刍动物需镁量低，一般饲料均能满足需要，不需要另外补饲。实际饲养中，镁缺乏症主要见于反刍动物，乳牛、肉牛和绵羊均有发生。

镁过量可使动物中毒，主要表现为昏睡、运动失调、拉稀、采食量下降，生产力降低，严重时死亡。

（3）来源与补充　镁普遍存在于各种饲料中，糠麸、饼粕和青饲料中含镁丰富，谷实类、块根块茎类中也含有较多的镁。

缺镁地区的反刍动物可采用氧化镁、硫酸镁或碳酸镁进行补饲。患"草痉挛"病的反刍动物，早期注射硫酸镁或将 2 份硫酸镁混合 1 份食盐让其自由舔食均可治愈。有人认为，猪饲料中补镁有利于防止过敏反应和咬尾。

4. 硫

（1）营养生理功能　硫以含硫氨基酸形式参与被毛、羽毛、蹄爪等角蛋白合成；硫是硫胺素、生物素和胰岛素的成分，参与碳水化合物代谢；硫以黏多糖的成分参与胶原蛋白和结缔组织代谢。

无机硫对于动物具有一定的营养意义。反刍动物瘤胃中的微生物能有效利用无机的含硫化合物如硫酸钾、硫酸钠、硫酸钙等，合成含硫氨基酸和维生素。

（2）缺乏症与过量危害　硫的缺乏通常是动物缺乏蛋白质时才会发生。动物缺硫表现为消瘦，角、蹄、爪、毛、羽生长缓慢。反刍动物用尿素作为唯一的氮源而不补充硫时，也可能出现缺硫现象，致使体重减轻，利用粗纤维能力降低，生产性能下降。禽类缺硫易发生啄食癖，影响羽毛质量。

自然条件下硫过量现象少见。用无机硫作添加剂，用量超过 0.3% ~ 0.5% 可能使动物产生厌食、失重、抑郁等症状。

（3）来源与补充　动物性蛋白质饲料中含硫丰富，如鱼粉、肉粉和血粉等含硫可达 0.35% ~ 0.85%。动物日粮中的硫一般都能满足需要，不需要另外补饲，但在动物脱毛、换羽期间，为加速脱毛、换羽的进行，以尽早地恢复正常生产，可补饲硫酸盐。

1. 铁、铜与钴

铁、铜与钴这三种元素的共同功能是参与造血功能，并参与体内抗体的形成。

（1）铁

①营养生理功能：铁是合成血红蛋白和肌红蛋白的原料。血红蛋白作为氧和二氧化碳的载体，能保证其正常运输。肌红蛋白是肌肉在缺氧条件下做功的供氧原；铁作为细胞色素氧化酶、过氧化物酶、过氧化氢酶、黄嘌呤氧化酶的成分及碳水化合物代谢酶类的激活剂，参与机体内的物质代谢及生物氧化过程，催化各种生化反应；转铁蛋白除运载铁以外，还有预防机体感染疾病的作用。

②缺乏症与过量危害：因饲料中的含铁量超过动物需要量，且机体内红细胞破坏分解释放的铁90%可被机体再利用，故成年动物不易缺铁。哺乳幼畜，尤其是仔猪容易发生缺铁症。初生仔猪体内贮铁量为 30 ~ 50 mg，正常生长每天需铁 7 ~ 8 mg，而每天从母乳中仅得到约 1 mg 的铁。如不及时补铁，3 ~ 5 日龄即出现贫血症状，表现为食欲降低，体弱，

轻度腹泻，皮肤和可视黏膜苍白，血红蛋白量下降，呼吸困难，严重者3～4周龄死亡。雏鸡严重缺铁时心肌肥大，铁不足直接损伤淋巴细胞的生成，影响机体内含铁球蛋白类的免疫性能。

日粮干物质中含铁量达1 000 mg/kg时，导致慢性中毒，消化机能紊乱，引起腹泻，增重缓慢，重者导致死亡。

（2）铜

①营养生理功能：铜对造血起催化作用，促进合成血红素；铜是红细胞的成分，可加速卟啉的合成，促进红细胞的成熟；铜以金属酶的成分，直接参与体内代谢；铜是骨骼的重要成分，参与骨形成并促进钙磷在软骨基质上的沉积；铜在维持中枢神经系统功能上起着重要作用，并可促进垂体释放生长激素、促甲状腺激素、促黄体激素和促肾上腺皮质激素等；铜能促进被毛中双硫基的形成及双硫基的多叉结合，从而影响被毛的生长。铜参与血清免疫球蛋白的构成并通过由它组成的酶类构成机体防御体系，增强机体的免疫功能。

②缺乏症与过量危害：缺铜时，影响动物正常的造血功能，当血铜低于0.2 μg/ml时可引起贫血，缩短红细胞的寿命，降低铁的吸收率与利用率；缺铜时血管弹性硬蛋白合成受阻、弹性降低，从而导致动物血管破裂死亡；缺铜时长骨外层很薄，骨畸形或骨折；羔羊缺铜致使中枢神经髓鞘脱失，表现为"摆腰症"；缺铜羊毛中含硫氨基酸代谢遭破坏，羊毛中角蛋白双硫基的合成受阻，羊毛生长缓慢，失去正常弯曲度，毛质脆弱。缺铜时参与色素形成的含铜酶合成受阻，活性降低，使有色毛褪色，黑色毛变为灰白色；缺铜动物机体免疫系统损伤，免疫力下降，动物繁殖力降低。

铜过量可危害动物健康，甚至中毒。每千克饲料干物质含铜量绵羊超过50 mg、牛超过100 mg、猪超过250 mg、雏鸡达300 mg均会引起中毒。过量铜在肝脏中蓄积到一定水平时，就会释放进入血液，使红细胞溶解，动物出现血尿和黄疸症状，组织坏死，甚至死亡。

近年，在生长猪饲粮中，补饲大剂量的铜（150～250 mg/kg），证明有促进生长和增重，改善肉质，提高饲料转化率的作用，此作用类似抗生素，且高铜与抗生素之间有协同作用。但高铜对猪以外的动物没有明显效果，对反刍动物甚至有害。有人认为高水平铜可缓解仔猪断乳应激。为减轻高铜对环境的污染，氨基酸螯合铜目前被认为是一种理想的添加剂。

③来源和补充：饲料中铜分布广泛，尤其是豆科牧草、大豆饼、禾本科籽实及副产品中含铜较为丰富，动物一般不易缺铜。但缺铜地区或饲粮中锌、钼、硫过多时，影响铜的吸收，可导致缺铜症。缺铜地区的牧地可施用硫酸铜化肥或直接给动物补饲硫酸铜。

（3）钴

①营养生理功能：钴是维生素B_{12}的成分，维生素B_{12}促进血红素的形成，在蛋白质、蛋氨酸和叶酸等代谢中起重要作用；钴是磷酸葡萄糖变位酶和精氨酸酶等的激活剂，与蛋白质和碳水化合物代谢有关。

②缺乏症与过量危害：反刍动物瘤胃中微生物能利用钴合成维生素B_{12}。如缺钴，维生素B_{12}合成受阻，病畜表现食欲不振，生长停滞，体弱消瘦，黏膜苍白等贫血症状。钴

缺乏时，机体中抗体减少，降低了细胞免疫反应。

天然饲料钴过量的可能性很小。各种动物对钴耐受力较强，日粮中钴的含量超过需要量的 300 倍才会产生中毒反应。非反刍动物主要表现是红细胞增多，反刍动物主要表现是肝钴含量增高，采食量和体重下降，消瘦和贫血。

③来源与补充：各种饲料均含微量的钴，一般都能满足动物的需要。缺钴地区可给动物补饲硫酸钴、碳酸钴和氯化钴。

（4）采取综合措施预防幼龄动物贫血症

①补给铁、铜、钴：a. 仔猪生后 2 d 内，在颈侧肌肉分点注射铁钴合剂；b. 将 0.25% 的硫酸亚铁和 0.1% 的硫酸铜混合溶液，滴在母猪乳头上让仔猪吸入。给妊娠母猪和哺乳母猪添加铁蛋氨酸、铜蛋氨酸、钴蛋氨酸螯合物，效果更好。

②设置矿物质补饲糟：在槽内装入食盐或添加硫酸亚铁、硫酸铜、氯化钴等盐类，供动物自由舔食。

③开食与放牧：对仔猪应尽量早地开食与放牧。

④饲喂幼龄动物富含蛋白质、维生素 B_6、维生素 B_{12} 和叶酸的饲料。

2. 硒

（1）营养生理功能　硒具有抗氧化作用，它是谷胱甘肽过氧化酶的成分，此酶可促使组织产生的过氧化氢、过氧化物变为无毒的醇，从而避免对红细胞、血红蛋白、精子原生质膜等的氧化破坏；硒是激活 5'-脱碘酶的重要物质，脂类和维生素 E 吸收时所需要的胰脂酶的形成受硒的影响；硒促进蛋白质、DNA 与 RNA 的合成，并对动物的生长有刺激作用；硒与肌肉的生长发育和动物的繁殖密切相关；硒对胰腺的组成和功能也有重要影响；硒还能促进免疫球蛋白的合成，增强白细胞的杀菌能力；硒在机体内有拮抗和降低汞、镉、砷等元素毒性的作用，并可减轻维生素 D 中毒引起的病变。

（2）缺乏症与硒中毒　中国东北、西北、西南及华东等省区为缺硒地区。缺硒时，猪和兔多发生肝细胞大量坏死而突然死亡；3~6 周龄雏鸡患"渗出性素质病"，胸腹部皮下有蓝绿色的体液聚集，皮下脂肪变黄，心包积水，严重缺硒会引起胰腺萎缩，胰腺分泌的消化液明显减少；幼年动物缺硒均可患"白肌病"，因肌球蛋白合成受阻，致使骨骼肌和心肌退化萎缩，肌肉表面有白色条纹；缺硒的青年公猪精子数减少，活力差。畸形率增高，缺硒的母牛空怀或胚胎死亡；缺硒还加重缺碘症状，并降低机体免疫力。

饲粮中含有 0.1~0.15 mg/kg 的硒，就不会出现缺硒症。含有 5~8 mg/kg 硒时，可发生慢性中毒，其表现为消瘦、贫血、关节僵直、脱毛、脱蹄、心脏、肝脏机能损伤，并影响繁殖等。摄入 500~1 000 mg/kg 硒时，发生急性中毒，患畜瞎眼、痉挛瘫痪、肺部充血，因窒息而死亡。

（3）预防或治疗缺硒症　可用亚硒酸钠维生素 E 制剂，作皮下或深度肌肉注射。或将亚硒酸钠稀释后，拌入饲粮中补饲。家禽可将亚硒酸钠溶于水中饮用。但要严格控制供给量。

3. 锌

（1）营养生理功能　锌是动物体内多种酶的成分或激活剂，催化各种生化反应；锌是胰岛素的成分，参与碳水化合物代谢；锌在蛋白质和核酸的生物合成中起重要作用；锌参与胱氨酸和黏多糖代谢，可维持上皮组织健康与被毛正常生长；锌是碳酸肝酶的成分，与动物呼吸有关；锌能促进性激素的活性，并与精子生成有关；锌参与肝脏和视网膜内维生素 A 还原酶的组成，与视力有关；锌参与骨骼和角质的生长并能增强机体免疫和抗感染力，促进创伤的愈合。

（2）缺乏症与过量危害　幼龄动物缺锌时食欲降低，生长发育受阻。犊牛和羔羊严重缺锌时，出现"侏儒"现象；缺锌时 8～12 周龄的猪易患"不全角化症"，皮肤发炎、增厚，增厚的皮肤上覆以容易剥离的鳞屑，脱毛、微痒、呕吐、下痢。缺锌绵羊羊角和羊毛易脱落，家禽羽毛末端磨损；缺锌种公畜睾丸、副睾及前列腺发育受阻、影响精子生成，母畜性周期紊乱，不易受孕或流产。鸡孵化率下降，死胚率增高；缺锌导致骨骼发育不良，长骨变短增厚；缺锌动物外伤愈合缓慢；缺锌引起免疫器官（淋巴结、脾脏和胸腺）明显减轻，免疫反应显著降低，影响机体免疫力。

各种动物对高锌都有较强的耐受力，但因动物种类不同，耐受力也不同。过量锌对铁、铜吸收不利，易导致贫血。

补充锌可抑制多种病毒。近年的研究表明，以氧化锌形式给断奶前期（14～28 日龄）幼猪日粮中补充锌 1 500～4 000 mg/kg，可缓解下痢，加快生长，减少死亡率。但药理剂量的高锌最多只能补充 14 d，并仅以氧化锌形式补充，高锌与高铜间无协同作用。

（3）来源与补充　锌的来源广泛，幼嫩植物、酵母、鱼粉、麸皮、油饼类及动物性饲料中含锌均丰富。猪、鸡易缺乏，常用硫酸锌、碳酸锌和氧化锌补饲，若采用蛋氨酸螯合物效果更好。

4. 锰

（1）营养生理功能　锰是酶的成分或激活剂，参与蛋白质、碳水化合物、脂肪及核酸代谢；锰参与骨骼基质中硫酸软骨素的生成并影响骨骼中磷酸酶的活性；锰可催化性激素的前体胆固醇的合成，与动物繁殖有关；锰还与造血机能密切相关，并维持大脑的正常功能。

（2）缺乏症与过量危害　动物缺锰时，采食量下降，生长发育受阻，骨骼畸形，关节肿大，骨质疏松。生长鸡患"滑腱症"，腿骨粗短，胫骨与跖骨接头肿胀，后腿腱从踝状突滑出，鸡不能站立，难以觅食和饮水，严重时死亡；缺锰母畜不发情或性周期失常，不易受孕，妊娠初期流产或产弱胎、死胎、畸胎。胚胎期缺锰时，新生仔猪麻痹，死亡率高；缺锰母鸡产的蛋孵化时，鸡胚软骨退化，死胎多，孵化率下降，蛋壳不坚固；锰缺乏或过量都会抑制抗体的产生。

动物对过量锰具有耐受力，禽耐受力最强，牛羊次之，猪对过量锰敏感。生产中锰中毒现象非常少见。锰过量，损伤动物胃肠道，生长受阻，贫血，并致使钙磷利用率降低，导致"佝偻症"、"软骨症"。

（3）来源与补充　植物性饲料中含锰较多，尤其糠麸类、青绿饲料中含锰较丰富。生产中采用硫酸锰、氧化锰等补饲。补饲蛋氨酸锰效果更好。

5. 碘

（1）营养生理功能　碘是甲状腺素的成分。甲状腺素几乎参与机体所有的物质代谢过程，与动物的基础代谢密切相关，并具有促进动物生长发育、繁殖和红细胞生长等作用。

（2）缺乏症与过量危害　缺碘会降低动物基础代谢，碘缺乏症多见于幼龄动物，其表现为生长缓慢，骨架小，出现"侏儒症"。初生犊牛和羔羊表现为甲状腺肿大，初生仔猪缺碘表现无毛、皮厚与颈粗；妊娠动物缺碘可使胎儿发育受阻，产生弱胎、死胎或新生胎儿无毛、体弱、成活率低。母牛缺碘发情无规律，甚至不孕；雄性动物缺碘，精液品质下降，影响繁殖。甲状腺肿大是缺碘地区人畜共患的一种常见病。

缺碘可导致甲状腺肿，但甲状腺肿不全是因为缺碘。十字花科植物中的含硫化合物和其他来源的高氯酸盐、硫脲或硫脲嘧啶都能造成类似缺碘一样的后果。

各种动物对过量碘耐受力不同。超过耐受量可造成不良影响，猪血红蛋白下降，奶牛产奶量减少，鸡产蛋量降低。为了防止碘中毒，饲料干物质含碘量以不超过 4.8 mg/kg 为宜。

（3）来源与补充　动物所需的碘主要是从饲料和饮水中摄取。一般情况下，远离海洋的内陆山区，土壤中含碘较少，其饲料和饮水中的含量也较低，成为缺碘地区。中国缺碘地区面积较大，此地区的动物尤其要注意补碘。

各种饲料含碘量不同，沿海地区植物的含碘量高于内陆地区植物，海洋植物含碘丰富。缺碘动物常用碘化食盐（含 0.01% ~ 0.02% 碘化钾的食盐）补饲。据报道，蛋鸡补饲碘酸钙有利于高碘蛋的开发，补碘可促进奶牛泌乳。

6. 应激状态对主要微量元素需要量的影响

微量元素铁、铜、钴、锰、锌和碘等，均是影响动物免疫机能和抗应激能力的重要因素。由于应激因素如高温、疾病、转群等不良影响，动物食欲下降，微量元素摄入量相对减少，而此时机体的代谢却要增强，即从不同方面加大了对微量元素的需要量，必须额外补充。一般情况下，肉鸡和猪应激状态下微量元素供给量为正常需要量的 2 ~ 3 倍。

七、维生素与畜禽营养

维生素是维持动物正常生理功能所必需的低分子有机化合物。维生素既不是动物体能量的来源，也不是构成动物组织器官的物质，但它是动物体新陈代谢的必需参加者。它作为生物活性物质，在代谢中起调节和控制作用。

1. 维生素的分类

（1）脂溶性维生素　包括维生素 A、维生素 D、维生素 E、维生素 K。

（2）水溶性维生素　包括 B 族维生素和维生素 C。

2. 维生素的营养生理功能

（1）调节营养物质的消化、吸收和代谢　维生素作为调节因子或酶的辅酶或辅基的成分，参与蛋白质、脂肪和碳水化合物这三种有机物的代谢过程，促进其合成与分解，从而实现代谢调控作用。

（2）抗应激作用　诸多应激因素，如营养不良、疾病、冷热、接种疫苗、惊吓、运输、转群、换料、鸡断喙、有害气体的侵袭及饲养管理不当、抗营养因子及高产等，高密度饲养造成肉鸡的高温应激，均能致使动物生产性能下降，自身免疫机能降低，发病率上升，甚至大群死亡，可通过应用抗应激营养物质（如维生素）提高动物自身抗应激能力，减少生产水平的降低。

（3）激发和强化机体的免疫机能　几乎所有维生素都可提高动物的免疫机能，其中以维生素 A、维生素 D、维生素 K、维生素 B_6 和维生素 B_{12} 及维生素 C 的免疫功能最为明显。

（4）提高动物繁殖性能　提高种鸡日粮中维生素和微量元素的含量，即可增加鸡蛋中相应营养素的含量，有助于提高受精率、孵化率和健雏率。与动物繁殖性能有关的维生素有维生素 A、维生素 E、维生素 B_2、泛酸、烟酸、维生素 B_{12}、叶酸及生物素等，其需要量高于同等体重的商品动物。

（5）改善动物产品品质　饲粮中添加维生素 E 可防止肉品中脂肪酸氧化酸败，阻止产生醛、酮及醇类等气味很差的物质，这些物质具有致癌、致畸等危害；猪日粮中添加 200 mg/kg α-生育酚，可显著提高猪肉贮存稳定性，熟猪肉的货架寿命延长 2 d，明显降低冻猪肉在4℃条件下贮存解冻时的滴水损失。

蛋鸡饲粮中添加维生素 A、维生素 D_3、维生素 C 有助于改善蛋壳强度和色泽。产蛋鸡饲粮中添加高水平维生素，生产"营养强化蛋"已被生产所采用。

（6）预防集约化饲养条件下的疫病　添加高水平维生素具有一定的预防代谢疾病的作用。如快速生长肉鸡的腿病，可通过在日粮中加入高水平生物素、叶酸、烟酸和胆碱，部分得到纠正。

（7）提高动物生产性能和养殖业的经济效益

1. 维生素 A（抗干眼症维生素、视黄醇）

（1）营养生理功能与缺乏症

①维持动物在弱光下的视力：缺少维生素 A，在弱光下，视力减退或完全丧失，患"夜盲症"。

②维持上皮组织的健康：维生素 A 与黏液分泌上皮的黏多糖合成有关。缺乏维生素 A，上皮组织干燥和过度角质化，易受细菌侵袭而感染多种疾病。泪腺上皮组织角质化，发生"干眼症"，严重时角膜、结膜化脓溃疡，甚至失明；呼吸道或消化道上皮组织角质化，生长动物易引起肺炎或下痢；泌尿系统上皮组织角质化，易产生肾结石和尿道结石。

③促进幼龄动物的生长：维生素 A 能调节碳水化合物、脂肪、蛋白质及矿物质代谢。缺乏时，影响体蛋白合成及骨组织的发育，造成幼龄动物精神不振，食欲减退，生长发育受阻。长期缺乏时肌肉脏器萎缩，严重时死亡。

④参与性激素的形成：维生素 A 缺乏时繁殖力下降，种公畜性欲差，睾丸及副睾退化，精液品质下降，严重时出现睾丸硬化。母畜发情不正常，不易受孕。妊娠母畜流产、难产、产生弱胎、死胎或瞎眼仔畜。

⑤维持骨骼的正常发育：维生素 A 与成骨细胞活性有关，影响骨骼的合成，缺乏时，破坏软骨骨化过程；骨骼造型不全，骨弱且过分增厚，压迫中枢神经，出现运动失调、疼挛、麻痹等神经症状。

⑥具有抗癌作用：维生素 A 对某些癌症有一定治疗作用。如给动物口服或局部注射维生素 A 类物质，发现乳腺、肺、膀胱等组织上皮细胞癌前病变发生逆转。维生素 A 的抗癌机理还不完全清楚，推测可能是由于维生素 A 改变了细胞中内质网的结构及致癌物质的代谢，从而抑制了某些致癌物的活化。

⑦增强机体免疫力和抗感染能力：给妊娠母猪补充维生素 A，免疫力显著增强，产仔

数和仔猪成活率提高。维生素 A 对传染病的抗感染能力是通过保持细胞膜的强度，而使病毒不能穿透细胞，则避免了病毒进入细胞利用细胞的繁殖机制来复制自已。

（2）过量的危害　长期或突然摄入过量维生素 A 均可引起动物中毒。对于非反刍动物及禽类，维生素 A 的中毒剂量是需要量的 4～10 倍，反刍动物为需要量的 30 倍。例如来航小公鸡，当饲粮中维生素 A≥300 mg/kg 时，表现精神抑郁，采食量下降或拒食。猪中毒表现为被毛粗糙，触觉敏感，粪尿带血，发抖，最终死亡。

（3）合理供应　动物对维生素 A 的需要量，通常采用国际单位（IU）或重量单位（mg）来表示。1 IU 维生素 A 相当于 0.3 μg 的视黄醇或相当于 0.6 μg β-胡萝卜素。

为了保证动物对维生素 A 的需要，应饲喂富含维生素 A 或胡萝卜素的饲料，也可补饲维生素 A 添加剂。动物性饲料如鱼肝油、肝、乳、蛋黄、鱼粉中均含有丰富的维生素 A。青绿饲料和胡萝卜中胡萝卜素最多，红、黄心甘薯以及南瓜与黄色玉米中也较多。冬季，优质干草和青贮饲料是胡萝卜素的良好来源。

2. 维生素 D（抗佝偻症维生素）

维生素 D 种类很多，对动物有重要作用的只有维生素 D_2（麦角钙化醇）和维生素 D_3（胆钙化醇），其天然来源：

$$植物体中麦角固醇 \xrightarrow{紫外线} 维生素 D_2$$

$$动物体中 7\text{-}脱氢胆固醇 \xrightarrow{紫外线} 维生素 D_3$$

（1）营养生理功能与缺乏症　维生素 D 被吸收后并无活性，它必须首先在肝脏、肾脏中经羟化，如维生素 D_3 转变为 1，25 二羟维生素 D_3 后，才能发挥其生理作用。1，25 二羟维生素 D_3 具有增强小肠酸性，调节钙磷比例，促进钙磷吸收的作用，它还可直接作用于成骨细胞，促进钙磷在骨骼和牙齿中的沉积，有利于骨骼钙化。1，25 二羟维生素 D_3 还可刺激单核细胞增殖，使其获得吞噬活性，成为成熟巨噬细胞。维生素 D 影响巨噬细胞的免疫功能。

缺乏维生素 D 导致钙磷代谢失调，幼年动物患"佝偻症"，常见行动困难，不能站立，生长缓慢。成年动物，尤其妊娠母畜和泌乳母畜患"软骨症"，骨质疏松，骨骼脆弱，易折，弓形腿。家禽除骨骼变化外，喙变软，蛋壳薄而脆或产软蛋，产蛋量及孵化率下降。

（2）过量的危害　鸡每千克饲粮中含 $4×10^5$ IU 维生素 D，猪每天每头摄入 $25×10^3$ IU 并持续 30 d，会使早期骨骼钙化加速，后期钙从骨组织中转移出来，造成骨质疏松，血钙过高，致使动脉管壁、心脏、肾小管等软组织钙化。当肾脏严重损伤时，常死于尿毒症。短期饲喂，多数动物可耐受 100 倍的剂量。维生素 D_3 的毒性比 D_2 大 10～20 倍，但由于中毒剂量很大，故生产中少见维生素 D 中毒症。

（3）合理供应　动物对维生素 D 的需要量用国际单位（IU）表示。1 IU 维生素 D 相当于 0.025 μg 维生素 D_3。为保证动物对维生素 D 的需要：一是饲喂富含维生素 D 的饲料。动物性饲料如鱼肝油、肝粉、血粉、酵母中都含有丰富的维生素 D。经阳光晒制的干草含有较多的维生素 D_2。二是加强动物的舍外运动，多晒太阳，促使动物被毛、皮肤、血液、神经及脂肪组织中 7-脱氢胆固醇大量转变为维生素 D_3。或在饲粮中补饲维生素 D_3。对雏鸡，维生素 D_3 的效能比维生素 D_2 高 20～30 倍。因此，雏鸡更应强调日光照射。在密闭的鸡舍内，可安装波长为 290～320μm 的紫外线灯，进行适当照射。三是对病畜也可注射骨化醇。

3. 维生素 E（抗不育症维生素、生育酚）

（1）营养作用与缺乏症

①抗氧化作用：维生素 E 是一种细胞内抗氧化剂，可阻止过氧化物的产生，保护维生素 A 和必需脂肪酸等，尤其保护细胞膜免遭氧化破坏，从而维持膜结构的完整和改善膜的通透性。

②维持正常的繁殖机能：维生素 E 可促进性腺发育，调节性机能，促进精子的生成，提高其活力，增强卵巢机能。缺乏时雄性动物睾丸变性萎缩，精细胞的形成受阻，甚至不产生精子，造成不育症；母畜性周期失常，不受孕。妊娠母畜分娩时产程过长，产后无奶或胎儿发育不良，胎儿早期被吸收或死胎。母鸡的产蛋率和孵化率均降低，公鸡睾丸萎缩。母猪妊娠期间补饲维生素 E 和硒，可提高产活仔猪数、仔猪的初生重、断乳重及育成率。公猪补饲维生素 E，射精量和精子密度显著提高。

③保证肌肉的正常生长发育：缺乏时肌肉中能量代谢受阻，肌肉营养不良，致使各种幼龄动物患"白肌病"，仔猪常因肝坏死而突然死亡。

④维持毛细血管结构的完整和中枢神经系统的机能健全：雏鸡缺少维生素 E 时，毛细血管通透性增强，致使大量渗出液在皮下积蓄，患"渗出性素质病"。肉鸡饲喂高能量饲料又缺少维生素 E，患"脑软化症"；小脑出血或水肿，运动失调，伏地不起甚至麻痹，死亡率高。

⑤参与机体内物质代谢：维生素 E 是细胞色素还原酶的辅助因子，参与机体内生物氧化；它还参与维生素 C 和泛酸的合成；参与 DNA 合成的调节及含硫氨基酸和维生素 B_{12} 的代谢等。

⑥增强机体免疫力和抵抗力：研究确认，维生素 E 可促进抗体的形成和淋巴细胞的增殖，提高细胞免疫反应，降低血液中免疫抑制剂皮质醇的含量，提高机体的抗病能力。此外，它还具有抗感染，抗肿瘤与抗应激等作用。

⑦改善肉质：添加适量维生素 E，可使肉用动物增重加快，并减少肉的腐败，有利于改善和保持肉的色、香、味等品质。

（2）合理供应 动物对维生素 E 的需要量用国际单位（IU）或重量单位（mg/kg）表示。1mg DL-α-生育酚乙酸酯相当于 1 IU 维生素 E；1 mg α-生育酚相当于 1.49 IU 维生素 E。

动物对维生素 E 的需要量与饲粮组成、饲料品质、饲料贮存时间以及不饱和脂肪酸、含硫氨基酸、硒、铁、铜、维生素 A、维生素 C 等的含量密切相关。谷实类的胚果维生素 E 含量丰富，青绿饲料、优质干草中较多，但谷实类在一般条件下贮存 6 个月后，维生素 E 可损失 30% ~50%。维生素 E 添加剂已在生产中广泛应用。

4. 维生素 K（抗出血症维生素）

维生素 K 是一类萘醌衍生物，其中最重要的是维生素 K_1（叶绿醌）、维生素 K_2（甲基萘醌）和维生素 K_3（甲萘醌）。维生素 K_1 和维生素 K_2 是天然产物，维生素 K_3 是人工合成的产品，其中大部分溶于水，效力高于维生素 K_2。维生素 K 耐热，但易被光、辐射、碱和强酸所破坏。

（1）营养生理功能与缺乏症 维生素 K 主要参与凝血活动，致使血液凝固；维生素 K

与钙结合蛋白的形成有关，并参与蛋白质和多肽的代谢；维生素 K 还具有利尿、强化肝脏解毒功能及降低血压等作用。

缺乏维生素 K 凝血时间延长，维生素 K 缺乏症主要发生于禽类。雏鸡缺乏时皮下和肌肉间隙呈现出血现象，断喙或受伤时流血不止；患维生素 K 缺乏症的禽类，可在躯体任何部位发生出血，有的在颈、胸、腿、翅膀及腹膜等部位出现小血斑；母鸡缺少维生素 K，所产的蛋壳有血斑，孵化时，鸡胚也常因出血而死亡。

猪缺乏维生素 K，皮下出血，内耳血肿，尿血，呼吸异常。初生仔猪脐孔出血，或仔猪去势后出血，甚至流血不止而致死。有的关节肿大，充满淤血造成跛行。

（2）合理供应　动物对维生素 K 的需要量用重量单位（mg 或 mg/kg）表示。维生素 K_1 遍布于各种植物性饲料中，尤其是青绿饲料中含量丰富。维生素 K_2 除动物性饲料中含量丰富外，还能在动物消化道（反刍动物在瘤胃，猪、马在大肠）中经微生物合成。因此，正常情况下家畜不会缺乏，而家禽因其合成能力差，特别是笼养鸡不能从粪便中获取维生素 K，易产生缺乏症。生产中常采取补饲维生素 K_3 的办法。高水平的维生素 K 对患球虫病的鸡有益处。

1. B 族维生素

B 族维生素都是水溶性维生素；几乎都含有氮元素；都是作为细胞酶的辅酶或辅基的成分，参与碳水化合物、脂肪和蛋白质三种有机物的代谢过程；除维生素 B_{12} 外，很少或几乎不能在动物体内贮存；B 族维生素可在成年反刍动物瘤胃中大量合成，故一般不必由饲料供给。而幼龄反刍动物因瘤胃发育不健全，合成能力差，都必须由饲料来提供；B 族维生素的饲料来源基本一致，除了维生素 B_{12} 只含在动物性饲料中外，其他 B 族维生素广泛存在于各种酵母、良好干草、青绿饲料、青贮饲料、籽实类的种皮和胚芽中。

（1）主要 B 族维生素概况　详见表 1-8。

表 1-8　B 族维生素概况表

名称	主要营养生理功能	主要缺乏症	易受影响的动物
维生素 B_1（硫胺素）	以羧化辅酶的成分参与能量代谢；维持神经组织和心脏正常功能，影响神经系统能量代谢和脂肪酸合成	心脏和神经组织机能紊乱，雏鸡患"多发性神经炎"（图 1-3），头部后仰，神经变性和麻痹；猪运动失调，胃肠功能紊乱，厌食呕吐，体重下降	猪、鸡与幼年反刍动物及成年反刍动物出现应激或高产时均需补充
维生素 B_2（核黄素）	以辅基形式与特定酶结合形成多种黄素蛋白酶，参与蛋白质、能量代谢及生物氧化	食欲减退，皮肤炎，脱毛，皮肤发疹等。鸡患"卷爪麻痹症"（图 1-4），足爪向内弯曲，用跗关节行走，腿麻痹	猪、鸡、幼年反刍动物，尤其笼养鸡、种鸡
维生素 PP（烟酸）	参与三大营养物质代谢；是多种脱氢酶的辅酶，参与蛋白质和 DNA 合成	生长猪患"癞皮症"，消化机能紊乱，皮炎，羽毛蓬乱，生长缓慢，下痢，骨骼异常；母鸡产蛋率和孵化率下降	猪、鸡、幼年反刍动物。奶牛日粮中添加烟酸，可抗热应激，提高产奶量，预防酮病的发生

续表

名称	主要营养生理功能	主要缺乏症	易受影响的动物
维生素 B_6（吡哆醇）	以转氨酶和脱羧酶等多种酶系统的辅酶形式参与蛋白质合成；促进血红蛋白中原卟啉的合成	幼龄动物食欲下降，生长发育受阻，皮肤发炎，脱毛，心肌变性；猪贫血，昏迷，被毛粗糙；鸡异常兴奋，惊跑	日粮中能量和蛋白质水平高时，维生素 B_6 需要量增加，尤其生长动物。猪在应激状态需补充
泛酸（遍多酸）	为辅酶 A 的成分，参与三大营养物质代谢，促进脂肪代谢及类固醇和抗体的合成，是生长动物所必需	猪生长缓慢，运动失调，出现"鹅行步伐"，鳞片状皮炎，脱毛，肾上腺皮质萎缩，鸡生长受阻，皮炎，鸡胚死亡，胚胎皮下出血及水肿等	猪、鸡、幼年反刍动物。泛酸是 B 族维生素中最易缺乏的一种
维生素 B_{12}（氰钴素）	是几种酶系统中的辅酶，参与核酸、胆碱与蛋白质的生物合成及三种有机物的代谢	食欲减退，营养不良，贫血，神经系统损伤，行动不协调，皮炎，皮肤粗糙，抵抗力和繁殖性能降低，仔猪生长缓慢	猪、禽与幼年反刍动物
叶酸	以辅酶形式通过一碳基团的转移。促进红细胞、白细胞的形成与成熟	营养性贫血，生长缓慢及停滞，慢性下痢，被毛粗乱，患皮炎，脱毛，消化、呼吸及泌尿器官黏膜损伤	一般不会缺乏，特殊情况下会缺乏
生物素	以各种羧化酶的辅酶形式参与三种有机物代谢，与溶菌酶活化和皮脂腺功能有关	动物营养性贫血，生长缓慢，皮炎，猪后腿痉挛，鸡脚趾肿胀，开裂，生长缓慢，种蛋孵化率降低，鸡胚骨骼畸形	一般可满足需要。猪应激时需补充

（2）B 族维生素间的相互关系　各种 B 族维生素的作用，既有共同之处，也有各自的特点，但大多数的作用并不是单独孤立地进行，往往是几种 B 族维生素共同作用于一种或几种生理活动。生产实践中，通过观察动物的表现，联系每种维生素特有的作用，并结合饲粮中含量情况，进行综合分析，从而确认究竟是缺少哪一种，或哪几种维生素，以便有针对性的补饲。

图 1-3　患"多发性神经炎"的雏鸡　　　图 1-4　鸡卷爪麻痹症

（引自：姚军虎. 动物营养与饲料. 北京：中国农业出版社，2001）

2. 胆碱

胆碱分子中除含有 3 个不稳定的甲基外，还有羟基，具有明显的碱性。胆碱对热稳定，但在强酸条件下不稳定，吸湿性强，可在肝脏中合成。

（1）营养生理功能与缺乏症　胆碱在动物体内是作为结构物质发挥其作用的。胆碱是细胞的组成成分，它是细胞卵磷脂、神经磷脂和某些原生质的成分，同样也是软骨组织磷脂的成分。胆碱在机体内作为甲基的供体参与甲基转移；胆碱还是乙酰胆碱的成分，参与神经冲动的传导。

动物缺乏胆碱时，精神不振，食欲丧失，生长发育缓慢，贫血，衰竭无力，关节肿胀，运动失调，消化不良等。脂肪代谢障碍，易发生肝脏脂肪浸润而形成脂肪肝；鸡缺乏胆碱比较典型的症状是"骨粗短病"和"滑腱症"。母鸡产蛋量减少，甚至停产；孵化率下降；猪缺乏胆碱，后腿叉开站立，行动不协调。

（2）过量的危害　过量进食胆碱的症状是流涎、颤抖、痉挛、发绀、惊厥和呼吸麻痹，增重与饲料转化率均降低。

（3）合理供应　胆碱广泛存在于各种饲料中，以绿色植物、豆饼、花生饼、谷实类、酵母、鱼粉、肉粉及蛋黄中最为丰富。因此，一般不易缺乏。但日粮中动物性饲料不足，缺少叶酸、维生素 B_{12} 及锰或烟酸过多时，常导致胆碱的缺乏。饲喂低蛋白质高能量饲粮时，常用氯化胆碱进行补饲，补充胆碱的同时应适当补充含硫氨基酸和锰。饲喂玉米-豆饼型日粮的母猪补饲胆碱，可提高产活仔数。

动物体可利用胆碱和甜菜碱等合成蛋氨酸等含硫氨基酸。因此，饲粮中补饲廉价的胆碱和甜菜碱，对于节省蛋氨酸具有一定的经济意义。

3. 维生素 C（抗坏血病维生素、抗坏血酸）

（1）营养生理作用与缺乏症　维生素 C 参与细胞间质胶原蛋白的合成；在机体生物氧化过程中，起传递氢和电子的作用；在体内具有杀灭细菌和病毒、解毒、抗氧化作用，可缓解铅、砷、苯及某些细菌毒素的毒性，阻止体内致癌物质亚硝基胺的形成，预防癌症及保护其他易氧化物质免遭氧化破坏；维生素 C 能使三价铁还原为易吸收的二价铁，促进铁的吸收，增强机体免疫功能和抗应激能力。

维生素 C 缺乏，毛细血管的细胞间质减少，通透性增强而引起皮下、肌肉、肠道黏膜出血。骨质疏松易折，牙龈出血，牙齿松脱，创口溃疡不易愈合，患"坏血症"；动物食欲下降，生长阻滞，体重减轻，活动力丧失，皮下及关节弥慢性出血，被毛无光，贫血，抵抗力和抗应激力下降；母鸡产蛋量减少，蛋壳质量降低。

（2）合理供应　维生素 C 来源广泛，青绿饲料、块根，鲜果中含量均丰富。况且，动物体内又能合成。因此，在动物饲养中，一般不用补饲，但动物处在高温、寒冷、运输等应激状态下，合成能力下降，而消耗量却增加，必须额外补充。

1. 影响维生素需要量的因素

（1）动物因素　动物对维生素的需要量在很大程度上取决其种类、年龄、生理时期、健康与营养状况及生产水平等。

（2）维生素拮抗物　饲料中含有某种维生素拮抗物时，维生素的需要量增加。

（3）应激因素　各种应激因素均可增加维生素的需要量，尤其是维生素 C。例如，动物患传染病和寄生虫病时对维生素的需要量增加。

（4）集约化饲养　集约化饲养致使动物对维生素的需要量增加，因为在集约化饲养条件下，易产生维生素不足。

（5）日粮中营养成分　如日粮中脂肪含量不足时，脂溶性维生素的吸收受到影响，其需要量增加；蛋白质的供给量增加时，维生素 B_6 的需要量随之增加。

2. 生产中需要补充的维生素及添加量

（1）需要补充的维生素　反刍动物通常需要补充维生素 A，有时可能需补充维生素 E。若不接触阳光，应补充维生素 D。出现应激或处在高生产水平时，需补充维生素 B_1 和烟酸。断奶新生犊牛应补充所有维生素。

（2）维生素的添加量　猪、鸡对维生素的需要量见表 1-9。有几种表示方法。ARC 和 NRC 标准中使用的是"最低需要量"。它是在试验条件下测定的，以不发生特定的缺乏症为主要依据。因此，在拟定维生素的实际需要量时需考虑多种因素的影响。超量添加维生素已成为国内外获得动物最佳生产性能和最大效益的有效手段之一。

表 1-9　猪、鸡日粮中维生素含量标准（每千克日粮）

维生素	鸡		猪		
	商品蛋鸡	种母鸡	肥育猪	妊娠猪	哺乳猪
维生素 A/IU	3 000	3 000	1 300	4 000	2 000
维生素 D_3/IU	300	300	150	200	200
维生素 E/IU	5	10	11	44	44
维生素 K/mg	0.5	1.0	0.5	0.5	0.5
维生素 B_{12}/μg	4.0	80.0	5.0	15	15
生物素/mg	0.10	0.10	0.05	0.2	0.2
胆碱/mg	1 050	1 050	300	1 250	1 000
叶酸/mg	0.25	0.35	0.30	1.3	1.3
烟酸/mg	10.0	10.0	7.0	10.0	10.0
泛酸/mg	2.0	7.0	7.0	12.0	12.0
吡哆醇/mg	2.5	4.5	1.0	1.0	1.0
核黄素/mg	2.5	3.6	2.0	3.75	3.75
硫胺素/mg	0.7	0.7	1.0	1.0	1.0

八、水与畜禽营养

水对动物来说极为重要，动物绝食期间，几乎消耗体内全部脂肪，半数蛋白质或失去40%的体重时，仍能生存。但是，动物体水分丧失 10% 就会引起代谢紊乱，失水 20% 时死亡。

1. 水的营养生理功能

（1）水是动物体内重要的溶剂　各种营养物质的消化吸收、运输与利用及其代谢废物的排出均需溶解在水中后方可进行。

（2）水是各种生化反应的媒介　动物体内所有生化反应都是在水溶液中进行的，水也是多种生化反应的参与者，它参与动物体内的水解反应、氧化还原反应、有机物质的合成等。

（3）水参与体温调节 水的比热大，导热性好，蒸发热高。因此，水能吸收动物体内产生的热能，并迅速传递热能和蒸发散失热能。动物可通过排汗和呼气，蒸发体内水分，排出多余体热，以维持体温的恒定。

（4）水的润滑作用 泪液可防止眼球干燥；唾液可湿润饲料和咽部，便于吞咽；关节囊液滑润关节，使之活动自如并减少活动时的摩擦。体腔内和各器官间的组织液可减少器官间的摩擦力，起到润滑作用。

（5）水能维持组织器官的形态 动物体内的水大部分与亲水胶体相结合，成为结合水，直接参与活细胞和组织器官的构成。从而使各种组织器官有一定的形态、硬度及弹性，以利于完成各自的机能。

2. 缺水的后果

动物短期缺水，生产力下降；幼龄动物生长受阻，肥育家畜增重缓慢，泌乳母畜产奶量急剧下降，母鸡产蛋量迅速减少，蛋重减轻，蛋壳变薄。

动物长期饮水不足，会损害健康。动物体内水分减少1%～2%时，开始有口渴感，食欲减退，尿量减少；水分减少8%时，出现严重口渴感，食欲丧失，消化机能减弱，并因黏膜干燥降低了对疾病的抵抗力和机体免疫力。

严重缺水会危及动物的生命。长期水饥饿的动物，各组织器官缺水，血液浓稠，营养物质的代谢发生障碍，但组织中的脂肪和蛋白质分解加强，体温升高，常因组织内积蓄有毒的代谢产物而死亡。实际上，动物得不到水分比得不到饲料更难维持生命，尤其是高温季节。因此，必须保证供水。

1. 动物体内水分的来源

（1）饮水 饮水是动物水的主要来源。作为饮水，要求水质良好，无污染，并符合饮水水质标准和卫生要求，总可溶固形物浓度（可溶总盐分浓度）是检查水质的重要指标。

（2）饲料水 各种饲料均含水分，但因种类不同，含水量差异很大，变动范围在5%～95%之间。

（3）代谢水 代谢水是指三种有机物在体内氧化分解和合成过程中所产生的水。代谢水只能满足动物需水量的5%～10%，代谢水对于冬眠动物和沙漠里的小啮齿动物的水平衡十分重要，它们有的永远靠采食干燥饲料为生而不饮水，冬眠过程中不摄食不饮水仍能生存。

2. 动物体内水分的排泄

动物不断获取水分，并须经常排出体外，以维持机体水的平衡。

（1）通过粪与尿排泄 一般动物随尿排出的水占总排出水量的50%左右。动物的排尿量因饮水量、饲料性质、动物活动量以及环境温度等多种因素的不同而异。饮水量越多，排泄量越多。活动量越大，环境温度越高，尿量相对减少。

以粪便形式排出的水量，因动物种类不同而异，牛、马等动物从粪中排出的水量较多，绵羊、狗、猫等动物由粪便排出的水较少。

（2）通过皮肤和肺脏蒸发 由皮肤表面失水的方式有2种，一是由血管和皮肤的体液中简单地扩散到皮肤表面而蒸发；二是通过排汗失水，皮肤出汗和散发体热与调节体温密切相关。具有汗腺的动物处在高温时，一般的体热散失方式已不能满足需要，则汗腺活动经出汗排出大量水分，如马的汗液中含水量约为94%，排汗量随气温上升及肌肉活动量的增强而增加。

不少动物汗腺不发达或缺乏汗腺，则体内水的蒸发多以水蒸气的形式经肺脏呼气排出。经肺呼出的水量，随环境温度的提高和动物活动量的增加而增加。无汗腺的母鸡，通过皮肤的扩散作用失水和肺呼出水蒸气的排水量占总排水量的17%～35%。

（3）经产品排泄　泌乳动物泌乳也是水排出的重要途径。产蛋家禽每产1枚60 g重的蛋，可排出42 g以上的水。

1. 动物需水量

动物需水量受很多因素的影响，很难估计出动物确切的需水量，生产实践中，动物需水量（不包括代谢水），常以采食饲料干物质量来估计。每采食1 kg饲料干物质牛和绵羊需水3～4 kg，猪、马和家禽需2～3 kg，猪在高温环境里需水量可增至4～4.5 kg。

2. 影响动物需水量的因素

（1）动物种类　不同种类的动物，体内水的流失情况不同。哺乳类动物粪、尿或汗液流失的水比鸟类多，需水量相对较多。

（2）年龄　幼龄动物比成年动物需水量大。

（3）生理状态　妊娠肉牛需水量比空怀肉牛高50%；泌乳期奶牛每天需水量为体重的1/7～1/6，而干奶期奶牛每天需水量仅为体重的1/14～1/13；产蛋母鸡比休产母鸡需水量多50%～70%。

（4）生产性能　生产性能是决定需水量的重要因素。高产奶牛、高产母鸡和重役马需水量比同类的低产动物多。

（5）饲料性质　饲喂含粗蛋白质、粗纤维及矿物质高的饲料时，需水量多。饲料中含有毒素，或动物处于疾病状态，需水量增加。饲喂青饲料时，需水量少。

（6）气温条件　气温对动物需水量的影响显著。气温高于30℃，动物需水量明显增加。气温低于10℃，需水量明显减少。

有条件应采用自动饮水的办法，使动物需要水的时候即能随时饮到清洁的水。如果没有自动饮水设备时，应注意：第一，饮水的次数基本上与饲喂次数相同，并做到先饲喂后饮水；第二，动物在放牧出圈舍前，要给以充足的饮水，以防止出圈饮脏水、粪尿水或冬天吃冰雪；第三，饲喂易发酵饲料，如豆类、苜蓿草等时，应在饲喂完1～2 h后饮水，以避免造成膨胀、引起疝痛；第四，使役家畜，尤其使重役后，切忌马上饮冷水，应休息30 min后慢慢饮用；第五，初生1周内的动物最好饮12～15℃的温水。

单元三　动物营养代谢病

营养代谢病是新陈代谢障碍病和营养缺乏病的总称。代谢病分为先天性和后天性2种，在畜牧业生产实践中，后者对动物的影响更严重。营养代谢病主要指日粮中碳水化合物、粗蛋白质、脂肪、维生素、矿物质等营养物质的不足或缺乏引起的疾病，常见的有糖、脂肪及蛋白质代谢障碍疾病如酮病、常量元素营养代谢障碍疾病如佝偻症、微量元素营养代谢障碍疾病如硒缺乏症、维生素营养代谢障碍疾病如维生素A缺乏症及与营养代谢有关的其他疾病如应激综合征等。

一、酮病

酮病是反刍动物体内物质代谢和能量生成障碍而发生的以酮血、酮尿、酮乳和低血糖为特征的代谢性疾病。

（1）病因　发病原因主要有4方面：一是乳牛高产；二是日粮中营养不平衡和供给不足；三是乳牛产前过度肥胖；四是饲料中缺乏钴、碘、磷等矿物质，可使牛群酮病发病率增加。寒冷、饥饿、过度挤奶等应激因素均可促进本病的发生。

（2）临床症状　临床症状主要表现为体重下降，乳牛迅速消瘦等临床症状。

（3）病理变化　病理变化主要表现为肝脏脂肪含量增加，低血糖、酮血、酮尿和酮乳，血浆游离脂肪酸浓度增高，肝糖原水平下降，肝细胞脂肪变性。

（4）诊断及预防　可从该病的发病原因、临床症状及病理变化等方面分析诊断，加以预防。还可从观察乳牛真胃变位、创伤性网胃心包炎等予以鉴别诊断，也可通过实验室检查乳牛的血糖、酮体含量。酮体是脂肪酸氧化的中间产物，包括乙酰乙酸、β-羟丁酸和丙酮。

二、肥胖母牛综合征

肥胖母牛综合征又称牛的妊娠毒血症或牛的脂肪肝病，是因母牛怀孕期间过度肥胖，常于分娩前或分娩后发生的一种以厌食、精神沉郁、虚弱为临床特征的代谢病。

（1）病因　发病原因主要有三方面：一是饲养管理不当，如产前停奶时间过早，能量摄入过多常会引起该病发生。二是遗传因素，与牛的品种有关。如娟姗牛发病率最高，达60%～66%，中国黑白花牛发病率为45%～50%，更赛牛发病率达33%。役用黄牛发病率仅6.6%。三是继发于其他疾病。

（2）临床症状　临床症状表现为异常肥胖，脊背展平，毛色光亮，虚弱，躺卧，严重酮尿。

（3）病理变化　病理变化表现为肝脏脂肪含量过多，肝细胞脂肪变性。

（4）诊断及防治　该病表现为肥胖，肉牛产犊前以及奶牛于产犊后突然停食、躺卧等症状。在鉴别诊断时，应注意与真胃变位、卧地不起综合征、酮病、胎衣滞留和生产瘫痪等相区别。本病死亡率高，经济损失大，主要采取预防措施。对尚能维持一定食欲者，应采取综合治疗措施，即反复静脉滴注葡萄糖、钙制剂、镁制剂。用糖皮质激素、维生素B_{12}并配合钴盐。

三、禽脂肪肝综合征

禽脂肪肝综合征又称脂肪肝出血综合征，是由于高能低蛋白质日粮引起的以肝脏发生脂肪变性为特征的家禽营养代谢性疾病。临床上以病禽个体肥胖，产蛋减少，个别病禽因肝功能障碍或肝破裂、出血而死亡为特征。该病主要发生于蛋鸡，特别是笼养蛋鸡的产蛋高峰期。

（1）病因　遗传因素、管理因素、环境因素、激素因素，及饲料因素等都可引起该病发生。引起本病发生的饲料方面的因素主要有：

①高能低蛋白质日粮及其采食量过大是发生本病的主要饲料因素。

②高蛋白质低能饲料造成脂肪的蓄积。

③胆碱、含硫氨基酸、B 族维生素和维生素 E 缺乏。

④饲料保存不当发霉变质。

（2）临床症状　过度肥胖，喜卧、腹下软绵下垂，冠和肉髯褪色、甚至苍白。

（3）病理变化　肝脏肿大，腹腔有大量脂肪沉积肝破裂，有血块。

（4）预防及治疗　用胆碱治疗，其剂量为 22 ~ 110 mg/kg，治疗 1 周。也可在每吨日粮中补加氯化胆碱 1 000 g、维生素 E 10 000 IU、维生素 B_{12} 12mg、肌醇 900 g，连续喂 10 ~ 15 d。

四、家禽痛风

家禽痛风是指禽的血液中尿酸盐大量蓄积，不能被迅速排出体外，形成高尿酸血症，进而尿酸盐沉积在关节囊、关节软骨、软骨周围及胸腹腔、各种脏器表面和其他间质组织上的一种代谢病。临床上以运动迟缓、关节肿大、跛行、厌食、衰弱及腹泻为特征。禽痛风可分为内脏型和关节型。

（1）病因　除遗传因素外，主要有两方面因素，一是饲料中蛋白质尤其核蛋白和嘌呤碱含量过多。二是由于微生物、药物、重金属、霉菌毒素、维生素 A 缺乏等各种因素而引起肾脏损伤。

（2）临床症状　本病多呈慢性经过，病禽精神沉郁，食欲减退，逐渐消瘦，冠苍白，羽毛蓬乱，行动迟缓，周期性体温升高，心跳加快，排白色尿酸盐尿。生产中以内脏型痛风为主，关节型痛风较少。关节型痛风表现为运动障碍，跛行，不能站立，腿和翅关节肿大，跖、趾关节尤为明显。

（3）病理变化　①胸膜腔、腹膜腔、肠系膜、肝、脾、胃、肠、浆膜表面，布满白色石灰样尿酸盐沉着物。②肾肿大，色苍白，外表面呈现雪花样花纹。有的一侧肾脏、输尿管萎缩，另一侧肾脏代偿性增大，输尿管变粗。③输尿管扩张，充满石灰样沉着物，形成尿石。

（4）诊断　根据饲喂动物性蛋白饲料过多，关节肿大，关节腔或胸膜腔有尿酸盐沉积，可作出诊断。将粪便烤干，不形成粉末，置于瓷皿中，加 10% 硝酸 2 ~ 3 滴，待蒸发干涸，呈橙红色，滴加氨水后，生成紫酸铵呈紫红色。

（5）治疗　阿托方（Atophanum，又名苯基喹啉羟酸）0.2 ~ 0.5 g/kg，2 次/d，口服，但伴有肝、肾疾病者禁用。也可试用嘌呤醇（Allocution，又名 7-碳-8 氮次黄嘌呤）10 ~ 30 mg/kg，2 次/d，口服，此药与黄嘌呤结构相似，是黄嘌呤氧化酶的竞争抑制剂，可抑制黄嘌呤的氧化，减少尿酸的形成。合理调配饲料，不宜过多饲喂动物性蛋白质饲料，控制鸡饲料中粗蛋白质的含量在 20% 左右。种鸡饲料中掺入沙丁鱼或牛粪（含维生素 B_{12}）饲喂，可防止痛风发生。在饲料中添加碳酸氢钠和肾肿清均可使尿液中尿酸含量大大增加。

技能考核项目

1. 说出必需氨基酸与非必需氨基酸的区别。

2. 说出蛋白质、碳水化合物的营养功能。

3. 在教师的指导下，对本地区某养殖场进行动物营养代谢病调查，并分析其产生的原因，提出防治办法。

复习思考题

一、名词解释

必需氨基酸　非必需氨基酸　限制性氨基酸　蛋白质生物学价值　消化能　代谢能　净能　代谢水　消化率

二、简答题

1. 说出蛋白质、碳水化合物的营养功能。

2. 维生素分为哪几类？维生素的需要量受哪些因素的影响？

3. 比较非反刍动物和反刍动物脂肪类消化、吸收和代谢的异同。

4. 比较非反刍动物和反刍动物蛋白质营养原理的异同。

5. 试述提高单胃畜禽饲料中蛋白质利用效率的方法和措施。

6. 水的质量包括哪些指标？与动物的营养有何关系？

7. 描述能量在动物体内的代谢过程。

8. 动物在应激状态下，应强化哪些营养？为什么？

项目二　动物营养需要与饲养标准

【知识目标】
了解畜禽维持和生产的营养需要；掌握畜禽的饲养标准。

【技能目标】
掌握饲料的配合方法。

【链接】
高等数学、计算机技术。

【拓展】
计算机技术在饲料配合上的应用。

研究不同生理状态和生产水平下畜禽对各种营养物质需要的特点、变化规律及影响因素，可作为制定饲养标准并进而实现畜禽科学化和标准化饲养的依据。参照饲养标准为畜禽配合日粮，可合理经济地利用饲料，满足畜禽的营养需要，达到既充分发挥畜禽的生产能力，又提高饲料转化率的目的。

单元一　动物营养需要概述

一、营养需要的概念

畜禽因种类、品种、年龄、性别、生长发育阶段、生理状态及生产目的不同，对营养物质的需要亦不相同。畜禽从饲料摄取的营养物质，一部分用来维持正常体温、血液循环、组织更新等必要的生命活动；另一部分则用于妊娠、泌乳、生长、产肉、产毛、劳役和产蛋等生产活动。因此，畜禽的营养需要是指每天每头（只）畜禽对能量、蛋白质、矿物质和维生素等营养物质的总需要量。

研究畜禽的营养需要，就是要探讨各种畜禽对营养物质需要的特点、变化规律及影响因素，作为制定饲养标准和合理配合日粮的依据。

二、营养需要量的表示方法

以一头某一体重某一生产形式的畜禽每天对能量和各种养分的需要量表示，如 20～35 kg 生长肥育猪每日每头需要量为：消化能（DE）19.15 MJ，粗蛋白质（CP）255g 等。单位视不同养分而异，如能量用 MJ、kJ；蛋白质、氨基酸、矿物质元素、维生素等用 g、mg、IU 等。此表示方法适用于估计饲料供给量或限制饲喂。

按每千克饲粮的养分含量（MJ、g、mg）或百分含量表示，可按饲喂状态（含自然水分）或绝干状态计算。此法适用于自由采食的动物和饲粮配制。

按饲粮单位能量中的养分含量（g、mg）表示。能量和蛋白质的关系表示为能量蛋白比或蛋白能量比。此法适用于平衡饲粮养分。

按养分需要量与体重（自然体重或代谢体重）比表示，如生长猪的氨基酸需要量为 25 g/$W^{0.75}$。

即每生产 1 kg 产品的养分需要量。如奶牛每生产 1 kg 标准奶需要可消化粗蛋白质 55 g。

三、测定动物营养需要的方法

（1）饲养试验法　即将试验动物分为数组，在一定时期内按一定的营养梯度，喂给一定量已知营养含量的饲料，观察其生理变化，如体重的增减、体尺的变化、泌乳量的高低等指标。例如：有一批猪平均每天喂 2 kg 饲料既不增重，也不减重，而另一组同样的猪，每天喂 3 kg 相同的饲料，可获得平均日增重 0.8 kg。则 2 kg 饲料中所含的能量和蛋白质为该动物维持所需要的能量和蛋白质数量，其余 1kg 所含的能量和蛋白质可视为增加 0.8 kg 体重所需要的养分。若已知每千克饲料含若干千焦热量（消化能、代谢能或净能），就可推断出维持和一定生产水平的能量需要。

饲养试验法简单，需要的条件也不高，比较容易进行，但此法较粗糙，没有揭示动物机体内代谢过程中的本质，因此，必须要有大量的统计材料才能说明问题。

（2）平衡试验法　根据动物对各种营养物质或能量的"食入"与"排除"之差计算而得。这种方法纵然不了解体内转化过程，却可知道机体内的营养物质的收支情况，由此可测知该物质的需要量与利用率。此法适用于能量、蛋白质与某些矿物质需要量的测定。根据平衡试验法所测数值是绝对沉积量，并非是畜禽的供给量。例如，在对某家畜采用氮平衡试验，测定饲喂日粮、粪及尿中的含氮量。若测得该家畜每天在体内沉积氮 10 g（相当于粗蛋白质 62.5 g），则需要可消化粗蛋白质量为：沉积数÷利用率。

现以猪在不同体重的氮平衡情况为例，其计算方法见表 2－1。

表 2 - 1　猪在不同体重的氮平衡情况

体重/kg	日食入 N/g ①	粪中 N/g ②	消化 N/g ① - ② = ③	尿中 N/g ④	沉积 N/g ③ - ④ = ⑤	消化 N 的利用率/% ⑤ ÷ ③ × 100 = ⑥
24	22.7	3.7	19.0	7.5	11.5	60.5
36	33.4	5.2	28.2	12.0	16.2	57.4
52	42.7	6.9	35.8	16.6	19.2	53.6
73	51.2	8.5	42.7	22.4	20.3	47.5

（3）比较屠宰试验法　从一批试验动物中抽取具有代表性的样本，按一定要求进行屠宰并分析其化学成分，作为基样。其余动物按一定营养水平定量饲养一阶段，然后用同样的方法再进行屠宰测定，两次先后对比，得出在已知营养喂量条件下的体内增长量，也就是该增长量所需的营养量，即增长所需。此法比较简单，且有相当的准确性，但投资比较大。

另外，还有生物学法，来测定生长速度、疗效、防病效能等，经常用于测定维生素与矿物质的需要量。

动物的代谢活动包括许多方面，其营养需要也是多方面的总和，可概括为：

总营养需要 = 维持营养需要 + 生产营养需要

$$R = aW^{0.75} + cX + dY + eZ$$

式中：R 为某一营养物质的总需要量；W 为自然体重（kg）；$W^{0.75}$ 为代谢体重（kg，自然体重的 0.75 次方称为代谢体重）；a 为常数，即每千克代谢体重该营养物质需要量；X、Y、Z 为不同产品（如胚胎、体组织、奶、蛋、毛等）里该营养物质的数量；c、d、e 为利用系数。

析因法取得的营养需要量，一般来说略低于综合法。在实际应用中，常由于某些干扰，各项参数不易掌握。

单元二　动物的维持营养需要

一、维持营养需要的概念

维持营养需要是指动物不从事任何生产（包括生长、妊娠、泌乳、产蛋等），只是维持正常的生命活动。包括维持体温、呼吸、血液循环、内分泌系统正常机能的实现、支持体态、体组织的更新、毛发、蹄角与表皮的消长，以及用于必须的自由活动等情况下，动物对各种营养物质的最低需要量。

实际上维持状态下的畜禽，其体组织依然处于不断的动态平衡中，生产中也很难使家畜的维持营养需要处于绝对平衡的状态。因此，只能把休闲的空怀成年役畜、干奶空怀成年母畜、非配种季节的成年公畜、停产的母鸡等看成相近的维持状态。

二、影响维持营养需要的因素

幼龄畜禽代谢旺盛，以单位体重计，基础代谢消耗比成年和老年畜禽多，故幼龄畜禽的维持需要相对高于成年和老年。性别也影响代谢消耗，公畜比母畜代谢消耗高，如公牛高于母牛 10% ~20%。

一般说来体重愈大，其维持需要量也愈多。但就单位体重而言，体重小的维持需要较体重大的高。这是因为体重小者，单位体重所具有的体表面积大，散热多，故维持需要量也多。

按单位体重需要计算，鸡最高，猪较高，马次之，牛和羊最低。高产乳牛比低产乳牛的代谢强度高 10% ~32%，乳用家畜在泌乳期比干乳期高 30% ~60%；乳用牛比肉用牛的基础代谢高 15%。一般代谢强度高的畜禽，按绝对量计，其维持需要也多；但相对而言，维持需要所占的比例就愈小。例如，1 头 500 kg 体重的乳牛，日产 20 kg 标准乳时，其维持消耗占总营养消耗的 37%；而日产标准乳达 40 kg 时，仅占 23%。

畜禽都是恒温动物，只有当产热量与散热量相等时，才能保持体温恒定。而散热量受环境温度、湿度、风速的影响很大。当气温低、风速大时，散热量显著增加。动物为了维持体温的恒定，必须加速体内氧化分解过程，提高代谢强度，以增加产热量。在这种情况下，维持的能量需要就可能成倍增加。动物由于气温低开始提高代谢率时的环境温度，称为"临界温度"，也称为临界温度下限。在临界温度上限与临界温度下限之间的环境温度称为"等热区"。在等热区内动物代谢率最低，维持需要的能量最少。因此，无论严冬或酷暑都会增加动物的维持需要量。

自由活动量愈大，用于维持的能量就越多。因此，饲养肉用畜禽应适当限制活动，可减少维持营养需要的消耗。

畜禽的被毛状态对维持能量需要的影响颇为明显。如绵羊在剪毛前，其临界温度为 0℃左右，而剪毛后即迅速升高，可达 30℃左右。故要避免在寒冷季节为绵羊剪毛。

个体饲养的家畜受低温影响较大，家畜在寒冷季节，加大饲养密度可互相挤聚以保持体温，减少体表热能散发，从而节省能量消耗。生产中，冬季肥猪大圈群饲对保温是有益的。厚而干燥的垫草和保温性能良好的地面也可以减少能量消耗。

三、维持营养需要的估计

畜禽维持能量的需要，可通过基础（或绝食）代谢等方法加以估测。

试验表明，基础能量代谢大约与体重的 0.75 次方成正比；也与体表面积有关，每千克代谢体重每天需要 293kJ 能量，即：

$$基础代谢能量（净能，kJ/d） = 293 \times W^{0.75}$$

基础代谢是指畜禽处于安静状态（立卧各占一半时间）和适宜的外界温度及绝食时的能量代谢。而畜禽的维持能量需要，除了包括基础代谢能量消耗外，还包括非生产性自由活动及环境条件变化所引起的能量消耗。此外，还应充分考虑妊娠或高产状态下畜禽基础代谢加强所引起的营养消耗增加的部分。所以，根据基础代谢估测畜禽维持能量需要，可用公式表示为：

$$维持能量需要（kJ） = 293W^{0.75} \times （1 + a）$$

式中：

a 为畜禽非生产性活动的能量消耗率。

在生产条件下，一般家畜舍饲时，应在基础代谢上增加 20%，笼养鸡增加 37%，散养家畜增加 50%。

家畜体内蛋白质的代谢是不间断的，即使喂不含蛋白质的日粮，从粪、尿中仍排出稳定数量的氮。从粪中排出的氮称代谢氮（MFN，主要来自消化道黏膜脱落部分和消化液等），从尿中排出的氮称内源氮（EUN，动物体内蛋白质始终处于一种分解和合成代谢的动态平衡中，而分解代谢产生的氨基酸不可能全部重新用于蛋白质的合成代谢，氧化分解部分主要从尿中排除）。代谢氮与内源氮之和为维持氮量。维持氮量乘以 6.25 即得维持的蛋白质净需要量。

$$维持蛋白质需要 = （内源尿氮 + 代谢粪氮） \times 6.25$$

钙、磷、钠等矿物质在代谢过程中，可被机体重复利用。一般维持时每 4 184kJ 净能，需钙 1.25 ~ 1.26 g，需磷 1.25 g。钠和氯以食盐形式供给，每 100 kg 体重为 2 g。

维生素 A 的需要量为 100 kg 体重每日 6 600 ~ 8 800 IU，或胡萝卜素 6 ~ 10 mg；维生素 D 需要量为每 100 kg 体重每日 90 ~ 100 IU。但不同畜禽及不同年（日）龄个体有较大差异。

单元三　生产的营养需要

生产需要同维持需要一起，构成了畜禽总的营养需要。生产需要是指生长、肥育、繁殖、泌乳、产蛋、产毛和使役等所需要的养分与能量。

一、繁殖家畜的营养需要

根据种公畜和繁殖母畜的生理特点及对营养需要的规律，分别给以适宜的营养水平，是繁殖出量多质优幼畜的基础条件。

正确饲养的种公畜应保持良好的种用体况及较强的配种能力，即精力充沛，性欲旺盛，能生产量多质优的精液。日粮中各种营养物质的品质和含量，无论对幼年公畜的培育或成年公畜的配种能力都有重要作用。

（1）能量的需要　能量供应不足，可导致未成年公畜出现睾丸和附属性器官发育异常，性成熟期推迟，更为严重的使成年家畜性欲降低，精子生成受阻，射精量少，精子活力差。

（2）蛋白质的需要　蛋白质的数量与质量均可影响各种公畜性器官发育和精液品质，从某种程度上讲，蛋白质对种公畜繁殖性能影响的程度比能量还大。合理的蛋白质供应，是在维持需要基础上增加60% ~ 100%，尤其是赖氨酸对改进精液品质十分重要，日粮中加入5%左右的动物性饲料，可明显改善种公畜精液品质。

（3）矿物质的需要　影响种公畜精液品质的矿物质元素有钙、磷、钠、氯、锌、锰、碘、钴、铜等，特别应注意锌的供给。试验证明，长期缺锌的公山羊，睾丸发育不良，精子生成完全停止；猪日粮中缺乏钙和磷，会引起睾丸病理变化，精子发育不良。钙与磷的比例应在 （1.5 ~ 2）：1之间。

（4）维生素的需要　维生素 A、维生素 E 与种公畜的性成熟和配种能力有密切关系。缺乏维生素 A，使未成年公畜延迟性成熟，成年公畜性欲下降，精液品质不佳。长期缺乏维生素 E，可使公鸡睾丸退化，永久性丧失繁殖能力。

猪、牛、羊等哺乳动物缺乏维生素时导致对繁殖力的下降。维生素 C 需要量与妊娠母畜相同，每千克饲粮为 11 IU。

母畜的繁殖性能包括发情、排卵、受精与妊娠等方面。母畜日粮中营养水平直接影响繁殖力。种母畜繁殖过程可分为配种前和妊娠后两个阶段。

（1）配种前母畜营养需要的特点　科学合理的营养供给水平，才能保证母畜体质健壮，发情正常及受胎率高。反刍家畜的初情期在很大程度上与营养有依赖关系。营养水平过高或过低均可影响母畜的初情期和受胎率，甚至招致不孕。

一般配种前母畜的营养水平不必过高，在体况较好的情况下，可按维持需要的营养供给。对体况较差的经产母猪采用"短期优饲"可增加排卵数。短期优饲是指在配种前10 ~ 15 d提高日粮能量水平，到配种时再撤去其增加部分。

（2）妊娠母畜营养需要的特点　母畜随妊娠期进展体重增加，代谢增强。妊娠母畜在妊娠期平均增重10% ~ 20%。增重内容包括子宫内容物（胎衣、胎水和胎儿）的增长和母体本身的增重。胎儿器官主要是在妊娠初期形成的，这一时期增重较慢；妊娠后期增重越来越快，胎重的2/3 是在妊娠最后1/4 时期内增长的。

母畜在妊娠期的增重高于饲喂同等日粮的空怀母畜，这是因为妊娠母畜对营养物质的利用率高。

妊娠母畜营养需要高于空怀母畜。通常按如下公式计算：

$$妊娠蛋白质需要量（g）= 1.136 \times W^{0.75}$$

中国实行的猪饲养标准规定为：妊娠前期可消化蛋白质给量是在维持基础上增加10%，后期在前期的基础上增加 1 倍。蛋白质品质对于妊娠母猪来说也很重要，日粮中赖氨酸与色氨酸的含量水平可影响蛋白质的沉积。

二、生长家畜的营养需要

生长期是指从出生到性成熟为止的生理阶段，包括哺乳和育成两个阶段。在这段时间内，家畜的物质代谢十分旺盛，同化作用大于异化作用。根据家畜生长发育规律，提供适宜的营养水平，是促进幼畜生长、培养出体型发育和成年后生产性能均良好的后备家畜的重要条件之一。

生长可理解为：一是家畜体尺的增长和体重的增加；二是机体细胞的增殖与增大，以及组织器官的发育与功能的日趋完善；三是机体化学成分（蛋白质、脂肪、矿物质和水分）的合成积累。最佳的生长体现在生长速度正常和成熟家畜器官的功能健全。

在生长期中，动物的生长速度不一样。绝对生长速度——日增重取决于年龄和起始体重的大小，呈慢—快—慢的趋势。相对生长速度，即相对于体重的增长倍数或百分比，则以幼龄的高速度逐渐下降直至停止。绝对生长速度愈大，相对生长速度愈高，表明生长速度愈快。

（1）体重变化规律 家畜在生长过程中，前期生长速度较快，随着年龄的增长，生长速度逐渐转缓，生长速度由快向慢有一转折点，称为生长转缓点。不同类型与品种的家畜生长转缓点不同，如秦川牛为1.5～2岁，哈白猪为8～10月龄间。

公畜体重增长速度一般高于母畜，牛、羊尤为明显。为此，在家畜生长前期应加强营养，以充分发挥其生长迅速的特点。对于生长期的公、母家畜应区别对待，使公畜的营养水平略高于母畜。

（2）生长重点顺序转移规律 家畜在生长过程中，各体组织和生长部位的生长速度及各时期生长重点不同，因而使其体型与体组织成分发生着变化。一般生长初期，体组织以骨骼生长最快，生长部位以头和四肢属于早熟部位，表现为头大、腿高；生长中期，肌肉生长加快，生长速度以胸部和臀部为快，体长生长加快；生长后期，体组织则以沉积脂肪为主，腰部生长和体深增长加快。因此，畜体骨骼、肌肉与脂肪的增长和沉积尽管同时并进，但在不同阶段各有侧重（图2-1）。

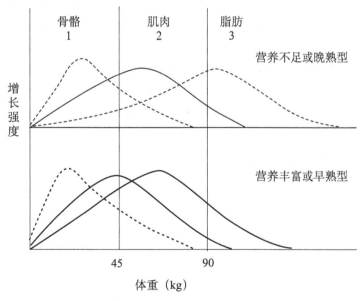

图2-1 猪的骨骼、肌肉与脂肪的增长强度顺序

根据这一规律，在生长早期重点保证供给幼畜生长骨骼所需要的矿物质；生长中期则满足生长肌肉所需要的蛋白质；生长后期必须供给沉积脂肪所需要的碳水化合物。对于种用畜禽及为了提高胴体瘦肉率的肥育家畜，应适当限制碳水化合物的供给，并在蛋白质沉积高峰过后屠宰。因此，生长家畜对矿物质、蛋白质、能量等的需要是有其侧重的。

（3）内脏器官的增长规律　幼畜在生长期间，各种内脏器官增长的速度不同。例如，犊牛初生时瘤胃和大肠的容积与长度均较小，但在开始采食植物性饲料以后，瘤胃增长迅速，且其增长速度远比真胃和小肠快。据测定，初生犊牛瘤胃容积占复胃总容量的40%，3～4月龄时，瘤胃容积占复胃总容量的77%～85%。

因此，在饲养中幼龄反刍家畜提早开始采食粗料，有利于消化器官的发育及其机能的锻炼，增强对粗饲料的消化能力，然而种用和役用家畜则不宜使胃肠早期发育，以免形成"草腹"而失去种用价值和影响速度。

生长家畜代谢旺盛，对能量、蛋白质、矿物质和维生素的需要必须得到满足。此外，还应注意，不同生长阶段它们对各类养分的需要有所侧重。

根据体重增长规律，由于生长家畜能量代谢水平随年龄增长逐渐降低，并且单位增重中脂肪沉积渐多，能量逐渐提高，故在培育后备种畜及肥育家畜中，为避免后期过肥，日粮中的能量水平应在不致过肥的情况下加以控制，即对某些种用畜禽应实行必要的限饲。

蛋白质的沉积也随年龄的增长而减少，日粮中蛋白质的利用率也有降低的趋势，故生长家畜单位体重所需要的蛋白质也应随年龄增长而减少。生长期家畜，蛋白质需要量与能量相关，一般消化能：可消化粗蛋白质（DCP）牛40～70kg体重时为22:1，75～400kg时为28:1；绵羊与马为：（25～30）:1；猪为（20～30）:1。或可消化粗蛋白质占风干物质的16%～10%。

畜禽在生长期间，由于骨骼生长最快，对钙、磷的需要也最迫切，其他如铁、铜、锰、钴、锌和硒等矿物质元素也需要较多。这期间，饲养不合理极易引起营养缺乏症和生长发育不良等。

生长家畜必须充分供应各种维生素，特别应注意维生素A、维生素D及B族维生素的供应。

初生幼畜必须及时喂给初乳，以增强抗病力；提早补料，促进消化机能发育，满足营养需要。

三、泌乳家畜的营养需要

泌乳是哺乳动物特有的机能。乳汁营养价值高，既是新生幼畜不可替代的食物，又是人类富有营养的优质食品。

母畜分娩后头几天内所分泌的乳汁称为初乳，牛5～7d后转为常乳猪生后3d为常乳。各种家畜乳成分的含量不相同。乳成分含量范围大致为：各种动物的乳汁均含有大量的水分，干物质10%～26%，蛋白质1.8%～10.4%，脂肪1.3%～12.6%，乳糖1.8%～6.2%，灰分0.4%～2.6%，乳中富含各种维生素，钙、磷含量符合幼畜需要。

猪乳含铁较少。每千克乳含能量在 1.966 ~ 7.531 MJ 之间。

影响泌乳量和乳成分的因素有品种、年龄、胎次、泌乳期、气温、饲料和营养水平等，其中饲料和营养水平是重要因素。

（1）营养水平　产奶量和奶的品质、不仅受现期营养水平的影响，也受前期营养水平的影响。对生长期乳牛饲喂低于饲养标准规定营养水平的日粮，虽延迟产犊年龄，但以后产奶量逐胎上升，若按终身生产奶量计算，甚至高于饲喂高营养水平培育的牛，产奶效率也高。乳牛生长期采用高能日粮，造成乳房沉积脂肪过多，影响分泌组织增生，导致以后产奶量少，利用年限短，产奶效率低。

（2）日粮精粗料比例　日粮中精粗料比例可影响瘤胃发酵性质和所产挥发性脂肪酸的比例，若精料比例大，则产乙酸少，丙酸多，从而影响乳脂合成而增加体脂。饲养实践证明：为提高泌乳量和乳脂率，乳牛日粮以精料占 40% ~60%、粗纤维占 15% ~17% 为宜。另外，母畜遗传性、内分泌、乳腺发育程度、体重、挤奶技术及泌乳期发情与否等因素均会影响泌乳量。

泌乳期营养除影响泌乳量和乳成分外，还影响母畜的体重和其他繁殖性能。

（1）母畜体重变化　泌乳早期，母畜动用体组织供泌乳需要，导致失重。失重的主要成分是脂肪，其次为蛋白质。

（2）产后发情　泌乳期用高能量水平饲养或补饲糖可以促使母猪发情。产后发情时间显著受前一繁殖周期妊娠和哺乳期蛋白质水平的影响，低蛋白质日粮抑制产后发情。泌乳期失重越多，配种间隔愈长。母猪过肥过瘦均延长配种间隔，过瘦对初产母猪的影响尤大。

测定泌乳需要的主要依据是泌乳量、乳成分和营养物质形成乳中成分的利用效率。我国乳牛饲养标准中，分为维持需要和生产（泌乳、体重变化）需要。

1. 能量需要

（1）维持能量需要　乳牛的维持需要（净能 kJ）按 $356W^{0.75}$ 计。

对第一胎和第二胎乳牛由于生长发育尚未停止，应在维持基础上分别增加 20% 和 10%。当然，放牧运动、不同气温条件下的维持需要均有所变化。

（2）体重变化与能量需要　试验证明，成年母牛泌乳期每增重 1 kg 约相当于生产 8.0 kg 标准乳。每减重 1 kg 约相当于生产 6.56 kg 的标准乳。

（3）泌乳的能量需要　主要取决于泌乳量和乳脂率，可以直接用测热器测定，也可按乳中营养成分或乳脂率来间接推算。有以下几种公式计算：

每千克牛奶含有的能量（kJ/kg 奶）= 1 433.65 + 415.30 × 乳脂率

每千克牛奶含有的能量（kJ/kg 奶）= 750.00 + 387.98 × 乳脂率 + 163.97 × 乳蛋白率 + 55.02 × 乳糖率

每千克牛奶含有的能量（kJ/kg 奶）= 166.19 + 249.16 × 乳总干物质率

泌乳后期和妊娠后期的能量需要计算为：妊娠 6、7、8、9 个月时，每天应在维持基础上增加 4.18、7.11、12.55 和 20.92 MJ 产奶净能。

2. 蛋白质需要

维持需要的可消化粗蛋白质为 $3.0W^{0.75}$（g）或粗蛋白质 $4.6W^{0.75}$（g）时，平均每千克标准乳粗蛋白质 85 g 或可消化粗蛋白质 55 g。在维持的基础上可消化粗蛋白质的给量，妊娠 6、7、8、9 个月时分别为 77、145、255、403 g。

3. 矿物质需要

维持需要每 100 kg 体重给钙、磷分别为 6、4.5 g；每千克标准乳给钙、磷分别为 4.5、3 g；食盐需要量：维持需要每 100 kg 体重给 3g，每产 1 kg 标准乳给 1.2 g。

另外，注意维生素 A、维生素 D 的供给及 B 族维生素的需要。

4. 标准乳的折算与我国奶牛能量单位

为了提高泌乳量和改善乳的品质，必须满足母畜泌乳的营养需要。在日粮配合时，为了便于能量需要的计算和泌乳力的比较，一般将不同乳脂率的乳折算成含乳脂 4% 的乳（标准乳，FCM）。折算公式如下：

$$4\% 乳脂率的乳量（kg）= 0.4M + 15F$$

式中：

M 为未折算的乳量（kg）；F 为乳中含脂量（kg）。

如 1kg 含脂 3.6% 的乳按上式折算，等于 0.94 kg 含脂 4% 的乳。

根据实测，每千克乳脂率 4% 的标准乳净能含量在 3 054.32 ~ 3 138kJ 之间。我国乳牛饲养标准采用相当于 1 kg 含脂 4% 的标准乳所含能量（3 138kJ 产奶净能）作为 1 个奶牛能量单位，缩写成 NND（汉语拼音字首）。它可以用来表示各种乳牛饲料的产乳价值。

如：1 kg 干物质 89% 的优质玉米，产奶净能为 9 012kJ，则为 9 012/3 138 = 2.87 kg（NND）。其生产应用上的概念为 1 kg 这种玉米（能量）相当于生产 2.87 kg 奶（能量）的价值。

四、肥育家畜的营养需要

肥育指畜禽断奶（出壳）后，不同于种用畜禽的饲养，而是使体蛋白有时包括体脂肪等充分沉积，此方式称幼龄肥育。而对淘汰的种用、乳用及役用等成年畜禽的肥育，则主要是沉积脂肪。因此，肥育家畜包括生长肥育猪、肉牛、肉羊、肉兔、肉仔鸡、肉鸭、肉鹅及淘汰的成年家畜。

各种肉类的营养成分含量差异很大，每千克肉含能量 8.368 ~ 20.92 MJ，而每 4.184 MJ 能量中含蛋白质 22 ~ 105 g，钙 13 ~ 83 g，铁 4.0 ~ 9.8 g，维生素 A 143 ~ 267 IU，维生素 D 2.7 ~ 10.2IU。各种肉以鸡肉蛋白质含量最高，单位重含其他养分也丰富；而猪肉脂肪含量最高，其他营养物质却少。

畜禽生长肥育期体蛋白与体脂肪沉积随年龄和肥育方式而变化，但总趋势是随年龄的增长，蛋白质、水分和矿物质所占比例逐渐减少，而脂肪的比例相应增加，在肥育后期，单位增重中脂肪可占 70% ~ 90%。因此，幼龄肥育的畜禽与生长畜禽对营养物质的需要基本相似。

表示肥育畜禽饲料利用效率的方法是饲料转化率或料重比，是指每千克增重或产品所耗用风干饲料的千克数。影响饲料转化率的主要因素有：

（1）种类与品种　不同种类畜禽的饲料转化率差异显著，肉仔鸡约为2；猪次之，约为3.5；肉牛约为6。在同种畜禽中，培育及杂交的肉用品种饲料转化率高。

（2）年龄　饲料转化率随畜禽年龄增长而下降。其原因是维持消耗的比例随年龄增长而相对增多，增重的水分减少而脂肪增多，单位体重采食量减少，且一定年龄时体重增长趋于停止。因此，为获得较高的饲料转化率，必须根据商品肉质要求确定适宜的屠宰体重，如猪以5~6个月、体重达90~100 kg时屠宰为宜。

（3）营养水平　过高或过低的营养水平均不利于提高饲料转化率。试验证明，随着营养水平的提高，每千克增重耗料减少，当营养水平高到一定程度，饲料消耗转而开始上升。所以，生长肥育畜禽全期的高营养可缩短肥育期，并提高饲料转化率，从而获得最大日增重；对成年肥育家畜，高营养可达到在短时间内迅速催肥的目的。

（4）能量转化效率　肥育畜禽的能量除用于维持外，主要用于体蛋白和体脂肪等的合成。在一定范围内，日粮能量浓度降低，最大采食量仍达不到所需的能量水平。尽管如此，增重未必等比例下降，仅增重中的脂肪减少，蛋白质和水分相对增多。因此，能量浓度低，不利于提高增重和饲料转化率。

（5）蛋白质利用效率　蛋白质品质及食入蛋白质的数量均影响蛋白质的利用效率。随着年龄的增长，用于生长育肥的蛋白质比例不断减少，利用率也相应降低。

五、产蛋的营养需要

产蛋是禽类特有的机能。产蛋禽的生产水平相当高。鸡年产蛋量高达220枚以上，一只蛋鸡一年所产蛋中的干物质总量为其自身体重的4倍以上。产蛋的营养需要既关系到养禽业的投入与产出的效益，又关系到家禽种群的繁衍。

产蛋的营养需要可根据蛋中养分的含量、产蛋量和饲料养分转化为蛋中养分的利用率来计算。

禽蛋的大小因种类、品种及环境而异。一般鸭蛋重89~110 g，鹅蛋重110~180 g，鸡蛋重50~60 g。

禽蛋的结构可分为蛋壳、蛋白和蛋黄三部分。一枚56~59 g的鸡蛋，蛋壳占10.5%，蛋白占58.5%，蛋黄占31.0%，含能量326.35kJ，蛋白质6.5 g，脂肪5.8 g，碳水化合物0.4g。其中，蛋黄含干物质最高，能量也最多；蛋清含水分高，蛋白质、氨基酸含量也高。几乎所有的脂类、大部分的维生素、微量元素都存在于蛋黄之中。矿物质元素钙、磷和镁绝大部分存在于蛋壳之中。

产蛋家禽的营养总需要 = 维持需要 + 产蛋需要 + 增重需要 + 羽毛生长需要。

1. 能量用代谢能（ME）表示

（1）维持能量需要

$$维持能量需要 = 基础代谢 + 随意活动消耗$$

母鸡的基础代谢（ME，净能 kJ/d）为284.51$W^{0.75}$，随意活动消耗为基础代谢的37%~50%（平养为50%，笼养为37%）。维持能量需要 = （1.37~1.5）×284.51$W^{0.75}$ =

$(389.78 \sim 426.77)\ W^{0.75}$。

（2）产蛋的能量需要　根据产蛋率、蛋中含能量来计算。一枚重 50 ~ 60g 的鸡蛋含能值 292.88 ~ 376.56kJ 净能，一枚中等大小的鸡蛋含净能可以 355kJ 计。

$$产蛋能量需要 = 产蛋率 \times 蛋中含净能量（kJ/d）$$

例如，1 只重 1.8 kg、产蛋率为 70% 的产蛋鸡的能量需要量为：

$$维持净能需要 = 426.77 W^{0.75} = 426.77 \times 1.80.75 = 66.20（kJ/d）$$

$$每日产蛋净能需要 = 70\% \times 355 = 248.5（kJ）$$

$$每日总净能需要 = 663.2 + 248.5 = 911.7（kJ）$$

若代谢能用于维持和产蛋的效率为 68%，则该鸡

$$每日需代谢能 = 911.7 \div 68\% = 1340.7（kJ）$$

一般情况下，饲粮代谢能水平为 10.88 ~ 12.13 MJ/kg，鸡可通过调节采食量来满足能量需要。

2. 蛋白质

产蛋鸡的蛋白质总需要可用综合法或析因法来确定。析因法则根据体重、产蛋率、蛋中蛋白质含量和饲粮蛋白质利用率等来计算。蛋白质的利用率因产蛋率的变化而变化，当产蛋率由 100% 降到 70% 时，蛋白质的利用率由 57% 降到 46%。

例如，1 只体重 1.8 kg、产蛋率 100% 的母鸡，其蛋白质需要量为：

维持需要 $= 2.02 \times W^{0.75} = 2.02 \times 1.80.75 = 3.0（g/d）$

产蛋需要 $= 100\% \times 6.0（g/枚蛋）= 6.0（g/d）$

羽毛生长 $= 0.1（g/d）$

总需要 $= 9.1（g/d）$：

换算为粗蛋白质则：

$$精蛋白质需要 = 9.1 \div 57\% = 16（g/d）$$

蛋白质的需要还可以用能量蛋白比或蛋白能量比来表示。中国鸡饲养标准采用蛋白能量比。饲粮中的蛋白质水平应随饲粮能量水平变动而调整。

产蛋鸡需要 10 种必需氨基酸。一般饲粮中容易缺乏蛋氨酸、赖氨酸和色氨酸，蛋氨酸通常是第一限制性氨基酸。

3. 矿物质

（1）钙　钙是产蛋鸡的限制性营养物质，需要量特别高。在蛋壳形成过程中，所有进入子宫的钙都由血液提供，血钙来自饲粮和骨髓组织。如果产蛋鸡饲粮中的钙为 3.6% 时，蛋壳中 80% 的钙由饲料供给，20% 的钙由骨组织提供。当饲粮中的钙只有 1.9% 时，30% ~ 40% 的钙由骨组织提供。因此，饲粮缺乏钙时，会影响蛋壳的形成，蛋壳变薄，产蛋下降。

产蛋所需要的钙量由蛋中钙含量和钙的利用率计算。一枚鸡蛋含钙 2.2 g，饲料利用率为 50% ~ 60%，则需要钙 = 2.2 ÷（50% ~ 60%）= 4（g）。一般认为，在全价饲粮中每天供给钙 3 ~ 4 g，即可满足产蛋鸡需要。若供钙过多，反会降低采食量和产蛋率。

（2）磷　需要量低，很少出现缺磷现象。饲粮中按 0.6% 水平或按钙磷比例为 5：1 供给就可满足需要。由于鸡对植酸磷利用率仅 30%，故产蛋鸡饲粮中的有效磷应占 50% 左右。

（3）食盐　可按占饲粮的 0.37% 供给。

其他矿物元素均需要满足，尤其注意锰、铁、碘、锌的供给。

4. 维生素

对各种维生素均需要，生产中其需要量常常因在鸡群过密、转群、预防接种、高温、运输等环境条件下而显著提高，应根据情况供给。

5. 水

缺水比缺饲料危害更大。缺水会严重影响健康和产蛋量。饮水量因品种、年龄、气温和生产性能而异，一般为饲料量的 1.5 ~ 2 倍，夏天可达 5 倍之多。

其他还有产毛家畜、劳役家畜的营养需要等。

单元四　动物的饲养标准

一、饲养标准的概念、内容和表示方法

对营养需要的研究，确定了在不同生理和生产条件下畜禽对各种营养物质的需要及其影响因素，从而为合理利用饲料资源配合平衡日（饲）粮提供了依据。如 NRC 是美国发布的家畜营养需要标准。

所谓饲养标准是根据畜禽的不同种类、性别、年龄、体重、生理状态、生产目的与生产水平等，通过生产实践积累的经验，结合物质平衡试验与饲养试验结果，科学地规定每头每日应给予的能量和各种营养物质的最低数量。这种规定称为饲养标准。

通常有两种表示方法：一是每头畜禽每日所需各种营养物质的数量；二是对于群体饲养且自由采食的畜禽，以每千克饲粮中各种营养物质的含量或所占百分数表示。

根据动物营养、饲料科学的研究成果和进展，饲养标准以动物为基础分类制定。现在已经制定出了猪、禽、奶牛、肉牛、绵羊、山羊、马、兔、鱼、猫、狗、实验动物、观赏动物等动物的饲养标准或营养需要，并在动物生产和饲料工业中广泛应用，对促进科学生产、科学饲养动物起到了重要的指导作用。

饲养标准的组成一般包括序言、研究综述、营养定额、饲料营养价值、典型饲粮配方和参考文献六个组成部分。其中营养定额是饲养标准营养指标数量化的具体体现，是应用饲养标准时的主要参考部分。一般是以表格形式列出每一个营养指标的具体数值，以便查找和参考；饲料营养价值表列出常用饲料的常规营养成分，部分或全部维生素、矿物质元素含量。

不同的饲养标准和营养需要除了在制定能量、蛋白质和氨基酸定额时采用的指标体系有所不同外，其他指标采用的体系基本相同。我国饲料成分及营养价值表和各类畜禽饲养标准中常用的营养物质种类及其需要量的指标单位如下：

（1）能量　能量的表示因畜种而异。猪、羊等以消化能表示，家禽常以代谢能表示，

这与一些发达国家饲养标准相一致；肉牛以产肉净能表示；奶牛以产奶净能表示，并以 3 138kJ产奶净能为 1 个奶牛能量单位（NND）。能量单位一般用每千克饲粮中含有千焦（kJ）或兆焦（MJ）表示。家畜也以每头每日需要千焦或兆焦表示。

（2）蛋白质 饲养标准中蛋白质需要量指标为粗蛋白质、可消化粗蛋白质或小肠可消化粗蛋白质，常以百分数表示。家畜也以每头每日需要粗蛋白质、可消化粗蛋白质或小肠可消化粗蛋白质克数表示。

（3）蛋白能量比 蛋白能量比是每千克饲粮中粗蛋白质与能量的比值，常以克/兆焦（g/MJ）表示。

（4）氨基酸 饲粮中以百分数或以每头每日所需克数表示。

（5）常量元素 主要考虑钙、磷（有效磷）、钠、氯等，饲粮中以百分数、每千克饲粮中含多少毫克（mg）表示，或以每头每日需要多少毫克（mg）表示。

（6）微量元素 主要考虑铁、铜、锌、锰、碘、硒等，饲粮中以每千克所含多少毫克（mg）或每头每日所需多少毫克（mg）表示。

（7）维生素 维生素 A、维生素 D、维生素 E 以每千克饲粮中含多少国际单位（IU）或毫克（mg）表示，或以每头每日需多少国际单位或毫克表示；维生素 B_{12} 和生物素以每千克饲粮中含有多少微克（μg）表示，或以每头每日需要多少微克表示；其他 B 族维生素等以每千克饲粮中含有多少毫克，或以每头每日需要多少毫克表示。

猪与禽等的饲养标准中各种营养物质的需要量，是指一定生理状态和生产水平条件下总营养物质的需要量，不再分为维持需要与生产需要。但奶牛的饲养标准却列有维持需要和生产需要两部分。计算奶牛每日的营养需要量，应包括维持需要、产奶需要、妊娠需要和体重变化需要四部分，当然要根据某头奶牛具体情况来确定营养需要的项目，以合理计算其总营养需要量。

二、饲养标准的特性和作用

饲养标准或营养需要是动物营养科学和饲料科学领域研究成果的高度概括和总结，反映了动物生存和生产对饲养及营养物质的客观要求，具体体现了本领域科学研究的最新进展和生产实验经验的最新总结，具有很强的科学性和广泛的指导性。它是动物生产计划中组织饲料供给，设计饲粮配方、生产平衡饲粮和对动物实行标准化饲养的技术指南和科学依据。

饲养标准是在一定的条件下制定的，这些条件包括一定的动物种类、品种、品系、年龄、性别，一定的饲料、环境条件和管理水平等。在动物生产实际中，影响饲养和营养需要的因素除上述条件外，还有品种、动物之间的个体差异，饲料的适口性及其物理特性等，任何条件的改变均可能改变动物的营养需要和饲料养分的利用率。因此，在应用饲养标准时，要根据不同国家、地区、不同环境情况和对畜禽生产性能及产品质量的不同要求，对饲养标准中的营养定额酌情调整，才能避免其局限性。

饲养标准是在总结大量科学实验研究和实践经验的基础上，经过严格的审定程序，由权威行政部门颁布实施,具有权威性。同时,饲养标准又随着科学研究和实际生产的发展而变化,是一个与时俱进,不断发展完善的过程,因此,具有可变化性。

三、饲养标准的正确使用

饲养标准是基于畜牧业生产实践积累的经验,结合能量和物质平衡试验及长期的饲养试验结果的推算,最后经过生产实践加以验证而制定出来的,反映某种畜禽在不同生理状态和生产水平条件下,群体的平均营养需要量或供给量。

作为畜牧业现代化的产物,饲养标准高度概括和总结了畜禽饲料、营养研究和生产实践的最新进展,是畜禽生产计划中组织饲料供给、设计饲粮配方、生产全价饲粮及对畜禽实行标准化饲养的科学依据。有了饲养标准,可避免生产中的盲目性和随意性,对保持畜禽健康,提高生产能力和新产品质量、合理利用饲料和降低生产成本等方面,均起着重要作用。

单元五 动物的饲养试验

饲养试验既是饲料与营养研究中常用的方法,同时,作为畜牧生产技术和成果转化为畜禽生产力和效益的重要环节,也是推广工作中进行应用性探讨不可缺少的手段。

一、饲养试验的概念及意义

饲养试验是在生产(或模拟生产)条件下,探讨与畜禽饲养有关的因子对畜禽健康、生长发育和生产性能等的影响或因子本身作用的一种研究手段。因子有多种,如某一饲料、添加剂和饲养技术等。

首先,饲养试验与代谢试验及能量平衡试验结合,用于研究畜禽的营养需要和评定饲料的营养价值——可消化养分、消化能和代谢能等。这类参数的特点是把饲料养分与畜禽消化、代谢和利用过程联系起来,从而能够客观地反映饲料对特定畜禽的利用价值。其次,在畜牧生产和推广工作中,它被更多地用于:验证或筛选较好的日粮配合设计,这是日粮配方调整和优化的重要环节;探讨新引入或开发的饲料资源及添加剂的使用效果、利用价值和一定条件下的最佳用量;比较各种饲养方式、管理因素和技术措施的优劣及对畜禽健康和生产力的影响;测定某品种或杂交组合的生产性能。总之,饲养试验可为改善饲养方式和提高生产水平提供有价值的数据。

二、饲养试验设计的方法

分组试验就是将供试动物分组饲养,设试验组和对照组,以比较不同饲养因素对畜禽生产性能影响的差异。要求运用生物统计中完全随机设计的原则进行分组。分组试验是最常用的一种类型。其方案见表2-2。

表 2 - 2　分组试验

组别	期别	
	预试期	正试期
对照组	基础日粮	基础日粮
试验组 1	基础日粮	基础日粮 + 试验因子 A
试验组 2	基础日粮	基础日粮 + 试验因子 B

分组试验的特点是，对照组与试验组都在同一时间和条件下进行饲养。因此可以认为，环境因素对每一个体的影响是相同的，从而可以不予考虑。当然，个体之间的差异是存在的，但如果供试个体达到足够数量，这种差异也可忽略不计。所取得的结果有较高的置信度。

分期试验是把同一组（头、只、群）供试动物在不同时期采用不同的试验处理，观察各处理间的差异。其方案见表 2 - 3。

表 2 - 3　分期试验

初试期	正试期	后试期
基础日粮	基础日粮 + 试验因子	基础日粮

分期试验的特点是，不需很多个体。如操作得好，可在一定程度上消除个体间的差异。但应该知道，即使试验过程的环境条件完全相同（实际上是不可能的），同一个体的生产水平因不同阶段也存在差异。如奶牛的产奶量随时间推移呈一条曲线。这为资料的统计处理带来了不便，结果的准确性也受到一定影响。此法一般用在试验动物较少、采用分组试验有困难、且仅适用于成年动物的饲养试验。

交叉试验是按对称原则将供试个体分为两组，并在不同试验阶段互为对照的试验方法。其设计方案见表 2 - 4。

表 2 - 4　交叉试验

组别	第一期	第二期	第三期
1 组	基础日粮	基础日粮 + 试验因子 A	基础日粮 + 试验因子 B
2 组	基础日粮	基础日粮 + 试验因子 B	基础日粮 + 试验因子 A

第一期是预试期。第二期与第三期开始前应有 3 ~ 5d 的过渡期，两个组的日粮在不同试验期中相互交换。进行数据处理时，可把两个试验组的平均值与两个对照组的平均值进行比较。在供试个体较少时，这种试验方法可在一定程度上消除个体差异和分期造成的环境因素对个体的不同影响，因而可获得较为准确的试验结果。然而对于处在生长发育阶段的畜禽，试验结果会受到一定影响。

三、对饲养试验的评价

进行饲养试验，大多是为推广工作获取必要的数据。因而，试验结果的正确性十分重要。为避免推广中可能出现的误导和失误，必须对试验本身的局限性有所认识。首先，试验是在一定的饲养及环境条件下，利用特定的个体进行的。当条件改变时，试验结果也可能随之改变。其次，试验的方案设计及操作也影响其正确性。通过大量试验证明确实能够带来经济效益的试验结果，才真正具有推广价值。

技能考核项目

1. 说出什么是营养需要和饲养标准。

2. 说出维持需要和生产需要的区别。

3. 在养猪生产中，影响猪维持营养需要的因素有哪些？

复习思考题

1. 简述妊娠家畜和生长家畜营养需要的特点。

2. 目前生产中，有哪些行之有效的降低畜禽维持营养需要的方法？

3. 产蛋鸡日粮中每千克代谢能为 11.9 MJ，粗蛋白质水平为 16.5%，请计算产蛋鸡日粮的蛋白能量比。

4. 饲养标准使用时应注意什么？

5. 解释饲养试验的概念和意义。

6. 饲养试验设计的方法有哪几种？

7. 如何利用分组试验法设计一个分组试验？

项目三　饲料加工与调制技术

【知识目标】
了解饲料原料的组成，掌握饲料初步加工与调制的方法。

【技能目标】
掌握饲料加工调制的方法。

【链接】
线性方程、畜牧业经济。

【拓展】
饲料厂生产管理、畜牧业经济管理。

单元一　饲料原料

一、饲料的分类

根据国际饲料分类原则和我国饲料数据库分类系统（表3-1），按照饲料的营养特性将饲料分为粗饲料、青绿饲料、青贮饲料、能量饲料、蛋白质饲料、矿物质饲料、维生素饲料、饲料添加剂。

表3-1　饲料分类依据的原则　　　　　　　　　　（%）

饲料分类	饲料名称	划分饲料类别的依据		
		自然含水分	干物质中粗纤维含量	干物质中粗蛋白质含量
1	粗饲料	<45.0	≥18.0	
2	青绿饲料	≥45.0		
3	青贮饲料	≥45.0		
4	能量饲料	<45.0	<18.0	<20.0
5	蛋白质饲料	<45.0	<18.0	≥20.0
6	矿物质饲料			
7	维生素饲料			
8	饲料添加剂			

国际饲料分类的编码共6位数。首位数代表饲料归属的类别，后5位数则按饲料的重要属性给定编码。编码分3节。每大类最高可容纳99 999种饲料，总计最多可

容 $8 \times 99\ 999 = 7\ 999\ 992$ 种。

我国现行饲料分类将所有饲料分成 8 大类。选用 7 位数字编码。其首位数 1~8 分别对应国际饲料分类的 8 大类饲料。第 2、第 3 位编码按饲料的来源、形态、生产加工方法等属性，划分为 01~17 共 17 种，而同种饲料的个体编码则占用最末 4 位数。因此，我国的分类编码系统最多能容纳 $8 \times 17 \times 9\ 999 = 1\ 359\ 864$ 种饲料。我国现行饲料分类及第 2、第 3 位编码见表 3 - 2。

表 3 - 2　我国现行饲料分类及第 2、第 3 位编码

第 2、第 3 位码	饲料种类名称	前 3 位分类码 的可能形式	分类依据条件
01	青绿植物	2 - 01	自然含水
02	树叶	1 - 02，2 - 02，(5 - 02，4 - 02)	水、纤维、蛋白质
03	青贮饲料	3 - 03	水、加工方法
04	块根、块茎、瓜果	2 - 04，4 - 04	水、纤维、蛋白质
05	干草	1 - 05，(5 - 05，4 - 05)	水、纤维、蛋白质
06	农副产品	1 - 06，(4 - 06，5 - 06)	水、纤维
07	谷实	4 - 07	水、纤维、蛋白质
08	糠麸	4 - 08，1 - 08	水、纤维、蛋白质
09	豆类	5 - 09，4 - 09	水、纤维、蛋白质
10	饼粕	5 - 10，4 - 10，(1 - 10)	水、纤维、蛋白质
11	糟渣	1 - 11，4 - 11，5 - 11	纤维、蛋白质
12	草籽树实	1 - 12，4 - 12，5 - 12	水、纤维、蛋白质
13	动物性饲料	5 - 13	来源
14	矿物质饲料	6 - 14	来源、性质
15	维生素饲料	7 - 15	来源、性质
16	饲料添加剂	8 - 16	性质
17	油脂类饲料及其他	8 - 17	性质

注：（）内编码者罕见。

例如，吉双 4 号玉米的分类编码是 4 - 07 - 6302，表明是第 4 大类能量饲料，07 则表示属谷实类，6302 则是吉双 4 号玉米籽实饲料属性相同的科研成果平均值的个体编码。

饲料编码分类法是结合国际饲料命名和分类原则及我国惯用分类方法，将饲料性质分成 8 大类，17 亚类，并在饲料名称前附加分类编号。其类别和分类编号如下。

1. 粗饲料

植物地上部分经收割、干燥制成的干草或随后加工而成的干草粉（1 - 05 - 0000），脱谷后的农副产品，如秸秆、秕壳、藤蔓、荚皮、秸秧等（1 - 06 - 0000）。农产品加工副产物糟渣类（1 - 11 - 0000），当加工提取原料中的淀粉或蛋白质等物质后，其干物质中含粗纤维含量等于或超过 18% 者属于粗饲料。尽管某些糟渣含水量可高达 90%以上，但是非自然水分，不能划归为青绿饲料类。某些带壳油料籽实经浸提或压榨提油后的饼粕产物，尽管一般含粗蛋白质高达 20%以上，但如其干物质中的粗纤维含量达到或超过 18%，则仍划为粗饲料（1 - 10 - 0000），而不划为蛋白质饲料。另外，有些纤维和外皮比例较大的树实、草籽或油料籽实，凡符合干物质中含粗纤维≥18%条件者，亦应划为粗饲料。

2. 青绿饲料

自然水分含量≥45%的陆地或水面的野生或栽培植物的整株或其一部分，划为青绿饲料（2－01－0000）。各种鲜树叶、水生植物和菜叶（2－02－0000）以及非淀粉质和糖类的块根、块茎和瓜果类多汁饲料（2－04－0000），符合自然水分≥45%条件者也属青绿饲料。其干物质中的粗纤维和粗蛋白质含量可不加考虑。

3. 青贮饲料

自然含水的青绿饲料，包括野生青草、栽培饲料作物和秧秸，收割后或经一定萎蔫的青绿饲料，经自然发酵成为青贮饲料或半干青贮饲料（3－03－0000）。青绿饲料并补加适量糠麸或根茎瓜果类制成的混合青贮饲料也属此类。这类饲料通常含水分在45%以上。

4. 能量饲料

符合自然含水分低于45%，且干物质中粗纤维低于18%，同时干物质中粗蛋白质又低于20%者，划归为能量饲料。主要有谷实类（4－07－0000）和粮食加工副产品糠麸类（4－08－0000），一些外皮比例较小的草籽和树实类（4－12－0000）以及富含淀粉和糖的块根、块茎、瓜果类（4－04－0000）。来源于动物或植物的油脂类和糖蜜类（4－16－0000）当然也属于能量饲料。

5. 蛋白质饲料

自然含水分低于45%，干物质中粗纤维又低于18%，而干物质中粗蛋白质含量达到或超过20%的豆类（5－09－0000）、饼粕类（5－10－0000）、动物性蛋白质饲料（5－15－0000）均划归蛋白质饲料。各种合成或发酵生产的氨基酸和非蛋白氮产品，不划入添加剂大类（8－16－0000），而应划入蛋白质饲料类（5－16－0000）。

6. 矿物质饲料

天然生成的矿物质和工业合成的单一化合物以及混有载体的多种矿质化合物配成的矿物质添加剂预混料（6－14－0000），不论提供常量元素或微量元素者均属此类。贝壳和骨粉来源于动物，但主要用来提供矿物质营养素的饲料用品也划归此类。

7. 维生素饲料

包括工业合成或由原料提纯精制的各种单一维生素和混合多种维生素（7－15－0000），但富含维生素的自然饲料则不划归维生素饲料。

8. 饲料添加剂

这一大类饲料指各种用于强化饲养效果和有利于配合饲料生产和贮存的非营养性添加剂原料及其配制产品（8－16－0000），如各种抗生素、防霉剂、抗氧化剂、黏结剂、疏散剂、着色剂、增味剂以及保健与代谢调节药物等。但实际生产中，往往把氨基酸、微量元素、维生素等也当作添加剂。

二、粗饲料

粗饲料是反刍动物和马属草食动物饲粮中的主要原料，特别是在冬季舍饲期，因为能提供家畜所需的营养而占有重要地位。

这类饲料的营养特点是：第一，主要成分是粗纤维，占干物质的30%～50%；其次是无氮浸出物，占干物质的20%～40%。第二，能量价值较低，特别是对单胃动物。秸秆对牛羊消化能为7.95～10.46 MJ/kg，而对猪消化能只有2.09～5.02 MJ/kg（许多秸秆、秕壳对猪消化能呈负值）。第三，灰分中，硅酸盐含量高，钙多磷少，可以弥补能量、蛋白质饲料钙少磷多的缺陷。第四，粗蛋白质含量极少，干物质中粗蛋白质含量仅为3%～4%。第五，单胃动物食用后的消化率极低，猪仅为3%～25%，鸡几乎难以消化，反刍动物可达50%～90%。

干草是由未结籽实的青草或其他青绿饲料作物，刈割后经人工晒干或机械干制而成，它与收获种子后干枯的秸秆作物或枯黄的干草不同。由于它是由青绿植物制作的，保留着青绿颜色故称青干草。

干草的营养价值取决于制作时所用的植物的种类、生长阶段与调制技术。就其原料看，豆科植物制成的干草含有较多的粗蛋白质或可消化蛋白质，但在能量价值上则与其他植物调制的干草没有显著差别。豆科植物制成的干草的消化能在9.62 MJ/kg左右，而优质干草的干物质中可消化蛋白质的含量应在12%以上。就矿物质营养而言，这两种干草的含量与各自的原料价值相似，一般豆科干草中含钙量多于禾本科干草，如苜蓿含钙1.3%，一般禾本科干草不超过0.7%。

秸秕类饲料是指农作物收获籽实后剩余的副产品。这类饲料的粗纤维含量为33%～45%，消化能多在8.37 MJ/kg以下，其中以粟谷壳与稻谷壳的消化能最低，只有2.01～2.51 MJ/kg。这类饲料对反刍动物有一定的营养价值，对鸡几乎无营养价值，反而会影响对其他养分的吸收。

1. 秸秆

秸秆系农作物收获子实后的茎叶部分，可分为禾本科、豆科两类。禾本科类包括玉米秸、稻草、麦秸、高粱秸、燕麦秸等。豆科类包括大豆秸、蚕豆秸、豌豆秸等。

这类饲料的营养特点是：第一，粗纤维含量极高，达45%，而且其中不易消化的木质素与灰分中的硅酸盐含量高，故消化率低，牛、羊很少超过50%，消化能仅为7.78～10.46 MJ/kg。第二，粗蛋白质含量很低。豆科秸秆含量在8.9%～9.6%之间，而禾本科秸秆只有4.2%～6.3%。第三，矿物质含量都很高，缺点是硅酸盐含量多，而有价值的钙磷含量低。第四，具有较大容积的填充作用，正好与草食动物的消化器官相适应，可促进胃肠蠕动，保证正常消化的进行。这类饲料虽然能值低，但大量采食，仍可满足必需的维持能量的需要。第五，禾本科秸秆的适口性优于豆科秸秆，以谷草为最佳，大豆秸最差（需经调制才能饲用），但蚕、豌豆秸较好。使用秸秆应注意维生素、蛋白质、矿物质的补充。喂猪时应适当搭配于配合饲料中，但用量不可过多，并应粉碎或经加工调制后饲用。一般不适宜喂鸡。

2. 秕壳

秕壳是籽实脱粒时分离出的颖壳、果皮及外皮等。这类饲料由于混杂有尘土等杂质，以及混入成熟程度不同的瘪谷籽实等，致使它们的成分与营养价值有很大差异。

它们的营养特点是：第一，能量价值变化幅度大。第二，粗蛋白质含量较少，但豆科优于禾本科。第三，这类饲料的缺点是杂质、异物会导致消化障碍。大麦秕壳等带芒刺，往往会刺伤口腔黏膜，引起口腔炎，故应注意饲用安全。

三、青饲料

青饲料是供给畜禽饲用的幼嫩青绿的植株、茎叶或叶片等，以富含叶绿素颜色青绿而得名。此类饲料中自然水分含量在45%以及其以上。青绿饲料的种类繁多，主要包括天然牧草、人工栽培牧草、叶菜类、非淀粉质茎根瓜果类和水生植物等。青饲料具有以下营养特点：

1. 含水量高

陆生植物的水分含量在75% ~90%，而水生植物在95%左右，因此鲜草的热能较低，陆生植物饲料每千克鲜重消化能在1.20 ~2.50 MJ之间。青饲料含有酶、激素、有机酸等，有助于消化。青饲料具有多汁性与柔嫩性，适口性好，草食动物在牧地可直接大量采食。

2. 蛋白质含量较高

青饲料中蛋白质含量丰富。一般禾本科牧草和蔬菜类饲料的粗蛋白质含量在1.5% ~3%，豆科牧草在3.2% ~4.4%，按干物质计算前者可达13% ~15%，后者可达18% ~24%，含赖氨酸较多，可补充谷物饲料中赖氨酸的不足。青饲料蛋白质中氨化物占总氮的30% ~60%，氨化物中游离氨基酸占60% ~70%。对单胃动物，其蛋白质营养价值接近纯蛋白质，对反刍动物可由瘤胃微生物转化为菌体蛋白，因此蛋白质品质较好。

3. 粗纤维含量低

青饲料含粗纤维较少，木质素低，无氮浸出物较高。青饲料干物质中粗纤维不超过30%。

4. 钙、磷比例适宜

青饲料中矿物质占鲜重的1.5% ~2.5%，是矿物质的良好来源。

5. 维生素含量丰富

青饲料富含有多种维生素，包括B族维生素以及维生素C、维生素E、维生素K等，但维生素B_6很少，特别是胡萝卜素，每千克青饲料中仅含有50 ~80 mg胡萝卜素。青饲料的利用特点和营养价值高低主要取决于作物种类和生长时期。一般随着植物的成熟，茎叶迅速变硬变粗，利用价值也随之下降。为了保证青饲料品质，必须适时收割，饲喂猪、鸡的豆科青饲料以在孕蕾前收割为宜；饲喂牛、羊、马的宜在盛花期收割。

青饲料的利用方式有放牧和青刈两种，取青刈和放牧相结合的方法，可使其利用更为合理。其中人工栽培牧草及饲用作物一般以青刈为主。草原、草山、草坡上采用放牧。无论放牧和青刈都必须做到青饲料轮供。在青饲料生产旺季应注意加工贮藏，使之不致因生产过剩而造成浪费，或因青饲料缺乏而影响生产。在青饲料的利用上采用青刈补充放牧的不足，以放牧增加舍饲家畜的运动量，二者结合，可增进家畜的健康和提高生产力。

四、青贮饲料

青饲料虽有许多优点，但因水分高不易保存，尤其在我国北方，青饲料的生产集中在夏季，因此不易做到青饲料的全年均衡供应。国内外大量科学研究和动物饲养实践都已证明，青贮是调制和贮藏青饲料并保持其营养特性的一种有效方法。

1. 有效地保存青绿饲料养分

干草在调制过程中，养分损失 20% ~ 40%，而调制青贮料，干物质仅损失 0% ~ 15%，可消化蛋白质仅损失 5% ~ 12%。青贮尤其能有效的保存青绿植物中蛋白质和胡萝卜素。

2. 青贮能保持原料青绿时的鲜嫩汁液

干草含水量只有 14% ~ 17%，而青贮料含量达 70%，适口性好，消化率高。

3. 延长青饲季节

我国西北、东北、华北各地区，青饲季节不足半年，冬、春季节缺乏青绿饲料，而采用青贮的方法可以做到青饲料四季均衡供应，保证了草食家畜饲养业的优质高产和稳定发展。尤其在奶牛饲养业，青贮料更是非常重要的。

4. 扩大饲料资源

畜禽不喜欢采食或不能采食的野草，野草、树叶等无毒青绿植物，经过青贮发酵，可以变成畜禽喜食的饲料，如向日葵、草、玉米秸等。有的在新鲜时有臭味，有的质地较粗硬，一般家畜多不喜食或利用率很低，如果把它们调制成青贮饲料，不但可以改变口味，并且可软化秸秆，增加可食部分的数量。如菊科类植物及马铃薯茎叶等在青饲时有异味，适口性差，但青贮后气味改善，柔软多汁，提高了适口性。

5. 调制方便，贮存期长

青贮饲料比贮藏干草需用的面积小，一般每立方米的干草垛只能垛 70 kg 左右的干草，而 1 m³ 的青贮窖就能贮藏含水青贮饲料 450 ~ 700 kg。青贮饲料只要贮藏合理，就可以长期保存，不会因风吹日晒而变质，也不会有火灾等事故的发生。又如采用窖藏甘薯、胡萝卜等块根、块茎类饲料，一般只能保存几个月，还可因保存技术不当造成霉烂或早期发芽变质，而采用青贮来保存块根、块茎类饲料，方法简便又安全，能长期保存。此外，青贮饲料取用方便，随用随取。

6. 青贮可以消灭害虫及田间杂草

很多危害农作物的害虫多寄生在收割后的秸秆上越冬，如果将秸秆铡碎青贮，由于青贮料里缺乏氧气，并且酸度较高，就可将许多害虫的幼虫杀死。还有许多杂草的种子，经青贮后便可失去发芽的能力，如将杂草及时青贮，不仅给家畜贮备了饲草，也对减少杂草的兹生起到了一定的效果。

1. 取用

青贮饲料一般在调制 30 d 后即可开窖取用，取用时应逐层或逐段从上往下分层利用，每天按畜禽实际采食量取出，切忌全面打开掏洞取用，尽量减少与空气接触，以防霉烂变质。随用随取，不能一次取出大量青贮料堆入畜舍慢慢喂用。若青贮饲料已经发霉变质则不能饲用。

2. 喂法

良好的饲喂方法是先少喂青贮料，再逐渐加量饲喂，要循序渐进。青贮料具有轻泻作用，故妊娠母牛喂量不宜过多，以防流产；对奶牛最好挤奶后投喂，以免影响牛奶气味。

3. 喂量

青贮料的饲喂量应根据青贮料的种类、品质、搭配饲料的种类、牲畜种类、生理状况、年龄等综合考虑，可参见表3-3。

表3-3　各种家畜青贮饲料的参考喂量　　　　kg/（头·d）

家畜种类	参考喂量	家畜种类	参考喂量
产奶牛	15~20	马、骡	5~10
肉牛、役用牛	10~20	兔	0.2~0.5
育成牛	6~20	妊娠母猪	3~6
种公猪	10~15	初产母猪	2~5
断奶犊牛	5~10	哺乳母猪	2~3
羊	1~2	育成猪	1~3

五、能量饲料

能量饲料的主要特点是富含碳水化合物，能值高，但蛋白质含量低，且缺乏赖氨酸和蛋氨酸。此外，含少量的脂肪。此类饲料还缺乏维生素A、维生素D、维生素K及胡萝卜素，某些B族维生素（如核黄素）含量也不足。所以，以这类饲料为主的饲粮，必须和蛋白质饲料、矿物质饲料及各种饲料添加剂配合使用。

谷实类是配合饲料的基础原料，是能量饲料中能值较高的一类，常用的原料有玉米、高粱、小麦、大麦、燕麦、稻谷等。

谷实类的营养特点是：第一，营养丰富，能量价值高，成熟的谷实类籽实水分少，多在14%以下，含丰富的无氮浸出物，平均占干物质的71.2%~83.7%（仅燕麦低些），粗纤维含量除燕麦（13%）外均较低（在6%以下），有机物质的消化率高，去壳皮的籽实消化率达75%~90%，每千克干物质对猪消化能高达12.54 MJ以上。第二，蛋白质含量不足，一般为6.7%~16.0%，且品质差，必需氨基酸含量不足，特别是限制性氨基酸不足，赖氨酸为0.14%~0.68%，蛋氨酸为0.05%~0.34%。第三，脂肪含量一般为4%~5%。第四，钙磷比例不平衡，钙含量普遍少，一般都低于0.1%，而磷的含量可达0.31%~0.45%，且相当一部分为肌醇六磷酸盐（有机态磷）。因此，单胃动物对它的利用率低。第五，缺乏维生素A、维生素D、维生素C，但B族维生素含量较丰富。除黄色玉米和粟含有少量胡萝卜素（1~1.6 mg/kg）外，其他谷类籽实普遍缺少维生素A、维生素D、维生素C。谷类籽实除含核黄素外，B族维生素亦较丰富，而且大都存在于谷实糊粉层和胚质中。一些谷实的胚质中还含有较多的维生素E。谷实中几乎不含维生素C。谷实类饲料具有单位重量体积小、容重大、单位体积饲料所含能量高、适口性好等特点。

根据以上特点，使用这类饲料时必须与其他优质蛋白质饲料配合使用，并还需考虑氨基酸的生物学价值，采取多种谷实合理搭配使用的方法。同时，还应注意补充钙和某些维生素，以保证配合饲料的营养全面。在配合谷实原料的量上和采食量上应适当控制，以防止畜禽采食过多而造成能量浪费和产品质量的下降，因这类原料干物质中所含的脂肪多为不饱和脂肪酸，如用量过大，则会导致屠体的软脂肪较多，从而严重影响肉的质量。

1. 玉米

玉米是配合饲料中的主要能量饲料。其营养特点是含能量高，每千克玉米含总能 17.5 ~ 18.22 MJ，对猪消化能为 16.01 ~ 16.59 MJ，对鸡代谢能为 13.96 ~ 16.47 MJ。无氮浸出物丰富，含量占干物质的 83.7%，纤维少，约为 2%，消化率高，各种畜禽对玉米的消化率高达 92% ~ 97%。由于玉米的营养价值高，适口性强，能量浓度在几种常用的谷实类饲料中居首位，因此被称为 "饲料之王"。玉米的粗蛋白质含量低，约为 8%，且品质差，尤其缺乏赖氨酸、蛋氨酸和色氨酸。玉米含有两种蛋白质：一种为玉米醇溶蛋白质，存在于胚乳之中，品质最差；另一种为玉米谷蛋白质，存在于胚中，少量存在于胚乳中，品质较优。无机物中，钙磷含量少，且比例不平衡（约 1:8），磷对单胃动物来说利用率很低。黄色玉米不含维生素 D，维生素 E 含量良好，比其他谷实含核黄素少，比小麦、大麦含烟酸少，而硫胺素含量则较多。白色玉米几乎不含维生素。玉米中还含有较多的脂肪，其不饱和脂肪酸含量较高，其中亚油酸含量高达 2%，是所有谷实类饲料中含量最高的。因其不饱和脂肪酸含量高，故玉米粉易酸败变质，不易久贮，应现粉碎（或压扁）现用。

鉴于玉米的营养特点，单独使用饲喂肥育猪会造成肉质或脂肪松软现象，严重的还会影响其生殖机能，因此一般应与豆科籽实或其他蛋白质饲料，以及体积大的糠麸类、麦类、草粉、叶粉等配合，再加入一定量的矿物质、维生素、饲料添加剂，加工成营养全面的配合饲料使用。玉米一般在配合饲料中占 50% ~ 70%。

2. 高粱

高粱可作为配合饲料的原料，与玉米适当搭配使用。其营养价值略低于玉米，能量价值相当于玉米的 99%；粗蛋白质含量稍高于玉米，约为 10%，蛋氨酸含量是玉米的 2 倍，色氨酸是玉米的 4 倍，赖氨酸比玉米约少 1/2。主要缺点是含有单宁（鞣酸），为 0.2% ~ 2.0%。

高粱可以适量与其他谷实、饼类、糠麸等搭配使用，但应粉碎饲喂。在配合饲料中用量一般不超过 15%。若用量过高则会耗掉蛋氨酸或胆碱。

3. 小麦

我国很少用粉碎小麦做配合饲料的原料，而多用其加工后的副产品，如次面粉、碎麦、麦麸等。一般情况下每 100 kg 小麦可出 14 ~ 15 kg 副产品。小麦出粉率较高，可达 81%，随着出粉率的提高，加工出的面粉和麸皮的营养价值也就相应降低。

小麦的能值较高，约为玉米能量价值的 97%；蛋白质含量较高，在 12.6% 左右。近年来，新品种小麦籽实干物质中蛋白质含量可达 22% 以上，但是它的蛋白质品质较差。

4. 大麦

大麦在世界上是配合饲料的主要原料之一，但在我国应用不普遍。大麦是肥育猪最理想的饲料。饲用大麦的畜禽都可得到较好的饲养效果和优质的畜产品。

大麦籽实除具备谷实类的营养特点外，无氮浸出物为玉米的 92% 以上，但能量价值仅为玉米的 67% ~ 85%。大麦与玉米的不同之处是，大麦的外面包有一层质地坚实、粗纤维含量很高的种子外壳颖苞，故整粒饲喂消化率及能量利用率都低，易发生 "过料现象"；干物质中粗纤维高，无氮浸出物和粗脂肪则低于玉米，故能量浓度比玉米低。

5. 燕麦

燕麦和其他谷实类饲料一样，主要成分是淀粉，但壳多，粗纤维高达 10.9% 以上。无氮浸出物在谷实类中最低，因此能量也较低，为玉米能量价值的 56% ~ 75%，其无机物中钙少磷多。同其他谷实相比，烟酸少。粗蛋白质含量为 8.8% ~13.8%，且品质优于玉米；粗脂肪含量较高，为 3.5% ~8.4%，比大麦和小麦高 1 倍以上，甚至超过玉米。其营养价值变动很大。

6. 稻谷

用稻谷做饲料时，仅用其碎米、米糠（青糠）、糠饼等。

稻谷与燕麦籽实相似，有粗硬的种子外壳，粗纤维含量高达 9.9%，仅为玉米能量价值的 67% ~85%。营养价值近似大麦、燕麦。在维生素和钙、磷等营养方面也和其他谷实类大致相同。

7. 粟谷

粟谷是小粒的谷实饲料，营养成分和大麦相似，为玉米能量价值的 67% ~85%。粗纤维高达 7.4% ~9.5%，而硫胺素含量非常之多，为 5.3% ~7.3%，且黄色品种中含有较多的胡萝卜素。去壳加工成小米，具有较高的营养价值，能量价值略高于玉米。

糠麸类是指磨米和制粉工业的副产品。糠麸类是畜禽配合饲料中具有特殊营养作用的常用能量饲料，常用的有小麦麸、米糠、玉米皮等。糠麸类的营养特点是：无质氮浸出物比谷实少，占 53.3% ~63.7%；粗纤维含量比籽实高，约占 10%；粗蛋白质数量与质量介于豆科与禾本科籽实之间；米糠中粗脂肪含量达 13.1%，其中不饱和脂肪酸高；矿物质中磷多钙少，磷多以植酸磷形式存在；维生素 B_1、维生素 B_5 及维生素 B_3 含量较丰富，其他均较少；较它们的籽实容积大，同籽实类搭配、可改变配合饲料的物理性质。

根据以上的营养特点，以适当的比例与籽实、饼粕类搭配使用时，要注意补充钙，以使钙磷比例达到平衡。这类原料吸水性强，容易结块发霉，且由于脂肪含量较多，易酸败，故应注意贮存，保证质量。

1. 小麦麸

小麦麸又叫麸皮，是小麦磨面加工制粉后的碎屑片的种皮，并带有粉状物质，由果皮、种皮、胚、糊粉层和少量胚乳组成。麦麸适口性较好，是国内外广泛应用的畜禽配合饲料原料，由于主要成分种皮与糊粉层的细胞壁厚实，粗纤维含量高，为 6.9% ~11.7%，因而有机物质的消化率低。制精粉时，麦麸中胚乳比例增大，品质好。小麦麸中含有较多的 B 族维生素。小麦麸的粗蛋白质含量较高，有效能值相对较低，钙磷比例极不平衡，为 1:6。在单胃动物日粮中所占比例不宜过大。小麦麸具有质地蓬松，适口性好，可以调节营养浓度，具有轻泻作用，对产后母牛、母猪、母马和犊牛、仔猪可起安全轻泻、防止便秘、调节消化道的作用，故有人称其为"凉性饲料"。

麦麸宜于饲喂产蛋鸡和雏鸡，但搭配量不得超过 15%；饲喂乳牛时，用量不得超过能量饲料的 20%。

2. 稻糠

稻糠也叫米糠，由糙米精加工时分离的种皮、糊粉层和胚三组分混合而得，其营养价值取决于大米精加工的程度。一般 100 kg 稻谷可出大米 72 kg、稻壳（又叫砻糠）22 kg 和米糠 6 kg。砻糠是稻谷的外壳，非常坚硬，难以消化，营养价值为负值，不能用作单胃动物的饲料，而大米糠却是很有特色的良好饲料。

米糠是糠麸类中能值较高的种类。虽然其干物质中的粗灰分比玉米皮高 3 倍，比麦麸高 1 倍，粗纤维略低于麦麸和玉米皮，无氮浸出物也远低于麦麸和玉米皮，但能值并不低，每千克干物质对猪消化能为 12.54 ~ 14.84 MJ。这主要是因为其粗脂肪比同类饲料要高得多，约是麦麸、玉米皮的 3 倍，且多为不饱和脂肪酸。此外，钙磷比例严重失调，为 1:(17 ~ 22)，维生素 E、硫胺素、烟酸含量丰富，并含有较多的锰。

新鲜米糠的适口性好，各类畜禽都喜食，尤其适合喂猪。但因其含油脂多，肥育猪喂量过多会影响肉质，产生软脂肉。对仔猪和哺乳母猪的喂量也不宜过多，并应注意搭配青饲料和蛋白质饲料。米糠喂量，肉猪生长期占饲粮用量的 15%，仔猪不超过 30%，肥育猪后期在 15% 以下为好。如米糠喂鸡量过多，则适口性下降，故在 12% 以下，雏鸡在 8% 以下为宜。喂乳牛时，宜占饲粮的 20%，喂肉牛可占 30%。

块根、块茎及瓜类饲料包括甘薯、马铃薯、胡萝卜、甜菜、南瓜等，它们之间不仅种类不同，而且化学成分各异，但也有一些共同的营养特性。

此类饲料的营养特点是水分含量很高，达 70% ~ 80%，营养价值低，相对的干物质很少，但从干物质的营养价值来看，它们可以归属于能量饲料。

马铃薯干物质中 70% ~ 80% 为淀粉。鲜马铃薯中维生素 C 丰富，但其他维生素贫乏。马铃薯对反刍家畜可生喂；对猪熟喂较好。马铃薯含有一种含氮的有毒物质叶龙葵精，大量采食可导致家畜消化道炎症和中毒。饲用时必须清除皮和肉芽。

植物油与动物油脂是常用的液体能量饲料。作为一种高能饲料，它们常用以提高饲粮的能量浓度并改善适口性，在肉仔鸡等的饲养中应用广泛。

植物油的代谢能高达 37 MJ/kg，用于肉仔鸡的增重效果好于动物油脂，常用的有大豆油，玉米油等。动物油脂的代谢能略低于植物油，约为 35 MJ/kg。这类多由胴体的某些部分熬制加工而来，如猪油脂、牛油脂和鱼油。

六、蛋白质饲料

蛋白质饲料是指干物质中粗纤维含量在 18% 以下，粗蛋白质含量大于或等于 20% 的饲料，可分为植物性蛋白质饲料、动物性蛋白质饲料、单细胞蛋白质饲料（酵母、细菌、真菌等）和其他类蛋白质饲料（如非蛋白氮、畜牧场废弃物等）。

1. 豆类籽实

专用于饲料的豆类主要有大豆、黑豆、豌豆、蚕豆等，这些豆类都是动物良好的蛋白质饲料。其营养特点是蛋白质含量丰富，达 20% ~ 40%，蛋白质的氨基酸组成也较好，其中赖氨酸丰富，而蛋氨酸等含硫氨基酸相对不足。无氮浸出物明显低于能量饲料。大豆和花生的粗脂肪含量甚高，超过 15%，可以利用这一特性来提高饲料的有效能值，但同时还应注意不饱和脂肪酸对胴体品质的影响。钙含量虽稍高些，但仍比磷少，钙、磷比仍不适宜。

未经加工的豆类籽实中含有多种抗营养因子，如抗胰蛋白酶、凝集素等，因此生喂豆类籽实不利于动物对营养物质的吸收。蒸煮和适度加热可以钝化破坏这些抗营养因子，而不再危害动物消化。通常以脲酶活性的大小衡量抗营养因子的破坏程度，大豆经膨化后，所含的大部分抗胰蛋白酶等抗营养因子数量明显降低，适口性及蛋白质消化率也得以明显改善，在肉用畜禽日粮中作为部分蛋白质的来源，使用效果颇佳。

2. 饼粕类

饼粕类饲料是油料籽实提取油分后的副产品，目前我国脱油的方法有压榨法、浸提法和预压-浸提法，用压榨法榨油的产品通称"饼"，用浸提法脱油后的产品称"粕"，饼粕类的营养价值因原料种类、品质及加工工艺而异。浸提法的脱油效率高，故相应的粕中残油量少，而蛋白质含量高；压榨法脱油效率低，因而与相应的粕比较，含可利用能量高。

（1）大豆饼粕　大豆饼粕是我国最常用的一种主要植物性蛋白质饲料，营养价值很高，蛋白质含量高达45%左右，赖氨酸含量较高，氨基酸平衡较好；大豆饼粕适口性好，各种动物都喜食，可作为鱼粉的代用品；加工适当的大豆饼粕不含抗营养因子，使用上无用量限制；不易变质、霉坏。

大豆饼粕中存在有抗营养物质如抗胰蛋白酶、脲酶、甲状腺肿因子、皂素、凝集素等。这些抗营养因子不耐热，适当的热处理即可灭活（110℃，3 min），但加热过度会降低赖氨酸、精氨酸的活性，同时亦会使胱氨酸遭到破坏。通常以脲酶活性的大小衡量豆粕的加热程度。

处理良好的大豆饼粕适量添加蛋氨酸后，是鸡饲料的最好蛋白质来源，且任何生长阶段的家禽均可使用，幼雏的饲喂效果最佳。大豆饼粕对肉猪、种猪的适口性太好，甚至会产生过食现象。

（2）菜籽饼粕　菜籽饼粕的可利用能量水平较低，适口性也差，不宜作为单胃动物唯一蛋白质饲料。菜籽饼粕的蛋白质含量中等，在36%左右。其氨基酸组成特点是蛋氨酸含量较高，在饼粕中仅次于芝麻饼粕，居第二位。赖氨酸含量2.0%~2.5%，在饼粕类中仅次于大豆饼粕，居第二位。菜籽饼粕的精氨酸含量低，为2.23%~2.45%，因而菜籽饼粕与其他饼粕配伍性好。菜籽饼粕中硒含量高，高达1 mg/kg，其中磷的利用率也较高。

菜籽饼粕具有辛辣性，适口性不好，含有硫葡萄糖甙、芥酸、异硫氰酸盐等有毒成分，对单胃动物毒害作用较大，其在饲料中的安全限量为蛋鸡、种鸡5%，生长鸡、肉鸡10%~15%，母猪、仔猪5%，生长肥育猪10%~15%。

（3）棉籽饼粕　棉花籽实脱油后的饼粕因加工条件不同，营养价值相差很大，主要影响因素是棉籽壳是否去掉。完全脱了壳的棉仁所制成的饼粕叫棉仁饼粕，含蛋白质40%以上，甚至可达46%，代谢能在10 MJ/kg左右。棉籽饼粕的主要特点是，赖氨酸不足，精氨酸过高。棉籽饼粕中蛋氨酸含量也低，约为0.4%。

棉籽饼粕含有毒的棉酚，饲喂前应脱毒或控制喂量。反刍动物耐受性较强。此外，棉籽饼中还含有一种有毒物质，即环丙烯类脂肪酸，当饲料中这种残油不超过0.1%时不会产生不良后果。棉籽饼粕含有毒成分，使用中一般采取限量饲喂或脱毒后饲喂。一般产蛋鸡可用到6%，肥育猪和肉鸡后期可用到10%，犊牛用量可占精料的20%，奶牛用量可占精料的50%。

（4）葵花籽饼　葵花籽饼含粗蛋白质28%~32%，粗纤维含量高，赖氨酸缺乏。

（5）花生仁饼粕　花生仁饼粕蛋白质含量高达47%，适口性极佳。赖氨酸和蛋氨酸等含量不及大豆饼粕，赖氨酸含量高达 5.2%。饲喂畜禽时，可与大豆饼粕、菜籽饼粕、鱼粉或血粉等配伍使用。产蛋鸡和育成鸡可用至 5% ~ 10%，肉猪 10% 左右。

动物性蛋白质饲料主要包括鱼类、畜禽肉类和乳品加工副产品以及其他动物产品。其营养特点为：干物质中粗蛋白质含量高（50% ~ 80%），蛋白质所含必需氨基酸齐全，比例接近畜禽的需要；灰分含量高，特别是钙、磷含量很高，而且钙磷比适当；B 族维生素含量高，特别是核黄素、维生素 B_{12} 等的含量相当高；除乳外，其他类饲料含碳水化合物极少，且一般不含纤维素，消化率高。

动物性蛋白质饲料主要有鱼粉、肉骨粉、肉粉、蚕蛹、血粉、乳清粉、羽毛粉等。

1. 鱼粉

鱼粉的种类很多，各类鱼粉因原料和加工条件不同，各种营养素含量差异很大。我国广泛使用的鱼粉包括进口鱼粉和国产鱼粉，是指以全鱼为原料制成的不掺杂异物的纯鱼粉。鱼粉是高能饲料，没有纤维素和木质素等难消化和不消化物质。鱼粉的蛋白质含量高，秘鲁鱼粉蛋白质在 60% 以上，最高可达 72%，赖氨酸和蛋氨酸含量很高，而精氨酸含量低，与其他饲料配伍性很好。鱼粉中矿物质和维生素含量丰富。

另外，鱼粉中还含有未知生长因子（UGF），这种物质目前还没有提纯，但已肯定可以促进动物生长。除鱼粉外，酒糟浸出液的干燥物、苜蓿等也含有未知生长因子。

鱼粉是优质蛋白质饲料，价格昂贵，因此如何进行鱼粉的辨别是最为关键的。鱼粉中的食盐也易导致动物中毒，一般优质鱼粉含盐为 2% 左右，劣质鱼粉盐分含量无法确定，甚至可高达 30%，这样即使使用量较小，也易导致动物食盐中毒。鱼粉在贮存过程中应注意通风干燥，防止鱼粉氧化、霉变、虫蛀及自然损失。值得注意的事，鱼粉中还含有有害物质——肌胃糜烂素，易导致鸡的肌胃糜烂。

2. 肉粉与肉骨粉

屠宰场或肉制品厂的肉屑、碎肉等处理后制成的饲料叫肉粉，如果连骨头带肉一起为主要原料则叫肉骨粉。美国饲料管理协会以含磷 4.4% 为界限，含磷量在 4.4% 以下的叫肉粉，在 4.4% 以上的叫肉骨粉。我国生产的肉粉与肉骨粉中还包括动物的内脏、胚胎、非传染病死亡的动物胴体等，但不应含有毛发、蹄壳及动物的胃肠内容物。

我国的肉粉与肉骨粉同进口的产品相比，蛋白质含量低，而钙、磷含量高。

肉粉与肉骨粉为动物性蛋白质饲料，贮存时应防止脂肪氧化，防止沙门氏菌和大肠杆菌的污染。

3. 血粉

血粉是由各种家畜的血液消毒、干燥和粉碎或喷雾干燥而成，含粗蛋白质 80% 以上，赖氨酸含量 6% ~ 7%，但异亮氨酸严重缺乏，蛋氨酸也较少。由于血粉的加工工艺不同，导致蛋白质和氨基酸的利用率有很大差别。血粉中含铁多，含钙、磷少，适口性差，在日粮中不宜多用，通常占日粮 1% ~ 3%。

4. 羽毛粉

羽毛粉由羽毛经高压、水解、烘干和磨碎而成，含粗蛋白质 86% 以上，但蛋白质品质差，赖氨酸、蛋氨酸和色氨酸含量很低，胱氨酸含量高达 4%。羽毛粉适口性差，使用时应控制用量，日粮中一般不超过 3%。

5. 蚕蛹粉

蚕蛹粉是蚕蛹干燥、粉碎后的产品，其粗脂肪含量高达 22% 以上，蛋白质含量在 55% 左右。但易受原料品质和脂肪含量的影响，容易发生腐败与恶臭，使鸡蛋和猪肉、鸡肉带有不良气味儿，猪肉肉脂变黄。

单细胞蛋白质饲料也叫微生物蛋白质饲料，是由各种微生物体制成的饲用品，主要包括酵母、微型藻、非病原菌、真菌。

非蛋白氮即非蛋白质态的含氮化合物。反刍动物的瘤胃内存在着大量的微生物，这些微生物可利用非蛋白氮而形成菌体蛋白，最后菌体蛋白被反刍动物利用。非蛋白氮饲料包括尿素、液氨、氨水、硫酸铵、碳酸氢铵（NH_4HCO_3）、氯化铵（NH_4Cl）等。

七、矿物质饲料

矿物质是畜禽生命活动及生产过程中不可缺少的营养物质，其主要作用是保证畜禽骨、牙、毛、蹄、角、软组织、血液、细胞的需要。一般把钙、磷、钾、钠、氯、硫、镁等称为常量元素。

1. 饲用石粉

饲用石粉主要指石灰石粉，为天然的碳酸钙，含钙 34% ~ 39%，是补钙来源最广、价格最低的矿物质原料。天然的石灰石只要镁、铅、汞、砷、氟含量在卫生标准范围之内均可使用。猪用石粉的细度为 0.36 ~ 0.61 mm，禽用石粉的粒度为 0.67 ~ 1.30 mm。

2. 贝壳粉

本品为各类贝壳外壳（牡蛎壳、蚌壳、蛤蜊壳等）经加工粉碎而成的粉状或颗粒状产品，为灰白色或灰色粉末。一般含钙不低于 33%，主要成分为碳酸钙。贝壳内部残留有少量的有机物，因而贝壳粉还含有少量的粗蛋白质及磷，制作饲料配方时，这些蛋白质与磷通常不计。优质的贝壳粉含钙量与石灰石相似。贝壳粉内常夹杂碎石和砂砾，使用时应予以检查并注意贝壳内有无残次的生物尸体的发霉、发臭情况。

3. 蛋壳粉

蛋壳粉由蛋品加工厂或大型孵化场收集的蛋壳，经灭菌、干燥、粉碎而成，不过孵化后的蛋壳钙含量极少。对用蛋品加工或孵化的新鲜蛋壳为原料制成的蛋壳粉，应注意消毒，避免蛋白质腐败，甚至带来传染病。蛋壳粉含粗蛋白质 12.42%，钙 24% ~ 27%。

4. 石膏

其化学式是 $CaSO_4 \cdot 2H_2O$，灰色或白色结晶性粉末，含钙量范围变动大，一般为 20% ~ 30%。如果是磷酸制造工业的副产品，含氟量往往超标，使用此类石膏时应高度重视。供钙的饲料还有白垩、滤泥和木灰等。

钙源饲料来源丰富，很便宜，但不能过量使用。用量过多会影响钙、磷平衡，影响钙和磷的消化、吸收及代谢。微量元素预混料常常使用石粉作稀释剂和载体，使用比例较大，配料时应将其含钙量计算在内。

1. 氯化钠

通常使用的是食盐。一般植物性饲料中钠和氯的含量很少，而含钾很丰富。为了保证动物的生理平衡，以植物性饲料为主的动物应补充食盐。食盐还可以改善口味，有促进食欲和消化的作用。目前使用的加碘食盐，碘含量在 70 mg/kg 左右。食盐补给不足，可引起食欲减退、生长缓慢、无力、异食癖等。食盐对猪、鸡等畜禽不可多喂，否则饮水量增加，粪便稀软，严重时导致食盐中毒。在缺碘的地区，宜补饲加碘食盐。一般食盐在牛、羊、马等草食动物日粮中占日粮风干物质的 1%，猪日粮中以 0.5% 为宜，禽日粮中以 0.3% ~0.5% 为宜。确定食盐添加量时，还应考虑动物体重、年龄、生产力、季节、水及饲料中（特别是鱼粉中）食盐的含量。

2. 碳酸氢钠

碳酸氢钠俗称小苏打。采用食盐供给动物钠与氯时，食盐中含钠 40%、含氯 60%，氯多钠少，尤其对产蛋家禽，更需要其他供钠的物质。碳酸氢钠，除提供钠离子外，还是一种缓冲剂，可缓解热应激，改善蛋壳强度，保证瘤胃正常 pH 值。

3. 无水硫酸钠

无水硫酸钠俗称元明粉或芒销，具有泻药的性质，除补充钠离子外，对鸡的互啄还有预防作用。

1. 骨粉类

骨粉以动物骨骼加工而成，化学式为 $3Ca_3(PO_4)_2 \cdot Ca(OH)_2$。骨粉含氟量低，只要杀菌消毒彻底，便可安全使用。骨粉类饲料钙多磷少，比例平衡。使用骨粉时，要注意氟中毒。有些骨粉品质低劣，有异臭，灰泥色的骨粉常携带有大量致病菌，引起产蛋量下降或死亡。更有的兽骨收购场地，为避免蝇蛆繁殖，喷洒敌敌畏等药剂，致使骨粉带毒。

2. 磷酸盐

常用的是磷酸氢钙。我国饲料级磷酸氢钙的标准为：含磷不低于 16%，钙不低于 21%，砷不超过 0.003%，铅不超过 0.002%，氟不超过 0.18%。水产动物对磷酸二氢钙的吸收率比其他含磷饲料高，因此磷酸二氢钙常用作水产动物饲料的磷源。

3. 磷矿石粉

磷矿石粉为磷矿石粉碎之后的产品，常常氟超标，并有铅、砷、汞等其他杂质，应慎用。

4. 液体磷酸

液体磷酸有腐蚀性，青贮时可喷加，配合饲料生产中使用不方便。

1. 沸石

有天然沸石和人工沸石两大类。现已知人工合成沸石至少有 150 种。因为人工沸石价格比天然沸石高 20 ~100 倍，所以在养殖业上基本不采用。天然沸石是其分子结构为开放型，有许多空隙与通道，其内有金属阳离子和水分子，这些阳离子和水分子与阴离子骨架联系较弱。沸石的这种特性是沸石具有吸附气体（如氨气）、离子交换和催化作用的性质，因此可将沸石作为畜禽的生长促进剂，可直接添加于日粮，也可用作饲料添加剂的载体和稀释剂。

2. 麦饭石

麦饭石在我国医药中曾作为一种"药石"，用于防病治病。麦饭石有多孔性，具有很强的吸附性，因此有收敛作用，能吸附像氨、硫化氢等有害、有臭味的气体和一些肠菌，如大肠杆菌、痢疾杆菌等。在消化道内，麦饭石能释放出铜、铁、锌、锰、钴、硒等微量元素，延长饲料在消化道内滞留时间，提高饲料中营养物质的消化吸收率，改善畜禽的生产性能。

3. 海泡石

海泡石属特种稀有非金属矿石，具有特殊的层链状晶体结构，对热稳定，有很好的阳离子交换、吸附和流变性能，可吸附氨，消除排泄物臭味。它可使饲料较缓慢地通过肠道，从而提高蛋白质的消化率，提高畜禽对维生素与矿物质的吸收能力。海泡石常用作饲料的成分，也可作微量元素的载体、稀释剂及颗粒饲料黏合剂。

4. 膨润土

膨润土又叫班脱岩，俗称白土。膨润土具有较好的吸水性、膨胀性、分散性和润滑性，可提高饲料的适口性和改进饲料的松散性，可延缓饲料通过消化道的速度，加强饲料在胃肠中的消化吸收作用，提高饲料利用率。膨润土中含磷、钾、钙、锰、锌、铜、钴、镍、钼、钒、锶、钡等动物所需的微量及常量元素，常作微量元素的载体或稀释剂，也可作颗粒饲料的黏合剂。在肉鸡饲粮中可添加2%～3%的膨润土。

此外，凹凸棒石、稀土、白陶土、水氯镁石等，均可作为动物的矿物质饲料加以开发与利用。

八、饲料添加剂

饲料添加剂是在配合饲料中特别加入的各种少量或微量成分。使用饲料添加剂的目的是：改善饲料的营养价值，提高饲料利用率，促进畜禽生长，改善饲料的物理特性，增加饲料耐贮性，增进动物健康，改善动物产品品质等，最终达到提高动物生产性能，降低生产成本。

饲料添加剂种类繁多，性能各异，按其作用分类见图3-1。

营养性饲料添加剂是指添加到配合饲料中，平衡饲料养分，提高饲料利用率，直接对动物发挥营养作用的少量或微量物质，主要包括合成氨基酸、合成维生素、微量矿物质元素及其他营养性添加剂。

非营养性饲料添加剂是指加入到饲料中用于促进动物生长、保健及保护饲料营养成分的物质，主要包括保健和促进生长添加剂、益生素、酶制剂、防霉剂、中草药饲料添加剂等。

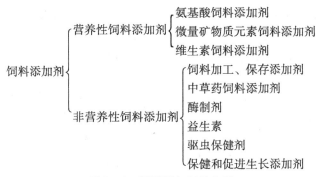

图 3-1　饲料添加剂的分类

营养性饲料添加剂主要用于平衡畜禽日粮的营养。

1. 氨基酸添加剂

（1）赖氨酸添加剂　动物只能利用 L 型赖氨酸，不能利用 D 型赖氨酸。生产中常用的商品是 98.5% 的 L-赖氨酸盐酸盐，其生物活性只有 L-赖氨酸的 78.8%。在猪、鸡饲粮中按需要量添加赖氨酸后，可减少饲料中粗蛋白质 3%。

（2）蛋氨酸添加剂　在各种畜禽尤其禽类日粮中，一般添加 0.1% ~ 0.2% 的蛋氨酸，可提高蛋白质利用率 2% ~ 3%，并对提高产蛋率、增加猪的瘦肉率和节省蛋白质饲料十分有效。在饲料工业中广泛使用的蛋氨酸添加剂是 DL-蛋氨酸、羟基蛋氨酸及其钙盐。

（3）色氨酸添加剂　L-色氨酸的活性为 100%，而 DL-色氨酸的活性只有 L-色氨酸的 50% ~ 80%。动物体内色氨酸可转化为烟酸，其需要量与烟酸水平有关。

2. 微量矿物质元素添加剂

微量矿物质元素添加剂的原料基本上使用饲料级微量元素盐，不采用化工级或试剂级产品。常用微量矿物质元素添加剂有硫酸亚铁、硫酸锌、硫酸铜、硫酸锰、碘化钾、亚硒酸钠和氯化钴等。其用量虽少，却是饲料配合过程中必须添加的成分。

3. 维生素添加剂

维生素添加剂是根据动物生产上的使用要求而制成的维生素化合物或混合物质。市场上出售的商品性维生素添加剂均加入了一定的辅助成分，如吸附剂、稳定剂、抗氧化剂、等。维生素的化学性质一般不稳定，在光、热、空气、潮湿以及微量矿物质元素和酸败脂肪存在的条件下容易氧化或失效。作为市场上销售的维生素产品有两大类：复合多种维生素和单项维生素。

（1）维生素 A 添加剂　维生素 A 容易受许多因素影响而失去活性，其商品形式为维生素 A 醋酸酯或其他酸酯。常见的粉剂，每克产品中维生素 A 的含量分别为 25 万、50 万、65 万 IU。

（2）维生素 D_3 添加剂　常见的商品为粉剂，每克产品中维生素 D_3 的含量为 50 万或 20 万 IU。也有把维生素 A 和维生素 D_3 混在一起的添加剂，它的活性是在 1 g 添加剂内含有 50 万 IU 的维生素 A 和 10 万 IU 的维生素 D_3。两者没有拮抗作用，配伍性好，制作和使用都较方便。

（3）维生素 E 添加剂　维生素 E 又称生育酚、生育醇。维生素 E 的商品形式皆为 α-生育酚。商品维生素 E 添加剂纯度为 50%。

（4）维生素 K_3 添加剂　维生素 K_3 添加剂的活性成分是甲奈醌。商品维生素 K_3 添加剂主要有三种：一种是活性成分占 50% 的亚硫酸氢钠甲奈醌（MSB），二是活性成分占 25% 的亚硫酸氢钠甲奈醌复合物（MSBC），三是活性成分占 22.5% 的亚硫酸嘧啶甲奈醌（MPB）。

（5）维生素 B_1 添加剂　维生素 B_1 添加剂常用的有两种，分别是盐酸硫胺素和单硝酸硫胺素两种。活性成分一般为 96%，也有经过稀释，活性成分只有 5% 的。

（6）维生素 B_2 添加剂　维生素 B_2 添加剂通常含 96% 或 98% 的核黄素，因具有静电作用和附着性，需进行抗静电处理，以保证混合均匀度。

（7）维生素 B_6 添加剂　维生素 B_6 添加剂的商品形式为盐酸吡多醇制剂，活性成分占 98%，也有稀释为其他浓度的。

（8）维生素 B_{12} 添加剂　维生素 B_{12} 为红褐色细粉，作为饲料添加剂有 0.1%、1% 和 2% 等剂型。制成含量 0.1% 的制品便于配料，即可用载体，或用稀释剂稀释。

（9）泛酸添加剂　泛酸是不稳定的黏性油质，在配合饲料中很难使用。泛酸的形式有两种：一是 D-泛酸钙，二是 DL-泛酸钙，只有 D-泛酸钙才具有活性。商品添加剂中，一般为活性成分占 98% 的剂型，也有稀释后只含有 66% 或 50% 的制剂。

（10）烟酸添加剂　烟酸的形式有两种：一是烟酸（尼克酸）；二是烟酰胺。两者的营养效用相同，烟酸被动物吸收的形式为烟酰胺。商品添加剂的活性成分含量为 98%～99.5%。

（11）生物素添加剂　生物素添加剂的活性成分含量有 1% 和 2% 两种。

（12）叶酸添加剂　叶酸有黏性，应先进行预处理，即可以稀释成浓度较低的添加剂商品。叶酸添加剂的活性成分含量一般为 3% 或 4%，也有 95% 的。

（13）胆碱添加剂　用作饲料添加剂的是胆碱的衍生物——氯化胆碱。氯化胆碱是黏稠的液体，呈酸性。胆碱添加剂的化学形式是氯化胆碱，氯化胆碱添加剂有两种形式：一为液态氯化胆碱（含活性成分 70%），二为固态氯化胆碱（含活性成分 50%）。

（14）维生素 C 添加剂　常用的维生素 C 添加剂有 L-抗坏血酸维生素、抗坏血酸钠、抗坏血酸钙以及被包被的抗坏血酸等。

非营养性饲料添加剂主要起调节代谢、促进生长、驱虫、防病保健、改善产品质量等作用。

1. 保健和促进生长添加剂

（1）抗生素类　抗生素添加在饲料中能抑制有害微生物的繁殖，促进营养物质的吸收，保持动物健康，提高动物的生产性能。在卫生条件差和日粮营养不完善的情况下，抗生素的作用更明显。

由于抗生素在动物体内和动物产品中残留，使人类疾病的治疗产生了危机。在使用抗生素添加剂时要注意以下问题：

①选择或规定用于饲料中添加剂的抗生素种类，力求选用动物专用、吸收和残留少、安全范围大、无毒副作用、不产生抗药性的品种，尽量不用广谱抗生素。

②严格控制使用对象和使用剂量，保证使用效果。

③对抗生素的使用期限作出严格的规定，避免长期使用同一抗生素，以免产生抗药性

或耐药菌。

抗生素添加剂的种类很多，常用的抗生素有青霉素、土霉素、金霉素、泰乐霉素、红霉素、杆菌肽、黏杆菌肽、维吉尼亚霉素、莫能霉素、盐霉素、拉沙里霉素、林肯霉素等。

（2）人工合成的抑菌药物　人工合成的抑菌药物主要有磺胺二甲基嘧啶（SM）、磺胺脒（SG）、磺胺嘧啶（SD）、磺胺喹恶啉（SQ）、呋喃唑酮、喹乙醇等，其作用类似抗生素，但同样存在药物残留和耐药性问题。

（3）其他促生长剂　主要有铜制剂和砷制剂等。日粮中加入过量的铜时具有与抗生素相似的作用，高铜用于生长猪饲料中效果较好，其用量日粮的 0.015% ~ 0.025%。常用的砷制剂有阿散酸和罗克沙肿，砷制剂可促进动物生长，提高饲料转化率，能抑制球虫且改善动物的皮毛生长，用量为日粮的 0.002% ~ 0.009%。砷化物有毒，在使用和贮存中必须严格管理。高铜和砷制剂的使用也都存在环境污染的问题。

2. 驱虫保健剂

驱虫剂的种类很多，一般毒性较大，只能在疾病爆发时短期使用，不能长期加在配合饲料中作为添加剂使用。不宜在饲料中作为添加剂长期使用，否则，这些药物残留在畜禽产品中会危害人类的健康。

（1）驱虫性抗生素及药物　全世界批准生产和使用的只有两种：一种是越霉素 A；另一种是潮霉素 B。

（2）抗球虫剂　在球虫病易发生阶段，应连续或经常投药，但多数药物长期使用易引起球虫产生抗药性，应轮换用药，以改善药物的使用效果。常用的制剂有氨丙啉、马杜拉霉素、迪克珠利等。

3. 益生素

益生素又称生菌剂，是将动物肠道菌进行分离和培养所制成的活菌制剂，作为添加剂使用可抑制肠道有害细菌的繁殖，起到防病保健和促进生长的作用。这类产品采用的主要菌种有乳酸杆菌属、链球菌属、双歧杆菌属等。

4. 酶制剂

酶制剂的使用目的是促进饲料的消化和吸收。它可通过生化反应促进蛋白质、脂肪、淀粉和纤维素的分解，具有提高饲料利用率和促进家畜增重等作用。常用的酶制剂有纤维素酶、非淀粉多糖酶、植酸酶等单一酶或复合酶制剂。

5. 中草药饲料添加剂

中草药作为饲料添加剂，具有天然性的优点，它既有药理作用又有营养作用，来源广泛、种类很多、价格便宜、应用广泛。可用作饲料添加剂的中草药主要有以下几种：

（1）理气健脾助消化　由麦芽、贯众、何首乌等配制。

（2）补气壮阳、养血滋阴，增强体质　如用刺五加浸剂饲喂母鸡，可提高产蛋量和蛋重；用山药、当归、淫羊藿添加在蛋鸡饲料中，可提高产蛋率。

（3）扶正驱邪、驱虫消积、防治病毒　使用老鹳草全草、使君子、南瓜子等配制成的复合制剂，可保护畜禽正常生长。

6. 饲料加工、保存添加剂

（1）抗氧化剂　为了防止饲料中某些成分如鱼粉中的油脂等氧化变质，而影响饲料的适口性，降低采食量，因此加入一定量的抗氧化剂，添加量为 0.01% ~ 0.05%。常用的抗氧化剂有乙氧基喹啉、丁基羟基茴香醚等。

（2）调味剂　为了增进家畜食欲或掩盖某些饲料组分中的不良气味，在配合饲料中加入各种香料或调味剂，从而提高饲料利用率。根据调味效果不同，调味剂分为香味剂（香料）、甜味剂（糖精）、咸味剂（食盐）等。

非营养性饲料添加剂还包括酸化剂、防腐剂、着色剂、激素制剂、黏结剂、流散剂、乳化剂、缓冲剂等。

单元二　饲料配方设计

一、全价饲粮配方设计的原则

1. 营养性原则

营养性原则是配合饲料配方设计的基本原则。

（1）家畜家禽的营养需要　根据畜禽的种类、性别、年龄、体重、生产目的和生产水平选择不同的饲养标准，作为营养需要的主要参考依据。同时要根据饲养技术水平，饲养设备，饲养环境条件，市场行情等及时调整饲粮的营养水平，特别要考虑外界环境与加工条件等对饲料原料中活性成分的影响。

设计配方时要特别注意全价性。结合实际饲养效果确定出日粮的营养浓度，设计配方时应重点考虑能量与蛋白质、氨基酸之间，矿物质元素之间，抗生素与维生素之间的相互平衡。各种养分之间的相对比例适当比单种养分的绝对含量更重要。

（2）饲料的营养价值及其特性　饲料配方是否平衡、合理，主要取决于设计时所采用的原料营养成分值。在进行配方设计前，应根据饲料的营养特性和生产实践中的经验，来确定各种饲料占畜禽日粮的大概比例。在条件允许的情况下，应尽可能多的选择原料种类，这样可以发挥各种饲料原料之间的营养互补作用。一般日粮中除矿物质微量元素、氨基酸和维生素添加剂外；另外精料种类至少 3 ~ 5 种。饲料的组成应相对稳定，若要改变饲料种类时，应逐渐更换，防止畜禽的消化系统出现疾病，从而影响畜禽的生产性能。

（3）正确处理配合饲料配方设计值与配合饲料保证值的关系　配合饲料的某一养分往往由多种原料共同提供，而且各种原料中养分的含量与其真实值之间存在一定的差异，在饲料加工过程中存在偏差，同时生产的配合饲料产品往往有一个合理的贮藏期，贮藏过程中某些营养成分也会因受外界各种因素的影响而损失，所以配合饲料的营养成分设计值通常应略大于配合饲料保证值，以保证商品配合饲料营养成分在有效期内不低于产品标签中的标示值。

2. 安全性原则

在设计配方时要特别重视配合饲料对动物自身必须是安全的，发霉、酸败、污染和未经处理的含毒素等饲料原料不能使用。在饲料原料中，如玉米、花生饼、棉仁饼因脂肪含量高容易发霉，容易感染黄曲霉菌而产生黄曲霉毒素，损害肝脏。因此，动物采食配合饲料而生产的动物产品对人类必须既富营养而又健康安全。设计配方时，某些饲料添加剂（如抗生素等）的使用量和使用期限应符合安全法规。

3. 经济性原则

经济性即经济效益和社会效益。进行配方设计时要因地制宜，充分利用本地的资源，降低成本。利用本地饲料资源，保证饲料来源充足，减少饲料运输费用，降低饲料工业的生产成本。饲料原料种类多，增加了饲料原料营养成分的互补作用，虽然有利于配合饲料的营养平衡，但原料种类过多，会增加加工成本。因此，进行饲料配方设计时应掌握使用适度的原料种类和数量。此外还要考虑动物废弃物（如粪、尿等）中氮、磷、药物等对人类生存环境的不利影响，以生产绿色、无公害的动物食品。

4. 市场性原则

产品设计遵循着以市场为目标。配方设计人员必须熟悉市场，及时了解市场动态，准确确定产品在市场中的定位（如高、中、低档等），明确用户的特殊要求（如外观、颜色、味道等）；设计出各种不同档次的产品，以满足各类用户的需要。

二、手工法设计全价饲料配方

全价配合饲料配方手工设计法有交叉法、代数法和试差法等，生产中应用最广的是试差法。

1. 试差法

此方法简单易学，不需要特殊的计算工具，因而使用较为广泛。缺点是计算量大，盲目性大，不能筛选出最佳的配方，成本可能较高。

此法特点是，根据经验，先初步拟定一个饲料配方，然后计算该配方的营养成分含量，再与饲养标准比较，若某种营养成分含量过多或不足，再适当调整配合饲料配方中饲料原料比例，反复调整，直到所有营养成分含量都满足要求为止。配方中营养成分的浓度可稍高于饲养标准，一般控制在高出2%以内。

用试差法制定饲料配方的步骤如下：

①查出饲喂对象的饲养标准。主要参考本国的饲养标准，必要时可根据具体情况进行适当调整。

②选出可能使用的饲料原料，查出营养成分和单价。

③根据设计者经验初拟配合饲料的配方。先确定能量和蛋白质饲料的大致比例。能量饲料一般占75%~80%，蛋白质饲料占15%~30%，矿物质饲料占1%~10%（产蛋禽占比例更高些，在10%左右），而添加剂预混料占1%~5%。

④计算初拟配方营养成分含量（不含矿物质和预混料）。

⑤调整配方。配方草拟好之后进行计算，计算结果和饲养标准比较，如果差距较大，应进行反复调整，直到计算结果和饲养标准接近。方法是用一定比例的某一原料代替同比例的另一原料。通常首先考虑调整能量和粗蛋白质的含量，其次再考虑钙、磷以及其他指标。

⑥列出调整后的营养平衡配合饲料的配方组成，并附加说明。

现以给35~60 kg生长猪配合一种基础日粮为例说明这种方法。

已知条件：基础日粮要求每千克日粮含消化能13.39 MJ、粗蛋白质14%、钙0.5%、磷0.41%。

现有原料种类：玉米、高粱、麦麸、豆饼、秘鲁鱼粉、槐叶粉、骨粉、食盐。

计算步骤：

①查表，确定选用原料的营养成分。查得原料营养成分见表3-4。

表3-4 原料营养成分

原料	干物质/%	消化能/MJ/kg	粗蛋白质/%	粗纤维/%	钙/%	磷/%	赖氨酸/%	蛋氨酸+胱氨酸/%
玉米	88.0	14.35	8.5	1.3	0.02	0.21	0.26	0.48
高粱	87.0	14.10	8.5	1.5	0.09	0.36	0.24	0.21
麦麸	87.9	10.59	13.5	10.4	0.22	1.09	0.69	0.74
豆饼	88.2	13.56	41.6	4.5	0.32	0.50	2.49	1.23
鱼粉	92.0	12.43	65.1	—	5.11	2.88	5.10	3.63
叶粉	89.0	10.00	17.8	11.1	1.91	0.17	0.78	0.28
骨粉					30.12	13.46		

②确定大致比例，进行初试配。表3-5为初配日粮组成。

表3-5 初配日粮组成

原料	组成比例/%	消化能/MJ/kg	粗蛋白质/%	钙/%	磷/%
玉米	55	14.35×55%=7.89	8.5×55%=4.68	0.02×55%=0.011	0.21×55%=0.116
高粱	8	14.10×8%=1.13	8.50×8%=0.68	0.09×8%=0.007	0.36×8%=0.029
麦麸	14	10.59×14%=1.48	13.5×14%=1.89	0.22×14%=0.031	1.09×14%=0.153
豆饼	12	13.56×12%=1.63	41.6×12%=4.99	0.32×12%=0.038	0.50×12%=0.06
鱼粉	6	12.43×6%=0.75	65.1×6%=3.91	5.11×6%=0.307	2.88×6%=0.173
叶粉	4	10.00×4%=0.40	17.8×4%=0.71	2.6×4%=0.104	0.29×4%=0.012
骨粉	0.8	—	—	30.12×0.8%=0.241	13.46×0.8%=0.108
食盐	0.5	—	—	—	—
合计	100.3	13.28	16.86	0.739	1.182
要求	100	13.39	14	0.5	0.41
相差	+0.3	-0.11	+2.86	+0.239	+0.772

注：食盐"行"：只有组成"列"有数字0.5，其余为横线"—"。

③调整原料配比。通过表3-5的计算得知，与要求相比，消化能少0.11 MJ，粗蛋白质多2.86%，钙多0.24%，磷多0.77%。因此适当降低鱼粉与骨粉的比例，提高玉米的

比例。调整后的饲料组成见表3－6。

表3－6　调整后的饲粮组成

原料	组成比例/%	消化能/MJ/kg	粗蛋白质/%	钙/%	磷/%
玉米	61.5	14.35×61.5%=8.83	8.5×61.5%=5.23	0.02×61.5%=0.012	0.21×61.5%=0.129
高粱	8	14.10×8%=1.13	8.50×8%=0.68	0.09×8%=0.007	0.36×8%=0.029
麦麸	12.5	10.59×12.5%=1.32	13.5×12.5%=1.69	0.22×12.5%=0.028	1.09×12.5%=0.136
豆饼	12	13.56×12%=1.63	41.6×12%=4.99	0.32×12%=0.038	0.50×12%=0.06
鱼粉	3	12.43×3%=0.37	65.1×3%=1.95	5.11×3%=0.153	2.88×3%=0.086
叶粉	2	10.00×2%=0.20	17.8×2%=0.36	2.6×2%=0.052	0.29×2%=0.006
骨粉	0.6	—	—	30.12×0.6%=0.181	13.46×0.8%=0.108
食盐	0.5	—	—	—	—
合计	100.1	13.48	14.63	0.47	0.52
要求	100	13.39	14	0.5	0.41
相差	+0.1	+0.09	+0.63	−0.03	+0.11

经调整后的饲粮中，能量及粗蛋白质、钙、磷的含量基本与要求吻合。

2. 对角线法（又称方块法、交叉法、四角法、或图解法）

在饲料种类不多及考虑的营养指标少的情况下，采用此法，较为简单。它的原理是，将化学分析中溶液稀释的原理应用于畜禽的饲料配方设计中。

举例：用能量饲料玉米、麸皮和含粗蛋白质30%的浓缩饲料配制哺乳母猪日粮。

步骤如下：

第一步，查饲养标准或根据实际经验及质量要求制定营养需要量。确定哺乳母猪日粮中粗蛋白质含量分别为17.5%。

第二步，查常用饲料营养成分表，玉米和麸皮粗蛋白质含量分别为8%和15%。

第三步，确定能量饲料组成，并计算能量饲料混合物中粗蛋白质的含量。

玉米占能量饲料的70%，麸皮占30%。因此，混合物中粗蛋白质含量为10.1%（0.7×8+0.3×15）。

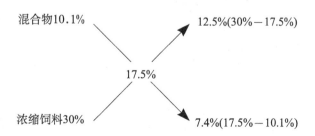

$$能量饲料混合物占配合饲料的比例 = \frac{12.5\%}{12.5\% + 7.4\%} \times 100\% = 62.8\%$$

$$浓缩饲料占配合饲料的比例 = \frac{7.4\%}{12.5\% + 7.4\%} \times 100\% = 37.2\%$$

第五步，计算玉米、麸皮各占配合饲料的比例。玉米，$62.8\% \times 70\% = 43.96\%$；麸皮，$62.8\% \times 30\% = 18.84\%$。

哺乳母猪日粮配方为：玉米 43.96%、麸皮 18.84%、浓缩饲料 37.2%。

3. 代数法（又叫联立方程法、公式法）

此方法是利用数学上联立方程即用二元一次方程求解法来计算饲料配方。优点是条理清晰，简单易学。缺点是仅适用于由两种饲料原料配制混合饲料，一般不常用。

例：由含粗蛋白质 8.3% 的玉米、含粗蛋白质 42% 的豆粕，配制含粗蛋白质 16% 的混合饲料。

设：需玉米为 $X\%$，需豆粕 $Y\%$，则

$$X + Y = 100$$
$$0.083X + 0.42Y = 16$$

解方程组，得： $X = 77.8$，$Y = 22.2$。

因此，配制含粗蛋白质 16% 的混合饲料配方为：玉米 77.8%、豆粕 22.2%。

三、计算机设计饲料配方

1. 计算机设计饲料配方的优点

应用计算机设计饲料配方是解决多种原料，满足多项营养需要指标，用最低成本配出最佳饲料配方的现代计算技术。利用计算机，用户将有关的数据存贮起来，如待用原料的营养成分及家畜的营养需要数据，使用时直接调用，方便，准确率高。

2. 运用计算机设计配合饲料配方时应注意的事项

（1）合理地选择饲料配方软件　虽然饲料配方设计软件较多，但具体操作方法各有特点，初学者应选择操作简便、易学的饲料配方软件，运用时要先阅读使用手册，循序渐进，多实践，不断积累经验。

（2）科学地建立数学模型　只有为计算机提供了数学模型，计算机才能运算。建立数学模型时，要认真研究营养知识，明确设计目标，合理地制定约束条件和目标函数。

（3）正确处理"无解"情况　运用计算机设计饲料配方常出现无解的情况，造成这种情况的主要原因是：原料营养成分含量间相互矛盾；饲养标准定的过高，而原料选择太差；约束条件过多，且相互冲突等。

初学者运用计算机设计配方时，不要过多给出约束条件，同时根据经验合理选择饲料原料种类，不能太少太单调，并且合理地运用饲养标准。也可以先试算，然后根据结果调整对原料用量的限制。

（4）认真做好后期调整工作　运用计算机计算出的配方后，工作并未完成，要认真研究配方，及时适当调整，以更好地适应当地生产和市场的情况，更加符合设计目标。

四、畜禽配合饲料配方设计的特点

1. 猪配合饲料配方的设计

（1）仔猪配合饲料配方 根据哺乳仔猪的生理特点，即消化器官不发达，消化机能不完善但发育迅速，以及猪的生物学特性，因此，设计乳猪、仔猪的饲料配方要注意以下问题：

①考虑营养全面的同时，重点考虑配合饲料的适口性，易消化，并在预混料中添加药物添加剂，主要是防治仔猪黄痢、白痢和赤痢等药物。

②日粮中可以添加一定的酶制剂与酸化剂，提高生长速度和饲料利用率。

③日粮以满足有效氨基酸为主，避免使用过高粗蛋白质含量的日粮。

④在饲料中加入诱食剂以促进乳仔猪采食，尽量选用易消化的高品质饲料。

⑤日粮中要有一定的乳制品，如乳清粉、乳糖等。

3周龄前乳猪配合饲料中玉米、糙米等植物性能量饲料一般为15%～50%；大豆粕为13%～27%，一般不用其他植物性蛋白质饲料原料；脱脂奶粉为15%～40%；乳清粉为0%～20%；稳定脂肪为0%～2.5%；矿物质、复合预混料（含药物添加剂）为1%～4%。

3周龄后仔猪配合饲料中玉米、糙米、麸皮等植物性能量饲料原料一般为50%～65%，其中麸皮用量一般不超过5%；植物性蛋白质饲料原料一般只选用豆粕，用量为20%～40%；杂饼（粕）总用量不超过5%；进口鱼粉用量为1%～5%；乳清粉为0%～20%；矿物质、复合预混料（含药物添加剂）为1%～4%；有条件的可补充酸化剂1%～2%，油脂1%～3%，以及复合酶制剂等。

（2）生长肥育猪配合饲料配方 中国一般将生长肥育猪分为生长猪和育肥猪两个阶段，即体重20～60 kg阶段和体重60～90 kg阶段。60 kg以前的生长猪除考虑日粮营养平衡外，还要注意饲料适口性和饲料质量，还可以采用高铜日粮促其生长。育肥期猪沉积脂肪能力强，可添加高水平维生素E，少用油脂含量很高的植物性饲料。

在日粮的组成中，能量饲料原料一般占配合饲料的65%～75%，且可广泛使用谷物籽实，如玉米用量可占配合饲料的0%～75%，糙米占0%～75%，大麦占0%～50%，高粱占0%～10%，麸皮占0%～30%（前期一般不超过10%）等；蛋白质饲料原料用量一般占配合饲料的15%～25%，且以植物性蛋白质饲料为主，豆粕占10%～25%，棉籽饼、菜籽粕总用量可控制在10%以下（前期以不超过8%为宜），其他饼粕一般为5%以下；动物性蛋白质饲料原料一般不超过5%；可补充适量优质粗饲料，如干草粉、树叶粉等，但用量不宜超过5%；矿物质、复合预混料（一般不含药物添加剂）占1%～4%。

（3）种猪配合饲料配方 设计种猪配合饲料的配方的根本原则是保证猪良好的繁殖性能。

保证日粮适当的粗纤维水平；注意适时控制日粮的能量水平，以免种猪过肥或过瘦影响繁殖性能；适当增加矿物质微量元素和维生素的供给量；注意日粮蛋白质水平与氨基酸的平衡。

种公猪的饲粮组成应以精料为主，青饲料适当，粗饲料较少。精料混合料组成要求是：谷物30%～40%，糠麸类20%～30%，饼粕类20%～25%，优质草、叶粉8%～10%，矿物质饲料2%～3%。

后备猪配合饲料中玉米、高粱等谷物籽实类能量饲料占20%～45%；麸皮占20%～30%；矿物质、复合预混料占1%～3%。

妊娠母猪配合饲料中玉米、大麦、糙米等谷物籽实类能量饲料占45%～75%；麸皮占20%～30%；饼粕类等植物性蛋白质饲料占10%～20%；鱼粉等动物性蛋白质饲料占0%～5%；优质牧草类饲料占0%～10%；矿物质、复合预混料等占2%～4%。

哺乳母猪配合饲料中玉米、糙米等谷物籽实类饲料占45%～65%；麸皮等糠麸类饲料占5%～30%；饼粕类饲料占15%～30%；优质牧草占0%～10%；矿物质、复合预混料占1%～4%。

2. 家禽配合饲料配方的设计

家禽饲料配方设计主要包括肉用仔鸡、蛋鸡、鸭和鹅等，因不同种类家禽的营养特点和生产用途不同而有所不同。

（1）肉用仔鸡饲料配方设计　肉用仔鸡生长快，饲养周期短，饲养密度大，饲料转化率高，需要营养成分较多，因此需要每千克饲料中含有较高的能量、蛋白质等营养物质。肉用仔鸡配合饲料一般要求"高能高蛋白"。能量、蛋白质不足，肉鸡生长缓慢、饲料效率低，微量元素不足还会出现各种微量元素代谢缺乏症状。据研究，饲粮能量在12.97～14.23 MJ/kg范围内，增重和饲料效率最好。而蛋白质含量以前期23%，后期21%生长最佳。为了用较少的饲料获得较快的生长速度，需要应用油脂、鱼粉等能量、蛋白质含量高的饲料。若此类饲料缺乏或价格较高，也可用营养成分相近的饲料代替。

（2）产蛋鸡饲料配方特点　根据鸡对营养物质消化利用的特点，选择品质及适口性均好的饲料作为日粮组分，且要保持日粮中粗纤维含量在5%以下。日粮组成力求饲料多样化，并注意蛋白质与能量间的比例，以保证鸡蛋白质的食入量。应保持日粮的相对稳定性，不得随意更动，如必须变更时，要逐渐过渡，否则会影响产蛋性能。

我国产蛋鸡的饲养标准分为生长期和产蛋期。标准规定了产蛋鸡代谢能、粗蛋白质、氨基酸、钙、磷及食盐需要量，还规定了维生素、亚油酸及微量元素需要量。生长期蛋用鸡按周龄又分为0～6、7～14、15～20周龄三阶段；产蛋期蛋用鸡及种母鸡按产蛋率分为大于80%、65%～80%和小于65%三阶段。产蛋前期指开产至产蛋率达80%以上的高峰期，为获得持续时间较长而平稳的产蛋高峰期，增加蛋白质等营养物质，因而日粮中粗蛋白质水平随着产蛋率上升而提高。产蛋中期为产蛋率70%～80%的高峰过后，此期蛋重增加，应适当降低蛋白质水平。产蛋后期即产蛋率降至65%以下，此时期应增加矿物质饲料的用量。

（3）鸭、鹅的饲料配方设计

①鸭饲料配方特点。根据鸭的不同生长发育阶段、不同生产目的和生理特点，配制不同的饲粮。鸭对粗纤维的消化能力不强，因此要控制纤维素的含量，一般占饲粮5%左右，不应超过8%。补喂的青饲料要鲜嫩。颗粒饲料与粉料相比，鸭更爱吃颗粒料。因此，在配合饲料中，油脂的使用量不要过多。质量好的油脂可略高些。

②鹅饲料配方特点。根据鹅的不同生长发育阶段及所参考的各国营养需要配制不同的饲粮。鹅是草食禽类，比较耐粗饲，我国地方品种鹅的生长阶段以白天放牧采食天然青绿饲料和植物籽实为主；早、中、晚补饲以糠麸为主的混合饲料，精饲料用量很少。

设计引进肉用品种鹅饲料配方时可参照鸡的配方选择原料，饲喂配合饲料时可搭配

30% ~50% 的青绿饲料或配入一定量的青干草粉、植物叶粉等。

鸭、鹅饲料配方设计方法与鸡的基本相同,首先满足能量、粗蛋白质和蛋氨酸,再平衡钙磷比例,最后配平各种必需氨基酸等营养指标。

3. 牛饲料配方设计特点

(1)乳牛饲料配方设计 将饲养标准作为依据,对第一个泌乳期的乳牛,要按照高出标准 15% 的含量配合日粮,对高产乳牛也要适当提高标准。如日产奶 25 kg 以上的乳牛,应按超过标准 8% 的蛋白质配合日粮;日产奶超过 30 kg 以上的乳牛,应按超过标准的 12% 的蛋白质配合日粮。

乳牛日粮的容积和干物质含量要能保证乳牛正常消化过程的需要。乳牛健康和生产性能均与消化道的情况密切相关。乳牛对日粮干物质的需要量与其体重和泌乳量密切相关。大致如下(占体重百分比):

低产乳牛(日泌乳 10 ~15 kg 以下) 2.5 ~2.8

中产乳牛(日泌乳 15 ~20 kg) 2.8 ~3.3

高产奶牛(日泌乳 20 ~30 kg 以上) 3.3 ~3.6

环境温度的变化也影响乳牛日粮配方的设计。如外界温度为 25℃,应增加 10% 的能量需要,-5℃ 时增加 18%。

饲草是构成乳牛日粮的基础饲料,其用量应占到日粮干物质的 60% 以上。一般每 100 kg 体重需 1.5 ~2.0 kg 干草,若饲喂 3 ~4 kg 青贮料或 4 ~5 kg 块根块茎,可减少干草给量 1 kg。粗纤维是保证乳牛正常消化和代谢过程的重要营养因素,日粮中粗纤维的含量应占到干物质的 15% ~24%,并根据乳牛的泌乳量作相应的调整。乳牛精料饲喂量则随粗饲料品质、乳脂率和泌乳量不同而有差异。

乳牛日粮中应补加食盐,并注意钙磷比。食盐可按每 100 kg 体重供 5 g 和每产 1 kg 奶供 2 g 计算;钙磷比以(1.5 ~2.0):1 为宜。

配合日粮要就地取材、因地制宜,并且选用营养价值较高而价格较低的饲料,以提高日粮的全价性和降低成本。

(2)肉牛配合饲料设计 肉牛配合饲料的设计要遵循着科学性,实用性,经济性。

①选择饲料原料的原则是遵照饲料的价格规律。要在同类饲料中选择当地资源最多,易收集,产量多,且价格最低的饲料品种做配方原料,而且具备同等的营养价值。特别要充分利用农副产品,以降低饲料费用和生产成本。

②饲料原料多样化营养的合理搭配。应根据肉牛的消化生理特点,来选择日粮中饲料原料,合理的选择多种原料进行搭配,并注意适口性。采用多种营养调控措施,以起到饲料间养分的互补作用,从而提高日粮的营养价值和利用率,达到优化日粮配方设计的目的。根据各种饲料原料的营养特点,合理搭配日粮。在饲料中应选择两种以上的原料组成,以便营养互补,防止有害、有毒成分过高造成的不良影响。不仅要注意蛋白质饲料的数量,还要注意蛋白质的质量。

③日粮要有适宜的精粗比与增重设计。配合肉牛日粮时,精料与粗饲料之间的比例与牛的生产性能即肥育速度与肥育方式有关,与日粮营养物质的含量和消化利用率有关,与瘤胃的消化生理有关。若使用时比例不当,会影响经营者的经济效益。

④确定牛群的品种和生理阶段(犊牛、育成牛、成年牛、妊娠母牛、淘汰牛)。品种

不同，生理阶段不同，消化特点不同，对营养物质要求不同，饲喂技术要点也不同。

⑤根据不同牛的消化生理特点正确使用饲料添加剂。例如抗生素应该对瘤胃未发育前的犊牛使用，对成年牛使用后会对其瘤胃微生物造成伤害。

单元三　饲料的加工调制

一、粗饲料加工

粗饲料加工方法主要包括物理方法、化学方法和生物方法。

1. 物理方法

（1）切短　利用铡草机将粗饲料切短至 1~2 cm，稻草较柔软的可稍长些，玉米秸较粗硬且有结节，以 1 cm 左右为宜。切短的程度视家畜种类而定。一般小家畜如兔为 5~10 mm，大家畜如牛为 2~3 cm。秸秆切短后，可减少饲料浪费，提高家畜采食量，减少家畜咀嚼秸秆的能量损失。

（2）粉碎　粗饲料粉碎可提高饲料利用率，便于与精饲料混拌。冬、春季节饲喂绵羊、山羊的粗饲料应加以粉碎。粉碎的细度不应太细，以便反刍。粉碎机筛底孔径以 8~10 mm 为宜。对于牛不应粉碎过细，否则利用率下降。

（3）揉碎　揉碎机械是近年来推出的新产品，为适应反刍家畜对粗饲料利用的特点，将秸秆饲料揉搓成丝条状，如玉米秸秆等收割后，含水量较大，次年 3~4 月份才能粉碎利用，由于自然堆放时间过长将造成营养成分损失严重，最好的方法是收获后及时揉碎，成丝条状饲草，揉碎的秸秆可直接饲喂，以免营养成分损失。

（4）蒸煮　将切碎的粗饲料放在容器内加水蒸煮，以提高秸秆饲料的适口性和消化率。

（5）膨化　膨化是利用高压水蒸气处理后突然降压以破坏纤维结构的方法，对秸秆甚至木材都有效果。膨化可使木质素低分子化和分解结构性碳水化合物，从而增加可溶性成分。

物理加工方法最大的优点是加工操作简单，成本低，且能有限提高粗饲料的消化率和采食量，但不能提高其营养价值。

2. 化学方法

粗饲料化学加工的原理是利用酸、碱等化学物质对劣质粗饲料、秸秆饲料进行处理，降解纤维素和木质素中部分营养物质，以提高其饲用价值。在生产中应用较为广泛的有碱化、氨化和酸处理这三方面。

（1）碱化处理　碱化是通过碱类物质的氢氧根离子打断木质素与半纤维素之间的酯键，使 60%~80% 的木质素溶于碱中，把镶嵌在木质素-半纤维素复合物中的纤维素释放出来。碱类物质可溶解半纤维素，有利于反刍动物对饲料的消化，提高粗饲料的消化率。碱化处理所用原料主要是氢氧化钠和石灰水。

①石灰水处理法。配制 1% 的生石灰水溶液充分熟化和沉淀后，用上层澄清的石灰乳

液处理秸秆。具体方法：每 100 kg 秸秆需 3 kg 生石灰，加水 300 L，将石灰乳均匀喷洒在粉碎的秸秆上，堆放在水泥地面上，经 1 ~ 2 d 后可直接饲喂牲畜。此种方法成本低，生石灰来源广，方法简便，效果明显。前苏联在 20 世纪 30 ~ 40 年代就广泛应用，我国在许多地方也有采用此法的。

②氢氧化钠处理法。早在 1921 年德国化学家贝克曼（Beckmann）首次提出"湿法处理"，即将秸秆放在盛有 1.5% 氢氧化钠溶液池内浸泡 24 h，然后用水反复冲洗至中性，晾干后饲喂反刍家畜，有机物消化率可提高 25%。此法用水量大，许多有机物被冲掉，且污染环境。1964 年威尔逊等提出了新的方法，用占秸秆重量 4% ~ 5% 的氢氧化钠配制成 30% ~ 40% 的水溶液，将其喷洒在粉碎的秸秆上，堆积数日，不经冲洗直接喂用，可提高有机物消化率 12% ~ 20%，称为"干法处理"。这种方法虽较"湿法"有较多改进，但牲畜采食后粪便中含有相当数量的钠离子，对土壤和环境也有一定的污染。

氢氧化钠处理后的秸秆其营养价值几乎与生长早期刈割的青草或中等质量的青干草相等，但碱化后秸秆的蛋白质将会减少。

（2）氨化处理　秸秆饲料蛋白质含量低，当与氨相遇时，其有机物与氨发生氨解反应，破坏木质素与多糖（纤维素、半纤维素）链间的酯键结合，并形成铵盐，成为牛、羊等反刍动物瘤胃内微生物的氮源。同时，氨溶于水形成氢氧化铵，对粗饲料有碱化作用。因此，氨化处理是通过氨化与碱化双重作用以提高秸秆的营养价值。

秸秆经氨化处理后，纤维素含量降低 10%，同时粗蛋白质含量可提高 100% ~ 150%，有机物消化率提高 20% 以上。氨化饲料的质量，受秸秆饲料本身的饲料质地优劣、氨源的种类及氨化方法诸多因素所影响。氨源的种类很多，如尿素、碳酸氢铵。靠近化工厂的地方，氨水价格便宜，也可作为氨源使用。由于氨化饲料制作方法简便，饲料营养价值提高显著，近年来世界各国普遍采用，我国自 20 世纪 80 年代后期开始推广应用，效果较好。氨化处理的注意事项如下：

①密闭氨化：注入氨或喷洒尿素溶液后，可将塑料薄膜顺风打开盖在秸秆垛上，有利于排除里面的空气，四周可用湿土抹严。防漏气或被风吹雨淋，最后要用绳子捆好，压上重物。

②氨化的时间：氨水与秸秆中有机物质发生化学反应的速度与温度有很大的关系，温度高，反应速度加快；温度低，速度则慢。氨化的时间见表 3 - 7。

表 3 - 7　不同温度条件下氨化所需的时间

外界温度/℃	30 以上	20 ~ 30	10 ~ 20	0 ~ 10
需要天数/d	5 ~ 7	7 ~ 14	14 ~ 28	28 ~ 56

③放氨：氨化好的秸秆，刚开垛后有强烈的刺激性气味，牲畜不能吃，因此要充分放净氨味，待呈糊香味时，牲畜才能食用。掀开遮盖物，日晒风吹，让氨气跑掉。

（3）酸处理　使用硫酸、盐酸、磷酸和甲酸处理秸秆饲料称为酸处理。其原理和碱化处理相同，用酸破坏木质素与多糖（纤维素、半纤维素）链间的酯键结构，从而提高饲料的消化率。但因其成本太高，在生产上应用较少。

（4）氨碱复合处理　为了使秸秆饲料既能提高营养成分含量，又能提高饲料的消化率，把氨化与碱化二者的优点结合利用，即秸秆饲料氨化后再进行碱化。如稻草氨化处理的消化率仅55%，而复合处理后可达到71.2%。虽然投入成本较高，但能够充分发挥秸秆饲料的经济效益和生产潜力。

化学加工法能提高反刍动物对粗饲料的消化率、采食量、适口性，也能因所用化学处理剂的不同而不同程度提高粗饲料的营养价值。氨化处理已在生产中普遍应用。

3. 生物方法

生物学方法是利用乳酸菌、纤维分解菌、酵母菌等一些有益微生物和酶在适宜的条件下，生长繁殖，分解饲料中难以被家畜消化利用的纤维素和木质素，同时可增加一些菌体蛋白质、维生素及对家畜有益物质，软化饲料，提高适口性和营养价值。

粗饲料发酵法分为4步进行。第一，将准备发酵的粗饲料如秸秆、树叶等切成20~40 mm的小段或粉碎。第二，按照每100 kg粗饲料中加入用温水化开的1~2 g菌种，搅拌均匀。第三，将搅拌好的饲料放入缸中，插入温度计，上面盖好一层干草粉，当温度上升到35~45℃时翻动一次。第四，压实封闭1~3 d就可以饲喂。

在生产上，可将粉碎的粗饲料加入麦麸，再接种链孢霉菌，制成苗丝。因为链孢霉菌体含有丰富的蛋白质、碳水化合物，还有蛋白酶、淀粉酶、脂肪酶，能促进消化，对肥育猪有良好作用。

鲜草经过一定时间的晾晒或人工干燥，水分达到18%以下时，称之为干草。这些干草在干燥后仍保持一定的青绿颜色，因此也称青干草。贮藏干燥后的牧草时，牧草植物体内的蜡质、挥发油等物质氧化产生醛类和醇类，使青干草有一种特殊的芳香气味，增加了牧草的适口性。

1. 刈割时间

各种作物刈割时间应根据具体情况适当掌握，都应在牧草的营养物质产量最高时期进行刈割。一般多年生禾本科牧草的适宜刈割期应在抽穗-开花初期，一年生禾本科牧草及其刈谷类作物在孕穗-抽穗期刈割；而豆科牧草如苜蓿的适宜刈割期为现蕾-始花期。

2. 青干草干燥法

青干草干燥法主要是自然干燥法和人工干燥法。自然干燥法是指利用阳光和风等自然资源来蒸发饲草中水分的青干草调制技术，它的特点是：简便易行、成本低、无需特殊设备，目前国内外多数的青干草调制仍采用此法。人工干燥方法是利用各种能源，如常温鼓风或热空气，进行人工脱水干燥而成的，所调制的青干草品质好，但成本高。

二、青饲料的加工调制

本章主要介绍青饲料新鲜时的加工。

青饲料经切碎后便于采食、咀嚼，减少浪费，有利于和其他饲料均匀混合。切碎的长度可依家畜种类、饲料类别及老嫩状况而有所不同。

青饲料经打浆后更加细腻，并能消除某些饲料的茎叶表面毛刺而利于动物采食，提高利用价值。打浆前应将饲料清洗干净，除去异物，有的还须先切短，打浆时应注意控制用水，以免含水过多。

主要针对带有苦涩、辛辣或其他异味的青饲料，可用冷水浸泡和热水闷泡4～6h后，去掉泡水，再混合其他饲料饲喂家畜，这样可改善适口性，软化纤维素，提高利用价值。但泡的时间不宜过长，以免腐败或变酸。

原理是利用有益微生物（如酵母菌、乳酸菌）在适宜的温湿度下进行繁殖，从而软化或破坏细胞壁，产生菌体蛋白质和其他酵解产物，把青饲料变成一种具有酸、甜、软、熟、香的饲料。经发酵可改善饲料质地或不良气味，并可避免亚硝酸盐及氢氰酸中毒。

三、青贮饲料调制

青贮发酵是一个复杂的微生物活动和生物化学变化过程。青贮过程是为青贮原料上的乳酸菌生长繁殖创造有利条件，使乳酸菌大量繁殖，将青贮原料中可溶性糖类变成乳酸，当积累到足以使青贮物料中的 pH 值下降到 4.0 左右时，包括乳酸菌在内的所有微生物停止活动，且原料养分不再继续分解或消耗，从而长期将原料保存下来。

在青贮过程中，参与活动和作用的微生物种类很多，主要是乳酸菌。青贮是否成功的条件包括适宜的温度、适宜水分、足够的糖分等。如青贮原料的含糖量不少于鲜重的1%～1.5%；禾本科牧草及其他禾本科植物含水量以65%～70%为宜，豆科牧草含水量为60%～70%；填紧压实和密封形成的厌氧环境及适宜的温度一般为19～37℃。因此，青贮成败的关键主要决定于乳酸发酵的程度，在生产中要保证乳酸菌的迅速繁殖，形成有利于乳酸发酵的环境。

青贮的设备设施包括收割斩切设备和容器两大部分。收割斩切设备指青贮联合收割机、青贮料切碎机或滚筒或铡草机等。青贮的容器种类较多，生产中常用的有地下式、半地下式、地上式等。青贮建筑设备选用的原则是：取材容易，造价低廉；因地制宜；应选在地势高燥、土质坚实、地下水位低、靠近畜舍、远离水源和粪坑的地点；设备应不透气，不漏水，密封性好，内壁表面要光滑平坦。

1. 地下式和半地下式青贮设备

地下式主要有圆形和长方形两种，前者称为青贮窖，后者称为青贮壕，见图 3 - 2。

在地势低平、地下水位较高的地方，最好建半地下式的青贮窖。地下式青贮窖和壕等全部位于地下，其深度应按地下水位的高低来决定，一般以不超过 3 m 为宜。青贮窖和青贮壕过深取用不方便，过浅则装料太少，不利于借助原料自身的重力压实，容易发生霉变等。地下式青贮设备一般适用于地下水位低和土质坚实的地区，为防止底部出水，窖壕的底面与地下水位至少要保持 0.5 m 的距离，一般青贮窖深 2.5～3 m，侧壁呈现坡形，外有排水沟或安装排水管。

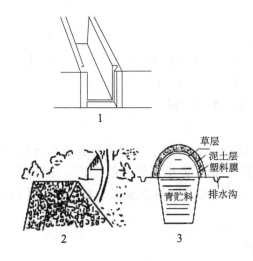

图 3 – 2　地下式青贮窖

1. 长方形青贮壕　　**2.** 长方形青贮窖　　**3.** 圆形青贮窖（剖面）

修建青贮改良窖，地点最好选择在距饲养棚较近处，选择地势高、地下水位低的空地，挖宽和深各 1 m 的长方形窖，其长度可根据青贮数量的多少来决定（如青贮玉米秸可以贮 450 ~ 500 kg/m³，甘薯秧等 700 ~ 750 kg/m³），把长宽交接处切成弧形，底面及四周加一层无毒的聚乙烯塑料膜。薄膜用量计算：（窖长 + 1.5 m）×2。注意事项：装料时高于地面 20 ~ 30 cm，用塑料薄膜将料顶部裹好，上面用粗质草或秸秆盖上，且再加 30cm 厚的泥土封严，青贮窖的四周挖好排水沟。

半地下式青贮窖或壕的一部分位于地下，一部分位于地上，见图 3 – 3。

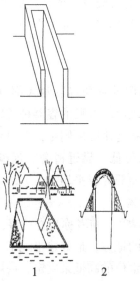

图 3 – 3　半地下式青贮窖

1. 长方形青贮窖　　**2.** 圆形青贮窖

若地下部分较浅，可利用挖出的湿黏土或用土坯、砖、石等材料向上垒砌 1 ~ 7 m 高的壁。用灰泥将砌成的壁上所有的孔隙封严，外面要用土培好。为防止漏气，用黏土堆砌的窖或壕壁厚度一般不应小于 0.7 m。这种临时性的半地下式设备比较省工、经济，如制成永久性的设备，可在壁的表面抹上水泥。圆柱状的青贮窖形似一口井，窖的直径与窖深之比为 1:(1.5~2)。

2. 地上式青贮设备

地上式青贮设备如青贮塔，主要适用于地势低洼、地下水位较高的地方。塔的高度应根据条件而定，如有自动装料的青贮切碎机，可以建高达 7~10 m，甚至更高的青贮塔。青贮塔的建筑原则是：建在距离畜舍较近处，并在朝畜舍方向的塔壁由下而上每隔 1~1.5 m 的地方留一个窗口，便于取料（图 3-4）。塔壁必须坚固不透气，可用钢筋加固。

图 3-4 地上式圆形青贮塔

1. 禾本科作物副产品

（1）禾本科作物副产品

①玉米：在玉米籽实蜡熟时期收获，每公顷可产 10 000 千克左右的青贮料。玉米产量高，干物质含量及可消化的有机物含量均较高，还含有蔗糖、葡萄糖和果糖等可溶性碳水化合物，较容易被乳酸菌发酵而成乳酸。

②高粱：籽实接近成熟时，将叶子摘掉利用，青饲高粱抽穗时收割。近些年培育的蜜汁高粱，以其较高的可溶性糖类，成为部分地区在青贮玉米外大面积种植的青贮原料。

（2）豆科作物副产品 豆科植物如青绿的大豆等，因含糖量少，不利于乳酸的繁殖，不宜单一品种青贮，必须同富含糖分的碳水化合物植物混合青贮。

（3）其他作物副产品

①向日葵：向日葵籽实成熟时，上部茎叶及花盘仍保持青绿，可以切碎制成良好的青贮饲料，葵花盘也可以打浆青贮。

②其他：如甜菜、马铃薯、番茄等的茎叶，瓜类作物的藤蔓及尚未成熟或不宜食用的蔬菜、果实等皆可作为青贮原料。但是青贮质量却因为品种的不同差异较大。直根类茎叶，如胡萝卜、萝卜及甜菜等青贮效果较好。马铃薯茎叶含糖仅 1%，青贮效果较差；瓜果类作物的藤蔓、番茄茎叶须与青贮性能好的植物混合青贮，或添加乳酸菌培养物等外加添加剂。

2. 野生及栽培植物饲料

（1）野生青草和杂草 只要不含有毒有害物质，野生青草和杂草都是很好的青贮原料，适宜的收割时间是开花前或形成花穗前，比较重要的有以下一些：虎尾草、碱草、苜蓿、三叶草、蒲公英、紫菀；扫帚菜、有翅碱蓬、碱蒿等；以上这些野生植物有的可以单独青贮，有的需要与青贮性能好的其他植物混合青贮或外加青贮添加剂。

（2）水生青饲料　水分含量高，最高可达95%，如水葫芦、水浮莲、水花生及绿萍等。

（3）树叶　树叶一般粗纤维含量较少，蛋白质含量高，一般春、夏季修剪树木时的幼嫩枝叶可以作为青贮料，秋末凋谢的树叶可以与其他原料混合青贮，如杨、柳、榆、槐、桑、葡萄、苹果、梨、桃、枣等的叶子和嫩枝。但因收集较困难，使用较少。

3. 工业加工副产物

如甜菜渣、淀粉渣、白酒糟、啤酒渣、饴糖渣等可以单独青贮，也可以与其他青绿饲料混合青贮。

青贮饲料的加工调制方法包括两种：一般青贮方法和特殊青贮方法。

1. 一般青贮方法

（1）选择原料　主要是选择好青贮原料及适宜收割期。青贮原料有禾本科作物副产品、野生及栽培植物饲料、工业加工副产物等。玉米在籽实蜡熟时收割，禾本科牧草在抽穗期收割，豆科牧草在开花初期收割为好。

（2）切碎原料　切碎原料的目的是为了便于青贮时压实以排除原料空隙中的空气，使原料中含糖汁液渗出；湿润原料表面，有利于乳酸菌的迅速繁殖和发酵，提高青贮料的质量。切碎原料的机器设备是青贮联合收割机、青贮料切碎机或滚筒式铡草机。根据原料的不同，把机器调节到粗切和细切的部位。原料的切碎程度按饲喂家畜的种类和原料的不同质地来确定，对牛、羊等反刍动物，将禾本科牧草、豆科牧草等原料、切成2~5 cm长度即可，玉米等粗茎植物切成0.5~2 cm。一般含水量多质地细软的原料可以切得长一些，含水量少质地较粗的原料可以切得短一些。

（3）调节水分含量　实践证明：原料水分的含量是决定青贮品质的最重要的因素，大多数青贮原料含水量为60%~70%，新收割的青草和豆科牧草一般含水量为75%~80%，因此，应将水分降低10%~15%。

调节的方法：降低原料含水量，可加入切碎或粉碎的干草；调高原料含水量，可将干料与嫩绿新割的植物交替填装，混合青贮。

（4）填装　青贮原料应随切碎随装填。青贮原料填装的原则是既快又要压实。一旦开始装填，应尽快装填完毕，以避免原料在装满和密封之前腐败。青贮原料装填之前，要对已经用过的青贮设施清理干净。一旦开始装填，就要求迅速进行，以避免原料腐败变质。一般说来，一个青贮设施要在2~5 d内装满。即使是大型的青贮建筑物，也要求在此时间内装满、压实。装填时间越短越好。

装填前，可在青贮窖或青贮壕底铺一层10~15 cm厚的切短秸秆或软草，以便吸收青贮汁液。为了加强密封性，窖壁四周铺一层塑料薄膜，避免漏气和渗水。青贮料装填时，原料切碎机最好设置在青贮设备旁边，还应尽量避免切碎原料的曝晒。原料装入圆形预贮设备时要层层地铺平，层层的踩实，然后再封窖，这样原料塌陷后能与窖口一样高，可以充分利用窖的容积。

（5）压实　青贮料压实时，特别要注意靠近墙角的地方不能留有空隙，小型的青贮窖由人工踩实，大型的青贮窖宜用履带式拖拉机来压实，压实情况的好坏是保证青贮料质量的关键。在拖拉机漏压或压不到的地方，一定要人工踩实。越压实越易造成厌氧环境，越有利于乳酸菌的活动和繁殖。

（6）密封 青贮料装满后，应及时密封和覆盖，目的是造成设备内的厌氧状态，抑制好氧菌的发酵。一般应将原料装至高出窖面1m左右，在原料的上面盖一层10~20cm厚切短的秸秆或牧草，覆上塑料薄膜后，再覆上30~50cm的土，踩踏成馒头形或屋脊形，以免雨水流入窖内。

（7）后期管理 在封严覆土后，要注意后期管护，主要有以下几个方面：一是要在四周挖好排水沟，防止雨水渗入；二是要注意覆土层变化，发现流失、下陷或裂纹及时加土修补；三是防止鼠害，投放鼠药的时候要防止家畜误食，发现老鼠盗洞要及时填补，杜绝透气并防止雨水渗入。在四周约1m处挖排水沟。在我国南方多雨地区，应在青贮窖或壕上搭棚。这样经过1~2个月，就可开窖使用。

2. 特殊青贮方法

（1）低水分青贮法 与一般的青贮方法不同之处，在于它要求原料的含水量降低到40%~50%。收割后的原料含水量减少的速度要快，要求青贮原料切碎的程度较一般青贮法的应短些，切成2cm为好。低水分青贮的特点是含干物质多，发酵过程慢，对糖分的要求不严格，必须在高度厌氧环境下进行。

（2）高水分青贮法 蔬菜类、根茎类及水生植物等含水量高的原料，可以用高水分青贮法，其方法要领如下：第一，青贮前要将原料除去过多的水分，最好晾晒；第二，在装填原料之前，应在青贮设备底部铺垫一层厚的稻壳、谷壳或碎软的干草，以吸收渗出的汁液；第三，为了提高青贮原料的含糖量及调节水分高低，可将含水量较少的原料如糠麸、干草粉等混贮。第四，可建造底部有出水口的青贮设备来进行青贮，并在底部铺上一层稻壳、谷壳之类，使多余的水分能顺利排出，且要注意排水后及时密封。

（3）添加剂青贮法 此法除了在原料中加入添加剂外，其余方法均与一般青贮方法相同，但应注意外加的添加剂一定要混合均匀。

开窖后要先进行品质检验，先从气味、颜色、质地上给予综合判断，确定质量好坏后再进行使用。具体判断标准是：颜色，青贮前的秸秆为绿色，青贮后的颜色呈现青绿色或黄绿色，接近原色为优良；呈现黄褐色或暗棕色为中等；呈黑色或褐色为最差。气味，优质青贮饲料具有芳香酸味，给人以舒适感，若呈现酒精或酪酸味是中等的青贮料，低劣的则有刺鼻腐臭味。质地优良的青贮饲料柔软湿润，保持茎、叶、花原状，叶脉及绒毛清晰可见，松散低劣的青贮料茎叶结构保持极差，黏滑或干燥，粗硬，腐烂。

见本章第二节青贮饲料。

四、籽实饲料的加工

籽实的种皮、颖壳、内部淀粉粒的结构以及某些籽实中含有抑制性物质（如抗胰蛋白酶等），都会影响动物对籽实中营养物质的消化吸收。因此，即使籽实饲料的营养价值都很高，但为了提高适口性和消化率，在饲喂前采取一些加工措施，以便更充分地利用籽实饲料。

粉碎加工是常用的一种方法，也最简便、经济。粉碎能提高家畜的消化率和利用率。但粉碎粗细因畜种不同而异，不宜太细，反刍家畜不喜欢太细的粉状饲料。饲料粒径猪和老弱病畜为 1 mm，牛、羊为 1 ~ 2 mm，马为 2 ~ 4 mm，禽类粉碎即可，粒度可大一些，鹿的在 1 ~ 2 mm 为宜。但须注意含脂量高的饲料（如玉米、燕麦等）粉碎后不宜长期保存。

将玉米、大麦、高粱等加水，将水分调节至 15% ~ 20%，用蒸汽加热到 120℃ 左右，然后压成片状，干燥冷却后再配合各种添加剂即成压扁饲料。压扁方法提高了消化率和能量利用率。

1. 蒸煮

豆类饲料不仅含有能抑制胰蛋白酶的物质，影响对蛋白质的消化；还含有豆腥味，影响适口性。加热处理能改善黄豆的特性和适口性，但要适时控制加热时间。一般来说 130℃ 的温度不能超过 20 min。

2. 微波热处理

该法是用波长 4 ~ 6 um 的红外线辐射（干热处理），使饲料的消化能值、家畜生长速度和饲料转化率都显著提高。

3. 膨化制粒

膨化的原理是在适宜的温度和压强下，籽实的水分变成蒸汽，引起籽实爆裂，使籽实淀粉的利用率提高，但使饲料的密度降低，因此一般应在喂前再行碾压，以提高其密度。膨化饲料多用于肉用畜禽。

制粒是采用机械（如颗粒机）将籽实饲料制成颗粒料，优点是降低了粉尘，增加了饲料密度，家畜比较喜欢。

4. 焙炒

焙炒可以提高籽实饲料的适口性。焙炒玉米可提高牛的日增重和饲料利用率。焙炒豆类可提高蛋白质的利用率。焙炒可以使饲料中的淀粉部分转化为糊精而产生香味，用作诱食饲料。

1. 发芽

籽实发芽的原理是在酶的作用下，籽实中的淀粉转变为糖，并产生胡萝卜素和其他维生素的过程。籽实发芽的目的是补充饲料中维生素的不足。调制方法是将准备发芽的大麦用 15 ~ 16℃ 清水浸泡 1 d，然后把水倒掉，将籽实放在盆或其他容器内，上面盖一湿布，保持温度为 15℃。3 d 后出根须，用清水冲洗，移入发芽盘中，保持 15 ~ 20℃ 室温。芽的长度达 6 ~ 8 cm，大概是经 6 ~ 8 d 即可切碎饲喂畜禽。

2. 糖化

糖化作用的原理是利用谷物籽实和麦芽中淀粉酶的作用，将饲料中的淀粉转化为麦芽糖，从而提高饲料的适口性。在磨碎的籽实饲料中加入 2.5 倍水，搅拌均匀后置于 55 ~

60℃的温度下，4 h后饲料中的含糖量增加到8%～12%。若加入2%的麦芽，糖化作用更快。

3. 发酵

发酵原理是通过微生物（如酵母菌）的作用增加饲料中的B族维生素和各种酶、醇等芳香刺激性物质，不仅提高了饲料适口性和营养价值，同时也提高了家畜生产性能和繁殖能力。但要求原料为富含碳水化合物的籽实，豆类不宜发酵。

发酵方法是：每100 kg粉碎的籽实可加酵母0.5～1.0 kg。首先用30～40℃的温水在发酵箱内将酵母稀释，再倒入100 kg的饲料搅拌均匀，以后每30 min搅拌1次，经6～9 h发酵完成。发酵箱内的饲料厚度以30 cm为宜，温度保持在20～27℃，并要求有良好的通气条件。

五、饲料的去毒加工

饲料的去毒加工包括低毒牧草及饲料作物的去毒加工，如草木犀、高粱、木薯等，也包括其他饲料的去毒加工，如棉籽饼粕、黄曲霉毒素污染的饲料等，现主要介绍两种，分别是菜籽饼粕的脱毒和棉籽饼的去毒处理。

1. 坑埋法

挖一土坑，大小视菜籽饼用量和周转期而定，坑内铺放塑料薄膜或草席，先将粉碎的菜籽饼按1∶1加水浸泡，而后按每立方米500～700 kg将其装入坑内，接着在顶部铺草或覆以塑料薄膜，最后在上部压土20 cm以上，2个月后即可饲喂。

2. 水浸法

硫葡萄糖甙具水溶性，因此可用冷水或温水浸泡36 h，换水5次，脱毒率可达90%，但此法使水溶性营养物质损失较多。

3. 化学处理法

氨、碱可促使硫葡萄糖甙催化水解，其中挥发性较大的有毒成分可用蒸汽将其挥发出去。

1. 硫酸亚铁溶液浸泡法

游离棉酚含量在0.05%以上的棉籽饼，饲喂猪、禽前最好进行脱毒。

按硫酸亚铁与游离棉酚5∶1的重量比，把0.1%～0.2%的硫酸亚铁水溶液加入棉籽饼中混合均匀并浸泡，搅拌几次，一昼夜后即可饲用。

2. 加热处理法

棉籽饼粕经过蒸、煮、炒等加热处理2 h，能使毒性大大降低，使游离棉酚变为结合棉酚，但会降低饼粕营养价值。

3. 微生物去毒法

将棉籽饼与其他饲料混合，加入发酵粉，然后加水拌匀装入密闭容器中贮存至产生酒香味即可。此方法尚处于试验阶段。

技能考核项目

1. 说出国际饲料分为哪 8 类?
2. 说出营养性饲料添加剂和非营养性饲料添加剂各包括哪些?
3. 说出饲料青贮的原理是什么?
4. 现场说出玉米青贮的方法与注意事项。

复习思考题

1. 国际饲料分类方法的原则是什么?
2. 青饲料具有哪些营养特点?请列举出 10 种当地常用的青饲料。
3. 使用饲料添加剂应注意哪些问题?
4. 简述配合饲料的特点,并说明其在生产实际中应用的指导意义。
5. 简述产蛋鸡、妊娠母猪日粮配合的原则。
6. 调查当地饲料资源情况,如何合理利用?
7. 运用计算机设计配合饲料配方有哪些优点?
8. 秸秆氨化处理的基本原理是什么?
9. 如何给棉籽饼、菜籽饼脱毒?
10. 青贮原理、调制方法是什么?

项目四　动物遗传的基本原理

【知识目标】
了解动物遗传的基本规律，为家畜育种打下基础。
【技能目标】
懂得细胞器、染色体、基因等概念。
【链接】
动物学、植物学知识。
【拓展】
染色体工程、基因工程。

遗传学是研究生物遗传和变异的科学，遗传指亲代与子代相同或相似性，变异指亲代与子代之间以及子代个体之间存在不同程度的差异性。

遗传学是动物育种的理论基础，通过本品种选育和杂交改良培育畜禽新品种，在畜禽选种、后裔鉴定、杂交组合的确定和纯系的建立等方面加速育种工作。应用各种射线、化学诱变剂等产生新变异，利用基因工程、动物性别控制等技术，提高畜禽的生产性能。

单元一　细胞的遗传基础

生物的一切生命活动都是在细胞中进行的，生物的遗传变异也必须通过细胞才能实现，细胞的结构和分裂方式必然影响遗传物质的组成、分布和遗传信息的传递。

一、细胞的基本结构

细胞是构成生物机体的形态结构和生命活动的基本单位。每个细胞是一个相对独立的、高度分化的结构和功能单位，这些细胞分工合作，互相协调，共同完成有机体生命活动。

细胞膜又称质膜，是指围绕在细胞最外层的选择性透过膜。细胞膜形成细胞内外环境，起着保护和包围内含物的作用，同时与物质运输、能量的转换、免疫反应、细胞识别及信息传递等功能密切相关，并借以调节和保持细胞内的微环境，使细胞具有一个相对稳定的内环境。

细胞膜在光镜下一般难以分辨，电镜下细胞膜可分内、中、外三层结构。这三层结构的膜不但存在于各种细胞表面，而且还构成细胞内某些细胞器的内膜，细胞膜和细胞内膜统称为生物膜。因此，具有这样三层结构的膜也称为单位膜。

单位膜以磷脂双分子层为基础，蛋白质分子以不同的方式镶嵌在磷脂双分子层中或结合在其表面。磷脂双分子层以非极性的、疏水性尾部相对（向着膜的中央），极性的、亲水性的头部朝向两侧（向着膜的内、外表面）而构成细胞膜的基本结构。亲水的外源蛋白质分散在膜外表面，而疏水氨基酸含量高的内源蛋白质可渗入脂质层中。脂质分子是可以流动的，蛋白质分子也可横向移动。

细胞膜主要成分是脂质、蛋白质、少量的多糖类和核酸等。多糖与蛋白质、脂质结合形成糖蛋白和糖脂。细胞膜上的部分糖蛋白可以充当表面抗原（如血型抗原、组织相容性抗原等），不仅不同物种的细胞之间，而且同一物种不同遗传类型的个体细胞之间，表面抗原也有差别，这在遗传学上是有意义的。

细胞质由基质、内含物和细胞器组成。基质是指细胞质内除细胞器和内含物以外，均匀透明而无定形的胶状物，它为细胞器提供所需的离子环境和生化反应的代谢产物，并且是某些生化中间代谢过程的场所。内含物是细胞质内除细胞器以外，具有一定形态的营养物质或代谢产物，如脂滴、糖原、分泌颗粒、色素颗粒等。

细胞器是存在于细胞质中具有特定形态结构，并执行一定生理功能的微小结构。细胞器包括膜性细胞器如内质网、高尔基体、线粒体、溶酶体、微体等和非膜性细胞器如中心粒、核糖体、微管、微丝等。

（1）内质网　内质网是真核细胞重要的细胞器，分布在细胞基质中的膜管状结构。它是由单位膜构成的互相连通的扁平囊泡，并可与细胞膜、核膜和高尔基复合体相连通。内质网对细胞具有机械的支持作用，主要同细胞内、外物质的贮存、分泌和运输有关。根据其表面是否附有核糖体颗粒，可分为粗面内质网和滑面内质网。粗面内质网是内质网与核糖体形成的复合机能结构，主要参与蛋白质的合成与运输。滑面内质网是脂类合成的重要场所，细胞中几乎不含纯的滑面内质网，它们只是作为内质网这一连续结构的一部分。

（2）线粒体　线粒体是真核细胞内独特的细胞器，呈圆柱状、线状或椭圆形。它是由内、外两层单位膜套叠而成的封闭的囊状结构，内膜与外膜不相连，内膜向腔内折叠形成嵴。内膜间隙的腔内充满含有可溶性蛋白、各种酶系统和钙、铁、镁的基质，内膜和嵴上分布许多排列规则的带柄的基粒。基质和基粒上具有丰富的氧化酶系，将糖、脂肪和氨基酸氧化磷酸化，逐步释放能量合成 ATP，为细胞生命活动提供直接能量。在细胞呼吸和能量转化中起着重要作用，线粒体的基质中含有少量的 DNA、RNA 和核糖体，即线粒体具有自己的一套遗传系统，能自行合成蛋白质。但由于遗传信息量较少，故合成的蛋白质有限，只占线粒体全部蛋白质的 10% 左右，其余的则由核 DNA 编码。

（3）核糖体　核糖体是蛋白质合成的场所。核糖体由 60% 的 rRNA 和 40% 的蛋白质组成，有的附着在内质网上，有的游离在细胞质中或核内。核糖体包含大亚基和小亚基两部分结构，新合成的肽链通过大亚基中央管释放出来。核糖体在合成蛋白质的过程中，多个核糖体由一个 mRNA 分子串联起来，形成念珠状的多聚核糖体。一般认为游离的核糖体主要合成细胞本身的结构蛋白质。

（4）中心体　中心粒是只在动物和低等藻类及真菌的细胞中含有的一种细胞器。中心体位于细胞的中央或细胞核附近，由两个互相垂直的中心粒和周围一团浓密的细胞质构成。在电镜下，中心粒为中空的短圆柱体，每个中心粒由九组环状排列的三联微管构成。

中心粒同细胞分裂染色体运动有关。在细胞分裂间期，中心粒进行复制；细胞分裂期，中心粒中延伸出纺锤丝附着在染色体着丝粒上，牵引染色体移向细胞的两极。

细胞核包括核膜、核质和核仁，核质还有染色质和核液。核膜由双层单位膜构成，其上有核孔，是核内、外物质交流的通道。核液由核糖体、水、蛋白质及少量 RNA 组成。核内含有一至数个结实致密、形状不规则的核仁，核仁周围没有被膜，往往与个别染色体的特定部位相连接。核仁是 RNA 和蛋白质组成的复合体，其中的 RNA 是 rRNA 的前身分子。核仁是 rRNA 合成的地方，也是核糖体装配的地方。在核质中最主要的是染色质，在有丝分裂中螺旋化形成染色体。

二、染色体

染色体是指细胞在有丝分裂或减数分裂过程中，由染色质聚缩而成的棒状结构。染色质是指分裂间期细胞内由 DNA、组蛋白、非组蛋白及少量 RNA 组成的线性复合结构，是间期细胞遗传物质存在的形式。在真核细胞的细胞周期中，大部分时间是以染色质的形态而存在的。染色质和染色体是同一物质在细胞周期中不同的功能阶段，分别代表间期和分裂期遗传物质的存在形式，二者是可以互相转变的结构。

遗传物质主要存在于染色体上，组成染色体的 DNA 内贮藏着大量的遗传信息，因此，染色体被称为遗传物质的载体。

1. 形态

有丝分裂中期的染色体结构典型，每个染色体由两条并列的染色单体组成，它们通过一个着丝粒相连接。这两条染色单体叫姐妹染色单体，其中一条染色单体是以另一条染色单体为母本在间期复制而来的。

在着丝粒处两条染色单体的外侧表层，各有一个与纺锤体微管相连的部位，称为着丝点。着丝点是纺锤体牵引丝连接的部位，在有丝分裂中期起导向作用，使分开的子染色体能正确移向两极。着丝粒和着丝点所在的区域，染色体缢缩变细，称为主缢痕。有些染色体除主缢痕外，还有特别细窄的区域，称为次缢痕。在细胞分裂末期，核仁总是出现在某些染色体的次缢痕部位，所以次缢痕也称核仁形成区。主缢痕处能弯曲，次缢痕处不能弯曲。在次缢痕的末端靠轴丝连着一个球形小体，称为随体。根据染色体着丝粒的位置和随体的有无，可以鉴别特定的染色体（图 4 - 1）。

图 4 - 1　中期染色体形态模式图
1. 长臂　2. 主缢痕　3. 着丝点　4. 短臂　5. 次缢痕　6. 随体

2. 类型

着丝粒在染色体上的位置是固定的。由于着丝粒位置的不同，由着丝粒向两端延伸分别形成染色体的长臂（q）、短臂（p）两部分。着丝粒在细胞分裂期同纺锤丝连接组成分裂器，与染色体运动有关。

1. 染色体数目

每一种生物的染色体数目是恒定的（常见畜禽的体细胞染色体数目见表4-1）。在多数高等动物中，性细胞（精、卵细胞）含有来自亲本（父方或母方）的一套染色体，称为一个染色体组（n），即单倍体。染色体组是生物赖以生存的最基本的染色体数量和构成。体细胞含有来自亲本的成对的两套染色体（$2n$），即二倍体。在形态、大小、着丝粒位置及染色粒的排列上都相同的成对染色体称为同源染色体，其中一条来自父方，一条来自母方。同源染色体在减数分裂时发生联会。除同源染色体之外的形态结构不同的染色体叫非同源染色体。

表4-1　常见畜禽体细胞染色体数目

动物名称	染色体数目（$2n$）	动物名称	染色体数目（$2n$）
猪	38	兔	44
水牛	48	狗	78
牛	60	猫	38
牦牛	60	鸡	78
山羊	60	鸭	80
绵羊	54	鹅	82
马	64	火鸡	82
驴	62	鸽	80

2. 染色体组型

如果将处于细胞分裂中期的体细胞核中的全部染色体，根据每对同源染色体的相对长度、臂比指数大小、着丝粒类型及随体的有无等，按照一定的国际标准分群、依次排列并编号（性染色体列于最后）所形成的形态系统图型，称为染色体组型或核型，牛的染色体组型如图4-2所示。一般采用染色体显带技术进行显微摄影或显微描绘的方法，将一个染色体组的全部染色体逐个按其形态特征绘制、排列起来的图像，称为核型模式图，它代表一个物种的核型模式。核型是一个物种或个体的重要遗传标记，通过核型分析可以了解染色体的特点，发现与染色体畸变相关的疾病。所以，良好的进出口种畜都应有核型标志。

1 2 3 4 5 6 7 8 9 10 11 12 13 14 15 16 17 18 19 20 21 22 23 24 25 26 27 28 29 XX

1 2 3 4 5 6 7 8 9 10 11 12 13 14 15 16 17 18 19 20 21 22 23 24 25 26 27 28 29 XX

图4-2　牛的染色体组型图

（引自：欧阳叙向. 家畜遗传育种. 北京：中国农业出版社，2001）

三、基因

生物性状的遗传和变异都是由遗传物质决定的，基因是遗传物质的基本单位。基因通过调控蛋白质的合成来表达所携带的遗传信息，从而控制生物的性状表现。

遗传物质的载体是染色体，染色体由核酸和蛋白质组成，核酸（DNA 或 RNA）又是由磷酸、戊糖和碱基组成的。基因是 DNA（RNA）分子上具有遗传效应的一段特定碱基序列，在染色体上有固定的位置，并且呈直线排列。

基因储存有遗传信息，具有复制功能。通过遗传信息的转录和翻译，指导蛋白质的合成，控制生物的性状。因此，基因是决定性状的一个功能单位，同时也是突变单位和交换单位。

1. 基因的结构

基因内部根据性质和功能可以分为三种结构。

（1）突变子　指基因内部发生基因突变的最小单位，可以是一个核苷酸对。

（2）重组子　基因发生交换重组的最小单位，可以只是一个核苷酸。

（3）顺反子　是决定多肽链合成的功能单位。一个顺反子由 500～1 500 个核苷酸构成。一个基因可能包含几个顺反子，一个顺反子包含很多个突变子和重组子，一个顺反子决定一条多肽链的合成。

2. 基因的类型

在蛋白质的合成过程中，基因根据功能可分为以下几种。

（1）结构基因　决定蛋白质的氨基酸顺序。结构基因是可编码 RNA 或蛋白质的一段 DNA 序列，将携带的特定遗传信息转录给 mRNA，再以 mRNA 为模板合成特定的蛋白质。

（2）启动基因　位于调节基因与操纵基因之间。RNA 聚合酶结合到启动基因后，相连的若干结构基因就作为一个转录单位，形成 mRNA。

（3）操纵基因　控制结构基因的作用。操纵基因位于结构基因的一端，与阻遏蛋白结合后，具有开启或关闭结构基因转录的能力。操纵基因与若干个紧密相邻的结构基因联成一组基因，两者合起来称为操纵子，它们作用于生物合成途径的不同阶段。

（4）调节基因　位于操纵子附近，经过转录、转译合成阻遏蛋白。阻遏蛋白通过与操纵基因的结合，阻止结构基因的表达。调节基因在保证生物体（或细胞）开启或关闭某个代谢程序时起重要的作用。

基因表达是指在基因指导下蛋白质的合成过程，即编码在 DNA 中的遗传信息，通过转录和翻译转化为特定蛋白质分子的结构信息。蛋白质是基因表达的产物，是细胞和生物体的遗传性状的表现。因此，任何影响转录和翻译过程的启动、关闭和速率的较为直接的因素及其作用，就叫做基因表达的调控。

基因表达的调控是一种多级调控系统，主要在转录水平调控和翻译水平调控两个层次上，以转录水平调控为最重要。转录水平的调控是控制从 DNA 模板上转录 mRNA 的速度；翻译水平的调控是控制从 mRNA 翻译成多肽链的速度，这是一种快速调控基因表达的方式。

基因表达调控的最大特征是按着预定的发育程序去实现某个受控的发育途径。

四、细胞分裂

生物的发育和繁殖都是以细胞分裂为基础的。生物的发育是体细胞的增殖，以有丝分裂为主；生物的繁殖是形成单倍体的性细胞，以减数分裂为主。

细胞从上一次分裂结束开始到下一次分裂结束所经历的过程称为细胞周期。细胞周期经过分裂间期（也叫生长期）和分裂期（M）两个阶段。生长期又分为生长前期（G1）、DNA 合成期（S）、生长后期（G2）。分裂期包括有丝分裂和减数分裂，有丝分裂是体细胞增殖的分裂方式，减数分裂可以看作是一种特殊的有丝分裂。因此，一个细胞周期实际上包括 G1、S、G2 和 M 四个时期。

同一种类型的细胞，一个细胞周期及其各期所经历的时间是一定的。而不同类型的细胞，一个细胞周期所经历的时间则有差异，一般 G1 期差异最大，S 期和 G2 期都相当稳定。在大多数动物细胞中，G1 期可持续 6～9 h，S 期可持续 3～5h，而 G2 期可以是几小时，也可以是几天或几周。

细胞在分裂间期都不同程度地进行 DNA 和蛋白质的合成，故间期细胞代谢活动最旺盛。在 G1 期主要合成结构蛋白、酶蛋白、核苷酸等 DNA 复制所需的底物。S 期主要是染色体的复制，DNA 含量增加一倍，以保证分裂后的子细胞具有足够的遗传物质，并具有与亲代相同的遗传性状。减数分裂和有丝分裂的间期相似，但减数分裂的 S 期比有丝分裂的 S 期长些。G2 期主要是 RNA、纺锤体和其他蛋白质的合成，为细胞分裂作准备。

有丝分裂是一个连续的细胞变化过程。最主要的是细胞核内的染色质形成染色体，经复制成两份染色体，有规则地平均分配到两个子细胞中去，因而分裂后形成的两个子细胞内，分别含有与其母细胞相同的染色体数目。

通常有丝分裂期根据细胞核内染色体的变化，可分为四个时期，即前期、中期、后期和末期。

1. 前期

染色质螺旋化变成染色体。每个染色体包含的两条染色单体，并由着丝粒连接。中心体的两个中心粒分开，并向细胞两极移动，两个中心粒之间出现纺锤丝，形成纺锤体。同时，核仁逐渐变小消失，核膜逐渐溶解破裂。

2. 中期

核膜完全消失。每个染色体的两条染色单体仍由一个着丝粒连接，但每条染色单体的着丝点都有纺锤丝连着，牵动染色体排列在细胞中央的赤道板上。此期染色体聚缩到最短最粗，是核型分析的最佳时期。

3. 后期

染色体的着丝粒分裂为二，使两条染色单体成为各具一个着丝点的独立的子染色体，并由纺锤丝的牵引分别移向细胞两极的中心粒附近，形成数目相等的两组染色体。同时在赤道板部位的细胞膜收缩，细胞质开始分裂。

4. 末期

分裂后的两组染色体分别聚集到细胞的两极，染色体解旋伸展变细恢复为染色质，纺锤丝消失，核膜核仁重新出现，细胞质发生分裂，在纺锤体的赤道板区域形成细胞板，形成两个子细胞，又恢复为分裂前的间期状态。

减数分裂是由体细胞产生性细胞的过程。在减数分裂过程中，细胞分裂二次，而染色体只复制一次，结果形成的性细胞染色体数目减少了一半。减数分裂包括连续的两次分裂，分别叫减数第一次分裂（用Ⅰ表示）和减数第二次分裂（用Ⅱ表示）。两次分裂也各分前、中、后、末四期。

1. 减数第一次分裂

减数第一次分裂主要是同源染色体分离，实现染色体数目减少一半。主要包括联会、同源非姐妹染色单体之间染色体片段的交换、非同源染色体的自由组合等。

（1）前期Ⅰ 是染色体变化较为复杂的时期，又分为细线期、偶线期、粗线期、双线期和终变期五个时期。

细线期：染色质丝细长如线，分散在整个核内，虽已经过复制，每一染色体含有两条染色单体，但此期的染色体一般看不出双重性。

偶线期：同源染色体彼此靠拢配对，称为联会。

粗线期：联会的染色体对缩短变粗，称为双价体。每个染色体的着丝粒还未分裂，故两条染色单体还连在一起。在双价体中，同一染色体的两条染色单体互称为姐妹染色单体，它们是同一染色体在间期复制所形成的；不同染色体之间的染色单体互称为同源非姐妹染色单体，它们分别是两个同源染色体在间期各自复制所形成的。同源染色体配对以后，一个双价体含有两个染色体，每个染色体含有两条姐妹染色单体。因此，双价体含四条染色单体，也称四分体。

双线期：染色体继续变短变粗，同源染色体因非姐妹染色单体之间相互排斥而开始分开，但非姐妹染色单体之间仍有一个或几个交叉连接在一起。交叉是由非姐妹染色单体之间某些片段的交换引起的，最终导致遗传物质交换和基因重组，是连锁与互换定律的细胞学基础。交叉在着丝粒的两侧向染色体臂的端部移行，称为端化。在双线期中，交叉的数目逐渐减少且端化。

终变期：染色体收缩和螺旋化到最粗最短，是鉴定染色体数目的最佳时期。交叉渐渐接近非姐妹染色单体的末端，核仁和核膜开始消失，双价体向赤道板移动，纺锤体开始形成。

（2）中期Ⅰ 核仁核膜消失，纺锤丝出现。联会同源染色体的两个着丝粒由纺锤丝牵引排列在赤道板上，随丝粒逐渐远离，同源染色体开始分开，但仍有交叉连接。交叉的数目已经减少，并接近染色体的端部。同源染色体的分离是分离定律的细胞学基础。

（3）后期Ⅰ 同源染色体受纺锤丝牵引分别移向细胞的两极，每一极只有同源染色体中的一个，实现了染色体数目的减半（$2n \rightarrow n$），但每个染色体仍由一个着丝点连接两条染色单体组成。同源染色体向两极移动的随机性，增加了非同源染色体的组合方式，有 n 对染色体就有 $2n$ 个组合方式，这是自由组合定律的细胞学基础。

（4）末期Ⅰ 纺锤丝消失，核仁核膜出现，接着细胞质分裂，成为两个子细胞。染色体解螺伸展，逐渐变成染色质。

2. 分裂间期

分裂间期是指第一次减数分裂与第二次减数分裂之间的时期。许多动物细胞减数分裂的分裂间期不存在或时间相当短，并且没有 DNA 合成的 S 期，也没有染色体的复制。

3. 减数第二次分裂

减数第二次分裂的过程与有丝分裂基本相同，主要是同源姐妹染色单体的分离，使细胞在分裂前后的染色体数目相同。

在减数分裂过程中，染色体复制一次，性母细胞连续分裂两次，因此每个性细胞的染色体数（n）是性母细胞（$2n$）的一半。初级精母细胞的第一次减数分裂产生两个次级精母细胞，第二次减数分裂产生四个精子细胞。初级卵母细胞的第一次减数分裂产生一个次级卵母细胞和一个第一极体，第二次减数分裂产生一个卵细胞和一个第二极体，同时第一极体也分裂成两个极体。极体含有细胞核和少量的细胞质。

单元二　遗传的基本定律

遗传的基本定律包括分离定律、自由组合定律和连锁交换定律。分离定律和自由组合定律是奥地利生物学家孟德尔利用豌豆进行了八年的杂交试验建立的遗传原理，也称为孟德尔定律。连锁交换现象是由贝特逊（Bareson）和彭乃特（Punnett）发现的，摩尔根提出了正确的解释，同时研究了伴性遗传基因的连锁。

一、分离定律

分离定律是研究同源染色体上一对等位基因及其所控制性状的遗传规律。所谓性状指的是生物的形态或生理的特征特性的总称，如颜色、性别等。同一性状的不同表现形式称为相对性状，如毛色的黑和白、耳型的立耳和垂耳等。

遗传学上，把具有不同遗传性状的个体之间的交配称为杂交，所得到的后代叫做杂种。所谓性状指的是生物的形态或生理的特征特性的总称，如颜色、性别等。同一性状的不同表现形式称为相对性状，如耳型的立耳和垂耳、性别的公和母等。以纯种白猪约克夏和纯种黑猪巴克夏作为亲本（P）进行杂交（×），得到杂种一代（F_1）全是白毛，将 F_1 代自交（⊗），杂种二代（F_2）则表现出既有白毛，也有黑毛，分离比为3:1，如图4-3。

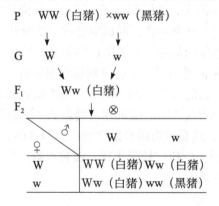

图4-3　一对相对性状遗传现象与分析图解

性状是由基因控制的，相对性状则由等位基因控制。具有一对相对性状的纯合亲本杂交时，在 F_1 表现出来的性状叫做显性性状，由显性基因控制（用大写字母表示，如白毛 W）；不表现出来的叫做隐性性状，由隐性基因控制（用小写字母表示，如黑毛 w），隐性性状在 F_1 未消失，只是未表现出来而已。在同源染色体上占据相同位点，控制相对性状的一对基因称为等位基因，如 W 和 w 是一对等位基因，控制的白毛和黑毛是一对相对性状。F_1 只出现显性性状，不出现隐性性状的现象叫做显性现象；F_2 中既出现显性性状，又出现隐性性状的现象叫做分离现象，或称为性状分离。

生物个体的遗传组成叫做基因型，是基因的组合类型，代表着生物体内的遗传基础。例如，白猪的基因型是 WW、Ww，黑猪的基因型是 ww。基因型和环境共同作用，使生物体表现出来的性状叫做表现型（或称表型），如畜禽被毛的颜色、鸡的冠形等。基因型是肉眼看不见的，要通过杂交试验等遗传行为加以识别；表现型是肉眼能看到或用仪器设备能够检测出的。表现型相同的个体，其基因型不一定相同，例如，白猪的基因型是 WW 或 Ww，黑猪的基因型是 ww。这种，由相同等位基因组合的基因型的个体叫做纯合体，由不同等位基因组合的基因型的个体叫做杂合体。

在遗传学上，把两个基因都是隐性的纯合体（如 ww）叫隐性纯合体，把两个基因都是显性的纯合体（如 WW）叫做显性纯合体。表现隐性性状的个体，由于其基因型是同质的，故都能真实遗传，后代不出现性状的分离现象。表现显性性状的个体，基因型是同型配子结合的能够真实遗传，而基因型是由异型配子结合的，由于基因的分离，后代会产生分离现象。

一对相对性状受相应的一对等位基因控制。在减数分裂产生配子时，同源染色体上的等位基因相互分离到不同配子中。F_1 配子的分离比为 $1:1$，配子随机结合的 F_2 基因型之比为 $1:2:1$，显隐性表现型之比为 $3:1$。

杂合体亲本在形成配子时，同源染色体的等位基因相互分离，产生类型不相同而比数相等的配子。

验证分离规律在于检验杂合体 F_1 的体内是否有显性基因和隐性基因同时存在，以及形成配子时，成对的等位基因是否彼此分离。一般采用测验杂交的方法验证分离规律。测验杂交简称测交，就是把基因型未知的显性个体与隐性纯合体交配，以检测显性个体基因型的方法。隐性纯合体只能产生一种含隐性基因的配子，因此，从测交后代个体表型和数量可以推测被检测个体的基因型和产生配子的类型和比例。遗传学上常用这个方法测定显性个体的基因型。

例如，检验纯种白猪与纯种黑猪杂交的 F_1 是杂合体（Ww），用 F_1 和隐性纯合体的黑猪（ww）交配，得到的后代中显性个体（白猪）与隐性个体（黑猪）各占 1/2，也就是其比数为 $1:1$。

通过分离规律的应用可以明确相对性状间的显隐性关系，把具有遗传缺陷性状的隐性纯合体淘汰。采用测交的方法判断亲本的某种性状是纯合体或杂合体，检出并淘汰有遗传缺陷性状的杂合体。

二、自由组合定律

自由组合定律是揭示位于非同源染色体上的两对或两对以上等位基因的遗传规律。

用无角黑毛的安格斯牛与有角红毛的海福特牛两品种杂交时，F_1 全为无角黑牛。无角与有角、黑毛与红毛各为一对相对性状，并且无角和黑毛是显性的，有角和红色是隐性。若 F_1 自交，F_2 发生性状分离，出现无角黑毛、有角黑毛、无角红毛和有角红毛四种性状组合，其比例为 $9:3:3:1$。无角黑毛与有角红毛是亲本原有性状的组合，叫做亲本类型；有角黑毛与无角红毛是亲本原来没有的新组合，叫做重组类型。各对相对性状（有角与无角、黑毛与红毛）的分离比例都是 $3:1$，这与分离规律完全一致，如图 4-4。

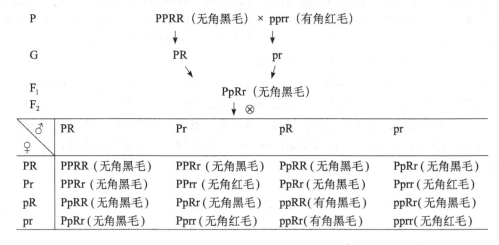

图 4-4　两对相对性状遗传现象与分析图解

两对或多对独立基因形成配子时，等位基因相互分离，非同源染色体上的非等位基因以同等的机会在配子内相互组合，不同基因型的雌雄配子以同等的机会相互组合。

F_1 产生四种配子的分离比为 $1:1:1:1$，配子随机结合的 F_2 有九种基因型、四种表现型，表型之比为 $9:3:3:1$。非同源染色体等位基因对数的遗传关系归纳如表 4-2。

表 4-2　多对性状杂交基因型与表型的关系

等位基因对数	F_1 性细胞种类	F_2 基因型种类	显性完全时 F_2 表型种类	F_2 表型比例
1	$2 = 2^1$	$3 = 3^1$	$2 = 2^1$	$(3:1)^1$
2	$4 = 2^2$	$9 = 3^2$	$4 = 2^2$	$(3:1)^2$
3	$8 = 2^3$	$27 = 3^3$	$8 = 2^3$	$(3:1)^3$
4	$16 = 2^4$	$81 = 3^4$	$16 = 2^4$	$(3:1)^4$
……	……	……	……	……
n	2^4	3^4	2^4	$(3:1)^n$

　　亲本在形成配子时，在同源染色体等位基因彼此分离的基础上，非同源染色体上不同对的等位基因各自独立分配到配子中去，相互之间的分离和组合是自由的、随机的。总之，由于非同源染色体重组，导致非同源染色体上非等位基因间的重组，形成重组型配子，配子在受精中的随机组合又产生性状重组，此过程为：染色体重组→基因重组→配子重组→性状重组。

　　每对同源染色体上带有相对的等位基因；在非同源染色体上，不同对的等位基因在形成配子时，各自独立分配到配子中去，相互之间的分离和组合是自由的、随机的，彼此独立分配。

　　验证自由组合规律在于 F_1 通过减数分裂形成配子时，非同源染色体上的非等位基因分离并自由组合形成四种类型的配子以及它们的数目是否相等。仍采用测交的方法，F_1（无角黑毛，基因型 PpRr）跟双隐性纯合体（无角红毛，基因型 yyrr）杂交，其后代出现无角黑毛、有角黑毛、无角红毛和有角红毛四种表型，且比例相等（1∶1∶1∶1），说明 F_1 产生四种比例相等的配子。

　　利用自由组合定律进行杂交育种，把不同亲本的非等位基因重组，形成具有双亲优良特性的新个体，对合理利用杂种优势、改良现有品种以及创造新品种具有重要意义。

三、连锁交换定律

　　连锁交换定律是研究位于同源染色体上两对或两对以上非等位基因及其所决定性状的遗传规律。

　　任何物种的同源染色体上载有许多等位基因，这些基因随着每条染色体作为一个遗传单位而传递，即形成了连锁。由连锁基因所控制的性状遗传时就表现为连锁遗传。

　　例如，在家鸡中，白羽（I）对有色羽（i）为显性，卷羽（F）对常羽（f）为显性。用纯合体白色卷羽鸡（IIFF）与纯合体有色常羽鸡（iiff）杂交，F_1 全部是白色卷羽鸡（IiFf）。如果用 F_1 与双隐性鸡进行测交，却得不到自由组合定律的测交比例 1∶1∶1∶1，如图 4-5。

P　　　　　　　　白色卷羽（IIFF）♀×有色常羽（iiff）♂

↓

F_1　　　　　　　白色卷羽（IiFf）♀×有色常羽（iiff）♂

测交后代　　　　　　　　　　　↓

♂＼♀	IF	if	If	iF
if 表型类型 个体只数	白色卷羽(IiFf) 亲本型 15 只	有色常羽（iiff） 亲本型 12 只	白色常羽（Iiff） 重组型 4 只	有色卷羽（iiFf） 重组型 2 只

图 4-5　不完全连锁及测交实验

从图 4 - 5 可以看出，F_1 形成的四种类型配子的数目是不相等的，且亲本型（白色卷羽和有色常羽）个体数占 81.8%，重组型（白色常羽和有色卷羽）个体数只占 18.2%。这表明，两个非等位基因 I 和 f 或 i 和 F 不是在非同源染色体上，而是在同源染色体上，即均在一个染色体上。

同一条染色体上的两个非等位基因，在遗传过程中完全不分开的遗传现象叫做完全连锁。在生物界中完全连锁的情况是很少见的，到目前为止只发现雄果蝇和雌家蚕表现完全连锁现象，其他动物不论雌雄都发生交换。同一染色体上的两个非等位基因，在遗传过程中由于同源非姐妹染色单体间发生交叉而产生分离，不能连在一起遗传的现象，叫做不完全连锁。

F_2 出现重组类型个体，是由于 F_1 形成配子时，两对非等位基因不完全连锁而发生了基因交换，导致 F_1 不仅产生亲本配子，也产生重组型配子。基因交换是指在减数分裂前期 I 同源染色体联会后，同源非姐妹染色单体之间交叉而交换了 DNA 片断交换，形成新组合的配子。所谓重组率就是在连锁遗传情况下重组合数占测交后代总数的百分比。其变动范围在 0% ~ 50% 之间。在一定条件下，同种生物同一性状的连锁基因的互换率是恒定的。在同一对染色体上，互换率的高低与基因在染色体上相对距离有关，两对基因相距越近，互换率越低；相距越远，互换率越高。

同一条染色体上的非等位基因，在形成配子的减数分裂过程中，如果染色体间没有发生交换，就会出现完全连锁遗传的现象。如果非姐妹染色单体之间发生了基因交换，就会产生新组合的配子，而且配子的比数不相等，亲本型配子多于重组型配子，这就是不完全连锁遗传的现象。连锁互换是自由组合定律的补充，完全交换即为自由组合，完全不交换即为完全连锁情形。

基因的交换和自由组合使生物出现变异，形成新的性状。基因的连锁使某些性状间产生相关性，可以根据一个性状来推断另一个性状。育种工作中，首先确定各性状间是否连锁、连锁强度的大小等，来制定适当的选种方法，也可以进行早期选择，提高杂交育种的效果。

根据基因连锁规律确定连锁群和基因定位，对育种工作有很大的指导意义。

在一定条件下，连锁基因的重组率具有相对稳定性。重组率的高低与基因在染色体上相对距离有关，通常把 1% 基因的重组率作为一个距离单位。通过已知连锁基因个体间的杂交试验，把染色体上连锁基因之间的相对距离及排列次序测定出来，然后将众多连锁基因定位在一条直线上，这样的示意图叫做连锁图。例如，纯合体白色卷羽鸡与纯合体有色常羽鸡杂交后代中，重组型个体数占 18.2%，则基因 I 和 f 或 i 和 F 在染色体上的相对距离为 18.2 个单位。

四、性别决定和伴性遗传

在雌雄异体的生物中，雌雄性别之比大都是 1:1，这是一个典型的一对基因杂合体测交后代的比例，因此性别是遵循孟德尔遗传规律的，也说明性别是和染色体及染色体上的基因有关。

性别的发育首先是性别决定，就是细胞内遗传物质对性别的作用；然后是性别分化，在性别决定的基础上，经过与一定的内部和外界环境条件的相互作用，发育为一定性别的表现型。

1. 性染色体组成的类型

在染色体组型中有一对因性别不同而有差异的染色体称为性染色体，其余的染色体称为常染色体。

动物的性染色体构型有 XY、ZW、XO、ZO 四种，畜禽常见的性染色体构型有两种。

（1）XY 型 大多数脊椎动物，包括所有哺乳动物（如牛、马、猪、羊、兔等）、部分鱼类和两栖类以及多数昆虫的性染色体属于此种类型。雌性的性染色体是由一对等长的染色体组成，用 XX 表示。雄性的性染色体是由一长一短的染色体组成，长的是 X 染色体，短的是 Y 染色体，所以雄性用 XY 表示。雌性个体只产生一种配子（X），为同配性别；雄性个体产生两种不同的配子（X 和 Y），为异配性别。

（2）ZW 型 所有的鸟类（如家禽）、爬行类以及鳞翅目昆虫均为此种类型。这种构型与 XY 型相反，雄性为同配性别，产生一种配子，用 ZZ 表示；雌性为异配性别，产生两种配子，用 ZW 表示。

2. 性别决定

性别的决定机制有性染色体理论和基因平衡理论两种解释。

（1）性染色体理论 性染色体上除了存在与性别决定无关的基因外，还存在性别决定基因，这种基因控制决定胚胎早期由原始生殖细胞组成的性原基分化发育。

哺乳动物（人和鼠）的 Y 染色体短臂上存在决定雄性的 DNA 片段，即性别决定区（sex-determining region of Y chromosome，SRY）。不同物种的哺乳动物的 SRY 基因片段，在 DNA 碱基序列长度和同源程度上存在差异。SRY 在胚胎发育的特定时期发出信息，使性原基的支持细胞向雄性方向分化。

（2）基因平衡理论 生物性别是受细胞核染色体上的雄性化基因系统与雌性化基因系统的平衡决定的。性别不仅由性染色体决定，还决定于性染色体和常染色体间的对比关系。雌性化基因系统位于 X 染色体上，雄性化基因系统位于常染色体和 Y 染色体上。在胚胎发育早期，性别发育具有双向分化的可能性，具体的性别发育方向决定于两类基因系统的力量对比。

总之，性别决定是受复杂的遗传和环境因素控制的。性染色体理论不能解释许多性别异常现象。基因平衡理论认为常染色体上含有与性别有关的基因，因此对雄性化（或雌性化）基因难以定位。

1. 伴性遗传

性染色体上非同源部分的基因伴随一定的性别而表现不同的性状，这种遗传方式称为伴性遗传（或性连锁遗传），此类性状叫做伴性性状。

在异配性别中，如 XY 型，X 染色体和 Y 染色体有一部分是同源的，该部分基因为等位基因，其所控制性状的遗传与常染色体的遗传规律相同，后代的性状分离与性别无关，这部分基因称为不完全伴性基因。另一部分是非同源的，该部分基因不能互为等位基因，Y 染色体非同源部分的基因称为全雄基因，X 染色体非同源部分的基因称为伴性基因。由于 Y 染色体非同源部分的基因少于 X 染色体非同源部分的基因，所以伴性遗传现象一般是指 X 染色体上非同源部分的基因群所控制的性状，如图 4 – 6。ZW 型的性染色体也同此情况。

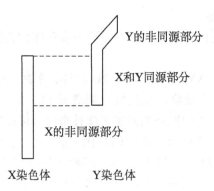

图 4 – 6　X 和 Y 的同源部分和非同源部分示意图

X 染色体在雄性的细胞中是成单存在的，其非同源部分的隐性基因也能表现作用，这一点与常染色体上基因不同。因此，伴性遗传具有不同于常染色体基因遗传的特点：性状分离比例在两性间不一致；正反交结果不一致。例如，家禽的羽色基因中，横斑基因（B）对非横斑基因（b）呈显性，是位于性染色体 Z 上的一对等位基因。如果用横斑羽色母鸡（ZBW）与双隐性的非横斑公鸡（ZbZb）杂交，则 F₁ 中横斑羽色（ZBZb）全部是公鸡，非横斑羽色（ZbW）全部是母鸡，据此可以在早期进行雏鸡的雌雄鉴别。家禽业已经广泛利用伴性遗传原理培育自别雌雄品种和品系。

2. 从性性状和限性性状的遗传

伴性性状是指由性染色体上的基因所控制的性状，雌雄个体都可以表现的遗传规律。从性性状是由常染色体所控制的，显隐关系受个体性别影响的性状，但正交和反交的结果相同。从性性状在雌性为显性，在雄性就为隐性，或者反之，此类性状的遗传即为从性遗传。例如，爱尔夏牛花斑的遗传表现从性遗传现象，爱尔夏红白花牛与褐白花牛杂交，无论正交还是反交，F₁ 中母牛为红白花、公牛为褐白花。若 F₁ 自交，则 F₂ 公牛和母牛的花斑分别出现 3∶1 分离比。在生产上，褐白母牛产出的红白犊牛必然是母的，绝不会是公的。

限性性状是指仅在某一性别表现的性状，控制这些性状的基因或处在常染色体上或处在性染色体上，此类性状的遗传即为限性遗传。限性性状一般为多基因控制决定的复杂的性状综合体，如泌乳性状、产蛋性状等；少数为单基因决定的简单的单位遗传性状，如公畜的隐睾症或单睾症。限性性状虽只为某一性别所具有，但另一性别也有控制该性状的基因。公牛不能泌乳、公鸡不能产蛋是由于受到机体结构的限制，但影响泌乳量和产蛋量的控制基因与母牛和母鸡是相同的。故在选种上绝对不能只重视表现该性状的雌性，而忽视不表现该性状的雄性，相反，雄性比雌性拥有数量更多的后代，应该给予相当的重视。

限性性状与性别有关，而性别是受基因和环境共同影响的一种表型，如果性别在环境影响下发生转变，与性别相关的限性性状也会发生改变。例如，母鸡发生性反转，变性为公鸡后就停止产蛋，并可与母鸡交配，但基因型不会相应地改变，产生与原来母鸡相同的配子。

单元三　变异

变异就是指同一生物类型（主要是同一物种）之间显著的或不显著的个体差异。生物的变异不仅表现在外部和内部构造上，而且表现在生物体的生理生化、新陈代谢及性格和本能等方面。

变异是生物界普遍存在的现象，是生物的共同特征之一。只有遗传物质的改变，才出现新的基因，形成新的基因型，产生新的表型，使生物适应各种环境条件。

一、变异的类型和原因

生物的变异一般分为以下几种类型。

1. 遗传的变异和不遗传的变异

遗传的变异是指由于生物个体遗传组成或基因发生改变而引起性状的变异，这种变异是能真实遗传的。例如，家畜毛色和抗病力的差异、家鸡的常羽和卷羽等都是由于等位基因不同引起的遗传的变异。遗传的变异是广泛存在的，如果没有遗传的变异，生物就不会进化。

不遗传的变异是指由于环境条件的改变而导致的生物变异。这种变异并没有引起遗传物质的相应改变，因而它是不能遗传的。不同营养条件下，动物的体高、体长不同；饲养于南方或北方的绵羊，其羊毛长度和密度是有差别的，这种变异往往只是在性状反应规范内的变异。这类变异是性状在一定范围内的差别。

2. 一定变异和不定变异

一定变异也称定向变异，是指同一种群的生物处在相似的条件下发生相似的变异。环境条件决定了变异的方向，例如，同一品种的水貂，饲养在北方的毛皮品质比饲养在南方的好。

不定变异也称不定向变异，是指同一群的生物处在相似的条件下发生不同的变异。环境条件并不决定变异的方向，例如，同一窝仔猪的体重大小常常有所不同。

生物的性状是遗传物质（或基因）和环境共同作用的结果。所以生物性状的变异来源于遗传物质的改变或环境条件的变异，二者之一发生变化，就会引起生物性状的变异。如果变异的原因是遗传的差异，那么变异是可遗传的；如果变异的原因是环境的差异，那么变异是不可遗传的。

虽然环境条件改变引起的变异是不可遗传的，但是遗传性的发挥则需要有一定的环境条件。例如，黄脚来航鸡虽然体内含有黄脚基因，但需要供给含黄色素的饲料才能表现出黄脚的性状；如果饲料中长期缺乏黄色素，则鸡脚的颜色就会逐渐变为白色；若重新供给含黄色素的饲料，鸡脚的黄色又能恢复。因此，在畜牧业生产中，必须重视培育良种，同时还要提供良好的饲养管理条件，才能充分发挥畜禽生产性能的遗传潜力。

遗传物质改变引起的变异是可遗传的。生物产生可遗传的变异有两种类型，即基因重组和突变。基因重组是通过有性杂交实现的一种普遍存在的遗传现象。突变是遗传物质内所发生的变化，广义的突变包括基因突变和染色体畸变。

生物性状的变异在生物个体发育过程中是不断发生的，即没有绝对不变的遗传物质，也不存在永久不变的环境条件。遗传和环境条件的稳定性都是相对的，而变异是绝对的，是普遍存在的现象。

二、染色体畸变

在细胞分裂过程中，染色体形态、结构和数量发生异常的改变，产生可遗传的变异，这种改变称为染色体畸变，包括染色体结构的变异和染色体数目的变异。染色体畸变虽然没有创造出新的基因，但也是生物产生遗传变异的重要因素。

性细胞减数分裂时，染色体在物理、化学或环境因素作用下发生断裂，断裂端的重新粘接或游离片段的丢失导致染色体上基因的反常排列，称为染色体结构的变异。依据染色体断裂的数目和位置，断裂端是否连接以及连接的方式，染色体结构的变异分为四种类型：缺失、易位、倒位和重复。

1. 缺失

缺失是指染色体发生断裂并丢失带有基因的断裂片段，丢失的游离片段一般没有着丝粒。缺失的遗传效应主要是破坏了原有基因的连锁关系，影响基因间的交换和重组，影响生物的正常发育和配子的生活力。

2. 易位

易位是指非同源染色体之间发生的染色体片段的转移。如果只是一个染色体的片段转移到另一个非同源染色体上，称为单向易位；如果非同源染色体互相交换染色体片段，称为相互易位。

3. 重复

重复是指染色体增加了与本身相同的某一片段。重复的产生主要由一对同源染色体彼此非对等的交换，通常一条染色体发生重复，另一条染色体就发生缺失。或者，在减数分裂中期，同源的两条染色单体于着丝粒处发生横向断裂，形成两条等臂的染色体，那么整条臂基因可能出现重复。

4. 倒位

倒位是指染色体上某一段发生断裂后，倒转180°又重新连接起来。倒位没有改变生物个体的基因总量，只是改变了基因序列和相邻基因的位置。因此，倒位的遗传效应表现为基因的位置效应及其所在连锁群重组率的改变。

生物所具有的染色体数目一般是恒定的。但是，由于内外环境因素的影响，物种的染色体数目可以发生改变，这种染色体数目发生不正常的变化称为染色体数目的变异。这种变化又可归纳为两种类型，即整倍体的变异和非整倍体的变异。

1. 整倍体的变异

整倍体变异是指细胞核中染色体以染色体组为单位成倍增减的现象。自然界中，多数物种是体细胞内含有两个完整染色体组的二倍体。遗传学上把一个配子的染色体数，称为染色体组（也称基因组）。凡是细胞核里含有染色体组的完整倍数，叫做整倍体。含有一个完整染色体组的叫单倍体（n），含有两个染色体组的叫二倍体（$2n$），含有三个染色体组的叫三倍体（$3n$），余此类推。自然界中绝大多数物种是二倍体。体细胞内含有超过三个染色体组的统称为多倍体。根据染色体组的性质来源，多倍体可分为两类：一类是来源相同并超过二个染色体组以上的称为同源多倍体，来源不同并超过二个染色体组的称为异源多倍体。多倍体的产生是由于体细胞分裂中只发生染色体分裂而不发生细胞分裂，或者不同倍数性配子受精而形成的。

2. 非整倍体的变异

非整倍体变异是指细胞核中染色体在正常体细胞的整倍染色体组的基础上，发生个别染色体增减的现象。通常以二倍体（$2n$）染色体数为基准，增加或减少了若干个染色体，染色体数目不是整倍数，所以叫非整倍体。例如，二倍体缺少一对同源染色体叫缺体（$2n-2$），二倍体的某对同源染色体多一条染色体叫三体（$2n+1$），两对同源染色体各多一条为双三体（$2n+1+1$）。

在整倍体变异中，三体是较普遍的一种类型。一般二倍体的生物都有三体型个体。在日本的荷斯坦牛、美国的瑞士褐牛等牛群中都发现过常染色体的三体的病例，皆伴有下颚不全的症状。

利用染色体结构的变异主要是诱发易位，而且转移所需要的显性性状的基因具有显著的效果。在家蚕育种上，曾以 X 射线处理蚕蛹，使其第 2 号染色体上载有斑纹基因的片段易位到决定雌性的 W 染色体上，成为限性遗传。因而该基因决定幼蚕的皮肤有斑纹为雌蚕，无斑纹为雄蚕。这样，可以做到早期鉴别雌雄，以便选择饲养，有利于提高蚕丝的产量和质量。

利用染色体数目变异的育种技术包括单倍体育种、多倍体育种和增减个别染色体，从而选育特殊的育种材料，在植物方面已广泛应用。中国利用多倍体育种方法，已培育出许多农作物新品种，如三倍体无籽西瓜、多倍体小黑麦等。在动物育种方面，有人应用秋水仙素处理青蛙、鲫鱼、鲤鱼、兔子等动物的性细胞，获得了三倍体个体，但它们往往不育。所以目前多倍体育种方法在家畜生产实践上还没有得到实际应用。

研究染色体畸变对诊断染色体病有重要意义。据报道，在西门塔尔牛、夏洛来牛、瑞典红白花牛中，已鉴定出 1/29 易位（即第 29 对染色体易位到第 1 对染色体上）。染色体易位的公牛常常生殖力下降。

三、基因突变

基因突变是指染色体上某一基因位点发生了化学结构的变化，使一个基因变为它的等位基因，也称为点突变。

一般认为，基因突变是由于内外因素引起基因内部的化学变化或位置效应的结果，也就是 DNA 分子结构的改变。染色体或基因在代谢过程中保持稳定主要是靠 DNA 的精确复制和 DNA 损伤的修复，但是任何遗传物质的损伤、碱基序列的改变都会导致基因突变。换句话说，基因是由染色体上一定位点的 DNA 分子所组成，如果 DNA 分子的任何一种核苷酸发生变化，或者碱基的位置发生变化（即所谓的位置效应），则以后的 DNA 分子将按改变的样板进行复制，于是形成了基因突变。

1. 按基因突变的起源分类

（1）自然突变 或称自发突变，是由外界的自然环境条件或者生物体内的生理生化过程中的理化因子所引起的基因突变。没有施加人为的诱变因素。例如，18 世纪在美国新莫兰地区的羊群中发现一只突变的腿短而且弯曲的公羊，用它培育出绵羊安康羊品种。无角海福特牛就是由突变的七头无角公牛和母牛培育而成的。

（2）诱发突变 也称为人工诱变，是人为地用诱变剂处理生物或细胞而诱发基因突变。实际上，自然突变与诱发突变没有本质上的区别。

2. 按突变基因的显隐关系分类

（1）显性突变 由隐性基因突变为显性基因的突变类型。例如，鸡的常羽（f）突变为卷羽（F）。

（2）隐性突变 由显性基因突变为隐性基因的突变类型。例如，犬的黑色被毛（R）突变为红毛（r）。

3. 按基因突变与野生型的关系分类

（1）正突变 也叫正向突变，是基因从野生型（指物种在自然界中多数个体的表型）转变为突变型的突变类型。如鸡群中胫骨发育正常突变成胫骨发育极短的葡匐鸡（显性性状），纯合体多数生后数日内死亡。

（2）反突变 也叫回复突变，是基因从突变型变为野生型的突变类型，是一种反向的突变过程。

4. 按发生基因突变的细胞种类分类

（1）性细胞突变 发生于性细胞的基因突变是能够遗传给下一代的，尤其是显性突变在后代就会完全表现出突变性状。如金鱼、家兔、鸡等许多家养动物的优良性状都是突变基因选育的结果。也有许多细胞突变的性状是致畸的，如无尾鸡、无毛鸡、猪的锁肛等。

（2）体细胞突变 这是广泛存在的一种基因突变。几乎所有身体的组织器官的细胞都可能发生突变，如果这些突变不能准确地修复就导致体细胞病，如恶性增殖、癌变等。

5. 按突变基因的致死程度分类

（1）致死突变 是指突变纯合体在胚胎期或出生后不久全部致死或 90% 以上死亡的突变。致死突变可以发生在常染色体上，也可以发生在性染色体上。显性致死在杂合态即有致死效应，而隐性致死则要在纯合态才有致死效应，在配子期、合子期、胚胎期、幼龄期或成年期都可发生致死作用。如猪的畸形足致死、鸡的先天性瘫痪等。

（2）半致死突变 一般是指突变基因纯合体死亡率较低（10%～50%）或是个体发育到性成熟以后才表现出致死性表型效应的一类基因突变。

6. 按突变基因的表型分类

（1）形态突变 是改变生物的形态结构，导致形状、大小、色泽等性状的突变。如安康羊比普通绵羊的四肢短，这类突变在外观上可看到，所以也叫可见突变。

（2）生化突变 是影响生物的代谢过程，导致一个特定的生化功能的改变或丧失，而没有形态变化的突变。

1. 基因突变的频率和时期

所谓基因突变频率是突变体占所观察的总个体数的比率，在遗传学上把能够表现突变性状的个体称为突变体。在正常的生长条件和环境中，基因突变的频率是很低的，也是相对稳定的。据估计，高等生物的基因突变频率为 $10^{-8} \sim 10^{-5}$，细菌和噬菌体的突变率为 $10^{-10} \sim 10^{-4}$。不同物种、同一物种的不同基因的突变频率是不同的。基因正突变的频率往往大于反突变的频率。有些 DNA 一级碱基序列的改变并不能引起基因的产物——蛋白质结构和功能的改变，这类基因突变称为湮没突变，基因这种突变的相对优势越高，则所能观察到的基因突变的表型效应越低。

突变可以发生在生物个体发育的任何时期。一般性细胞的突变频率大于体细胞的突变频率，这是因为性细胞在减数分裂的末期对外界环境条件具有较大的敏感性。性细胞突变可以通过受精而直接遗传给后代。

2. 引起基因突变的因素

（1）引起自然突变的因素 自然界温度骤变、宇宙线和化学污染等外界因素，生物体内或细胞内部某些新陈代谢的异常产物也是重要因素。

（2）引起诱发突变的因素 一是物理因素，包括电离辐射线（如 χ、γ、α 和 β 射线）、紫外线、激光、电子流及超声波等；二是化学因素，包括咖啡碱、甲醛、脱氨剂、烷化剂（如甲基磺酸乙酯、硫酸二乙酯、乙烯亚胺）、秋水仙素，还有能引起转录和转译错误的吖啶类染料等。

1. 突变的多方向性

基因突变是不定向的，可以向不同的方向发生。一个基因可以突变为一个以上的等位基因，例如基因 A 可以突变为等位基因 a1 或 a2、a3……等，且基因之间的生理功能和性状表现各不相同。因而，一个基因位点上可以有两个以上的基因状态存在，称为复等位基因，如人的 ABO 血型系统。基因突变的多方向性是生物进化多样性和复等位基因产生的理论基础，但基因的突变的多方向也是相对的，是受基因大小和内部结构制约的，只能在一定范围内发生，如兔的毛色基因（C）的突变，一般在色素范围内。

2. 突变的重演性

相同的突变可以在同一物种内不同个体间多次发生。例如，在有角海福特牛群同时发生几头无角突变体；短腿的安康羊绝种 50 年后，又在挪威一个羊群发现了短腿突变体。

3. 突变的可逆性

基因突变的过程是可逆的，但正突变和回复突变的频率是不同的。由于自然突变大多为隐性突变，故一般正突变的频率总是大于回复突变的频率。突变的可逆性说明基因突变是以基因内部化学组成的变化为基础的，DNA 分子中一个碱基的改变就可以导致一个基因发生突变，而不是遗传物质（如基因）的缺失，否则不可能发生回复突变。

4. 突变的平行性

亲缘关系较近的一些物种，由于遗传基础——基因组的相似性，往往发生相似的突变。如果发现一个物种有某种突变体，可以预见近缘的其他物种或属也可能发生类似的基因突变。这一点对人工诱变具有一定的指导意义。

5. 突变的有害性

突变对生物来说，绝大多数是有害的。因为物种的基因组构成和生物遗传稳定性是长期自然选择的结果，对环境的适应处于最稳定有利的状态。如果发生基因突变，必然破坏原有的基因平衡协调系统。由于突变基因重要性不同，对基因平衡的破坏程度也不同，引起发育和代谢过程的紊乱，表现为生活力、繁殖力下降，甚至死亡。例如，海福特牛群出现白化体侏儒症以及猪的阴囊疝、牛的多趾症等。

也有许多基因突变对生物和人类在一定条件下是有利的。有些突变能促进或加强某些生命活动，有利于生物生存，如作物的抗病性、早熟性和茎秆的矮化坚韧、抗倒伏以及微生物的抗药性等。有些突变虽对生物本身有害，而对人类却有利，如绵羊的短腿突变、牛的无角等。由此可见，基因突变是生物进化的多样性、自然选择和人工选择的源泉，生物种群繁衍产生新的适应的条件，是动物育种工作的理论基础。

诱变能提高突变率，产生新的性状而且性状又较为稳定，扩大变异幅度，可以缩短育种年限。因此，诱变在微生物和植物育种中作为一项常规育种技术广泛应用，而且已在生产上取得了显著成果。在动物方面，家畜家禽因身体结构复杂，生殖腺在体内保护较好，所以诱发突变比较困难。但对家蚕、兔、皮毛兽等的诱变有一定效果，如野生水貂只有棕色的皮毛，利用诱变使其毛色基因发生突变，产生了纯白色貂、灰褐色貂和宝石蓝貂等品种。

单元四　畜禽数量性状的遗传

动植物的许多经济性状往往都是数量性状。因此，研究数量性状的遗传方式及其机制，对于指导畜禽的育种实践，提高畜禽生产水平具有重要意义。

一、数量性状的一般特征

畜禽的性状可分为两大类，即质量性状和数量性状。质量性状是指能够用文字直接加以描述的一类不连续性变异的性状。性状的变异类型间存在明显区别，如猪的耳形、鸡的羽速等。质量性状是由单基因或简单的两对基因相互作用影响的遗传性状。

数量性状是指可以用数量表示的一类连续性变异的性状。性状的变异类型间无明显区别，只能以度量为识别手段，用数字来描绘变异的特性，如产奶量、日增重、产蛋量、饲料利用率等。

严格来讲，把生物的性状区分为质量性状和数量性状只是相对而言。因为区分性状的方法不同，或者用于杂交亲本间的相差基因对数不同，或者由于观察的层次不同，显示质量性状的遗传方式可能出现数量性状的一些特点。例如，牛的有角和无角、红白花和褐白花是质量性状，但牛角的长短、毛色的深浅又是数量性状。

（1）变异表现为连续性　数量性状只能用计量单位进行测量，其数量值是一系列呈正态分布的连续的变量，必须采用统计学方法加以分析。

（2）受微效多基因控制　数量性状是由许多遗传效果微小的基因决定的，这些基因的遗传行为仍符合遗传基本规律。

（3）对环境条件比较敏感　在不同环境因素下，控制数量性状的微效多基因表达的程度可能不同。因此，数量性状易受环境影响而出现一定变异，但这种变异不能遗传，如鸡的产蛋量很容易受饲料条件和饲养管理水平等因素的影响而改变。

①必须以群体作为研究对象来测定和分析数量性状的连续变异特征和规律。
②性状的表现必须进行测定或度量，以数字表示其变异情况。
③必须应用生物统计方法进行分析归纳。

二、数量性状的遗传基础

数量性状与其他生物性状一样，也受染色体上的基因控制，因此服从遗传的基本定律。但由于数量性状表现的特殊性，其遗传基础的解释不同于质量性状。

①数量性状是由大量的、效应微小而类似的基因控制，一般称为微效多基因。
②微效基因之间缺乏显隐性关系，其效应是累加的，所以微效基因又称加性基因。
③微效基因易受环境条件影响，难以识别个别基因的作用。
④由微效多基因决定的数量性状，易受环境影响，从而表现连续变异。

数量性状基因座也称数量性状基因位点（Quantitative trait loci，QTL），是指可定位的对数量性状有较大影响的基因座。它是影响数量性状的一个染色体片段，而不一定是一个单基因座，一般是影响特定性状的基因紧密连锁。通过数量性状与遗传标记的连锁分析，可以确定 QTL 在染色体上的位置。

生物个体遗传给代代的是基因，而不是基因型。因此，基因是世代相传的，而基因型则可能不是连续的。生物个体的遗传组成用基因型来表示，生物群体的遗传组成用基因型频率和基因频率表示。所以，基因频率和基因型频率是群体遗传结构的标志。

（1）基因频率　一个群体中某一等位基因的数量与占据同一基因座位的全部等位基因总数的比例。基因频率的取值范围在 0～1 之间，通常写成小数的形式，它是群体遗传特性的基本标志。同一基因座的全部等位基因的频率总和为 1。例如，某个基因座上只有一对等位基因 A 和 a，其基因频率分别为 p 和 q，则有 $p+q=1$。

（2）基因型频率　一个群体中某一性状的特定基因型的数量占该性状全部基因型总数的比例。基因型频率的取值范围在 0～1 之间，通常也写成小数的形式。同一基因座的所有基因型的频率总和为1。例如，某个基因座上只有一对等位基因 A 和 a，可形成三种基因型 AA、Aa 和 aa，且它们的频率分别为 D、H 和 R，则有 $D+H+R=1$。

（3）基因频率与基因型频率的关系　基因型由基因组成，基因频率的改变必然会引起基因型频率的改变。如果某个基因座上只有一对等位基因 A 和 a，其基因频率分别为 p 和 q，它们所形成三种基因型 AA、Aa 和 aa 的频率分别为 D、H 和 R。由于杂合子 Aa 所含的 A 和 a 的基因数分别为基因型 AA 和 aa 的一半，则：

$$p=D+1/2H, \quad q=1/2H+R$$

英国数学家哈代（Hardy）和德国医生温伯格（Weinberg）在 1908 年同时发表了有关基因频率和基因型频率的重要规律，即在一个随机交配的大群体中，如果没有影响基因频率变化的因素存在，则基因频率和基因型频率代代保持稳定。现称为哈代-温伯格定律（H-W 定律），或叫基因平衡定律。

1. 定律的要点

①在随机交配的大群体中，若没有影响基因频率变化的因素存在，群体的基因频率和基因型频率世代保持不变。

②任何一个大群体，无论其基因频率和基因型频率如何，只要经过一代的随机交配，一对常染色体基因型频率就达到平衡。若没有其他因素的影响，一直进行随机交配，这种平衡状态始终保持不变。

③平衡群体中，基因型频率和基因频率的关系为：

$$D=p^2, \quad H=2pq, \quad R=q^2$$

2. 定律的意义

基因平衡定律揭示了基因频率和基因型频率的遗传规律，说明了一个群体遗传特性保持相对稳定的原因，生物的遗传变异主要由于基因和基因型的差异。通过选择和杂交可以改变基因频率，从而可以改进群体的遗传性。改变基因频率是畜禽育种工作最主要的手段，但不是唯一的手段。

三、数量性状的遗传机制

1. 基因的多效性

基因仅仅是性状表现的基础，并不是一个基因控制一个性状。基因作用往往是多效性的，而控制一个性状的基因数目也很多，因此基因与性状的关系表现如下。

（1）多因一效　指多个基因控制一个性状的现象。许多基因控制一个性状，也就是说，一个性状经常受许多不同基因的影响。其中，对表现型影响较大的基因称为主基因；依赖于主基因的存在才能发生作用，并且影响主基因对表现型的作用程度，此类的基因称为修饰基因。

（2）一因多效　一个基因影响多个性状的现象。

2. 基因的相互作用

控制数量性状的微效多基因，根据个体间基因型差异及其所引起的遗传效应可分为加性效应和非加性效应。

（1）加性效应（A） 由基因间（等位基因与非等位基因间）累加效应所导致的个体间遗传效应差异。累加作用是指当两种显性基因同时存在时，产生一种性状，单独存在时分别表现出两种相似的性状。基因的加性效应使杂种个体表现为中间遗传现象。

（2）非加性效应（R） 基因的非加性效应是造成杂种优势的原因，包括显性效应和上位效应。

显性效应（D）是指等位基因间相互作用导致的个体间遗传效应差异，通常存在于杂合子之中，不能被固定。

上位效应（I）是指非等位基因间相互作用所导致的个体间遗传效应差异。在影响同一性状的两对基因互作时，其中一对（或一对中的一个）基因抑制或掩盖了另一对非等位基因的作用，这种不同对基因间的抑制或掩盖作用即为上位作用。上位效应存在特定的基因型之中，不能被固定。

基因一般都同时具有加性效应，又有非加性效应。以加性效应为主的基因所控制的性状，通常遗传力较高，纯种选育效果较好；以非加性效应基因控制的性状，一般杂交改良效果较好，杂交时杂种优势明显。杂种优势是由于基因的非加性效应造成的，随着基因的纯合杂种的优势逐渐消退，很难通过选育工作将其固定下来。

任何一个数量性状的表现都是遗传和环境共同作用的结果，所以，性状的表型值（P）可剖分为遗传因素（G）和环境因素（E）两部分。即

$$P = G + E$$

环境效应（E）部分进一步剖分为母体效应 m（指母体在产前、产后对后代的环境影响）、父体效应 p（指父体对后代的环境影响）以及随机环境效应 e 三个部分。上述公式可表示为：

$$P = G + (m + p + e)$$

在一个大群体中，环境对个体的作用方向可正、可负，正负抵消后，其总和为零。所以：

$$\sum P = \sum G$$

说明群体平均数反映了群体的遗传水平。

由于基因实际上存在有三种不同的效应，即基因加性效应、显性效应和上位效应。在遗传关系上，亲本基因效应中能稳定遗传给后代的只有加性效应部分，而显性效应和上位效应只存在于特定的基因型组合中，不能稳定遗传。因此，将基因型值剖分为育种值、显性效应偏差值和上位效应偏差值三个部分。

$$G = A + D + I$$

遗传效应部分包括：一部分是能遗传的基因加性效应，而且在育种工作中能够保持下来，称为育种值（A）；另一部分是基因的显性效应和上位效应，虽然也是由于遗传原因造成的，但都不能保持，显性效应中有分离，上位效应中有重组，所以这两种遗传效应在群体中不能被固定，可同环境效应一起称为剩余值（R）。这样，表型值可剖分为：

$$P = A + E = A + (D + I + E) = A + R$$

如果采用方差作为各项变异的度量，且遗传和环境之间没有相关时，则有：

$$V_P = V_A + V_R$$

可以看出，表型值是数量性状的表现形式，育种值才是遗传的实质。但我们能观察和度量的只是性状的表型值，虽然它是表面现象，却是估计育种值的唯一依据。

四、数量性状的遗传参数

在数量性状的遗传分析和育种实践中，广泛使用的遗传参数有遗传力、重复率和遗传相关。

1. 概念

遗传力是用来估计亲代某一性状的变异遗传给子代的能力。后代的性状形成主要取决于基因型和环境作用，遗传变异占总变异（表型变异）的比率，用以度量遗传因素与环境因素对性状形成的影响程度，是对杂种后代性状进行选择的重要指标。遗传力有广义遗传力和狭义遗传力之分，一般用 H^2 和 h^2 表示。

（1）广义遗传力（H^2）：指数量性状的基因型方差占表型方差的比例。即

$$H^2 = V_G / V_P$$

说明该数量性状的表型值受遗传因素影响而改变的决定程度。由于广义遗传力包含基因间互作，对于育种工作是较难控制的，所以，广义遗传力应用的意义不大。

（2）狭义遗传力（h^2）：指数量性状的育种方差占表型方差的比例。即

$$h^2 = V_A / V_P$$

说明在数量性状的表型方差中有多少是由基因的加性效应所决定的，也就是育种值对表型值的决定程度。由于育种中只有加性效应值，即育种值能在后代中固定，因此，在实践中常用狭义的遗传力来代替广义的遗传力，一般情况下所说的遗传力就是指狭义遗传力（h^2）。

遗传力数值愈大，说明这个性状传给子代的传递能力就越强，受环境的影响也就越小，选择的效果就较大。反之，遗传力数值愈小，说明这个性状传给子代的传递能力就越小，受环境的影响也就越大，选择的效果就较小。根据性状遗传力值的大小，可将其大致划分为三等，即 0.3 以上者为高遗传力；0.1 ~ 0.3 之间为中等遗传力；0.1 以下为低遗传力。

2. 应用

遗传力揭示了数量性状遗传变异的内在规律，是数量性状最重要的遗传参数，具有重要的理论和实践意义。

（1）选择繁育方法　遗传力高的数量性状，由于上下代个体间相关大，选择优秀的亲代较容易获得良好的子代，所以，采用优良品种纯种繁育。而遗传力低的性状一般采用经济杂交利用后代杂种优势，或者引入外来优良基因提高这类性状较为有效。

（2）确定选种方法　对于高遗传力的数量性状采用个体选择，即选优秀个体就可以达到选种目的。而对于遗传力低的性状采用家系选择或合并选择。

（3）预测遗传进展　畜禽性状受遗传和环境因素双重影响，因此后代个体均值与亲代群体均值存在差异，这个差异称为选择差（S）。选择差是留种个体所具有的表型优势，并不能全部遗传给后代，能够遗传给后代的部分称为选择反应（R），即 $R = Sh^2$。选择反应

是性状向育种目标方向改进的程度，代表了被留种个体所具有的杂种优势。

遗传进展（L）是选择反应的年改进量，即 $L = R/G$。其中 G 为世代间隔，指畜禽繁殖一个世代所需要的时间，一般是后代出生时父母的平均年龄。

（4）制定综合选择指数 当同时进行两个以上性状的选择时，要确定综合选择指数，选留综合选择指数高的个体。而综合指数的确定要根据选种目标、性状的经济重要性以及 h^2 高低等项指标，每一性状给以适当的加权，这样有利于全面考虑选择效益。

（5）估计种畜育种值 在育种工作中，根据育种值高低选留种畜最有效，遗传力是估计种畜育种值的重要参数。

1. 概念

许多数量性状在同一个体是可以多次度量的，为了准确估计一个个体的生产力，经常需要多次重复度量。所谓重复率就是衡量某一数量性状在同一个体多次度量值之间的相关程度的指标。

重复率是表型方差中遗传方差和一般环境方差所占的比率。对一个个体而言，其合子一经形成，基因型就完全固定了，因而所有的基因效应都对该个体所有性状产生终身影响，遗传方差（V_G）也就固定不变了。环境方差可分为一般环境方差和特殊环境方差。所谓一般环境方差（V_{Eg}），是指由时间上持久的或空间上非局部的条件所造成的环境方差。如乳牛在生长发育期间营养不良、发育受阻，对生产力的影响是永久性的。一般环境方差虽不属遗传因素，但能影响个体终生的生产性能，因此可以和遗传效应合并作为永久方差。

所谓特殊环境方差（V_{Es}）是指由暂时的或局部的条件所造成的环境方差，也就是个体内度量间的方差。如暂时的饲养条件变换，造成产量下降，当条件改善时，产量即可恢复正常。特殊环境方差反映了记录度量间的随机漂移，必须从个体的总表型方差中分离出去。

于是环境方差剖分为：$V_E = V_{Eg} + V_{Es}$。则重复率是遗传方差加上一般环境方差占表型总方差的比率。即

$$r_e = \frac{V_G + V_{Eg}}{V_P}$$

2. 应用

重复率的度量可以正确地估计畜禽个体终生的生产性能，所以是一个非常重要的遗传参数。

（1）确定性状应该度量的次数 重复率反映的是性状在同一个体多次度量值之间的相关系数。重复率高的性状可以根据少数几次度量结果进行选种，重复率低的性状需要根据多次度量结果进行判断。

（2）验证遗传力的准确性 重复率取决于所有的基因型效应，而且取决于持久性环境效应，这两部分之和必然高于基因加性效应，因而重复率是遗传力的上限。因此，如果遗传力估计值高于同一性状的重复率估计值，则一般说明遗传力估计有误。

（3）预测真实的生产力 在重复率比较大的情况下，一头有很多次度量记录的家畜，多次度量值平均数可以代表这头家畜的真实生产力。没有记录的家畜的真实生产力就是它

所在群体的平均表型值。

1. 概念

动物体是统一的整体，机体的各个性状之间存在着或多或少的关联，这种关联同遗传基础有关，称为性状间遗传相关，具体是指同一个体不同性状育种值间的相关系数。造成性状间的相关性的原因，首先是由于基因的多效性，即一个基因有两个或两个以上的表型效应，因而表现出了性状间的遗传相关；其次，在不同基因间有较紧密的连锁时，性状间出现遗传相关较大。

计算遗传相关的方法是方差分析，主要有两种：由亲子关系和由同胞关系估测性状间的遗传相关。

2. 应用

遗传相关在数量遗传中具有重要的理论和实践意义。

（1）间接选择　指不能对一个性状作直接选择或直接选择效果差时，借助于与之有密切遗传相关的另一性状进行选择，从而达到对该性状选择的目的。

（2）多性状选择　在选择上另一个应用是相关性状间综合选择指数的建立，遗传相关是多性状选择的重要依据。

（3）不同环境下的选择　遗传相关可用于比较不同环境条件下的选择效果。不同性状间可以估计遗传相关，而且同一性状在不同环境下的表现也可以作为不同的性状来估计遗传相关。如果相关高，则说明两种环境下的表现可认为是同一性状，由相同的基因控制；相反，如果相关很低，则说明控制这两种环境下性状表现的基因已有所不同。

五、杂交与近交

由于交配方式和亲本遗传基础的差异，畜禽等动物的繁殖会不同程度地改变个体或群体的遗传组成。

在遗传学上，相同基因型的交配叫同型交配，反之是异型交配。杂交是两个基因型不同的纯合子之间的异型交配，其子代全部是杂合子。近交是基因型完全或不完全的同型交配。

近交与杂交是一对遗传效应相反的事件。近交是一定概率的同型交配，杂交则是一定概率的异型交配。

1. 近交使基因型纯合，杂交使基因型杂合

近交是完全或不完全的同型交配。因此，纯合子间的同型交配，所产生的子代全部都是纯合子；杂合子间的同型交配，子代就有分化，就一对基因而论，只有50%的子代是纯合子。杂交是纯合子间的异型交配，其子代必然全部为杂合子。因此，杂交肯定使基因型杂合。

2. 近交降低群体均值，杂交提高群体均值

一个数量性状的基因型值由基因的加性效应值和非加性效应值两部分组成。在非加性效应中，除一小部分上位效应存在于纯合子以外，显性效应和上位效应都存在于杂合子中。因此，非加性效应值可以大致地称为杂合效应值。随着群体中杂合子频率的降低，群体的平均杂合效应值也就降低。所以近交既能增高纯合子的频率，也能减低杂合子的频率，因而也就能降低群体均值。反之，杂交能增高杂合子的频率，提高群体均值。这一点是近交衰退和杂种优势的主要原因之一。

3. 近交使群体分化，杂交使群体一致

近交能使个体的基因型趋向纯合，同时使群体发生分化。经过近交，杂合子的频率逐代减少，最后趋于 0；纯合子的频率逐代增加，因而整个群体最后分化成几个不同的纯合系。因此，系内差异缩小，系间差异加大。

杂交能使个体的基因型杂合，却使群体趋向一致。经过杂交，杂合子的频率增加，也就是增加了相互之间没有差异的杂合子在群体中的比率，从而加大了群体的一致性。如果杂交双方是两个纯系，F_1 就全部都是杂合子，群体就达到了完全一致。

两个遗传组成不同的亲本杂交，F_1 的某一数量性状超过双亲均值的现象，叫做杂种优势。这种优势可以表现在生活力、繁殖力、抗逆性以及产量和品质上。

1. 杂种优势的理论

杂种优势产生的理论主要有两种学说，即显性学说和超显性学说。显性学说（显性基因互补假说）认为，杂种是通过显性有利基因掩盖与其相对的隐性有害基因的作用而产生优势，因此杂种优势表现为接近或等于显性纯合体。但没有考虑多基因间的累加作用和互补作用，不能解释 F_1 高于最优亲本的现象。

超显性学说（等位基因异质假说）认为，杂种优势是由于非等基因间和杂合态等位基因间的相互作用，远远大于纯合态等位基因的作用，致使杂种远远高于最优亲本，所以称为超显性现象。但没有考虑等位基因间的显隐关系在杂种优势中的作用。

2. 杂种优势的特点

①杂种优势不是一两个性状表现突出，而是许多性状都优于双亲，但优势程度不同。

②杂种优势的大小取决于双亲性状间基因频率的差异和互补，也与亲本基因型的纯合程度、环境条件的优劣有密切关系。杂种基因型的高度杂合是产生杂种优势的重要条件和根源，只有纯化亲本，提高亲本基因型的纯合度，才能获得明显的杂种优势。

③F_1 表现杂种优势，F_2 由于基因的分离重组，出现优势衰退现象。

3. 杂种优势的利用

杂种优势的大小与双亲的遗传差异直接相关。近交只能改变基因型频率，不能改变基因频率，不能在群体间造成基因频率的差异；选择虽能改变基因频率，但由于难以区分杂合子和纯合子，因而也很难将杂合子全部淘汰掉。只有近交加选择才能提高一个基因的频率，同时又降低其等位基因的频率，从而加大群体间基因频率差异。因此，在经济杂交过程中，首先做好近交加选择的工作，尽快加大两个亲本群体基因频率的差异，再经过杂交，以产生最大的杂种优势。杂种优势已经广泛应用于猪、鸡等畜禽的生产。

技能考核项目

1. 说出纯合体与杂合体、显性性状与隐性性状的区别。
2. 说出伴性遗传在养鸡业上的应用。

3. 说出数量性状与质量性状的区别。

复习思考题

一、名词解释

伴性遗传　复等位基因　基因型频率　数量性状　狭义遗传力　杂种优势　数量性状　质量性状

二、判断题

1. 减数第二次分裂主要是同源染色体分离，实现染色体数目减少一半。
2. 伴性遗传基因位于性染色体上非同源部分。
3. 自由组合定律是同源染色体的等位基因及其所控制性状的遗传规律。
4. 遗传相关可以预测真实的生产力。
5. 杂种优势的大小与基因频率有关，与基因型频率无关。

三、简答题

1. 说明有丝分裂与减数分裂的区别。
2. 说明基因、DNA 和染色体之间的关系。
3. 基因分离规律的遗传现象及验证。
4. 计算自由组合规律的分离比例。
5. 连锁与交换规律的实质。
6. 简述基因突变原因及其一般特征。
7. 染色体畸变的类型。
8. 数量性状的特点及其遗传基础。
9. 如何对数量性状的遗传变异进行剖分。

四、论述题

1. 论述近交与杂交在杂种优势利用中的应用方法。
2. 简述数量性状的主要遗传参数及其作用。

项目五　现代动物育种技术

【知识目标】
了解品种与动物生长发育的规律，了解现代动物育种技术。

【技能目标】
掌握品种的概念、分类。

【链接】
家畜选种的方法。

【拓展】
现代动物育种技术。

单元一　品种与动物生长发育的规律

一、品种的概念

品种培育是畜牧业的主要任务之一，品种的好坏关系到生产力的高低与经济效益的实现，畜牧生产发达国家均对品种工作非常重视。

物种：牛、马、羊、猪、鸡等为不同的动物物种。

种：自然选择的产物。种间的差别主要表现在生物学特性（形态构造、生理机能和发育特征等）方面的不同。

品种：是畜牧学上的概念，它是各个动物物种内由于人工选择形成的具有某种特殊生产用途的动物群体。

品种间的差异，主要表现在经济特性（生产性能、繁殖力、适应性和饲养效率等）方面的不同。只有家畜才分品种，是畜牧生产中一种生产工具。家畜品种的好坏，直接影响畜牧业的生产水平。优良的品种，不但在相似的条件能生产更多更好的畜产品，而且还可大大提高畜牧业的劳动生产率。品种的好坏，是相对而言的，一般说，只要生产性能好，遗传性稳定，种用价值高，适应性强的品种，都可称为好品种。一般来讲，品种必须具备以下条件。

（1）具有较高的经济价值　即具有一致的生产力方向，较高的生产力水平，这是品种存在的首要条件。随着社会经济需要的改变，其生产力和生产水平亦可发生相应的变化。

（2）来源相同　即凡属于同一品种的家畜必须有其共同的祖先，血缘来源基本相同，遗传基础亦基本相似。例如，新疆毛肉兼用细毛羊的共同祖先是哈萨克羊、蒙古羊、高加索羊和泊列考斯羊等四个品种。

（3）性状相似　首先，作为综合性状的适应性应相似，即对自然条件和社会经济条件有相似的要求。因为任何品种均是在一定的自然条件和社会经济条件下育成的，对该种条件均有良好的适应性，畜禽品种只有在其相应的生活条件下才能良好地表现。一个畜禽品种在外貌特征、体型结构、生理机能、经济性状（生产力方向、水平）上很相似，从而构成该品种的特征，并很容易和其他品种相区别。这是由于它们的培育条件与选育目标相同之故。

（4）遗传性稳定，种用价值高　即必须能将其优良性状、典型的品种特征遗传给后代，并能有效地杂交改良低产品种，体现出品种的种用价值或育种价值。当然，品种的遗传稳定性只是相对的，它的保持与发展依靠人工选择作用，否则品种的优良性状就难以保持与发展。此外，品种内的变异是品种存在与发展所必需的，通常可通过品系繁育把品种内变异系统化，也可采用杂交等手段人为创造品种内变异。

（5）一定的结构　所谓品种结构，就是指一个品种内，因所处生态条件、饲养管理水平、育种手段和方法等不同，而形成的若干个既具有该品种共同特点又各具特色的类群，这种类群间的差异反映出品种内的遗传变异。品种内存在这些各具特点的类群，就是品种的异质性。正是由于这种异质性，才能使一个品种在纯种繁育时，还能继续发展、改进和提高。因此，在一个品种内创造和保持一些各具特点的类群，是完全必要的。

品种内类群按形成原因可分为3种类型：①地方类型，即由于品种分布地区各种条件的不同和地理性隔离所造成的若干互有差异的类群；②育种场类型，即由于在畜牧场饲养管理条件和育种方法不同所形成的不同类型，又称育种类型；③品系与品族，即在同一育种场内，按特定的选育目标有计划地选育而成的各具特点的类群。

（6）足够的数量　数量是质量的保证。品种内的个体数量多，才能扩大分布地区，使品种具有较广泛的适应性；才能保持品种旺盛的生命力；才能进行合理的选配，而不致被迫近交，导致品种毁灭。一般认为：鸡20万只以上，牛马5 000头（匹），猪10万头以上，可达到数量要求。

（7）经过鉴定　通过国家有关部门鉴定后，发给品种证书。

二、影响品种形成的因素

家畜品种的形成，最初是在不同生态条件下，由人们进行无意识的选育而逐渐形成的，故形成速度很慢，而且质量也较差。后来，人类在漫长的历史发展中积累了选育经验，逐步加速了品种形成过程，其质量也不断提高。因此，在家畜品种形成过程中，其主导因素是人类的劳动，即由人类需要所决定的对家畜的饲养管理和育种工作。除此而外，还受下列两个重要客观因素的制约。

此为首要的影响因素。因为在不同的社会发展阶段，人们的需要不同，生产力水平不同，对家畜的饲养管理和育种工作水平亦不同。品种必然随着社会的发展而不断提高。

在原始社会，人们的需要简单而有限，主要是要求解决吃的问题。由于当时生产力水平很低，人们无力显著改变家畜品质，故未能分化出什么品种。以后，随着社会的发展，人们的需要日益增多，生产力也不断提高，畜牧业日益发展，对家畜的饲养管理和育种工作日趋精细和完善，从而促进了家畜品种的形成。到封建社会，畜牧业比较发达。例如，由于军事的需要，促进了养马业的发展。中国的蒙古马和国外的阿拉伯马，都是这个时期的产物。稍后，乳酪制造业和毛纺业的发展，又促进了荷兰牛和美利奴羊等品种的形成。

自然条件对品种的形成虽不起主导作用，但有重要影响。因为它不易改变，对家畜的作用比较恒定而持久，对品种特性的形成有深刻而全面的影响。例如，在干燥炎热地区只能形成轻型马品种，而在气候湿润、饲料丰富的地区才能形成重挽马的品种。因此，可以说每个品种都打上了它原产地自然条件的标记，都很好地适应于原产地的环境变化。自然因素中，温度、湿度和降水量、海拔、地势和光照等因素共同构成自然条件，并同时作用于家畜机体，对家畜特性形成发挥重要作用。

三、品种的分类

品种有成百上千个，为了很好掌握各类品种的特性，正确地选择和利用它们，一般根据其培育程度和生产力性质进行分类。

根据培育程度，可以把家畜的品种分为原始品种、培育品种和过渡品种。

（1）原始品种　它是在畜牧生产水平较低、饲养管理和繁育技术水平不高、自然选择作用仍较大的历史条件下所形成的品种。原始品种的主要特点是：体小晚熟；体质结实，体格协调匀称；各种性状稳定整齐，个体间差异小；生产力低，但全面；对当地的气候条件和饲草料条件等自然条件具有良好的适应性和抗逆性。原始品种是培育新品种的来源和基因库，要有计划地加以保留，以保持生物的多样性。

（2）培育品种　它是人们在明确的目标下选择和培育出来的品种，生产性能和饲料报酬都较高，适应的生态范围也比较广，对畜牧业生产力的提高起着重要作用，如荷斯坦奶牛、长白猪、澳洲美利奴羊等都属这类品种。

培育品种的主要特点是：①生产力高，比较专门化。如绵羊有肉用的萨福克羊，毛用的美利奴羊，羔皮用的卡拉库尔羊，乳用的东佛里生羊等。②分布地区广。这是因为它的生产性能好，易于推广。③品种结构复杂。一般来说，培育品种除地方类型和育种场类型外，还有许多专门化品系。④育种价值高。当它与其他品种杂交时，能起到改良作用。⑤这类品种对饲养管理条件和繁育技术水平要求都较高。

（3）过渡品种　有些品种既不够培育品种的水平，但又比原始的培育程度要高一些，人们就称这类品种为过渡品种。它是原始品种经过培育品种的改良而成或是人工选育的地方类型。同一品种，由于分布地区条件的不同，形成若干个互有差异的不同类型，就叫育种场类型。例如，中国美利奴羊，在吉林的查干花、内蒙古的嘎达苏、新疆的巩乃斯和新疆军垦农场，就各具一格，各成一型。

按家畜的生产力类型，可将品种分为专用品种和兼用品种两大类。

（1）专用品种　又称专门化品种，这类品种具有一种主要生产用途。它是由于人类的长期选择与培育，使品种的某些特征、特性获得了显著发展，或某些器官产生了突出的变化，从而出现了专门的生产力。如牛可分为乳用品种（黑白花牛）和肉用品种（海福特牛）。

（2）兼用品种　又称综合品种，它具有两种或两种以上生产用途。属于这些品种的有两种情况：一种是在农业生产水平较低的情况下所形成的原始品种，它们的生产力虽然全面但较低；另一种是专门培育的兼用品种，如毛肉兼用细毛品种（新疆细毛羊）、肉乳兼用品种牛（短角牛）、蛋肉兼用品种鸡（洛岛红鸡）。

四、动物生长发育的规律

生长和发育是两个不同的概念。生长是家畜达到体成熟前体重的增加，即细胞数目的增加和组织器官体积的增大，它是以细胞分裂增殖为基础的量变过程。而发育则是家畜达到体成熟前体态结构的发育和各种机能的完善，即各组织器官的分化和形成，它是以细胞分化为基础的质变过程。

生产中常用定期称量体重和测量体尺的方法来了解家畜的生长发育情况。称重和体尺测量的时间因畜种和用途不同而异。称量体重，一般分初生、断乳、初配、成年几个时期进行测定。称重就是利用各种称量用具如盘秤、磅秤、地秤等来称量家畜的体重，体尺测量就是利用测杖和卷尺等器械来量取家畜的体高、体长、胸围、管围等体尺数值。这些体尺的测量方法如下。

（1）体高（鬐甲高）　是由鬐甲顶点至地面的垂直高度。

（2）体长（体斜长）　是由肩端到臀端的直线距离。猪的身长则是由两耳连线的中点沿着背线量至尾根的距离。

（3）胸围　是沿着肩甲软骨后缘量取胸部的垂直周径。

（4）管围　是左前肢管部最细处的周径。

所测体重和体尺的原始数据，除应统计出平均数、标准差和变异系数外，还应按下列几项分别加以计算和分析。

1. 生长测定

（1）累积生长　任何一次所测的体重和体尺，都是代表该家畜在测定以前生长发育的累积结果，称为累积生长。

（2）绝对生长　利用一定时间内的增长量来代表家畜的生长速度，称为绝对生长。例如，一个月内的平均日增重。计算公式为：

$$绝对生长 = （末重 - 始重）/所经过的时间$$

（3）相对生长　利用增长量与原来体重的比率来代表家畜在一定时间内的生长强度，称为相对生长。不同年龄的家畜在同一时间内很可能生长速度相同，但生长强度并不完全一致，肯定是原来年龄小体重轻的个体，其生长强度较大。生长强度以幼年家畜为最高，随年龄增长而迅速下降。计算公式为：

$$相对生长 = （末重 - 始重）/始重 \times 100\%$$

（4）生长系数　它是用末重与始重直接相比来说明家畜生长强度的一种指标。其公式为：

$$生长系数 = 末重/始重 \times 100\%$$

2. 体尺指数

体尺测量所得的数值只能说明一个部位的生长发育情况，而不能说明家畜的体态结构。为此，有必要计算体尺指数，用以说明家畜各部位发育的相互关系和比例。常用的体尺指数及其计算方法如下：

（1）体长指数　用体长与体高相比来表示体长与体高的相对发育程度。公式为：

$$体长指数 = 体长/体高 \times 100\%$$

如果胚胎期发育受阻，则体高生长较小，因而使体长指数加大；如生后发育受阻，则体长指数减小。在正常情况下，由于生后体长比体高增长为大，故指数随年龄而增大。

（2）胸围指数　用胸围与体高相比来表示体躯的相对发育程度。其公式为：

$$胸围指数 = 胸围/体高 \times 100\%$$

由于家畜在生后胸围的增长远比体高为大，故该指数随年龄而增大。

（3）管围指数　用管围与体高相比来表示骨骼的相对发育程度。其公式为：

$$管围指数 = 管围/体高 \times 100\%$$

由于管骨的粗度在生后生长较多，故该指数随年龄而增大。

（4）体躯指数　用胸围和体长相比来表示体躯的相对发育程度。其公式为：

$$体躯指数 = 胸围/体长 \times 100\%$$

由于胸围和体长在生后的生长均较快，故该指数随年龄增长变化不显著。

1. 生长发育的阶段性

动物生长发育的全过程，明显分为胚胎期和生后期。胚胎期是从受精卵开始到出生时为止，此期又分为胚体期和胎儿期。胚体期是由结合子形成到胚盘固定时为止，此期长短约为整个胚胎期的1/4。胎儿期是由胎儿形成到出生，此期生长极快，初生重的3/4约在后期长成。因营养需要量急剧增加，若营养不足则易造成生前生长发育受阻。

生后期可分为4个时期：

（1）哺乳期　由初生到断乳时为止。此期特点是生长发育快，条件反射相继形成，增重及适应能力不断提高，末期由哺乳渐变为采食植物性饲料。

（2）育成期　从断乳到初配时为止。此期增重还处于上升阶段，期末体重能达50%～70%。体躯结构渐趋于固定，生殖器官发育成熟，有配种受胎能力。

（3）成年期　由参加配种繁殖到衰老。此期体躯完全定形，各种性能完善，生产性能最高，性活动最旺盛，增重停止，遗传性稳定。

（4）衰老期　各种机能开始衰退，代谢水平降低，生产力下降。

2. 生长发育的不平衡性

成畜不是幼畜的放大，幼畜也不是成畜的缩影。在同一时期，机体各部位及各组织之间，并不是按相同比例来增长，而是有先后快慢之分，这就是不平衡性。

（1）骨骼生长的不平衡性　动物全身骨骼可分为体轴骨（躯干骨）和外周骨（四肢骨）。出生前四肢骨生长明显占优势，故初生时四条腿特别长，尤其是后肢；出生后不久，转而为轴骨生长强烈，四肢骨的生长强度开始明显下降，故成年时体躯变长、变深和变宽，四肢相对变粗变短。体轴骨生长的顺序是由前向后依次转移；而四肢骨则是由下而上依次转移，这种生长强度有顺序地依次变换的现象叫做"生长波"，而最后长的部分则叫

"生长中心"。马、牛、羊等草食动物的荐部和骨盆部是两个生长波汇合的部位，是生长中心，它的最高生长强度出现得最晚，是全身最晚熟的部位，但这一部位又是全身出肉最多、肉质最好的地方，如果在强烈生长时期发育受阻，则将使后躯变得尖窄而斜，无疑要影响产肉量。

（2）外形部位生长的不平衡性　外型变化与全身骨骼生长顺序密切相关。马、牛、羊、骆驼初生幼畜的外型特点是，头大腿长躯干短，胸浅背窄荐部高，毛短皮松，骨多肉少；而成年时则躯干变长，胸深而宽，四脚相对较短，各部位变得协调匀称，肌肉与脂肪增多。幼畜从小到大是先长高后加长，最后变得深宽，体重加大，肉脂增多。幼畜和成畜出现外形差别的原因主要是由于骨骼生长的不平衡性所致。

（3）体重增长的不平衡性　各种动物体重的相对增长，胚胎期远远超过出生以后。以牛为例，其受精卵重仅为 0.5 mg，初生重为 35 kg，即体重加倍次数 26.06；成年时体重为 500 kg，即生长到成年时体重的加倍次数仅为 3.84。不同畜种和品种的动物，绝对增重最高峰出现的时间不同。

（4）组织器官生长的不平衡性　不同组织发育快慢的先后顺序是，先骨骼和皮肤，而后肌肉和脂肪。幼龄动物的皮肤宽松，皱褶较多；肌肉的变化是随年龄增长而增多，肌纤维变粗，肌束变大，肉色变深，蛋白质增多，水分减少；脂肪则在发育成熟后才大量沉积，顺序是先肠油和板油（膘厚），最后沉积在肌纤维之间。

3. 发育受阻及其补偿

动物在生长发育过程中，由于饲养管理不良或其他原因，引起某些组织器官和部位直到成年后还显得很不协调，这种现象叫做发育受阻或发育不全。各部位发育受阻的程度与其生长强度呈正比，与其生物学意义呈反比。即该阶段生长强度最大的部分如遇不良条件，受阻程度最大，那些维持生命和繁殖后代的重要器官，则受阻程度相对较小。发育受阻的类型可分为 3 种：胚胎型、幼稚型、综合型。

五、影响生长发育的主要因素

家畜胚胎的大小既取决于胎儿本身的基因组合，也受母体效应的影响。例如荷斯坦牛的初生重就比娟姗牛大 35%；当利用不同品种进行杂交时，一代杂种的初月重大致为两亲本的平均数。家畜的性成熟期也受遗传因素的影响，如我国海南岛的文昌猪，其 3 ~ 4 个月龄公猪已能产生成熟的精子并能配种，而巴克夏猪则在 6 ~ 7 个月龄时才能达到这个阶段。

母体大小和胚胎发育呈正相关，例如母马与公驴杂交所生的骡子就比公马与母驴杂交所生的骡子大得多。

在多胎家畜中，每窝的胎儿数量、胎儿在子宫角内着生的位置，都会使个体的生长发育受到影响，产仔数愈多，初生重也就愈小。

只有合理和全价的营养水平，才能使家畜各种经济性状的发育达到遗传的上限。

多数畜禽雄性的生长速度较快，体型、体重较大。如牛和羊的初生重，一般公犊（羔）较母犊（羔）大约重5％。

在工厂化集约化大群饲养畜禽的情况下，环境因素如温度、湿度、光照等影响畜禽的生长发育，进行有效的环境控制可促进其生长发育。

单元二　选种

一、选种的基本原理

从畜群中选择出优良的个体作为种用叫选种。选种使品质较差个体的繁殖后代受到限制，使优秀个体得到更多的繁殖机会，产生更多的优良仔畜，结果使群体的遗传结构发生定向变化，即有利基因的频率增加，不利基因的频率减少，最终使有利基因纯合个体的比例逐代增多。任何动物的育种都需要选种，没有选种，也就没有畜群改良。当今世界上所有动物良种，无一不是人类长期选择和培育的结果，选种具有很大的创造性作用。

（1）遗传力　是指在整个表型变异中可遗传的变异所占的百分数，一般用符号 h^2 来表示。一般认为遗传力在 0.4 以上的性状是高的，$0.2 \sim 0.4$ 为中等，0.2 以下为低遗传力。遗传力一方面直接影响选择反应，如高遗传力性状的选择反应要比低遗传力的性状大很多；另一方面也影响选择的准确性，如遗传力愈高的性状，表型选择的准确性也愈大。

（2）选择差与选择强度　选择差就是所选种畜某一性状的表型平均数与畜群该性状的表型平均数之差（从公式 $R = h^2 \times S$ 可以看出，R（选择反应）值既受遗传力直接影响，也与 S（选择差）值的大小密切相关。必须指出，在影响选择反应的 2 个因素中，只有选择差是可由人来调节和控制的。选择差的大小决定于畜群的留种比率和变异程度。留种率越小，性状在畜群中的变异程度越大，则选择差越大，选择的收效也越大。为了便于比较分析，可将选择差标准化，即除以该性状表型值的标准差（以 σ 代表），所得结果叫选择强度（以 i 代表）。用公式表示：$i = S/\sigma$；$R = i \sigma h^2$。在育种工作中，根据所选性状的遗传力和标准差，结合查从小样本中选择时的选择强度表找出与留种比率相应的选择强度，即可预测选择反应。

（3）世代间隔　它以双亲产生种用子女时的平均年龄来计算，即从这一代到 F_1 代所需的平均年数以猪为例。让公、母猪都在 8 月龄时配种，并在头胎仔猪中留种，则种用仔猪出生时的公、母猪双亲年龄都是 $8 + 4 = 12$ 个月。世代间隔（GI）＝ $(1 + 1)$ /2 ＝ 1 年。如从第 3 胎开始留种，则 GI 延长为 2 年。假如连续选择 4 年，则前者可得 4 代种用仔猪，而后者只能得 2 代；当每世代的遗传改进量相同时，当然 4 年内选 4 代的改良速度要比只选 2 代快 1 倍。由于育种需要若干世代，并且不同畜群的成熟和种用年限不同，所以需要根据平均世代间隔计算每年改进量。为了缩短世代间隔，可以考虑提前配种、头胎留种和减少老畜在畜群的比例等。

（4）性状间相关　表型相关是反映同一动物两个性状之间的相互联系，可以根据观测到的表型值进行估计。遗传相关是表示一头动物的这一性状与其后代的另一性状之间的相互联系。需要进行一代或数代选择才能作出估计。两种相关的数值都在 -1 和 +1 之间。数值前面冠以"正"、"负"和"无"表示相关的性质，而以"强"、"中"和"弱"表示相关程度。选择最关心的是遗传相关，因为只有这一部分才是可以遗传的。

（5）选择性状的数目　现以单一性状的反应为1，则同时选择几个性状时，每个性状的反应只有 $1/n^{1/2}$。如果同时选择 4 个性状，则每个性状的进展只相当于单项选择时 $1/4^{1/2}$ = 0.5。所以选择时一定要突出重点，不是什么性状都同时一起选。

从选择理论的讨论中我们认识到，在一个育种方案中，当其他的育种措施，诸如选择强度、世代间隔等保持相对稳定时，如何提高选择的准确性，就成了育种者所需要着力解决的关键问题。无论是对家畜进行单性状的选择，还是多性状的选择，各种选择方法的宗旨都是尽可能充分地利用现有的有亲属关系的生产性能记录或信息，力争最准确地选择种畜。在个体出生前的选择只能利用其祖先等亲属的资料；个体出生后有了本身的记录时，则以个体为主，再结合亲属的资料进行选择；当个体有了后代时，则其后代的性能记录就成了最重要的信息来源，必要时再结合个体本身和亲属的资料，使选择更为准确。

1. 单性状选择的基本方法

在单性状选择中，除个体本身的表型值以外，最重要的信息来源就是个体所在家系的遗传基础，即家系平均数。因此，在探讨单性状选择方法时，就是从个体表型值和家系均值出发。经典的动物育种学将单性状的选择方法划分为 4 种，即个体选择、家系选择、家系内选择和合并选择。下面我们就分别讨论 4 种选择方法的要点。

（1）个体选择　也称为大群选择，只是根据个体本身性状的表型值选择，不仅简单易行，而且在性状遗传力较高时，采用个体选择是有效的，可望获得一定的遗传进展，因此在不太严格的育种方案中往往使用这一选择方法。

（2）家系选择　以整个家系为一个选择单位，只根据家系均值的大小决定个体的去留。对于繁殖力低的畜种，例如牛只能采用半同胞家系；而在繁殖力高的畜种选择时，例如，猪和鸡则可使用全同胞家系。

（3）家系内选择　在稳定的群体结构下，不考虑家系均值的大小，只根据个体表型值与家系均值的偏差来选择，在每个家系中选择超过家系均值最多的个体留种。家系内选择主要应用于群体规模较小，家系数量较少，既不希望过多地丢失基因，又不希望近交系数增量过快，而且性状遗传力偏低，家系内表型相关较大时。因此，家系内选择的使用价值主要体现于小群体内选配、扩繁和小群保种方案中。

（4）合并选择　考虑到前 3 种选择方法的优缺点，采取同时使用家系均数和家系内偏差 2 种信息来源的策略，根据性状遗传力和家系内表型相关，分别给予 2 种信息以不同的加权，合并为一个指数 1，依据这个指数进行的选择，其选择的准确性高于以上各选择方法，因此可获得理想的遗传进展。

2. 多性状选择的基本方法

影响畜牧生产效率的家畜经济性状是多方面的，而且各性状间往往存在着不同程度的遗传相关。因此，如果在对种畜进行选择时，只进行单性状的选择，例如对奶牛仅进行产奶量的选择，尽管在这个性状上可能会很快得到改进，但由于它与某些性状间的负相关，例如奶牛的乳脂率和乳蛋白率与产奶量间就存在着遗传负相关，单一选择会导致其他性状变坏，即出现"负进展"。为此，在制定育种方案时，应以获得最大的育种效益为目标，即考虑家畜多个重要的经济性状，实施多性状选择。传统的多性状选择方法有3种，即顺序选择法、独立淘汰法和指数选择法。

（1）顺序选择法　又称单项选择法，它是指对计划选择的多个性状逐一选择和改进，每个性状选择一个或数个世代，待这个性状得到满意的选择效果后，就停止对这个性状的选择，再选第二个性状，然后再选择第三个性状，等等，顺序递选。以奶牛为例，若需对其产奶量、乳蛋白率和乳房炎抗病力3个性状进行改进，按照单项选择法的原则，先至少用2~3个世代时间选择产奶量，然后再对乳蛋白率进行2~3个世代的选择，最后再选乳房炎抗病力。这种选择方法显然不理想，家畜的世代间隔一般较长，要想使所有重要的经济性状都有很大改善则需要很长的时间。

（2）独立淘汰法　也称独立水平法，将所要选择的家畜生产性状各确定一个选择界限，例如，种猪选择时，对日增重、饲料转化率和背膘厚3个重要性状分别制定一个选择标准，凡是要留种的家畜个体，必须同时超过各性状的选择标准。如果有一项低于标准，不管其他性状优劣程度如何，均予淘汰。显然独立淘汰法同时考虑了多个性状的选择，肯定优于顺序选择法。但这种方法不可避免地容易将那些在大多数性状上表现十分突出，而仅在个别性状上有所不足的家畜淘汰掉。然而，在各性状上都表现平平的个体反倒有可能保留下来。

（3）指数选择法　将所涉及的各性状，根据它们的遗传基础和经济重要性，分别给予适当的加权，然后综合到一个指数中，个体的选择不再依据个别性状表现的好坏，而仅依据这个综合指数的大小。这个指导思想与独立淘汰法正好相反，它是按照一个非独立的选择标准确定种畜的选留。指数选择可以将候选个体在各性状上的优点和缺点综合考虑，并用经济指标表示个体的综合遗传素质。因此，这种指数选择法具有最高的选择效果，是迄今在家畜育种中应用最为广泛的选择方法。

综合选择指数的制定是考虑了各目标性状的遗传变异及其相互间的遗传相关，按照其经济重要性分别予以适当的加权，综合为一个以权值为单位的指数，这个指数与个体的综合育种价值有最紧密的相关。因此，可以依据这个综合选择指数进行种畜的遗传评定和选择。指数选择法在理论上是比较完善的，选择效率也高于其他方法。

单元三　选配

对于两性动物，无论父本还是母本都只通过各自所产生的配子为下一代提供一半遗传物质，从而使下一代的基因型及其遗传效应并不简单等于父本或者母本，而是既受父本、母本各自影响，又受二者间的互作影响。所以，要想取得理想的下一代，不仅需要通过选种技术选出育种价值高的亲本，还要特别注重亲本间的交配体制，即亲本间的交配组合。

一、选配的意义和作用

选配就是有明确目的地决定公、母畜的配偶。选种选出了优秀的公、母种畜，但它们交配所生的后代品质有很大差异，其原因不是遗传性不稳定，就是后代未得到相应的环境条件，或是公、母双方缺乏适宜的亲和力，所以选配的任务就是要尽可能选择亲和力好的公、母畜来配种。

选配的作用在于：①能创造新的变异，为培育新的理想型创造了条件。②能加快遗传性的稳定。如使性状相似的公、母畜相配若干代后，基因型即趋于纯合，遗传性也就稳定下来。③能把握变异的大方向。选配可使有益变异固定下来，经过长期继代选育后，有益性状就会突出表现出来，形成一个新的品种或品系。

选配分为个体选配和种群选配两大类。在个体选配中，按品质不同，又分为同质选配和异质选配两种。按亲缘远近不同又分为近交和远交两种。在种群选配中，按种群特性不同可分为纯种繁育和杂交繁育两种。

二、品质选配

动物的品质包括一般品质（如体质外形、生产性能及产品质量等）和遗传品质（如育种值的高低）按交配双方品质的异同，可分为同质选配和异质选配两种。

同质选配就是选用性状相同、性能表现一致或育种值相似的优秀公、母畜来配种，以期获得与亲代品质相似的优秀后代。如高产牛配高产牛、超细毛羊配超细毛羊等。此法对遗传力高的性状，以一个性状为主进行选配，效果较好。同质选配的优点是，使畜群逐渐趋于同质化。

在育种实践当中，同质选配主要用于下列几种情况：①群体当中一旦出现理想类型，通过同质交配使其纯合固定下来并扩大其在群体中的数量。②通过同质交配使群体分化成为各具特点而且纯合的亚群。③同质交配加上选择得到性能优越而又同质的群体。

异质选配即表型不同的选配。有两种情况：一种是选用具有不同优异性状的公、母畜相配，以期获得兼有双亲不同优点的后代；另一种是选择相同性状但优劣程度不同的公、母畜相配，即以优改劣，以期后代有较大的改进和提高。异质选配多属中间型遗传，其结果是把极端性状平均一下。异质选配和同质选配都是相对的，不能截然分开。

在育种实践当中，异质选配主要用于下列几种情况：①用好改坏，用优改劣。例如有些高产母畜，只在某一性状上表现不好，就可以选在这个性状上特别优异的公畜与之交配，给后代引入一些合意的基因，使其表型优良。②综合双亲的优良特性，提高下一代的适应性和生产性能。③丰富后代的遗传基础，并为创造新的遗传类型奠定基础。

异质选配所存在的问题与同质选配一样，即判断基因型比较困难，并只能针对少量性状进行。

三、亲缘选配

亲缘选配即考虑交配双方亲缘关系远近的一种选配。交配双方有较近亲缘关系的叫近亲交配，简称近交；反之则叫远亲交配，简称远交。

亲缘关系是指 2 个个体在双方系谱中，7 代之内有共同祖先，及共同祖先出现代数的远近和数量多少而言，出现的代数越近、数量越多，则亲缘关系也越近。表明亲缘关系程度（近交程度）的方法有：①罗马数字表示法；②近交系数计算法；③畜群近交程度计算法等。

近交主要有下列几种用途：①固定优良性状。近交使优良性状的基因型纯化，能使优良性状确实地遗传给后代，很少发生分化，同质选配也有纯化和固定遗传性的类似作用，但不如近交的速度快而全面。②揭露有害基因，由于近交使基因型趋于纯合，有害基因暴露机会增多，因而可以早期将有害性状的个体淘汰。③保持优良个体的血统。④提高畜群的同质性。近交使基因纯合的另一结果是造成畜群分化，但经过选择，却可达到畜群提纯的目的。

由于近交而表现的繁殖力减退，死胎和畸形增多，生活力下降，适应性变差，体质变弱，生长较慢，生产力降低等叫近交衰退。为防止近交衰退出现，除正确运用近交、严格掌握近交程度和时间以外，还应采用以下措施：①严格淘汰。坚决把那些不合理想要求、生产力低、体质弱、繁殖力差等有衰退迹象的个体淘汰掉。②加强饲养管理，如果能满足近交后代对饲养管理条件要求高的需要，衰退现象则可缓解。③血缘更新。近交一、二代后，为防止不良影响过多积累，可从外单位引进一些同类型但无亲缘关系的种公畜或冷冻精液，来进行血缘更新。④做好选配工作，适当多留种公畜，使每代近交系数的增量维持在 3% ~4% ，就不会有显著有害后果。

近交是获得稳定遗传性的一种高效方法，育种中不可不用。但在具体应用时，应切实做好以下几点：①需有明确的近交目的。②灵活运用各种近交形式。③控制近交的速度和时间。④一定要严格选择那些体质结实、外形健康正常的个体才可继续近交。

四、种群选配

种群选配就是根据与配双方是属于相同的还是不同的种群而进行的选配。因为使用相同品系或品种个体，和使用不同品系或品种的个体，以及使用不同种或属的个体相配，其后果是不大相同的。所以，为了更好地进行育种工作，除要进行个体选配外，还要合理而巧妙地进行种群选配，这样才能更好地组合后代的基因型，塑造更符合人们理想要求的畜群，或者利用其杂种优势。

种群选配分为纯种繁育与杂交繁育两大类。纯种繁育是使品种内的个体相配，目的是促使更多的成对基因纯合。而杂交繁育则是使品种间的个体相配，目的是促使各对基因的杂合性增加。

基因的纯合与杂合是同一遗传现象的矛盾两极，它们互为依存，相互促进，只有亲本种群愈纯，才能使杂交双方基因频率的差愈大，所得杂种优势也才更突出。总之，无论何时何地何畜，都必须执行"本品种选育与杂交改良并举"的方针。

杂交方法很多，但可做以下分类：按种群远近的不同可分为系间杂交、品种间杂交、种间杂交和属间杂交等。按杂交目的的不同，可分为经济杂交、改良杂交和育成杂交等。按杂交方式的不同，可分为简单杂交、复杂杂交、引入杂交、级进杂交、轮回杂交和双杂交等。

单元四　现代畜禽育种方法

一、本品种选育

本品种选育是指在本品种内部通过选种、选配、品系繁育、改善培育条件等措施，以提高品种性能的一种方法。

本品种选育的基本任务是保持和发展一个品种的优良特性，增加品种内优良个体的比重，克服该品种的某些缺陷，达到保持品种纯度和提高整个品种的目的。

本品种选育的基本措施如下：

（1）制定严密的选育计划　中国地方品种一般数量多、分布广，进行选育之前应详细了解所选品种的主要性能、优缺点、数量、分布和形成历史条件等，然后确定选育方向，拟定选育目标，制定选育计划。

（2）建立良种繁育体系　良种繁育体系一般可由育种场、良种繁殖场和一般的繁殖场三级组成。育种场建立选育核心群，种畜由产区经普查鉴定选出，并在场内按科学配方合理饲养和进行幼畜培育，在此基础上实行严格的选种选配，品系繁育、近交，后裔测验、同胞测验等细致的育种工作。通过系统的选育工作，培育出大批优良的纯种公、母畜，分期分批推广，装备下一级良种繁殖场。良种繁殖场的主要任务是扩大繁育良种，供应繁殖饲养场或专业户的种畜。

（3）健全性能测定制度和严格选种选配　育种群的种畜都应按全国统一的有关技术规定，及时、准确地做好性能测定工作，建立健全的种畜档案。选种时应针对每一品种的具体情况，突出重点，集中几个主要性状进行选择，以加大选择强度；选配方面，应根据本品种选育的不同要求，采取不同方式，在育种场的核心群中，为了建立品系或纯化，可以采用不同程度的近交。在良种产区或一般繁殖群中，则应避免近交。

（4）科学饲养与合理培育　良种还需要良养，只有在比较适宜的饲养管理条件下，良种才有可能发挥其高产性能。因此，在开展本品种选育时，应把加强饲草饲料基地建设，改善饲养管理，进行合理培育放在重要地位。

（5）开展品系繁育　品系繁育是加快选育进度的一种有效方法。实践证明，不论是原来的品种，还是新育成的品种，采用品系繁育都可较快地取得预期效果。在开展品系繁育时，应根据不同类型的品种特点及育种群、育种场地等具体条件，采用不同的建系方法。

二、品系繁育

1. 品系的概念

品系是品种的结构单位，既符合该品种的一般要求，而又有其独特优点，品系通常有狭义和广义之分。

（1）狭义的品系　是指来源于同一头卓越的系祖，并且有与系祖类似的体质和生产力的种用高产畜群；同时这些畜群也都符合该品种的基本方向。狭义的品系通常称为单系，即从单一系祖建立的品系。

（2）广义的品系　是指一些具有突出优点，并能将这此优点相对稳定遗传下去的种畜群。广义品系不强调血统，而是着重突出生产性能及其遗传的稳定性。

2. 品系的分类

（1）地方品系　是指地方品种内部的具有不同突出特点的、遗传性稳定的类群。我国的很多地方品种，都有地方品系。如太湖猪包括分布于金山、松江一带的枫径猪，分布于嘉定一带的梅山猪；分布于武进、江阴一带的花脸猪等。

（2）单系（也称系祖系）　是以一头杰出的系祖发展起来的品系。其建系过程远比地方品系的形成快，建系过程中只突出一两个重点性状，常采用较高程度或中等程度的近交，故其特点相对比较稳定，遗传优势较强，育种价值较高，但持久性不如地方品系。

（3）近交系　采用连续高度近交的方式所形成的品系，近交系数达到 27.5% 以上。近交系的建立，因使用高度近交，往往会导致明显的衰退，因而成本较高。近交系在家禽，特别是鸡的杂种优势利用中已取得很大成功。

（4）群系　是以优秀个体组成的群体进行闭锁繁育所形成的具有突出优点的品系，其特点是群体比较稳定，生活力较强。

（5）合成系　是以两个或两个以上的品种或品系，通过杂交选育而建立的品系。其特点是生产性能高，育成快，不追求外形的一致，而重点突出经济性状；多用于特定品系配套杂交，后代具有明显的杂种优势。

（6）专门化品系　凡具有某方面突出优点，并专门用于某配套杂交的品系称之为专门化品系。通常将专门化品系分为专门化父本品系和专门化母本品系。专门化品系配套杂交产生的商品代杂优畜禽，具有生产性能高、产品规格整齐一致等特点，适合集约化或工厂化生产。

1. 系祖建系法

（1）选择系祖　系祖最好是公畜，并经过后裔测定证明为优秀个体，其某一性状性能突出，其他性状符合育种目标，同时必须具有较高的遗传力。在实际挑选中，允许系祖有轻微的、通过预料可以消除的缺点。

（2）选育继承者　要巩固系祖的优秀特点，必须加强系祖后代的选择与培育，选择最优秀的个体作为继承者。主要继承者可以有 1~4 个，其中一旦出现显著超越系祖的优秀个体，就可确立为新系祖，建立新系。

（3）重复选配　重复选配是系祖建系法的一个重要选配原则，凡是与系祖或系祖继承者交配、后裔成绩优良的成功配对，应尽可能地重复选配。

系祖建系法简单易行，群体规模小，性状容易固定；但其缺点是优秀系祖不易获得，系祖的理想继承者难以培育出来，围绕系祖选配易产生近交衰退，且品系育成后不易持久。

2. 近交建系法

（1）建立基础群　基础群的公畜数不宜太多，公畜间力求彼此同质并具有一定的亲缘关系，最好是后裔测定证明的优秀个体；母畜数越多越好，且应来自经过生产性能测定的同一家系。

（2）高度近交　利用亲子、全同胞或半同胞交配，使优良性状的基因迅速纯合，以达到建系目的；当出现近交衰退现象，则应暂时停止高度近交。

（3）合理选择　选择时最初几个世代以追求基因的纯合为目的，不宜过分强调生产力，仅淘汰严重衰退的个体。近交系由于要求近交系数在 37.35% 以上（有些国家甚至要求达 50%），往往产生大量的近交衰退个体，必须大量淘汰，耗资较大。

3. 群体继代选育法

（1）选集基础群　选集基础群主要是选集优良性状的基因，公、母畜只要有所需的基因即可入选；所选性状一般为 2~3 个，宜精而不宜多，用综合选择指数进行选择；为使基础群有广泛的遗传性，要求个体最好不是近交个体；公、母畜间最好无亲缘关系，至少公畜间无亲缘关系；基础群的数量要根据实际条件而定，一般认为，猪每世代应有 10 头公猪，100 头母猪。

（2）闭锁繁育　基础群选集好后，群体闭锁繁育，只允许基础群中的公、母畜交配，不得再引进种畜；后备种畜都要从基础群的后代中选留，至少持续 4~6 世代，直到该品系建立。

（3）加强选配　选配方式依据基础群大小和选配技术而定，当基础群较小，选配的技术差时，宜实行随机交配；相反可实行个体选配加近交的形式；一般认为品系建成后近交系数应达 10%~15%。

（4）严格选留　后代要在同样条件下选留，以增加世代间的可比性；多留精选，以提高选种的准确性；尽可能各家系都有选留，以免近交程度太高，缩短世代间隔，以加快遗传进展。

群体继代选育法的优点是世代周转快，便于遗传改进量的积累；世代不重迭，便于世代间的比较；育种群规模可大可小，适于一般牧场规模；方法简便易行，技术水平高低均可。缺点是种畜利用年限短，不能彻底了解其品质；小群闭锁，遗传基础狭窄；每代都要大量更新、大量留种，选择强度受到限制；采用随机交配，基因的传递虽较均匀，但稳定性不大。

三、杂交育种

杂交不但可以用于育成杂交培育新品种，还可用来对现有品种加以遗传改良。根据原有品种的实际情况，可以采用引入杂交或改良杂交的方法。

引入杂文也叫导入杂交，它是在一个品种或者品群基本上能够满足国民经济的要求，但还有某种重要缺点，或者在主要经济性状方向需在短期内提高时采用的杂交方式，其目的在于改良畜群中的某种缺陷，但有意保留它的其他特征或特性。

1. 引入杂交的方法　引入杂交是利用改良品种的公畜和被改良品种的母畜杂交一次，然后选用优良的杂种公、母畜与被改良品种回交，回交一次获得含有 1/4 改良品种血统的杂种；此时若已合乎理想要求，即可对该杂种家畜进行自群繁育，重新固定其遗传基础；如回交一次所获种未能很好表现被改良品种的主要特征特性，则可再回交一次，把改良品种的血统含量降低到1/8，然后开始自群繁育。

2. 引入杂交注意事项

（1）慎重选择引入品种　引入品种要求生产力方向与原来品种基本相同，有针对原来品种缺点的显著优点，且适应性较强。

（2）严格选择引入的公畜或精液　要求引入的公畜具有针对原来品种缺点的显著优点，且这一优点可以稳定地遗传给后代，引入公畜最好经后裔测定证明为优秀公畜。

（3）引入外血量要适当　一般引入外血量为1/8～1/4，外血过多不利于保持原来品种的特性，外血过少不能解决根本问题。

（4）加强原来品种和各代杂种的选育　这是引入杂交是否成功的关键，因为在引入杂交中，原来品种的重要性最大，而且只有各代杂种充分表现引入品种的优良性状，引入杂交才能成功，因此应加强原来品种和各代杂种的选育。

改良杂交又称级进杂交，它是用优良的培育品种，彻底改善本地品种生产力低、生产方向不理想、生长慢、成熟晚等缺点的一种最有效的方法。

1. 改良杂交的应用

改良杂交主要应用于以下几个方面：

（1）改变家畜的生产力方向，尽快获得大量某种用途的家畜　例如，由粗毛羊改为细毛羊；将脂肪型猪变为瘦肉型猪等。

（2）尽快提高家畜的某种生产性能　例如，用优良高产奶牛改良当地土种牛以提高产奶量。

（3）获得大量既适应性强又生产力高的家畜　在条件比较艰苦的地方，可以用生产性能良好的品种与适应当地恶劣条件而生产性能差的品种进行改良杂交，以获得生产力高且适应性强的杂种。

（4）通过改良杂交而育成新品种等　改良杂交进行到一定程度，可以将高代杂种并入改良品种，或者将优秀的公、母畜横交固定，创造出新品种。

2. 改良杂交注意事项

（1）明确改良目标

（2）选择适宜的改良品种　选择改良品种时要考虑当地自然经济条件以及品种区域规划，根据有关品种的特性和特点做好判断。

（3）选择优秀的公畜　所用改良品种的公畜必须具有稳定的遗传性。同时，为避免近交，所引公畜应有一定的头数。

（4）合理确定杂交代数　杂交代数的多少与改良目标有关，关系到杂交的成败，一般3～5代即可。如要改变生产力方向或育成新品种，杂交代数可高些，如果只是获得大量既适应性强又生产力高的家畜，则以2～3代为宜。

（5）做好必要的培育工作　对各代杂种应进行严格选留，并注意加强饲养管理。

单元五　动物品种资源保存及利用

一、家畜品种资源的特征

保护家畜品种资源与保持群体的基因多样化有着密切关系，两者都属于家畜遗传资源的范畴并且都是未来家畜育种事业的物质基础，但二者的具体内容又有所不同，保护家畜品种资源的实质是保护现有家畜品种的份数以及由特定基因型或特定基因组合体系所体现的优良特征和特性。而保持群体基因多样化的实质是保持家畜群体中所拥有的基因种类数。家畜品种资源具有以下特征。

（1）可恢复性　即家畜品种的固有优良特征特性可通过扩大畜群规模，建立核心群，基因重组来恢复，特别是在各个畜种的基因图谱绘制成功以后，这个问题就更容易解决。

（2）可选择性　家畜品种中的固有优良特征特性，特别是数量性状，在不改变原品种特征基础上，可通过选择来进一步提高生产畜产品的数量与质量。

（3）可耗竭性　家畜品种资源可随着群体中基因资源的耗竭而消失，一旦缺乏相应的基因，群体中固有的优良特性也将随之而消失。

二、保护家畜品种资源的重要性

保护家畜品种资源与保护基因多样化一样，对于未来家畜育种事业都具有以下重要意义。

（1）家畜品种资源是人类生物资源的一个重要组成部分　无论在过去，还是未来，家畜品种资源的保护是保证畜牧业生产持续稳定发展的重要措施，家畜中大批品种的泯灭或者畜种的消失都将直接危及社会经济的发展和人类生活。

（2）家畜品种资源是世界民族历史的重要组成部分　在人类开始驯养野生动物以来至今的大约一万年间，从野生动物到家畜的演变，群体在家养条件下的进化以及从物种中分离出的若干品种，都是以人工选择为中心的育种活动，也是许多世代、许多民族在不同的自然条件、社会条件及经济技术背景下，培育出的具有明显的地域特征和历史遗痕的地方品种或类群，反映了不同时代民族文化的印记。

（3）固有地方品种蕴藏着进一步改进现代流行品种的基因资源　目前在全球范围分布较广的少数畜禽优良品种，虽然其生产力较高，但其遗传内容相对贫乏，尤其缺乏适应生态环境变迁和社会需求发生改变的遗传潜力。地方品种目前虽然生产力相对较低，但却有改进现代流行品种所需要的基因资源，用其作为培育新品种或杂交生产的亲本，具有重要的价值。

（4）人类社会对畜产品的消费方式不是一成不变的　例如，半个世纪以前，肉用家畜的贮脂力是普遍公认的有利性状，动物育种学家们就花费大量的时间对猪的背膘厚进行选择，育出了一大批脂用型猪品种，但进入 20 世纪 60 年代以后，人们的饮食习惯发生了改变，即由过去喜好吃肥肉变为喜好吃瘦肉。

三、中国家畜品种资源优势与危机

中国是世界上畜禽品种资源最为丰富的国家之一，现有的家畜品种不仅是我国劳动人民数千年来辛勤培育的产物，而且在很大程度上反映了我国劳动人民的文化智慧，是历史的活化石。

（1）品种资源份数多　特别是固有地方品种数量，是全球之最。在我国的432个品种中，地方品种占到88%以上，这说明我国在未来家畜育种事业中具有丰富的育种素材。

（2）品种起源系统的多元化　中国的马、牛、绵羊、鸭和鹅在物种层次上的起源都是多元的，中国猪起源于6~8个野猪亚种，同时在我国境内猪、绵羊、山羊、耗牛、双峰驼、鸡、鸭、鹅8个畜禽种与自然生态条件下的野生种并存。

（3）多样化的生态类型　我国南北、东西气候差异较大，不同的品种对不同的生态类型具有不同的适应性，如：生长在海拔4 000 m左右严寒少氧高原上的耗牛，是世界独特的牛种；对高海拔沼泽草甸地区高度适应的河曲马；善走山坡、跋涉沼泽地带及干旱沟壑地区的小型山羊；等等。这些品种特征为不同区域不同饲养条件下饲料资源的充分利用和新品种的培育奠定了良好的基础。

（4）多样化的生产力类型　我国有许多品种以其独特的遗传性状和经济价值著称于世。例如，具有高繁殖率的太湖猪、济宁青山羊、小尾寒羊；世界著名的裘皮产品宁夏滩羊和中卫山羊；高产绒量的辽宁绒山羊；家鸡中有适宜药用的乌鸡系统；家猪中有专供腌制优质火腿的金华猪和烧烤用的巴马香猪；家鸭中有适合于生产鲜蛋的金定鸭，用于制作腌蛋的高邮鸭，用于烧烤的北京鸭，以产肥肝为主的建昌鸭。这些品种的优良特征是国外品种所不具有的。

进入21世纪以来，全球畜禽品种资源日趋贫乏，发达国家的注意力集中在发展为数甚少的几个专门化高产品种，发展中国家则大量引入发达国家的某些高产品种来改良本国生产力低下的固有地方品种，结果使原有的地方品种资源日趋减少，有的品种甚至面临消亡或已灭绝。据国外报道，欧洲南部7个国家（葡萄牙、西班牙、法国、意大利、前南斯拉夫、希腊及土耳其）原有的38个绵羊品种中，目前尚维持现状的仅13个，数量锐减已成为稀有品种的有7个，濒危或绝迹的品种达18个。在过去100年间，全球有450多个地方牛品种绝迹，70多个绵羊品种绝种或濒临灭绝，15个山羊品种处于濒危状态。

就我国而言，原有主要畜种的432个品种中有158个由于规模锐减已丧失了原有的育种潜力，有32个品种在目前技术条件下已不能作为品种来加以挽救，或者已绝种。就畜种来论，大多数近代育成的马品种和约1/2的固有马品种以及黄河中下游流域著名的大型驴品种已难以维持自群繁育所需的群体规模。水牛、山羊、家鸭其品种起源系统、生态类型、生产力类型具有多样化，是目前保持较好的畜禽种。耗牛、双峰驼、家鹅、瘤头鸭、驯鹿的种质资源没有受到外来品种的冲击，基本上都保持了原有的品种特征、特性。绵羊中许多独特的生态类型，特别是一些农区品种正在消失，目前处于品种资源危机的畜种当属牛、鸡、猪。据有关人士粗略估计，黄牛49个固有品种中有20个数量锐减，已严重的破坏了原有的品种结构，限制了育种效率，甚至危及品种的保持，其中荡脚牛、邓川牛等

5 个品种已濒临灭绝。家鸡 60 个固有品种中的 26 个，9 个近代育成品种中的 3 个正在急速衰落，其中浦东鸡、北京油鸡等 8 个品种已濒临灭绝。家猪 76 个固有品种中 28 个数量持续下降，其中民猪、八眉猪、定县猪、福州黑猪等 10 个品种已濒临灭绝，12 个育成品种数量也在急速衰减。由以上可见，不论国内外，全球性的家畜品种资源危机已向人类敲响了警钟。

四、保种的方法与途径

保存优良品种，可以采用常规保种法和现代生物技术保种法。常规保种法可以采取划定保护地，建立保护群，采用各家系等量留种和防止近交的一系列措施。现代生物技术保种法可以采用超低温冷冻保存精子、胚胎等措施，将来可望利用克隆技术挽救濒临灭绝的物种。

五、动物品种遗传资源的利用

家畜遗传资源的保存最终都是为了现在和将来的利用，一些目前尚未得到充分利用的畜禽品种资源需要不断地发掘其潜在的利用价值，特别是一些独特性能的利用，并且要不断地开拓新的家畜种质资源。例如，我国一些独特的地方品种，如药用的乌鸡、肥肝鸭、裘皮用的湖羊、阿尔泰肥臀羊、烤鸭用的北京鸭、适于腌制火腿的金华猪等。一般而言，家畜品种资源可以通过直接和间接两种方式利用，但都应该注意保持原种的连续性，在地方品种杂交利用中尤其要注意不能无计划地杂交。

1. 直接利用

一些地方良种以及新育成的品种，一般都具有较高的生产性能，或者在某一性能方面有突出的生产用途，它们对当地的自然生态条件及饲养管理方式有良好的适应性，因此可以直接用于生产畜产品。一些引入的外来良种，生产性能一般较高，有些品种的适应性也较好，可以直接利用。

2. 间接利用

对于大多数的地方品种而言，由于生产性能较低，作为商品生产的经济效益较差，可以在保存的同时，创造条件来间接利用这些资源，主要有以下两种形式。

一是作为杂种优势利用的原始材料。在杂种优势利用中，对母本的要求主要是繁殖性能好、母性强、泌乳力高、对当地条件的适应性强，许多地方良种都具备这些优点。对父本的要求主要是有较高的增重速度和饲料利用率，外来品种一般可用作父本。由于不同品种的杂交效果是不一样的，应进行杂交试验确定最好的杂交组合，配套推广使用。

二是作为培育新品种的原始材料。在培育新品种时，为了使育成的新品种对当地的气候条件和饲养管理条件具有良好的适应性，通常都需要利用当地优良品种或类型与外来品种杂交。

六、引种与风土驯化

把外地或外国的优良品种或品系引进当地，直接推广作为育种的材料，这就叫引种。引种时可直接引入种畜，也可引入冷冻精液或冷冻胚胎，而后者将可能成为今后引种的主要方向和途径。

当品种家畜引入新地区之后，能按照新的环境条件改造自己的生理机能，逐渐适应新的环境，不但能够正常的生存、生长发育和繁殖，并且能够保持其原有的基本特征和特性，这种逐渐适应新环境的过程，就叫做风土驯化。

一般来说，引种的难易主要取决于所引品种适应能力的强弱，而引种的成败则主要取决于所提供的饲养管理条件和繁育技术水平。所以，引种应注意如下几个问题。

（1）正确选择引入品种　引入品种应具有良好的经济价值和育种价值，并有良好的适应性。一般来说，引入地与原产地在纬度、海拔、气候和饲养管理等方面相差不大，则引种易于成功；反之则困难较大。

（2）慎重选择个体　对个体的挑选除应注意品种特性、体质外形以及健康和发育状况外，还应特别加强系谱的审查，注意亲代和同胞的生产力高低；引入个体间一般不宜具有亲缘关系，公畜最好来自不同品系。此外，幼年畜禽具有较大的可塑性，选择幼年健壮个体引种易于成功。

（3）妥善安排调运季节　如由温暖地区将家畜调运到寒冷地区，宜于夏季抵达；相反，则宜冬季抵达，以使家畜逐渐适应气候的变化。

（4）严格执行检疫隔离制度　切实加强种畜检疫，严格实行隔离观察制度，以防疫病借机传入。

（5）加强饲养管理　引种后的第一年是关键性的一年，除注意做好接运工作外，还应根据它原来的饲养习惯创造良好的饲养管理条件，选用适宜的日粮类型和饲养方法，采取必要的防寒或降温措施。

（6）采取必要的育种措施　应加强对适应性的选择，注意选择适应性好的个体留种，坚持留强去弱；选配中应避免近亲交配。

品种由原产地引入到一个新地区后，由于各方面条件发生变化，从而使品种特性总要或多或少产生一些变异，这种变异按其遗传基础是否发生变化可归纳为两大类。

1. 暂时性变化

它是指引入地区的生活条件比其原产地较差或更好，从而表现在生长、繁殖和生产力上暂时的下降或提高，一旦生活条件改变，这种变化也随之消失，其原因是遗传基础并未发生变化。

2. 遗传性变化

这类变化又大体可分为两种：

（1）适应性变异　由于引入新地区的时间较长或导入了当地品种的血统，使该品种在体质外形和生产力上发生某些变异，但适应性方面却显著提高，并成为可遗传的稳定性状，这也算是符合我们的愿望。因为风土驯化的主要目的是要保持引入品种原有的主要特征与特性，而并不是追求将其一切都按原样保存下来。

（2）退化　当新旧生活条件相差过大，引入品种长期不能适应，表现为体质过度发育、经济价值较低、繁殖力减弱、发病率和死亡率增加，即使改善饲养管理及其环境条件也难于彻底恢复，这种情况就叫退化。

单元六　杂交及杂种优势的利用

一、杂种优势

不同品种或品系的家畜相杂交所产生的杂种，往往在生活力、生长势和生产性能等方面的表现在一定程度上优于其亲本纯繁群体，这就是"杂种优势"。

杂种优势利用也称经济杂交，但其内容比经济杂交更为广泛，它既包括对杂交亲本种群的选优提纯，也包括杂交组合的选择和杂交工作的组织；既包括纯繁，也包括杂交及为杂种创造适宜的饲养管理条件等一整套综合措施。

杂交亲本种群的选优与提纯是杂种优势利用的一个最基本环节。"选优"就是通过选择，使亲本种群原有的优良、高产基因的频率尽可能增大，"提纯"就是通过选择和近交，使亲本种群在主要的经济性状上纯合子的基因型频率尽可能增加，个体间的差异尽可能减少，二者相辅相成。

选优提纯的最好方法是开展品系繁育，因为品系比品种小，易培育，易提纯，易提高亲本种群的一致性。是否提纯，可由后代的整齐度来决定，如所生后代相对整齐一致，则可认为该种群的遗传纯度较高。当前，我国许多地方猪种的选择，其重点无疑是放在进一步选优提纯上。

（1）母本的选择标准　一是选择本地区数量多、适应性强的品种或品系作母本，以便于推广；二是选择泌乳能力强的品种或品系作母本；三是在不影响杂种生长速度的前提下，母本的体格不一定要求太大，以节约饲料。

（2）父本的选择标准　一是选择生长速度快、饲料利用率高、胴体品质好的品种或品系作父本；二是选择与杂种所要求的类型相同的品种作父本，有时也可选用不同类型的父、母本相杂交，以生产中间型的杂种。至于适应性问题，则可不必过多考虑，因父本数量很少，适当的特殊照顾费用不大，所以多用外来品种作杂交父本。

不同种群间杂交效果好坏差异很大，只有通过配合力测定才能最后确定，但配合力测定费钱费时，为了减少那些不必要的配合力测定，可根据以下几点来对杂交效果进行预估，然后把预估效果较大的杂交组合列入配合力测定。

①凡分布地区距离较远，来源差别较大，类型和特点完全不同的品种或品系杂交，可望获得较大的杂种优势。

②主要经济性状变异系数小的品种或品系杂交效果一般较好；群体的整齐度在一定程度上可反映其成员基因型的纯合性。

③长期与外界隔离的品种或品系一般可得到较大的杂种优势；这是由于封闭群体的基因型往往较纯，不同纯合基因型间杂交，杂种优势较大。

④遗传力低、近交时衰退严重的性状杂种优势也较大，这是因为控制这类性状的基因加性效应大，杂交后随杂合子频率的增加，群体均值也随之增加。

1. 配合力的概念和分类

配合力是指种群通过杂交获得的优势程度，也即杂交效果的好坏与大小。配合力可分为一般配合力和特殊配合力两种。

一般配合力是指一个种群与其他各种群杂交所获得的平均效果，其基础是基因的加性效应，它反映了杂交亲本群体平均育种值的高低，因而称为一般育种值，主要靠纯种繁育来提高。特殊配合力是指两个特定种群之间所获得的超过一般配合力的杂种优势，其基础是基因的非加性效应（显性效应、上位效应），它反映了杂种群体平均基因型值与两个亲本平均育种值的离差，主要靠杂交组合的选择来提高。

2. 配合力的表示方法

杂种优势利用中，主要测定特殊配合力。特殊配合力一般可用杂种优势率来表示，公式为：

$$H = \frac{\overline{F}_1 - \overline{P}}{\overline{P}} \times 100\%$$

式中：

H 为杂种优势率；$\overline{F}_1$ 为杂种平均值，即杂交组合试验中杂种组合的平均值，P 为亲本种群；$\overline{P}$ 为亲本种群的平均值，即杂交组合试验中各亲本种群纯繁组的平均值。

二、杂交

杂交广泛用于下列几个方面。

（1）杂交育种　首先，杂交可丰富子一代的遗传基础，把亲本群的有利基因集于杂种一身，因而可以创造新的遗传类型，或为创造新的遗传类型奠定基础。新的遗传类型一旦出现，即可通过选择、选配，使其固定下来并扩大繁衍，进而培育成为新的品系或者品种。其次，杂交有时还能起到改良作用，迅速提高低产品种的生产性能，也能较快改变一些种群的生产方向。再次，杂交还能使具有个别缺点的种群得到较快改进。

（2）杂交生产　杂交可以产生杂种优势，利用互补效应使子一代的表现一致性增高，因此特别适于商品生产。杂交已经成为当前畜牧生产的一种主要方式。

1. 二元杂交　也称简单杂交或单杂交，是用两种群杂交，所得一代杂种全部经济利用，而不再作为种用（图5-1）。二元杂交简单易行，只做一次配合力测定，但母本为纯种，不能充分利用繁殖性能的杂种优势。

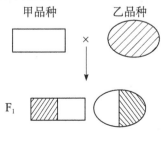

图5-1　二元杂交示意图

（2）三元杂交　先用两种群杂交产生具有繁殖性能高的杂种母畜，再用第三种群作为第二父本与之杂交，其后代全部经济利用（图5-2）。三元杂交能获得较高的母本杂种优势和后代杂种优势，缺点是组织工作复杂，需做两次配合力测定。

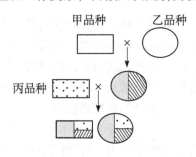

图5-2　三元杂交示意图

（3）双杂交　先用四个种群分别两两配对，产生两个单交种，然后再进行两单交种之间的杂交，产生商品用畜禽，这一杂交方式是专门化品系间配套杂交的一种重要方式。双杂交的优点是充分利用了父本、母本和后代的杂种优势，杂种优势极为显著；缺点是由于涉及到四个种群，组织管理工作更为复杂。

（4）轮回杂交　用两三个或更多个种群有计划地轮流杂交，杂种母畜继续繁殖，种公畜全部经济利用，常见的有二元轮回杂交和三元轮回杂交。轮回杂交的优点是：除第一次杂交外，母畜始终都是杂种，有利于充分利用繁殖性能方面的杂种优势；对于单胎家畜，由于母畜需要较多，采用这种杂交方式较为合适；由于每代与配双方都存在相当大的差异，因此始终能保持一定的杂种优势。其缺点是：每代都要轮换公畜，且杂交效果好的公畜也不能继续使用；配合力测定有困难而且麻烦；不能获得最高的母本杂种优势和后代杂种优势。

（5）顶交　用近交系的公畜与无亲缘关系的非近交系的母畜交配，这种杂交方式是近交系杂交的一种改进情况。由于近交系母畜生活力和繁殖性能都差，不宜作母本，所以改用非近交系母畜。顶交的优点是：不必经过双杂交阶段，见效快；不需建立母本的近交系，投资少；由于非近交系的母畜数量大，因而杂种后代多，成本低。缺点是：由于母畜群不是近交系，因此一般都不纯，容易发生分化，难以得到规格一致的产品。

三、杂种的培育

合理培育杂种是充分表现杂种优势的必要条件，因为杂种优势的有无和大小与杂种所处的生活条件有着密切的关系，只有在良好的饲养管理条件下杂种优势才有可能充分表现。因为高的生产性能是需要一定物质基础的，在基本条件也不能满足的情况下，单靠杂交是无济于事的。

技能考核项目

1. 家畜生长发育测定的项目有哪些？
2. 何为近交衰退？有哪些表现？
3. 种和品种的主要区别在哪里？

4. 如何计算杂种优势率？

5. 现场说出猪（牛）杂种优势利用的情况。

复习思考题

一、名词解释

品种　本品种选育　引种　风土驯化　专用品种　品系　品系繁育　专门化品系
群体继代选育法　生长　发育　累积生长　生长曲线　绝对生长　相对生长　生长波
生长中心　胚胎型　幼稚型　合并选择法　顺序选择法　独立淘汰法　指数选择法　同质
选配　异质选配　双杂交　顶交　轮回杂交　杂种优势　配合力

二、简答题

1. 简述品种必须具备的基本条件。

2. "成年家畜的外形是按幼畜身体各部分等比例放大的"对吗？为什么？

3. 家畜生长发育有哪些阶段？各有怎样的特点？

4. 影响家畜生长发育的因素有哪些？

5. 评定畜禽种用价值的遗传信息主要来源于哪几个方面？

6. 为什么说后裔测定是评定畜禽种用价值最可靠的方法？

7. 选配方法有哪些种类？选配与选种之间的关系及对动物育种工作的重要性是什么？

8. 何为品质选配？其中的"品质"含义是什么？

9. 何为同质选配？其有哪些作用？在什么条件下采用同质选配方法？

10. 何为异质选配？其有哪些作用？在什么条件下采用异质选配方法？

11. 近交的遗传作用和表型效应各是什么？在哪些情况下采用这一特殊的育种手段？

12. 何为近交衰退？有哪些表现？

13. 何为纯种繁育？其作用是什么？纯繁以哪种方式较为理想？纯繁与本品种选育是
同一概念，对吗？

14. 杂交按其目的和方式不同而区分为哪些种类？

15. 级进杂交和导入杂交的区别是什么？

16. 育种实践中应遵循哪些原则开展动物的选配工作？

17. 种和品种的主要区别在哪里？

18. 原始品种、地方良种和育成品种的主要区别在哪里？

19. 为什么要保存某些目前经济价值不高的畜禽品种？

20. 品系应具备哪些条件？与品种相比有什么不同？

三、讨论题

1. 讨论现代生物技术与畜禽常规育种方法间的关系。

2. 讨论品系繁育方法的应用现状。

3. 建立品系的方法主要有几种？各自的特点是什么？

4. 杂种优势利用有哪几个主要环节？

5. 杂交亲本的选优与提纯的主要任务是什么？选优与提纯以哪种方法较为理想？

6. 讨论杂种优势利用的现状。

项目六　畜禽繁殖基础

【知识目标】
了解公母畜生殖器官的构造与功能，为学习繁殖技术打下基础。
【技能目标】
懂得发情、排卵等概念。
【链接】
解剖学、组织胚胎学。
【拓展】
动物（猪、牛等）的人工授精、胚胎移植。

单元一　家畜的生殖器官

一、公畜的生殖器官

公畜的生殖器官包括四部分：①性腺，即睾丸；②输精管道，包括附睾、输精管和尿生殖道；③副性腺，包括精囊腺、前列腺和尿道球腺；④外生殖器，即阴茎。各种公畜的生殖器官见图6-1。

1. 睾丸的形态结构及功能

（1）形态位置　正常雄性家畜的睾丸成对存在，均为长卵圆形。其大小因家畜种类不同而有很大的差别，猪、绵羊和山羊的睾丸相对较大。睾丸原位于腹腔内肾脏的两侧，在胎儿期的一定时期，由腹腔下降入阴囊。因此，正常情况下，成年公畜的睾丸位于阴囊中，左右各一，大小相同，牛、马的左侧睾丸稍大于右侧。但有时一侧或两侧睾丸并未下降入阴囊，称为隐睾。这种情况会影响生殖机能，严重时会导致不育。

（2）组织结构　睾丸的表面被覆以浆膜（即固有鞘膜），其下为致密结缔组织构成的白膜，白膜由睾丸一端（即和附睾头相接触的一端）形成一条结缔组织索伸向睾丸实质，构成睾丸纵隔，由纵隔向四周发出许多放射状结缔组织小梁伸向白膜，称为中隔，将睾丸实质分成许多锥形小叶。每个小叶内有2~3条曲精细管，曲精细管在各小叶的尖端各自汇合成为直精细管，穿入睾丸纵隔结缔组织内，形成睾丸网（马无睾丸网），最后在睾丸网的一端又汇成10~30条睾丸输出管，穿过白膜，汇入附睾头的附睾管。精细的管壁由外向内是由结缔组织纤维、基膜和复层生殖上皮构成。上皮主要由两种细胞构成：①能产生精子的生精细胞；②支持和营养生精细胞的足细胞（又称支持细胞）。

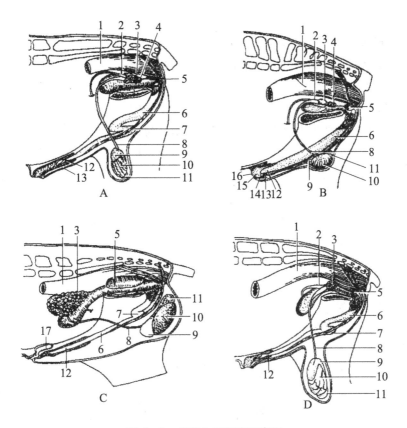

图 6 - 1　公畜生殖器官示意图

(引自：张周. 家畜繁殖. 北京：中国农业出版社，2001)

A. 公牛的生殖器官　B. 公马的生殖器官　C. 公猪的生殖器官　D. 公羊的生殖器官

1. 直肠　2. 输精管　3. 精囊腺　4. 前列腺　5. 尿道球腺　6. 阴茎　7. "S" 状弯曲　8. 输精管　9. 附睾头
10. 睾丸　11. 附睾尾　12. 阴茎游离端　13. 内包皮鞘　14. 外包皮鞘　15. 龟头　16. 尿道突起　17. 包皮憩室

在睾丸小叶内的精细管之间有疏松结缔组织构成的间质，内含血管、淋巴管、神经和间质细胞。其中的间质细胞能分泌雄激素。

（3）睾丸的功能

①产生精子。精细管的生精细胞是直接形成精子的细胞，生精细胞经多次分裂后最后形成精子。精子随精细管的液流输出，经直精细管、睾丸网、输出管贮存在附睾。公牛每克睾丸组织平均每天可产生精子 1 300 万 ~ 1 900 万个；公猪 2 400 万 ~ 3 100 万个；公羊 2 400 万 ~ 2 700 万个。

②分泌雄激素。间质细胞能分泌雄激素，雄激素能激发公畜的性欲和性行为；刺激第二性征；刺激阴茎及副性腺的发育；维持精子的发生及附睾内精子的存活。公畜在性成熟前阉割会使生殖道的发育受到抑制，成年后阉割会发生生殖器官结构和性行为的退行性变化。

③产生睾丸液。由精细管和睾丸网产生大量的睾丸液，含有较高浓度的钙、钠等离子成分和少量的蛋白质成分。其主要作用是维持精子的生存，并有助于精子向附睾头部

移动。

2. 阴囊的形态、结构与功能

阴囊是包被睾丸、附睾及部分输精管的袋状皮肤组织。其皮层较薄、被毛稀少，内层为具有弹性的平滑肌纤维组织构成的肉膜。正常情况下，阴囊能维持睾丸保持低于体温的温度，这对于维持生精机能至关重要。阴囊皮肤有丰富的汗腺，肉膜能调整阴囊壁的厚薄及其表面面积，并能改变睾丸和腹壁的距离。气温高时，肉膜松弛，睾丸位置下降，阴囊变薄，散热表面积增加；气温低时，阴囊肉膜皱缩以及提睾肌收缩，使睾丸靠近腹壁并使阴囊壁变厚，散热面积减小。

睾丸在其发育过程中，到胎儿期后才由腹腔下降入阴囊内。各种家畜睾丸下降入阴囊的时间是：牛、羊在胎儿期的中期，马在出生前后，猪在胎儿期的后 1/4 期。成年公畜有时一侧或两侧睾丸并未下降入阴囊，称为隐睾。

1. 形态位置

附睾位于睾丸的附着缘，分头、体、尾三部分。附睾头膨大，主要由睾丸网发出十多条睾丸输出管组成这些管呈螺旋状，借结缔组织连接成若干附睾小叶（亦称血管圆锥），再由附睾小叶连接合成扁平而略呈杯状的附睾头，贴附于睾丸的前端或上缘。各附睾小叶管汇成一条弯曲的附睾管。弯曲的附睾管从附睾头沿睾丸的附着缘伸延逐渐变细，延续为细长的附睾体。这些输出管汇集成一条较粗而弯曲的附睾管，构成附睾体。在睾丸的远端，附睾体变为附睾尾，其中附睾管弯曲减少，最后逐渐过渡为输精管，经腹股沟管进入腹腔。附睾管极度弯曲，附睾管的长度牛为 30 ~ 50 cm；马为 20 ~ 30 cm；猪为 17 ~ 18 cm；羊为 35 ~ 50 cm。管腔直径为 0.1 ~ 0.3 cm。

2. 附睾的组织结构

附睾管壁由环形肌纤维、单层或部分复层柱状纤毛上皮构成。附睾管大体可分为三部分，起始部具有长而直的静纤毛，管腔狭窄，管内精子数很少；中段的静纤毛不太长，且管腔变宽，管内有较多精子存在；末端静纤毛较短，管腔很宽，充满精子。

3. 附睾的功能

（1）附睾是精子最后成熟的地方　从睾丸精细管生成的精子，刚进入附睾头时，颈部常有原生质滴存在，说明精子尚未发育完全。此时其活动微弱，没有受精能力或受精能力很低。

精子通过附睾管的过程中，原生质滴向尾部末端移行脱落，达到最后成熟，使之活力增强，且有受精能力。

（2）附睾是精子的贮藏场所　附睾可以较长时间贮存精子，一般认为在附睾内贮存的精子，经 60 d 后仍具有受精能力。但如果贮存过久，则活力降低，畸形及死亡精子增加，最后死亡被吸收。

精子之所以能在附睾内较长期贮存，目前认为主要基于以下几个方面：①附睾管上皮的分泌物能供给精子发育所需要的养分；②附睾内环境呈弱酸性（pH 值 6.2 ~ 6.8），可抑制精子的活动；③附睾管内的渗透压高，导致精子发生脱水现象，故不能运动；④附睾的温度较低，精子在其中处于休眠状态，减少了能量的消耗，从而为精子的长时间贮存创造了条件。

（3）吸收作用　吸收作用为附睾头及尾的一个重要作用。附睾头和附睾体的上皮细胞具有吸收功能，来自睾丸的稀薄精子悬浮液，通过附睾管时，其中的水分被上皮细胞所吸收，因而到附睾尾时精子浓度升高，每微升含精子400万个以上。

（4）运输作用　来自睾丸的精子借助于附睾管纤毛上皮的活动和管壁平滑肌的收缩，可将精子悬浮液从附睾头运送到附睾尾。精子通过附睾管的时间：牛10 d，绵羊13～15 d，猪9～12 d，马8～11 d。

1. 输精管的形态结构

输精管由附睾管在附睾尾端延续而成，它与通向睾丸的血管、淋巴管、神经、提睾肌等共同组成精索，经腹股沟管进入腹腔，折向后进入盆腔。两条输精管在膀胱的背侧逐渐变粗，形成输精管壶腹，其末端变细，穿过尿生殖道起始部背侧壁，与精囊腺的排泄管共同开口于精阜后端的射精孔。壶腹富含分支管状腺体，马、牛、羊的壶腹比较发达，猪则没有壶腹。输精管的肌肉层较厚，交配时收缩力较强，能将精子排送入尿生殖道内。

2. 输精管的功能

第一，射精时，在催产素和神经系统的支配下输精管肌层发生规律性收缩，使得输精管内和附睾尾贮存的精子排入尿生殖道。

第二，输精管壶腹部也可视为副性腺的一种，马的硫组氨酸分泌，牛和羊精液中部分果糖来自于壶腹部。

第三，输精管对死亡和老化的精子具有分解、吸收作用。

副性腺是精囊腺、前列腺和尿道球腺的总称。射精时，它们的分泌物加上输精管壶腹的分泌物混合在一起称为精清，并将来自于输精管和附睾的高密度精子稀释，形成精液。当家畜达到性成熟时，其形态和机能得到迅速发育。相反，去势和衰老的家畜腺体萎缩、机能丧失。

1. 形态位置

（1）精囊腺　成对存在，位于输精管末端的外侧。牛、羊、猪的精囊腺为致密的分叶腺，腺体组织中央有一较小的腔。马的为长圆形盲囊，其黏膜层含分支的管状腺。精囊腺分泌液是呈白色或黄色、偏酸性的黏稠液体，在精液中所占比例，猪为25%～30%，牛为40%～50%。

（2）前列腺　位于精囊腺后部，即尿生殖道起始部的背侧。牛、猪前列腺分为体部和扩散部，体部较小，而扩散部相当大。体部从外观可见到，可延伸至尿道骨盆部。扩散部在尿道海绵体和尿道肌之间，它们的腺管成行开口于尿生殖道内。

（3）尿道球腺　成对存在，在坐骨弓背侧，位于尿生殖道骨盆部的外侧，猪的体积最大，呈圆筒状；马次之，牛、羊的最小，呈球状。牛、羊的尿道球腺埋藏在海绵肌内，其他家畜则为尿道肌覆盖。一侧尿道球腺一般有一个排出管，通入尿生殖道的背外侧顶壁中线两侧。

2. 机能

虽然已经知道组成副性腺液的化学成分，各种副性腺分泌物参与精液的成分也已明了，但副性腺的功能尚不完全清楚，目前一般认为，副性腺的机能主要有以下几个方面。

（1）冲洗尿生殖道　交配前阴茎勃起时，主要是尿道球腺分泌物先排出，它可以冲洗尿生殖道内的尿液，为精液通过创造适宜的环境，以免精子受到尿液的危害。

（2）稀释精子　副性腺分泌物是精子的内源性稀释剂。因此，从附睾排出的精子与副性腺分泌物混合后，精子即被稀释。在射出的精液中，精清所占的比例：牛约为85%、马约为92%、猪约为93%、羊约为70%。

（3）为精子提供营养物质　精囊腺分泌物含有果糖，当精子与之混合时，果糖即很快地扩散入精子细胞内，果糖的分解是精子能量的主要来源。

（4）活化精子　副性腺分泌物偏碱性，其渗透压也低于附睾处，这些条件都能刺激精子的运动能力。

（5）运送精液　精液的射出，除了借助附睾管、副性腺平滑肌收缩及尿生殖道肌肉的收缩，在排出过程中，副性腺分泌物的液流也起着推动作用。在副性腺管壁收缩排出的腺体分泌物与精子混合时，随即运送精子排出体外。精液射入母畜生殖道后，精子在母畜生殖道借助于一部分精清（还包括母畜生殖道的分泌物）为媒介而泳动至受精地点。

（6）延长精子的存活时间　副性腺分泌物中含有柠檬酸盐及磷酸盐，这些物质具有缓冲作用，从而可以保护精子，延长精子的存活时间，维持精子的受精能力。

（7）防止精液倒流　有些家畜的副性腺分泌物有部分或全部凝固现象，一般认为这是一种在自然交配时防止精液倒流的天然措施。这种凝固成分有的来自精囊腺（如马、小鼠)，有的来自尿道球腺（如猪），并与酶的作用有关。

公畜的尿生殖道是排出尿液和精液的共同管道，分为骨盆部和阴茎部。骨盆部尿生殖道位于骨盆腔内，由膀胱颈直达坐骨弓，为一长的圆柱形管，外面包有尿道肌；阴茎部尿生殖道是骨盆部尿生殖道的延续，位于阴茎海绵体腹面的尿道沟内，外面包有尿道海绵体和球海绵体肌。射精时，从壶腹聚集来的精子，在尿道骨盆部与副性腺的分泌物相混合，在膀胱颈部的后方，有一个小的隆起，即精阜，在其上方有壶腹和精囊腺导管的共同开口。精阜主要由海绵组织构成，它在射精时可以关闭膀胱颈，从而阻止精液流入膀胱。

1. 阴茎

阴茎是公畜的交配器官，主要由勃起组织及尿生殖道阴茎部组成，自坐骨弓沿中线先向下，再向前延伸到脐部。由后向前分为阴茎根、阴茎体和阴茎头三部分。阴茎根借左、右阴茎脚附着于坐骨弓外侧部腹侧面，阴茎体由背侧的两个阴茎海绵体及腹侧的尿道海绵体构成。阴茎前端的膨大部分即为阴茎头（龟头）。

不同家畜的阴茎外形迥异：猪的阴茎较细长，在阴囊前形成"S"状弯曲，龟头呈螺旋状。牛、羊的阴茎较细，在阴囊后形成"S"状弯曲。牛的龟头较尖，沿纵轴略呈扭转形，在顶端左侧形成沟，尿道外口位于此。羊的龟头呈帽状隆突，尿道前端有细长的尿道突，突出于龟头前方。马的阴茎长而粗大，海绵体发达，龟头钝而圆，外周形成龟头冠，腹侧有凹的龟头窝，窝内有尿道突。

2. 包皮

包皮是由皮肤凹陷而发育成的阴茎套。在不勃起时，阴茎头位于包皮腔内，包皮有保护阴茎头的作用。当阴茎勃起时，包皮皮肤展开包在阴茎表面，保证阴茎伸出包皮外。

猪的包皮腔很长，包皮口上方形成包皮憩室，常积有尿和污垢，有一种特殊腥臭味。牛的包皮较长，包皮口周围有一丛长而硬的包皮毛。马的包皮形成内、外两层皮肤褶，有伸缩性。阴茎勃起时，内、外两层皮肤褶展平而紧贴于阴茎表面，该处的包皮垢较多。

二、母畜的生殖器官

母畜的生殖器官包括三个部分：①性腺，即卵巢；②生殖道，包括输卵管、子宫、阴道；③外生殖器官，包括尿生殖道前庭、阴唇、阴蒂。性腺和生殖道也称内生殖器官。各种母畜的生殖器官见图 6 – 2。

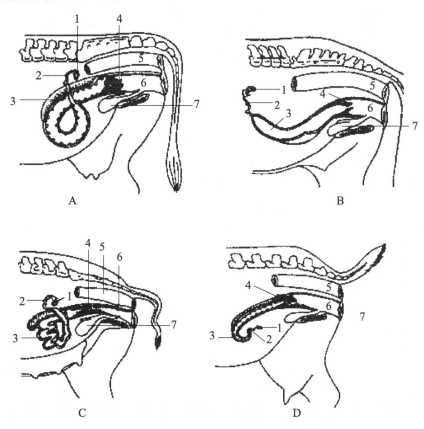

图 6 – 2　母畜的生殖器官

（张周. 家畜繁殖. 北京：中国农业出版社，2001）

A. 母牛的生殖器官　B. 母马的生殖器官　C. 母猪的生殖器官　D. 母羊的生殖器官

1. 卵巢　2. 输卵管　3. 子宫角　4. 子宫颈　5. 直肠　6. 阴道　7. 膀胱

1. 形态位置

卵巢是母畜的重要生殖腺体，其形态位置因畜种、年龄、发情周期和妊娠而异。

（1）猪卵巢的形态位置　猪卵巢的形态位置和大小因年龄不同而有很大变化。小母猪在性成熟前，卵巢较小，呈豆形，表面光滑，色淡红，位于荐骨岬两旁稍后方或在骨盆腔前口两侧的上部。接近性成熟时（4～5月龄），由于许多卵泡发育而呈桑椹形，其位置下垂前移，约位于髋结节前端的横断面上。性成熟后，根据发情周期中各时期的不同，有大小不等的卵泡、红体和黄体突出于卵巢表面，凹凸不平，似串状葡萄。性成熟后及经产母猪的卵巢移向前下方，在膀胱之前，达髋结节前约4cm的横断面上或髋结节与膝关节之间中点水平位置。几种家畜的卵巢形态见图6-3。

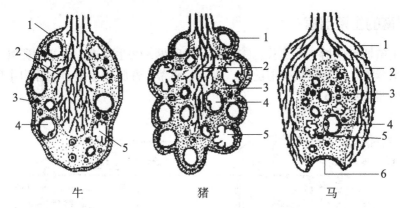

图6-3　几种家畜卵巢的比较
1. 生殖上皮　2. 髓质部　3. 皮质部　4. 卵泡　5. 黄体　6. 生殖上皮（排卵窝）

（2）牛、羊卵巢的形态位置　牛卵巢呈扁卵圆形，位于子宫角端部的两侧，初产或经产胎次少的母牛，卵巢均在耻骨前缘之后；经产多次的母牛，子宫角因胎次增多而逐渐垂入腹腔，卵巢也随之前移至耻骨前缘的前下方。羊的卵巢比牛的圆而小，位置与牛相同。牛、羊的卵巢表面除卵巢系膜附着外，其余表面都被覆有生殖上皮，所以在这些部位都有排卵的可能。

（3）马卵巢的形态位置　马卵巢呈蚕豆形，较长，附着缘宽大，游离缘上有凹陷的排卵窝，卵泡均在此凹陷内破裂排出卵子。卵巢由卵巢系膜吊在腹腔腰区肾脏后方，左卵巢位于第4、5腰椎左侧横突末端下方，而右卵巢比左卵巢稍向前，位置较高。

2. 组织构造

卵巢的表层为一单层的生殖上皮，其下是由致密结缔组织构成的白膜。

白膜下为卵巢实质，它分为皮质部和髓质部，皮质部在髓质部的外周，两者没有明显界限，其基质都是结缔组织。皮质部内含有许多不同发育阶段的卵泡或处在不同发育和退化阶段的黄体，皮质的结缔组织内含有血管、神经等。髓质部内含有丰富的弹性纤维、血管、神经、淋巴管等，它们经卵巢门出入，与卵巢系膜相连（图6-4）。

3. 生理机能

（1）卵泡发育和排卵　卵巢皮质部分布着许多原始卵泡，它经过次级卵泡、生长卵泡、成熟卵泡几个发育阶段，最终有部分卵泡发育成熟，破裂排出卵子，原卵泡腔处便形成黄体。多数卵泡在发育到不同阶段时退化、闭锁。

（2）分泌雌激素和孕酮　在卵泡发育过程中，包围在卵泡细胞外的两层卵巢皮质基质细胞形成卵泡膜。卵泡膜分为血管性内膜和纤维性外膜，其中的内膜可分泌雌激素，雌激素是导致母畜发情的直接因素。而排卵后形成的黄体，可分泌孕酮，它是维持怀孕所必需的激素。

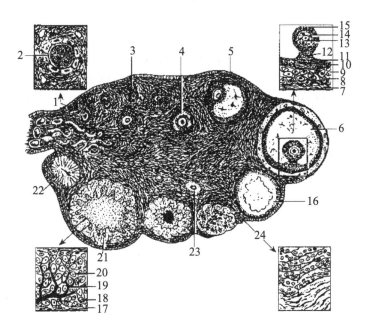

图 6 - 4　卵巢的组织结构

（引自：张周．家畜繁殖．北京：中国农业出版社，2001）

1. 原始卵泡　2. 卵泡细胞　3. 卵母细胞　4. 次级卵泡　5. 生长卵泡　6. 成熟卵泡　7. 卵泡外膜
8. 卵泡膜的血管　9. 卵泡内膜　10. 基膜　11. 颗粒细胞　12. 卵丘　13. 卵细胞　14. 透明带
15. 放射冠　16. 刚排过卵的卵泡空腔　17. 由外膜形成的黄体细胞　18. 由内膜形成的黄体细胞
19. 血管　20. 由颗粒细胞形成的黄体细胞　21. 黄体　22. 白体　23. 萎缩卵泡　24. 间质细胞

1. 形态位置

轴卵管是一对多弯曲的细管，它位于每侧卵巢和子宫角之间，是卵子进入子宫必经的通道，由子宫阔韧带外缘形成的输卵管系膜所固定。

输卵管可分为三个部分：

①管的前端（卵巢端）接近卵巢，扩大成漏斗状，称为漏斗。漏斗的边缘形成许多皱褶称为输卵管伞，牛、羊的输卵管伞不发达，马的发达。伞的一端附着于卵巢的上端（马的附着于排卵窝），漏斗的中心有输卵管腹腔口，与腹腔相通。

②管的前 1/3 段较粗，称为输卵管壶腹部，是卵子受精的地方。

③管的其余部分较细，称为峡部。壶腹和峡部连接处叫壶峡连接部。峡部的末端以小的输卵管子宫口与子宫角相通，此处称为宫管接合处。由于牛羊的子宫角尖端细，所以输卵管与子宫角之间无明显分界，括约肌也不发达。马的宫管接合处明显，输卵管子宫口开口于子宫角尖端黏膜的乳头上。猪的输卵管卵巢端和伞包在卵巢囊内，宫管接合处与马的相似。

2. 组织构造

输卵管管壁从外向内由浆膜、肌层和黏膜构成。肌层从卵巢端到子宫端逐渐增厚，黏膜形成有许多纵褶，其大多数上皮细胞表面有纤毛，能向子宫端蠕动，有助于卵子的运送。

3. 功能

（1）运送卵子和精子　从卵巢排出的卵子先到输卵管伞部，借纤毛的活动将其运输到漏斗部和壶腹部。通过输卵管分节蠕动及逆蠕动，黏膜及输卵管系膜的收缩，以及纤毛活动引起的液流活动，卵子通过壶腹部的黏膜壁被运送到壶峡连接部。同时将精子反向由峡部向壶腹部运送。

（2）精子获能　卵子受精和受精卵分裂的场所子宫和输卵管为精子获能部位。输卵管壶腹部为精子、卵子结合的部位。

（3）分泌机能　输卵管的分泌物主要是各种氨基酸、葡萄糖、乳酸、黏多糖和黏蛋白，是精子、卵子的运载工具，也是精子、卵子和早期胚胎的培养液。输卵管的分泌作用受卵巢激素影响，发情时分泌量增多。

1. 形态位置

各种家畜的子宫都分为子宫角、子宫体及子宫颈三部分。子宫可分为两种类型：牛、羊的子宫角基部之间有一纵隔，将两角分开，称为对分子宫；马无此隔，猪也不明显，均称为双角子宫。子宫角有大小两个弯，大弯游离，小弯供子宫阔韧带附着，血管神经由此出入。子宫颈前端以子宫内口和子宫体相通，后端突入阴道内（猪例外），称为子宫颈阴道部，其开口为子宫外口。

（1）子宫角、子宫体　牛的子宫角长 30～40 cm，角的基部粗 1.5～3 cm；子宫体长 2～4 cm。在青年及经产胎次较少的母牛，子宫角弯曲如绵羊角，位于骨盆腔内。经产胎次多的，子宫并不能完全恢复原来的形状和大小，所以经产牛的子宫常垂入腹腔。两角基部之间的纵隔处有一纵沟，称角间沟。子宫黏膜有突出于表面的半圆形子宫阜 70～120 个，阜上没有子宫腺，其深部含有丰富的血管。怀孕时子宫阜即发育为母体胎盘。水牛的子宫角弯曲度较小，接近平直，子宫体比黄牛的稍短。羊的子宫形态与牛的相似，只是较小而已。

（2）子宫颈　牛的子宫颈长 5～10 cm，粗 3～4 cm，壁厚而硬，不发情时管壁封闭很紧，发情时也只是稍微开放。子宫颈阴道部粗大，突入阴道 2～3 cm；黏膜有放射状皱襞，经产牛的皱襞有时肥大如菜花状；子宫颈肌的环状层很厚，分为两层，内层和黏膜的固有层，构成 4（2～5）个横的新月形皱襞，彼此嵌合，使子宫颈管成为螺旋状。环形层和纵形层之间有一层稠密的血管网，所以子宫颈破裂时出血很多。子宫颈黏膜是由两类柱状上皮细胞组成，即具有动纤毛的纤毛细胞和无动纤毛的柱状细胞。

猪的子宫颈长达 10～18cm，内壁有左右两排彼此交错的半圆形突起，中部的较大，越靠近两端越小。子宫颈后端逐渐过渡为阴道，没有明显的阴道部。而且因为发情时子宫颈管开放，所以给猪输精时，很容易穿过子宫颈而将输精器插入子宫体内。

各种母畜的子宫颈见图 6-5。

2. 组织结构

子宫的组织结构从内向外为黏膜、肌层及浆膜。黏膜由上皮和固有膜构成。上皮为柱状细胞，上皮下陷入固有膜内构成子宫腺。固有膜也称基质膜，非常发达，内含大量的淋巴、血管和子宫腺。子宫腺为简单、分支、盘曲的管状腺。子宫腺以子宫角最发达，子宫体较少，在子宫颈，则只在皱襞之间的深处有腺状结构，其余部分为柱状细胞，能分泌黏液。在反刍动物子宫角黏膜表面，沿子宫纵轴排列呈钮扣状隆起（牛直径为 15 mm），称为子宫阜。

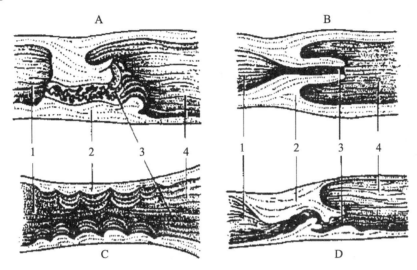

图 6 - 5　母畜的子宫颈（正中失状剖面）

（引自：张周．家畜繁殖．北京：中国农业出版社，2001）

A. 牛的子宫颈　B. 马的子宫颈　C. 猪的子宫颈　D. 羊的子宫颈

1. 子宫体　2. 子宫颈　3. 子宫颈外口　4. 阴道

3. 功能

（1）贮存、筛选和运送精子，有助于精子获能　母畜发情配种后，子宫颈口开张，有利于精子逆流进入，并可阻止死精子和畸形精子进入。大量的精子贮存在子宫颈隐窝内，进入的精子在子宫内膜分泌物作用下使精子获能，并借助于子宫肌的收缩作用运送到输卵管。

（2）孕体的附植、妊娠和分娩　子宫内膜还可供孕体附植，附植后子宫内膜（牛、羊为子宫阜）形成母体胎盘，与胎儿胎盘结合，成为胎儿和母体间交换营养、排泄物的器官。子宫是胎儿发育的场所。妊娠时子宫颈黏液高度黏稠形成栓塞，封闭子宫颈口，起屏障作用，既可保护胎儿，又可防止子宫感染。分娩前栓塞液化，子宫颈扩张，以便胎儿排出。

（3）调节卵巢黄体功能，导致发情　配种未孕母畜在发情周期的一定时间，子宫一侧子宫角内膜所分泌的前列腺素（$PGF_{2\alpha}$）对同侧卵巢的周期黄体有溶解作用，以致黄体机能减退，垂体又大量分泌促卵泡素，引起卵泡发育成长，导致发情。妊娠后，子宫内膜不再分泌前列腺素，周期黄体转化为妊娠黄体，维持妊娠。

阴道是母畜的交配器官，也是产道。阴道的背侧为直肠，腹侧为膀胱和尿道。阴道腔为一扁平的缝隙，前端有子宫颈阴道部突入其中。子宫颈阴道部周围的阴道腔称为阴道穹隆。后端以阴瓣与尿生殖前庭分开。阴道在生殖过程中具有多种功能。它除是交配器官外，也是交配后的精子贮库，精子在此处集聚和保存，并不断向子宫供应精子。阴道的生化和微生物环境能保护生殖道不遭受微生物入侵。阴道通过收缩、扩张、复原、分泌和吸收等功能，排出子宫黏膜及输卵管的分泌物，同时作为分娩时的产道。

各种家畜的阴道长度：猪阴道约长 10 cm，牛阴道长 22 ~ 28 cm，羊阴道长 8 ~ 14 cm，马阴道长 20 ~ 30 cm。

1. 尿生殖前庭

尿生殖道前庭为从阴瓣到阴门裂的短管。前高后低，稍为倾斜，既是生殖道，又是尿道。猪的前庭自阴门下连合至尿道外口 5 ~ 8 cm，牛 10 cm，羊 2.5 ~ 3 cm，马 8 ~ 12 cm。

2. 阴唇

阴唇构成阴门的两侧壁，两阴唇间的开口为阴门裂。阴唇的外面是皮肤，内为黏膜，两者之间有阴门括约肌及大量结缔组织。

3. 阴蒂

阴蒂由勃起组织构成，相当于公畜的阴茎，凸起于阴门下角内的阴蒂窝中。

单元二 生殖激素

一、概述

1. 内分泌

内分泌是动物体一种特殊的分泌方式，它不像一般外分泌腺那样将分泌物通过腺管运送到体外或消化道，而是将分泌物——激素直接释放进入血液循环，最后到达靶器官或靶组织调节其代谢与功能，此现象叫内分泌。

2. 激素

激素是由特殊的无腺管分泌细胞合成的，它在局部或被血液运送到靶组织或靶细胞发挥其作用，是一种生物活性物质。它是细胞与细胞之间互相交流、信息传递的一种工具。激素对畜体的代谢、生长、发育、生殖等重要生理机能起调节作用。激素的种类很多，几乎所有激素都直接或间接地和生殖机能有关。一般将那些直接作用于生殖活动，并以调节生殖过程为主要生理功能的激素，称为生殖激素。它们有的由生殖器官本身产生，如雌激素、孕激素等；有的则来源于生殖器官之外的组织或器官，如促卵泡素、促黄体素等。

动物生殖活动是一个极为复杂的过程，如母畜卵子的发生、卵泡的发育、卵子的排出、发情的周期性变化；公畜精子的发生及交配活动；生殖细胞在生殖管道内的运行；胚胎的附植及其在子宫内的发育；母畜的妊娠、分娩及泌乳活动等。所有这些生理机能，都与生殖激素的作用有着密切的关系。一旦分泌生殖激素的器官和组织活动机能失去平衡，就会导致生殖激素的作用紊乱，造成家畜的繁殖机能下降，甚至导致不育。

近年来，随着畜牧业集约化程度的提高，要求家畜的繁殖活动更多地在人为控制条件下进行，如采用发情控制、胚胎移植等技术控制家畜的繁殖活动等，而这些先进技术的应用都离不开生殖激素。此外，妊娠诊断、分娩控制、某些不孕症的治疗，也往往要借助于生殖激素。被用做外源激素的生殖激素，除天然生殖激素的提取物外，更大量的是人工合成的各种生殖激素制剂及其类似物，它们比天然激素的成本低、产量多，且具有更高的活性，因而提高了在生产中的实用价值。

动物的繁殖以性腺的活动为基础，即两性的性腺产生雌、雄配子，配子受精形成合子，继而发育成新的个体。同时，性腺还产生性激素，引起动物产生一系列的形态、行为、生理生化变化。性腺的活动受垂体、下丘脑以及更高级神经中枢的调节，从而构成大脑—下丘脑—垂体—性腺相互调节的复杂系统。此外，繁殖过程还涉及其他外周器官的活动。

1. 大脑边缘系统

大脑边缘系统包括大脑边缘叶的皮质及皮质下核、边缘中脑区和边缘丘脑核等部分。边缘系统具有多方面的功能，与行为、内分泌、血压、体温和内脏活动等均有关。对于繁殖机能而言，边缘系统也是高级控制中枢，与性成熟、性行为、促性腺激素释放等都有密切关系。

2. 丘脑下部

丘脑下部又称下丘脑，也可算做边缘系统的组成部分。下丘脑包括第三脑室底部和部分侧壁。在解剖学上，下丘脑由视交叉、乳头体、灰白结节和正中隆起组成，底部突出以漏斗柄和垂体相连。

3. 垂体

（1）垂体的解剖特点 垂体是内分泌的主要腺体，它分泌的多种激素对繁殖活动发挥重要的调节作用。垂体位于大脑基部称为蝶鞍的骨质凹内，故又称为脑下垂体。垂体主要由前叶和后叶及两者之间的中叶组成。不同动物垂体中叶发育程度不一，如牛、马垂体中叶发育良好，猪则不很发达。垂体前叶主要是腺体组织，又称腺垂体，包括远侧部和结节部；垂体后叶主要为神经部，称为神经垂体。

（2）垂体与下丘脑的解剖学关系 垂体通过垂体柄与下丘脑相连。垂体后叶为漏斗柄的延续部分，来自下丘脑神经核（神经内分泌细胞）的神经纤维终止于神经后叶，并和血管接触，下丘脑合成的垂体后叶素在此贮存并释放进入血液循环。下丘脑各种神经核及其他神经核发出的神经纤维分布到漏斗部的毛细血管网，形成血管神经突触，下丘脑合成的神经激素借助于垂体门脉系统到达垂体前叶，调控前叶的激素合成和释放。

4. 性腺

雄性动物的睾丸和雌性动物的卵巢是重要的内分泌、旁分泌和自分泌器官。

5. 其他器官和组织

子宫、胎盘等器官和组织所分泌的激素不同程度、不同范围地参与动物繁殖机能的调节。

生殖激素的种类很多。根据来源和功能大致可分为三类：①来自下丘脑的促性腺激素释放激素，可控制垂体合成与释放有关的激素；②来自垂体前叶的促性腺激素，直接关系到配子的成熟与释放，刺激性腺产生类固醇激素；③来自性腺即睾丸或卵巢的性腺激素，对两性行为、第二性征和生殖器官的发育和维持以及生殖周期的调节，均起着重要的作用。此外，还有来自胎盘的一些激素，其中有些和垂体促性腺素类似，有些和性腺激素类似。

主要生殖激素的名称、来源、生理功能见表 6 – 1。

表 6 – 1　主要生殖激素的名称、来源、生理功能

名称	英文缩写	来源	主要生理功能
促性腺激素释放激素	GnRH	下丘脑	促进垂体前叶分泌促黄体素（LH）及促卵泡素（FSH）
促卵泡素（卵泡刺激素或促卵泡成熟素）	FSH	垂体前叶	促进卵泡发育或精子发生
促黄体素	LH	垂体前叶	促进卵泡成熟、排卵；促进孕酮、雄激素分泌
促乳素	PRL	垂体前叶	促进乳腺发育及泌乳；促进黄体分泌孕酮
催产素	OXT	下丘脑合成，垂体后叶释放	引起子宫收缩、排乳，加速配子运行
人绒毛膜促性腺激素	HCG	灵长类胎盘绒毛膜	与 LH 相似
孕马血清促性腺激素	PMSG	马胎盘	与 FSH 相似
雌激素	E	卵巢、胎盘	促进发情，维持第二性征；刺激雌性生殖道和乳腺管道发育，增强子宫收缩能力
孕激素	P	卵巢、胎盘	低浓度时与雌激素协同引起发情行为，高浓度时抑制发情；维持妊娠；促进乳腺泡发育
雄激素	A	睾丸	促进雄性第二性征和性行为、副性腺发育和功能
松弛素	RLX	卵巢、胎盘	刺激产道和韧带松弛，抑制子宫收缩
前列腺素	PG	广泛分布	多种生理作用，$PGF_{2\alpha}$ 促进子宫收缩
外激素		外分泌腺	促进性成熟，影响性行为

（1）生殖激素只调节反应的速度，不发动细胞内新的反应　激素只能加快或减慢细胞内的代谢过程，而不能发动细胞内的新反应。

（2）在血液中消失很快，但常常有持续性和累积性作用　例如，孕酮注射到家畜体内，在 10 ～ 20 min 内就有 90% 从血液中消失。但其作用要在若干小时甚至数天内才能显示出来。

（3）在畜体内微量的生殖激素就可以引起很大的生理变化　例如 1 pg（即 10^{-12} g）的雌二醇，直接用到阴道黏膜或子宫内膜上，就可以发生明显的变化。又如母牛在妊娠时每毫升血液中只含 6 ～ 7 ng（1 ng = 10^{-9} g）的孕酮，而产后仍含有 1 ng，两者的含量仅有 5 ～ 6 ng 之差异，就可导致母牛的妊娠和非妊娠之间的明显生理变化。

（4）生殖激素的作用有明显的选择性　各种生殖激素均有一定的靶组织或靶器官。如促性腺激素作用于卵巢和睾丸，雌激素作用于乳腺管道，而孕激素则作用于乳腺腺泡等，它们均具有明显的选择性。

（5）生殖激素间具有协同和抗衡作用　某些生殖激素之间对某种生理现象有协同作用。例如，子宫的发育要求雌激素和孕酮的共同作用，母畜的排卵现象就是促卵泡素和促黄体素协同作用的结果。生殖激素间的抗衡作用现象也常可见到，如雌激素能引起子宫兴奋，增加蠕动，而孕酮则可抵消这种兴奋作用。

二、生殖激素及其应用

1. 来源与特性

GnRH 主要由下丘脑某些神经细胞所分泌，松果体、胎盘也有少量分泌。从猪、牛、羊的下丘脑提纯的 GnRH 由 10 个氨基酸组成，人工合成的比天然的少 1 个氨基酸，但其活性大，有的比天然的高出 140 倍左右。

2. 生理功能

（1）GnRH 的主要作用　促使垂体前叶促性腺激素腺体细胞合成与释放 LH 和 FSH，但以 LH 的释放为主。

（2）刺激排卵　GnRH 能刺激各种动物排卵。用电刺激兔丘脑下部的腹侧可激发 GnRH 的释放，从而引起大量 LH 和少量 FSH 的分泌，使卵巢上的卵泡进一步发育而排卵。

（3）促进精子生成　GnRH 可促使雄性动物精液中的精子数增加，使精子的活动能力和精子的形态有所改善。

（4）抑制生殖系统机能　当大量长期应用 GnRH 时，具有抑制生殖机能甚至抗生育作用，如抑制排卵、延缓胚胎附植、阻碍妊娠、引起睾丸和卵巢萎缩以及阻碍精子生成。

（5）有垂体外作用　即促性腺激素可以在垂体外的一些组织中直接发生作用，而不经过垂体的促性腺激素途径。例如直接作用于卵巢影响性激素的合成，或直接作用于子宫、胎盘等。

3. 应用

GnRH 分子结构简单，易于大量合成，目前，人工合成的高活性类似物已广泛用于调整家畜生殖机能紊乱和诱发排卵。例如牛卵巢囊肿时，每天用 100 μg，可使前叶分泌 LH，促使卵泡囊肿破裂，使牛正常发情而繁殖。用 GnRH 2～4 mg 静脉注射或肌肉注射，能使 4～6 d 不排卵的母马在注射后 24～28 h 内排卵。用 150～300 μg GnRH 静脉注射可使母羊排卵。此外，GnRH 类似物可提高家禽的产蛋率和受精率，还可诱发鱼类排卵。

1. 来源与化学特性

（1）来源　促卵泡素又称卵泡刺激素或促卵泡成熟素，简称 FSH。在下丘脑促性腺激素释放激素的作用下，由垂体前叶促性腺激素腺体细胞产生。

（2）化学特性　促卵泡素是一种糖蛋白激素，分子质量大，猪约为 29 000 u，绵羊为 25 000～30 000 u，溶于水。其分子由 α 亚基和 β 亚基组成，并且只有在两者结合的情况下，才有活性。由于促卵泡素的提纯比较困难，且纯品很不稳定。因此，目前尚无提纯品。

2. 生理功能

（1）对母畜可刺激卵泡的生长发育　促卵泡素能提高卵泡壁细胞的摄氧量，增加蛋白质的合成；促进卵泡内膜细胞分化，促进颗粒细胞增生和卵泡液的分泌。一般来说，促卵泡素主要影响生长卵泡的数量。在促黄体素的协同下，促使卵泡内膜细胞分泌雌激素；激发卵泡的最后成熟；诱发排卵并使颗粒细胞变成黄体细胞。

（2）对公畜可促进生精上皮细胞发育和精子形成　促卵泡素能促进曲精细管的增大，促进生殖上皮细胞分裂，刺激精原细胞增殖，而且在睾酮的协同作用下促进精子形成。

3. 应用

（1）提早动物的性成熟　对接近性成熟的雌性动物，在孕激素配合应用，可提早发情配种。

（2）诱发泌乳乏情的母畜发情　对产后 4 周的泌乳母猪及 60 d 以后的母牛，应用 FSH 可提高发情率和排卵率，缩短其产犊间隔。

（3）超数排卵　为了获得大量的卵子和胚胎。应用 FSH 可使卵泡大量发育和成熟排卵，牛羊应用 FSH 和 LH，平均排卵数可达 10 枚左右。

（4）治疗卵巢疾病　FSH 对卵巢机能不全或静止、卵泡发育停滞或交替发育及多卵泡发育均有较好疗效。如母畜不发情、安静发情、卵巢发育不全、卵巢萎缩、卵巢硬化、持久黄体等（对幼稚型卵巢无反应），其用量为：牛、马为 200～450IU（国产制剂，下同）；猪 50～100IU，肌肉注射，每日或隔日 1 次，连用 2～3 次。若与 LH 合用，效果更好。

（5）治疗公畜精液品质不良　当公畜精子密度不足或精子活率低时，应用 FSH 和 LH 可提高精液品质。

1. 来源与化学特性

（1）来源　促黄体素又称黄体生成素，简称 LH，是由垂体前叶促黄体素细胞产生的。

（2）化学特性　促黄体素也是一种糖蛋白激素，其分子质量：牛、绵羊为 3 000 u，而猪为 100 000 u。其分子由 n 亚基和 p 亚基组成。促黄体素的提纯品化学性质比较稳定，在冻干时不易失活。

2. 生理功能

（1）对母畜　和 FSH 协同，促进卵巢血流加速，刺激卵巢最后成熟并分泌雌激素；在 FSH 作用的基础上 LH 突发性分泌能引起排卵和促进黄体的形成，并能促进牛、猪等动物的黄体释放孕酮。

（2）对公畜　可刺激睾丸间质细胞合成和分泌睾酮，这对睾丸、副性腺的发育和精子的最后成熟起决定性作用。

各种家畜垂体中 FSH 和 LH 的含量比例不同，与家畜生殖活动的特点有密切的关系。

例如，母牛垂体中 FSH 最低，母马的最高，猪和绵羊介于两者之间。就两种激素的比例来说，牛、羊的 FSH 显著低于 LH，而马的恰恰相反，母猪的介于中间。这种差别关系到不同家畜发情期的长短、排卵时间的早晚、发情表现的强弱以及安静发情出现的多少等。

3. 应用

促黄体素主要用于治疗排卵障碍、卵巢囊肿、早期胚胎死亡或早期习惯性流产、母畜发情期过短、久配不孕、公畜性欲不强、精液和精子量少等症。在临床上常以人绒毛膜促性腺激素代替，因其成本低，且效果较好。

近年来，我国已有了垂体促性腺激素 FSH 和 LH 商品制剂，并在生产中使用，取得了一定效果。在治疗马、驴和牛卵巢机能异常方面，一般用 FSH 治疗多卵泡发育、卵泡发育停滞、持久黄体；用 LH 治疗卵巢囊肿、排卵迟缓、黄体发育不全；用两种激素（FSH + LH）治疗卵巢静止或卵泡中途萎缩。所用剂量：牛每次肌肉注射 100～200 IU（目前所用单位为大鼠单位），马用 200～300 IU，驴用 100～200 IU。一般 2～3 次为一疗程，每次间隔时间马、驴为 1～2 d，牛为 3～4 d。

此外，这两种激素制剂还可用于诱发季节性繁殖的母畜在非繁殖季节发情和排卵。在同期发情处理过程中，配合使用这两种激素，可增进群体母畜发情和排卵的同期率。

1. 来源与性质

（1）来源　促乳素又称催乳素和促黄体分泌素，简称 PRL，由垂体前叶嗜酸性细胞所产生。

（2）性质　促乳素是一种蛋白质激素，其分子质量：羊的为 23 300 u，猪的为 25 000 u。同种家畜促乳素的分子结构、生物活性和免疫活性都十分相似。

2. 生理功能

促乳素的生理作用，因动物种类不同而有显著区别。从家畜生理的角度看，它的主要生理作用如下。

（1）促进乳腺的机能　它与雌激素协同作用于乳腺导管系统，与孕酮共同作用于腺泡系统，刺激乳腺的发育，与皮质类固醇激素一起激发和维持泌乳活动。

（2）促使黄体分泌孕酮

（3）对公畜　具有维持睾丸分泌睾酮的作用，并与雌激素协同，刺激副性腺的发育。

1. 来源与特性

催产素是在下丘脑视上核和室旁核内合成的 9 个氨基酸组成的多肽激素，并由垂体后叶贮存和释放。

2. 生理功能

催产素的生理功能主要表现在能强烈地刺激子宫平滑肌收缩，促进分娩完成；能使输卵管收缩频率增加，有利于两性配子运行；是排乳反射的重要环节，能引起排乳。

3. 应用

催产素在临床上常用于促进分娩机能，治疗胎衣不下和产后子宫出血，以及促进子宫排出其他内容物。在人工授精的精液中加入催产素，可加速精子运行，提高受胎率。

1. 来源与特性

（1）来源　孕马血清促性腺激素主要存在于孕马的血清中，它是由马、驴或斑马子宫内膜的"杯状"组织所分泌的。一般妊娠后 40 d 左右开始出现，60 d 达到高峰，此后，可维持至第 120 天，然后逐渐下降，至第 170 天时几乎完全消失。血清中 PMSG 的含量因品种不同而异，轻型马最高（每毫升血液中含 100 IU），重型马最低（每毫升血液中含

20 IU），兼用品种马居中（每毫升血液中含 50 IU）。在同一品种中，也存在个体间的差异。此外，胎儿的基因型对其分泌量影响最大，如驴怀骡分泌量最高，马怀马次之，马怀骡再次之，驴怀驴最低。

（2）特性　PMSG 是一种糖蛋白激素，含糖量很高，达 41% ~ 45%，其分子质量为53 000 u。PMSG 的分子不稳定，高温、酸、碱等都能引起失活，分离提纯也比较困难。

2. 生理功能

PMSG 与 FSH 的功能很相似，有着明显的促卵泡发育的作用；由于它可能含有类似 LH 的成分，因此它能促进排卵和黄体形成；对公畜还可促使精细管发育和性细胞分化。

3. 应用

（1）催情　PMSG 对于各种动物均有促进卵泡发育引起正常发情的效果。

（2）刺激超数排卵、增加排卵数　PMSG 来源广，成本低，作用缓慢，半衰期较 FSH 长，故应用广泛。但因系糖蛋白激素，多次持续使用易产生抗体而降低超排效果，在生产中常与 HCG 配合使用。

（3）促进排卵，治疗排卵迟滞　在临床上对卵巢发育不全、卵巢机能衰退、长期不发情、持久黄体以及公畜性欲不强和生精机能减退等效果都很好。

1. 来源与特性

（1）来源　人绒毛膜促性腺激素由孕妇胎盘绒毛的合胞体层产生，约在受孕第 8 天开始分泌，妊娠第 60 天左右时升至最高，至第 150 天左右时降至最低。

（2）特性　HCG 是一种糖蛋白激素，分子质量为 36 700 u，其分子由 r 亚基和 p 亚基组成，其化学结构与 LH 相似。

2. 生理功能

HCG 的功能与 LH 很相似，可促进母畜性腺发育，促进卵泡成熟、排卵和形成黄体；对公畜能刺激睾丸曲精细管精子的发生和间质细胞的发育。

3. 应用

目前应用的 HCG 商品制剂由孕妇尿液或流产刮宫液中提取，是一种经济的 LH 代用品。在生产上主要用于防治母畜排卵迟缓及卵泡囊肿，增强超数排卵和同期发情时的同期排卵效果。对公畜睾丸发育不良和阳痿也有较显著的治疗效果。常用的剂量为猪 500 ~ 1 000 IU，牛 500 ~ 1 500 IU，马 1 000 ~ 2 000 IU。

1. 来源

在雄激素中最主要的形式为睾酮，由睾丸间质细胞所分泌。肾上腺皮质部、卵巢、胎盘也能分泌少量雄激素，但其量甚微。公畜摘除睾丸后，不能获得足够的雄激素以维持雄性机能。睾酮一般不在体内存留，而是很快被利用或分解，并通过尿液或胆汁、粪便排出体外。

2. 生理功能

雄激素的生理功能主要为刺激精子发生，延长附睾中精子的寿命；促进雄性副性器官的发育和分泌机能，如前列腺、精囊腺、尿道球腺、输精管、阴茎和阴囊等；促进雄性第二性征的表现，如骨骼粗大、肌肉发达、外表雄壮等；促进公畜的性行为和性欲表现；雄激素量过多时，通过负反馈作用，抑制垂体分泌过多的促性腺激素，以保持体内激素的平衡状态。

3. 应用

雄激素在临床上主要用于治疗公畜性欲不强和性机能减退。常用制剂为丙酸睾酮，其使用方法及使用剂量如下：皮下埋藏，牛 0.5 ~ 1.0 g，猪、羊 0.1 ~ 0.25 g；皮下或肌肉注射，牛 0.1 ~ 0.3 g，猪、羊 0.1 g。

1. 来源

雌激素主要产生于卵巢，在卵泡发育过程中，由卵泡内膜和颗粒细胞分泌。此外，胎盘、肾上腺和睾丸（尤其是公马）也可产生一定量的雌激素。卵巢分泌的雌激素主要是雌二醇和雌酮，而雌三酮为前两者的转化产物。雌激素与雄激素一样，不在体内存留，而经降解后从尿粪排出体外。

2. 生理功能

雌激素为促使母畜性器官正常发育和维持母畜的正常性机能的主要激素。其中主要的是雌二醇，有以下生理功能：

①在发情时促使母畜表现发情和生殖道的一系列生理变化。如促使阴道上皮增生和角质化，以利交配；促使子宫颈管道松弛，并使其黏液变稀，以利交配时精子通过；促使子宫内膜及肌层增长，刺激子宫肌层收缩，以利精子运行和妊娠；促进输卵管增长和刺激其肌层活动，以利精子和卵子运行。

②促进尚未成熟的母畜生殖器官的生长发育，促进乳腺管状系统的生长发育。

③促使长骨骺部骨化，抑制长骨生长，因此，一般成熟母畜的个体较公畜为小。

④促使公畜睾丸萎缩，副性器官退化，最后造成不育。

3. 应用

近年来，合成类雌激素很多，主要有己烯雌酚、二丙酸己烯雌酚、二丙酸雌二醇、乙烯酸、双烯雌酚等。它们具有成本低、使用方便，吸收排泄快、生理活性强等特点，因此成为非常经济的天然雌激素的代用品，在畜牧生产和兽医临床上广泛应用。主要用于促进产后胎衣或木乃伊化胎儿的排出，诱导发情；与孕激素配合可用于牛、羊的人工诱导泌乳；还可用于公畜的"化学去势"，以提高肥育性能和改善肉质。合成类雌激素的剂量，因家畜种类和使用方法及目的不同而异。以己烯雌酚为例，肌肉注射时，猪 3 ~ 10 mg，马、牛 5 ~ 25 mg，羊 1 ~ 3 mg；埋藏时，牛 1 ~ 2 g，羊 30 ~ 60 mg。

1. 来源

孕酮为最主要的孕激素，主要由卵巢中黄体细胞所分泌。多数家畜，尤其是绵羊和马，妊娠后期的胎盘为孕酮更重要的来源。此外，睾丸、肾上腺、卵泡颗粒层细胞也有少量分泌。在代谢过程中，孕酮最后降解为孕二醇而被排出体外。

2. 生理功能

在自然情况下孕酮和雌激素共同作用于母畜的生殖活动，通过协同和抗衡进行着复杂的调节作用。若单独使用孕酮，可见以下特异效应。

①促进子宫黏膜层加厚，子宫腺增大，分泌功能增强，有利于胚泡附植。

②抑制子宫的自发性活动，降低子宫肌层的兴奋作用，可促使胎盘发育，维持正常妊娠。

③促使子宫颈口和阴道收缩，子宫颈黏液变稠，以防异物侵入，有利于保胎。

④大量孕酮对雌激素有抗衡作用，可抑制发情活动，少量则与雌激素有协同作用，促进发情表现。

3. 应用

孕激素多用于防止功能性流产，治疗卵巢囊肿、卵泡囊肿等，也可用于控制发情。孕酮本身口服无效，但现已有若干种具有口服、注射效能的合成孕激素物质，其效果远远大于孕酮，如甲孕酮（MAP）、甲地孕酮（MA）、氯地孕酮（CAP）、氟孕酮（FGA）、炔诺酮、16-次甲基甲地孕酮（MGA）、18-甲基炔诺酮等。生产中常制成油剂用于肌肉注射，也可制成丸剂皮下埋藏或制成乳剂用于阴道栓。其剂量一般为：肌肉注射，马和牛 100 ~ 150 mg，绵羊 10 ~ 15 mg，猪 15 ~ 25 mg；皮下埋藏，马和牛 1 ~ 2 g，分若干小丸分散埋藏。

1. 来源

松弛素主要产生于妊娠黄体，但子宫和胎盘也可以产生。猪、牛等的松弛素主要产生于黄体，而兔子主要来源于胎盘。松弛素是一种水溶性多肽类，其分泌量随妊娠而逐渐增长，在妊娠末期含量达到高峰，分娩后从血液中消失。

2. 生理功能

松弛素是协助家畜分娩的一种激素。但它必须在雌激素和孕激素预先作用下，随后促使骨盆韧带、耻骨联合松弛，子宫颈开张，以利胎儿产出。

1. 来源与特性

1934 年，有人分别在人、猴、山羊和绵羊的精液中发现了前列腺素。当时设想此类物质可能由前列腺分泌，故命名为前列腺素（PG）。后来发现 PG 是一组具有生物活性的类脂物质，而且几乎存在于身体各种组织中，并非由专一的内分泌腺产生，主要来源于精液、子宫内膜、母体胎盘和下丘脑。

前列腺素在血液循环中消失很快，其作用主要限于邻近组织，故被认为是一种"局部激素"。

2. 结构与种类

前列腺素的基本结构式为含有 20 个碳原子的不饱和脂肪酸。根据其化学结构和生物学活性的不同，可分为 A、B、C、D、E、F、G、H 多型。其中，最主要的是 PGA、PGB、PGE、PGF 四型，在家畜繁殖上则以 PGE、PGF 两类最为重要。

3. 生理功能

不同类型的前列腺素具有不同的生理功能。在调节家畜繁殖机能方面，最重要的是 PGF，其主要功能如下。

（1）溶解黄体 由子宫内膜产生的 $PGF_{2\alpha}$ 通过"逆流传递系统"由子宫静脉透入卵巢

动脉而作用于黄体，促使黄体溶解，使孕酮分泌减少或停止，从而促进发情。

（2）促进排卵　$PGF_{2\alpha}$。触发卵泡壁降解酶的合成，同时也由于刺激卵泡外膜组织的平滑肌纤维收缩，增加了卵泡内压力，导致卵泡破裂和卵子排出。

（3）与子宫收缩和分娩活动有关　PGE 和 PGF 对子宫肌都有强烈的收缩作用，子宫收缩（如分娩时）血浆 $PGF_{2\alpha}$ 的水平立即上升。PG 可促进催产素的分泌，并提高怀孕子宫对催产素的敏感性。PGE 可使子宫颈松弛，有利于分娩。

（4）可提高精液品质　精液中的精子数和 PG 的含量成正比，并能够影响精子的运行和获能。PGE 能够使精囊腺平滑肌收缩，引起射精。PG 可以通过精子体内的腺苷酸环化酶使精子完全成熟，获得穿过卵子透明带使卵子受精的能力。

（5）有利于受精　PG 在精液中含量最多，对子宫肌肉有局部刺激作用，使子宫颈舒张，有利于精子的运行通过。$PGF_{2\alpha}$ 能够增加精子的穿透力和驱使精子通过子宫颈黏液。

4. 应用

天然前列腺素提取较困难，价格昂贵，而且在体内的半衰期很短。如以静脉注射体内，1 min 内就可被代谢 95%，生物活性范围广，使用时容易产生副作用。而合成的前列腺素则具有作用时间长、活性较高、副作用小、成本低等优点，所以目前广泛地应用其类似物，如 15 - 甲基 $PGF_{2\alpha}$、$PGF_{1\alpha}$ 甲脂、ω - 乙基 - $\triangle \beta$-$PGF_{2\alpha}$。前列腺素在繁殖上主要应用于以下几方面。

（1）调节发情周期　$PGF_{2\alpha}$ 及其类似物能显著缩短黄体的存在时间，控制各种家畜的发情周期，促进同期发情，促进排卵。$PGF_{2\alpha}$ 的剂量，肌肉注射或子宫内灌注：牛为 2～8 mg，猪、羊为 1～2 mg。

（2）人工引产　由于 $PGF_{2\alpha}$ 的溶黄体作用，对各种家畜的引产有显著的效果。用于催产和同期分娩，$PGF_{2\alpha}$ 的用量：牛 15～30 mg，猪 2.5～10 mg，绵羊 25 mg，山羊 20 mg。

（3）治疗母畜卵巢囊肿与子宫疾病　如子宫积脓、干尸化胎儿、无乳症等症。剂量同上。

（4）可以增加公畜的射精量，提高受胎率　据报道，对公牛在采精前 30 min 注射 $PGF_{2\alpha}$ 20～30 mg，既可提高公牛的性欲，又能提高射精量，精液中 $PGF_{2\alpha}$ 的含量升高 45%～50%。在猪精液稀释液中添加 $PGF_{2\alpha}$ 2 mg/ml，绵羊精液稀释液中加 $PGF_{2\alpha}$ 1 mg/ml 均可显著提高受胎率。

1. 来源与特性

外激素是由外激素腺体释放的。外激素腺体在动物体内分布很广泛，主要的有皮脂腺、汗腺、唾液腺、下颌腺、泪腺、耳下腺、包皮腺等。有些家畜的尿液和粪便中亦含有外激素。

外激素的性质因分泌动物的种类不同而异。如公猪的外激素有两种：一种是由睾丸合成的有特殊气味的类固醇物质，贮存于脂肪中，由包皮腺和唾液腺排出体外；另一种是由须下腺合成的有麝香气味的物质，经由唾液中排出。羚羊的外激素含有戊酸，具有挥发性。昆虫的外激素有 40 多种，多为乙酸化合物。各种外激素都含有挥发性物质。

2. 应用

哺乳动物的外激素，大致可分为信号外激素、诱导外激素、行为激素等。对家畜繁殖来说，性行为外激素（简称性外激素）比较重要，主要应用于以下几方面。

（1）母猪催情　据试验，给断奶后第1、4天的母猪鼻子上喷洒合成外激素2次，能促进其卵巢机能的恢复；青年母猪给以公猪刺激，则能使初情期提前到来。

（2）母猪的试情　母猪对公猪的性外激素反应非常明显。例如，利用雄烯酮等合成的公猪性外激素对其刺激，发情母猪则表现静立反应，发情母猪的检出率在90%以上，而且受胎率和产仔率均比对照组提高。

（3）用于公畜采精　使用性外激素，可加速公畜采精训练。

（4）其他　性外激素可以促进牛、羊的性成熟，提高母牛的发情率和受胎率。外激素还可以解决猪群的母性行为和识别行为，为寄养提供方便的方法。

单元三　受精、妊娠和分娩

一、受精

精子进入卵母细胞，两者融合成一个合子的生理过程称为受精。

在自然情况下，大多数动物的受精发生在母畜输卵管壶腹部。精子从射精部位到达受精部位，以及卵母细胞从卵泡排出，进入输卵管到达受精部位的过程，均称为配子的运行。了解精子在母畜生殖道内运行及其保持受精能力的时间，以及卵母细胞在输卵管内运行及其保持受精能力的时间，对掌握适当的配种时间和提高受胎率具有重要的意义。

1. 精子在母畜生殖道内的运行

（1）射精部位　牛和羊一样，交配时精液射在阴道内子宫颈口的周围，这称为阴道射精型。猪交配时，阴茎可进入子宫颈，有时甚至可达到子宫角内；马属动物交配时，膨大的阴茎龟头可将松弛的子宫颈外口覆盖，将精液直接射入子宫，两者都称为子宫射精型。

（2）精子运行的过程　包括以下三个步骤。

①精子进入子宫颈。子宫颈是阴道射精型动物精子进入母畜生殖道的第一道生理屏障。屏障的作用是阻止衰老或畸形精子通过，而被子宫颈黏膜的绒毛颤动排回阴道，或被白细胞吞噬，起到对精子的初步筛选作用。子宫颈管内有许多隐窝对精子起暂时储存作用，具有缓慢释放精子，起到精子库的作用。因此，子宫颈也是阴道射精型动物的精子进入母畜生殖道后的第一个精子库。

②精子进入子宫。发情母畜在雌激素、前列腺素（来自精清）、催产素（经交配刺激后由垂体后叶释放）和少量的孕酮协同作用下，子宫肌发生强烈的间歇性收缩，这种收缩是由子宫颈向子宫角、输卵管方向逆蠕动。交配时这种逆蠕动力量更为强烈，子宫肌肉的收缩，推动子宫内液体的流动，促使子宫内的精子向宫管结合部运行。牛羊交配后约经

15 min即可在输卵管壶腹部出现少量精子；猪需2 h才有少量精子到达这个部位。

宫管结合部是阴道射精型动物的精子进入母畜生殖道的第二道生理屏障，也是第二个精子库。对子宫射精型动物，则是第一道生理屏障和第一个精子库。此处可连续24 h使活动的精子源源不断地向输卵管输送，在发情时牛的宫管结合部收缩关闭，限制了大量精子通过，只有生命力强的精子才能进入输卵管。宫管结合部还能限制异种动物的精子通过。

③精子进入输卵管。输卵管有同时输送精子与卵子向相反方向前进的功能。精子在输卵管中的运行主要受输卵管的蠕动与反蠕动的影响。当精子通过输卵管峡部进入壶腹部，两者连接处即为壶峡部，峡部也是暂时性精子库。壶峡部可限制精子进入壶腹部，防止多精子受精。在交配（授精）时，虽然有大量的精子进入母畜生殖道，但通过以上三个拦筛后，精子在母畜生殖道内分布很不均匀，阴道内多于子宫内，子宫内多于输卵管内。越接近受精部位精子越少，最后到达输卵管壶腹部的精子只有数十个至数千个。

（3）精子运行的动力　发情母畜在雌激素和少量孕酮的协同作用下，及在精清中的前列腺素和交配时释放的催产素的刺激下，使生殖道发生有节律的收缩，这是将精子推向受精部位的主要动力。当精子通过子宫颈以及在靠近和进入卵母细胞时，则主要依靠本身的活动能力。

（4）精子保持受精能力的时间　配种或输精后，由于母畜生殖道中的隐窝、子宫内膜腺和输卵管峡部的作用，使精子陆续到达壶腹部，并使到达壶腹部的精子数大为减少。各种动物到达的精子数虽然相差很大，但一般不超过1 000个。只有在一定数量的精子到达受精部位时，才能发生受精作用。各种家畜的精子在雌性生殖道内保持受精能力的时间见表6-2。

表6-2　精子与卵母细胞保持受精能力的时间　　　　（h）

种类	精子	卵子
牛	30~48	8~12
马	72~120	6~8
兔	30~36	6~8
绵羊	30~48	16~24
猪	24~72	8~10

2. 卵细胞在输卵管内的运行

（1）卵母细胞的接纳　母畜排卵时，在雌激素-孕酮比值变化所引起的激素作用下，输卵管伞部充血而撑开呈伞状，依靠输卵管系膜肌层的收缩作用而紧贴于卵巢表面。同时，卵巢固有韧带的收缩，使卵巢发生一种环绕其本身纵轴往返的缓慢旋转活动，从而便于输卵管接纳排出的卵母细胞。输卵管伞黏膜上的纤毛波动能够形成液流，使卵母细胞进入喇叭口。

（2）卵母细胞运行的过程　卵母细胞由输卵管漏斗向子宫方向运行，主要依靠输卵管上皮细胞纤毛的摆动以及壶峡部和宫管接合部的收缩活动。这些生理活动主要受卵巢激素的调节。

（3）卵母细胞保持受精能力的时间　卵母细胞保持受精能力的时间要比精子短得多。卵母细胞进入输卵管峡部时，就丧失了受精力，进入子宫的未受精卵母细胞，在几天之内就崩解而被吸收，或被白细胞吞噬。

受精开始于获能精子进入次级卵母细胞（马属动物为初级卵母细胞）的透明带，结束于雌原核与雄原核的染色体组合在一起，成为一个单一的合子细胞。

受精不但使卵母细胞因被精子激活而完成减数分裂，而且使合子发生卵裂。合子是新个体的第一个细胞，是新生命的开始。合子具有父母双方各半的遗传物质——染色体。这种结合在自然选择中可以促进物种的进化。

1. 精子的获能

哺乳动物的精子在母畜生殖道中经一定时间，精子膜发生生理生化的变化，获得与卵母细胞受精能力的过程，称为精子获能。获能是精子受精前的生理成熟。哺乳动物的精子必须先经获能，才能在接近卵母细胞透明带时发生顶体反应。

（1）精子获能的部位　最早的实验从母兔子宫内取得获能精子。其后，从输卵管峡部取到猪、牛等动物的获能精子。体外实验证明子宫液、卵泡液或其他组织液均可使精子获能，但这种获能不如在输卵管内那样完全。因此，可认为精子在子宫内开始获能，而在输卵管内完成获能，但不同的动物，精子获能的部位有差异。猪、牛的精子获能部位主要在输卵管（图 6-6）。

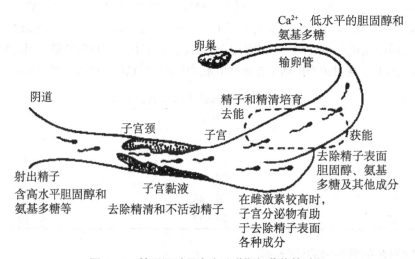

图 6-6　精子通过母畜生殖道期间获能的过程

（2）精子获能的可逆性　已获能的精子如再培养于精清中，可发生失能，失去与卵子受精的能力。失能的精子培养于输卵管液、卵泡液或人工配制的获能制剂中可再次获能。表明精子的获能有可逆性。

（3）精子获能所需时间　在自然情况下，交配发生在发情期，而排卵发生于发情末期或发情结束之后。在这一段时间内，精子早已通过母畜生殖道而到达受精地点，如遇卵母细胞，即可发生受精。由此可见，精子也就在通往受精部位的这一段时期内完成获能。估计家畜一次射精的精子陆续获能所需时间为 1.5~6 h。

2. 卵母细胞受精前的变化

未通过输卵管的卵母细胞即使与获能精子相遇也不能受精。卵母细胞在运行到输卵管受精部位的过程中，可能发生了某种类似精子获能的生理变化而获得与精子结合的能力。在体外受精中，卵母细胞需在体外培养液中培养若干小时才能受精。据此认为，卵母细胞和精子一样需经历一个类似精子获能的受精准备过程。

哺乳动物的受精过程主要包括以下几个主要步骤：精子穿过放射冠；精子穿过透明带；精子进入卵黄膜；原核形成及配子融合等（图6-7）。

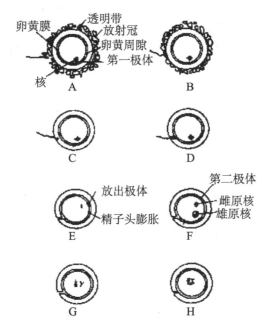

图6-7 受精过程

A. 精、卵相遇，精子穿入放射冠　B. 精子发生顶体反应　C. D. 精子释放顶体酶，水解透明带，进入卵黄周隙

E. 精子头膨胀，同时卵子完成第二次成熟分裂　F. 雄、雌原核形成，释放第二极体

G. 原核融合，向中央移动，核膜消失　H. 第一次卵裂开始

1. 精子穿过放射冠

受精前有大量精子包围着卵细胞。当精子穿过卵丘时，精子头部质膜和顶体外膜发生了复杂的膜融合，并形成小泡，从小泡之间的孔隙内释放出透明质酸酶和放射冠酶，在这些酶的共同作用下，使精子顺利地通过放射冠细胞而到达透明带的表面。

顶体形成的小泡和顶体内酶的激活与释放，被称为"顶体反应"。因透明质酸酶和放射冠酶不具有种间特异性，因此放射冠对精子没有选择性，不同动物的精子所释放的透明质酸酶均能溶解放射冠。

参与受精的精子虽是极少数，但精子的浓度对放射冠的作用有重要意义，当精子浓度大时，能释放更多的透明质酸酶，从而使黏蛋白的基质更容易被溶解，提高了精子的穿透性。

2. 精子穿过透明带

进入放射冠的精子，顶体发生改变和膨胀，当精子与透明带接触时，即失去头部前端的质膜及顶体外膜。在穿入透明带之前，精子与透明带有一段附着结合过程，此期间经历了前顶体素转变为顶体酶的过程。顶体酶将透明带的质膜软化，溶出一条狭窄、圆形隧道形通道，精子借助自身的运动能力钻入透明带内。大量研究表明，在受精过程中钻入透明带的精子不只一个，但它能阻止异种精子进入。

3. 精子进入卵黄膜

当精子进入透明带后，在卵黄周隙内停留一段时间而后触及卵黄膜，引起卵子发生特殊变化，使卵子从休眠状态苏醒过来，这种变化称为"激活"，引起卵黄膜收缩，释放出某些物质扩散到全卵的表面和卵黄周隙，从而使透明带关闭，后来的精子不能进入透明带。这种变化称为"透明带反应"。但家兔的卵子没有这种变化。

卵黄膜外覆盖密集的微绒毛，精子触及卵黄膜后，卵黄膜的微绒毛首先包住精子头部的核后帽区，并与该区的质膜融合，不久精子连同尾部一起进入卵黄膜内。大多数哺乳动物在精子接触卵黄膜之前，卵子的第一极体就存在于卵黄周隙中，当精子进入卵黄后，卵子才进行第二次成熟分裂，排出第二极体。进入卵黄膜的精子是有严格选择性的，一般只能进入一个。这说明只有那些尽快完成生理变化的精子才有条件进入，同时在最初的精子头部附着于卵黄膜表面所引起的透明带反应和卵黄膜"多精子入卵阻滞"也能有效地阻止其他精子再次进入卵子内。

4. 多精子阻抑

受精后，卵黄膜立即发生阻止多精子受精的变化。

（1）透明带反应　当精子穿过透明带，其头部赤道节与卵黄膜微绒毛黏合并进行双方的融合，并刺激发生透明带反应（也称皮质反应），卵母细胞被精子激活，使位于卵黄膜内许多皮质颗粒的包膜与卵黄膜融合，同时把皮质颗粒的内容物排入卵黄周隙，迅速传播到透明带，使透明带变性，破坏透明带上精子受体的特异性，或妨碍顶体酶对透明带的水解作用，从而阻止第二个精子穿入透明带。这是防止多精子受精的第一道屏障。但透明带反应往往不能完全阻止多精子进入透明带，有时仍可见到在卵黄周隙中有若干精子。

（2）卵黄膜封闭作用　当第一个精子穿入卵黄膜时，卵黄立即紧缩，使卵黄膜增厚，并排出部分液体进入卵黄周隙。卵黄膜的增厚，阻止了其他精子进入卵黄。这个反应称为卵黄膜封闭作用。卵黄膜封闭对防止多精子受精的作用很强，正常情况下，只允许一个精子进入卵黄。这是防止多精子受精的第二道屏障。此时，精子核开始膨大，其外部被进入卵黄的部分卵黄膜包围。

5. 原核形成及配子融合

精子进入卵黄后，头尾分离，头部继续膨大，细胞膜消失，呈现许多核仁，不久外周包上一层核膜，形成雄原核。大多数动物的卵母细胞，此时正处于减数分裂的中期，在精子进入卵黄膜后，很快排出第二极体，并开始形成雌原核。形成过程与雄原核的形成一样。

雌、雄原核同时发育，数小时内体积增大约20倍。雄原核略大于雌原核，在猪则两原核相等。经一段时期的发育后，两原核互相靠拢，接触、缩小体积，双方核膜交错嵌合。此后，双方的核仁和核膜消失，两个原核融合成一体。于是配子融合完成。原核的生存期为 $10 \sim 15$ h。在配子融合之前，DNA已发生复制。配子融合后，两组染色体合并而恢复双倍体，形成合子。受精至此完成。合子形成后，立即进入卵裂前期。各种家畜从精子进入卵母细胞到第一次卵裂的间隔时间为：兔12 h；猪 $12 \sim 14$ h；绵羊 $16 \sim 21$ h；牛 $20 \sim 24$ h。

哺乳动物的正常受精均为单精子受精，形成的合子发育成正常的新个体。异常受精则包括多精子受精、双雌核受精、雄核发育和雌核发育等。哺乳动物的异常受精占正常受精的 2% ~3%。

（1）多精子受精　发生的原因往往是配种延迟、卵母细胞衰老、阻止多精子受精的功能失常、形成多倍体。

（2）双雌核受精　是由于卵母细胞某一次减数分裂时，未排出极体所致，如此形成有3 个原核的三倍体。双雌核受精多见于猪，母猪发情开始后 36 h 以后配种，则 20% 以上的卵子是双雌核。猪的三倍体胚胎可能存活到附植后，但不久即死亡。

（3）雌核发育或雄核发育　在受精开始时雌核发育或雄核发育是正常的，但受精后如有一方的原核未能形成，即造成单倍体。多倍体和单倍体胚胎均不能正常发育，在发育早期死亡。

二、妊娠

胚胎发育在合子形成不久开始，由于染色体数目恢复了双倍体。所以，又可以不断地分裂——卵裂，同时向子宫移动，并在其特定阶段进入子宫，然后定位和附植。早期胚胎根据其发育特点，可以分为桑葚期、囊胚期和原肠期。

1. 桑葚期

受精过程的结束即标志着早期胚胎发育的开始。在透明带内早期胚胎细胞进行分裂称卵裂。第一次卵裂，合子一分为二，形成 1 个卵裂球的胚胎。自此以后，胚胎继续进行卵裂，每个卵裂球并不一定同时进行分裂，故可能出现 3、5 个，甚至 7 个细胞的时期。当卵裂细胞数达到 16 ~32 个，由于透明带的限制，卵裂球在透明带内形成致密的一团，形似桑葚，故称桑葚胚。这一时期主要在输卵管内完成，个别时也进入子宫。据试验，对 8 个细胞以前的胚胎，施行胚胎分割，每一细胞都有发育成新个体的潜力（图 6 - 8）。

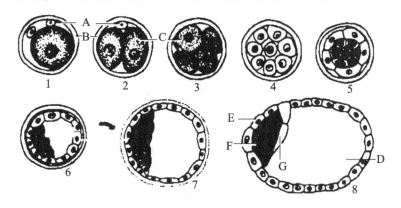

图 6 - 8　受精卵的发育

1. 合子（受精卵单细胞）　2. 二细胞期　3. 四细胞期　4. 八细胞期　5. 桑葚胚　6 ~8. 囊胚期

A. 极体　B. 透明带　C. 卵裂球　D. 囊胚腔　E. 滋养层　F. 内细胞团　G. 内胚层

2. 囊胚期

桑葚胚形成后，卵裂球分泌的液体在细胞间隙积聚，最后在胚胎的中央形成一充满液体的腔——囊胚腔。随着囊胚腔的扩大，多数细胞被挤在腔的一端，称内细胞团，将来发育成胎儿；而另一部分细胞构成囊胚腔的壁，称滋养层，以后发育为胎膜和胎盘。囊胚后期，胚胎从透明带脱出，称扩张囊胚。

3. 原肠期

随着胚胎的继续发育，出现了内、外两个胚层，此时的胚胎称原肠胚：原肠胚形成后，在内胚层和滋养层之间出现了中胚层，中胚层又分化为体壁中胚层和脏壁中胚层。两个中胚层之间的腔系，构成了以后的体腔。

4. 早期胚胎的迁移

胚胎在脱出透明带之前，一直处于游离状态。胚胎发育所需要的营养，来自子宫内膜腺和子宫上皮所分泌的物质（子宫乳）。不同的物种，胚胎在子宫内迁移的现象均有发生。多胎动物，如猪胚胎可从排卵一侧的子宫角游向子宫体，也可以游向另一侧子宫角。单胎动物胚胎内迁移很少，牛排一个卵子，胚胎总是在与黄体同侧的子宫角内；若一侧卵巢排2个卵子，其中一个卵子通过子宫体的只有10%。绵羊内迁移现象略高些，胚胎位于黄体对侧子宫角的占8%，而一个卵巢排2个卵子发生子宫内迁移的占90%。

胚胎在母体子宫内结束游离状态，并与母体建立紧密的联系的一个渐进的过程称为附植。据估计，家兔胚胎开始附植的时间为4~6 d，绵羊和牛为15~30 d。在附植前，胚胎进行卵裂和囊胚形成的同时，子宫也发生变化为附植做准备。在此期间，子宫肌肉的活动和紧张度减弱，这样有助于囊胚在子宫内存留。同时，子宫上皮的血液供应增加。在附植期间，子宫液的氨基酸和蛋白质含量也有改变，有些蛋白质仅在此期出现于子宫液，对胚胎有营养作用。

1. 胎膜

胎膜是胎儿的附属膜，是胎儿本体以外包被着胎儿的几层膜的总称。其作用是与母体子宫黏膜交换养分、气体及代谢产物，对胎儿的发育极为重要。在胎儿出生后，即被摒弃，所以是一个暂时性器官。它源于3个基础胚层，即外胚层、中胚层和内胚层。通常按其结构部位及功能而分为羊膜、尿膜、绒毛膜和卵黄囊。牛的胎膜如图6-9所示。

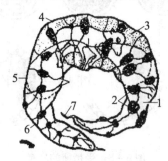

图6-9 牛的胎膜和胎囊

1. 尿囊腔　2. 子叶　3. 羊膜腔　4. 羊膜绒毛膜　5. 绒毛膜　6. 尿膜绒毛膜　7. 绒毛膜坏死端

（1）卵黄囊　在哺乳动物，卵黄囊由胚胎发育早期的囊胚腔形成。哺乳动物的卵只有卵黄体或很小的卵黄块。因此，卵黄囊只在胚胎发育的早期阶段起营养交换作用。一旦尿膜出现，其功能即为后者替代。随着胚胎的发育，卵黄囊逐渐萎缩，最后埋藏在脐带里，成为无机能的残留组织，而称为脐囊，这在马中的表现较为明显。

（2）羊膜 羊膜是包裹在胎儿外的一层膜，由胚胎外胚层和无血管的中胚层形成。在胚胎和羊膜之间有一充满液体的羊膜腔。羊膜腔内充满羊水，能保护胚胎免受震荡和压力的损伤，同时还为胚胎提供了向各方面自由生长的条件。羊膜能自动收缩，使处于羊水中的胚胎呈略为摇动状态，从而促进胚胎的血液循环。

（3）尿膜 尿膜由胚胎的后肠向外生长形成。其功能相当于胚体外临时膀胱，并对胎儿的发育起缓冲保护作用。当卵黄囊失去功能后，尿膜上的血管分布于绒毛膜，成为胎盘的内层组织。随着原液的增加，尿囊亦增大，在奇蹄类有部分尿膜和羊膜黏合形成尿膜羊膜，而与绒毛膜黏合则成为尿膜绒毛膜。

（4）绒毛膜 绒毛膜是胚胎最外层膜，表面有绒毛，富含血管网。除马的绒毛膜不和羊膜接触外，其他家畜的绒毛膜均有部分与羊膜接触。绒毛膜表面绒毛分布家畜间有不同。绒毛膜的整个形状，家畜间也不同。马的绒毛膜填充整个子宫腔，因而发育成两角一体。反刍动物形成双角的盲囊，孕角较为发达。猪的绒毛膜呈圆筒状，两端萎缩成为憩室。

（5）脐带 脐带是胎儿和胎盘联系的纽带，被覆羊膜和尿膜，其中有两支脐动脉，一支脐静脉（反刍动物有两支），有卵黄囊的残迹和脐尿管。其血管系统和肺循环相似，脐动脉含胎儿的静脉血，而脐静脉则是来自胎盘，富含氧和其他成分，具动脉血特征。脐带随胚胎的发育逐渐变长，使胚体可在羊膜腔中自由移动。

2. 胎盘

胎盘通常指由尿膜绒毛膜和子宫黏膜发生联系所形成的构造。其中尿膜绒毛膜部分称为胎儿胎盘，而子宫黏膜部分称为母体胎盘。哺乳动物发育的早期特点是胚胎通过胎盘从母体器官吸取营养。因此，对胎儿来说，胎盘是一个具有很多功能活动并和母体有联系但又相对独立的暂时性器官。

（1）胎盘的类型 胎盘的类型根据绒毛膜表面绒毛的分布一般分为四种类型，即弥散型胎盘、子叶型胎盘、带状胎盘和盘状胎盘（图6－10）。也有按照母体和胎儿真正接触的细胞层次将胎盘分为上皮绒毛型胎盘、结蹄组织型胎盘、内皮绒毛型胎盘和血绒毛型胎盘。

①弥散型胎盘。弥散型胎盘是动物中比较广泛的一种胎盘类型，这种类型的胎盘绒毛膜的绒毛分布在整个绒毛衰面，如猪、马。猪的绒毛有集中现象，即少数较长绒毛聚集在小而圆的称为绒毛晕的凹陷内。绒毛的表面有一层上皮细胞，每一绒毛上部都有动脉、静脉的毛细血管分布。与绒毛相对应，子宫黏膜上皮向深部凹入形成腺窝，绒毛插入此腺窝内，因此又称为上皮绒毛膜胎盘。

②子叶型胎盘。子叶型胎盘以反刍动物牛、羊为代表。绒毛集中在绒毛膜表面的某些部位，形成许多绒毛丛，呈盘状或杯状凸起，即胎儿子叶。胎儿子叶与母体子宫内膜的特殊突出物——子宫阜（母体子叶）融合在一起形成胎盘的功能单位。牛的子宫阜是凸出的，而绵羊和山羊则是凹陷的。胎儿子叶上的许多绒毛嵌入母体子叶的许多凹下的腺窝中。子叶之间一般无绒毛，表面光滑，故称子叶型胎盘。

③带状胎盘。带状胎盘以肉食类为代表，其绒毛膜上的绒毛聚集在绒毛囊中央，形成环带状，故称带状胎盘。绒毛膜在此区域与母体子宫内膜接触附着，而其余部分光滑。由

于绒毛膜上的绒毛直接与母体胎盘的结缔组织相接触，所以此类胎盘又称为上皮绒毛膜与结缔组织混合型胎盘。

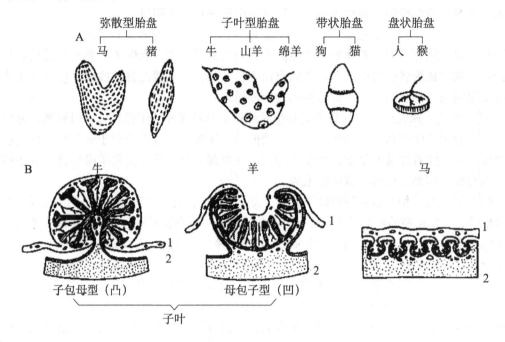

图6-10 胎盘的类型和结构

A. 胎盘外观示意　B. 牛、羊和马的胎盘结构示意

1. 尿膜绒毛膜（胎儿胎盘）　2. 子宫内膜（母体胎盘）

④盘状胎盘。胎盘呈圆形或椭圆形。绒毛膜上的绒毛在发育过程中逐渐集中，局限于一圆形区域，绒毛直接侵入子宫黏膜下方血窦内。因此，又称血绒毛型胎盘。啮齿类和灵长类（包括人）的胎盘属于盘状胎盘。

（2）胎盘的功能　胎盘是一个功能复杂的器官，具有物质运输、合成分解代谢及分泌激素等多种功能。

①胎盘的运输功能。胎盘的运输功能，并不是单纯的弥散作用。根据物质的性质及胎儿的需要，胎盘采取不同的运输方式，包括单纯弥散、加速弥散、主动运输、胞饮作用等。

②胎盘的代谢功能。胎盘组织内酶系统极为丰富。所有已知的酶类，在胎盘中均有发现。已知人类胎盘含酶有800～1 000种，即有氧化还原酶、转移酶、水解酶、异构酶、溶解酶及综合酶6大类，一般活性极高。因此，胎盘组织具有高度生化活性，具有广泛的合成及分解代谢功能。胎盘能以醋酸或丙酮酸合成脂肪酸，以醋酸盐合成胆固醇，亦能从简单的基础物质合成核酸及蛋白质，并具有葡萄糖、戊糖磷酸盐、三羧酸循环及电子转移系统。所有这些功能对胎盘的物质交换及下述的激素合成功能无疑都很重要。

③胎盘的内分泌功能。胎盘像黄体一样也是一种暂时性的内分泌器官，既能合成蛋白质激素如孕马血清促性腺激素、胎盘促乳素，又能合成甾体类激素。这些激素合成释放到胎儿和母体循环中，其中一些进入羊水被母体或胎儿重吸收，在维持妊娠和胚胎发育中起

调节作用。

三、分娩

分娩指怀孕期满，胎儿发育成熟，母体将胎儿及其附属物从子宫内排出体外的生理过程。引起分娩发动的因素是多方面的，由机械性扩张、激素、神经等多种因素互相协同、配合，母体和胎儿共同参与完成的。

1. 母体因素

（1）机械作用　胎膜的增长、胎儿的发育使子宫体积扩大，重量增加，特别是妊娠后期，胎儿的迅速发育、成熟，对子宫的压力超出其承受的能力就会引起子宫反射性收缩，引起分娩。

（2）激素

① 孕酮。胎盘及黄体产生的孕酮，在妊娠时对维持怀孕起着积极的作用。孕酮通过降低子宫对催产素、乙酰胆碱等催产物质的敏感性，抗衡雌激素，来抑制子宫收缩。这种抑制作用一旦被消除，就成为启动分娩的重要诱因。母体（除母马）血液中孕酮浓度变化恰巧发生在分娩之前，这是由于胎儿糖皮质类固醇刺激子宫合成前列腺素，抑制孕酮的产生所致。

② 雌激素。怀孕期间，雌激素刺激子宫肌的生长及肌球蛋白的合成，特别是在分娩时对提高子宫肌的规律性收缩具有重要作用。怀孕末期，高水平的雌激素还可克服孕激素对子宫肌的抑制作用，并提高子宫肌对催产素的敏感性，也有助于前列腺素的释放，从而触发分娩活动。

③ 前列腺素。$PGF_{2\alpha}$ 通过子宫动脉-卵巢静脉的逆流传递系统，到达卵巢，溶解黄体。分娩前 24 h，在胎儿肾上腺皮质激素的刺激下，母体（尤其是羊）胎盘分泌前列腺素急剧增多。它对分娩至少有三种作用：其一，刺激子宫肌的收缩；其二，溶解黄体，终止妊娠；其三，刺激垂体后叶释放催产素。

④ 催产素。催产素能使子宫发生强烈阵缩，启动分娩。

（3）神经系统　当胎儿的前置部分对子宫颈及阴道产生刺激时，神经反射的信号经脊髓神经传入大脑再进入垂体后叶，引起催产素的释放。此外，很多家畜的分娩多发生在晚间，这时外界的光线及干扰减少，中枢神经易于接受来自子宫及软产道的冲动信号，这说明外界因素可以通过神经系统对分娩发生作用。

2. 胎儿因素

牛和羊成熟胎儿的下丘脑—垂体—肾上腺系统对分娩发动具有重要作用。其依据如下：

① 切除胎儿的下丘脑、垂体或肾上腺，可以阻止分娩，怀孕期延长。

② 给切除垂体或肾上腺的胎儿滴注促肾上腺皮质激素（ACTH）或地塞米松则诱发分娩，而且给正常胎儿滴注 ACTH 或地塞米松诱发早产。

③ 人类的无脑儿、死产儿、摄入藜芦而发生的独眼羔羊，以及采食了猪毛菜的卡拉库尔羊，怀孕期延长，其共同缺陷为胎儿缺乏肾上腺皮质激素。

④ 注射类皮质激素后，孕酮浓度降低而雌激素和前列腺素升高。

综上所述，当胎儿发育成熟时，它的脑垂体分泌大量促肾上腺皮质激素，使胎儿肾上腺皮质激素的分泌增多，后者又引起胎儿胎盘分泌大量的雌激素，同时也刺激子宫内膜分泌大量的 $PGF_{2\alpha}$，溶解妊娠黄体，导致子宫肌节律收缩加强，发动分娩。

3. 免疫学机理

在胎儿发育成熟时，会引起胎盘的脂肪变性。由于胎盘的变性分离，使孕体遭到免疫排斥而与子宫分离。

分娩是胎儿从子宫中通过产道排出来。分娩正常与否，主要取决于产力、产道及胎儿等几个方面。

1. 产力

产力是指胎儿从子宫中排出的力量。它是由子宫肌及腹肌的有节律的收缩共同构成的。子宫肌的收缩，称为阵缩，是分娩过程中的主要动力。它的收缩是由子宫底部开始向子宫颈方向进行，收缩具有一阵阵的间歇性特点，这是由于乙酰胆碱及催产素的作用时强时弱所致。这对胎儿的安全非常有利，如果收缩没有间歇性，胎盘的血管就会受到持续性的压迫，血流中断，胎儿缺氧则窒息死亡。每次间歇时子宫肌的收缩暂停，但并不迟缓，因为子宫肌纤维除了收缩外，还发生皱缩。因此，子宫壁逐渐加厚，子宫腔也逐渐变小。腹壁肌和膈肌的收缩，称为努责，是随意性收缩，而且是伴随阵缩进行的。

2. 产道

（1）产道的构成 产道是分娩时胎儿由子宫内排出所经过的道路，它分为软产道和硬产道。

①软产道，包括子宫颈、阴道、前庭和阴门。在分娩时，子宫颈逐渐松弛，直至完全开张。

②硬产道，指骨盆，主要由荐骨与前2个尾椎、髂骨及荐坐韧带构成。骨盆分为以下四个部分。

入口：是骨盆的腹腔面，斜向前下方。它是由上方的荐骨基部、两侧的髂骨及下方的耻骨前缘围所围成。骨盆入口的形状大小和倾斜度对分娩时胎儿通过的难易有很大关系，入口较大而倾斜，形状圆而宽阔，胎儿则容易通过。

骨盆腔：是骨盆入口至出口之间的空间。骨盆顶由荐骨和前三个尾椎构成，侧部由髂骨、坐骨的髋白支和荐坐韧带构成，底部由耻骨和坐骨构成。

出口：是由上方的第一、第二、第三尾椎，两侧荐坐韧带后缘以及下方的坐骨弓围成。

骨盆轴：是通过骨盆腔中心的一条假想线，它代表胎儿通过骨盆腔时所走的路线，骨盆轴越短越直，胎儿通过越容易。

（2）分娩姿势对骨盆腔的影响 分娩时母畜多采取侧卧姿势，这样使胎儿更接近并容易进入骨盆腔；腹壁不负担内脏器官及胎儿的重量，使腹壁的收缩更有力，增大对胎儿的压力。分娩顺利与否和骨盆腔的扩张关系很大，而骨盆腔的扩张除受骨盆韧带，特别是荐坐韧带的松弛程度影响外，还与母畜立卧姿势有关。因为荐骨、尾椎及骨盆部的韧带是臀中肌、股二头肌（马、牛）及半腱肌、半膜肌（马）的附着点。母畜站立时，这些肌肉紧张，将荐骨后部及尾椎向下拉紧，使骨盆腔及出门的扩张受到限制。而母畜侧卧便于两腿向后挺直，这些肌肉则松弛，荐骨和尾椎向上活动，骨盆腔及其出口就能开张。

3. 分娩时胎儿与母体的相互关系

分娩过程正常与否，和胎儿与骨盆之间以及胎儿本身各部位之间的相互关系密切。

（1）胎向、胎位和胎势

①胎向。指胎儿的纵轴和母体纵轴的关系，胎向分三种。

纵向：胎儿的纵轴和母体纵轴互相平行。

竖向：胎儿的纵轴和母体纵轴上下垂直，胎儿的背部或腹部向着产道，称为背竖向或腹竖向。

横向：胎儿的纵轴和母体纵轴呈水平垂直，胎儿横卧于子宫内。

纵向是正常胎位，竖向和横向是反常的。严格的竖向和横向通常是没有的，都不是很端正的。

②胎位。指胎儿的背部与母体背部关系，有以下几种。

下位：胎儿仰卧在子宫内，背部朝下，靠近母体的腹部及耻骨。

上位：胎儿俯卧在子宫内，背部朝上，靠近母体的背部及荐部。

侧位：胎儿侧卧在子宫内，背部位于一侧，靠近母体左或右侧腹壁及髂骨。上位是正常的，下位和侧位是反常的。侧位如果倾斜不大，称为轻度侧位，仍可视为正常。

③胎势。指胎儿身体各部分之间的关系，即各部分是伸直的或屈曲的。

④前置（先露）。指胎儿头先进入产道，如正生时前躯前置，倒生时后躯前置。常用"前置"说明胎儿的反常情况，如前腿的腕部是屈曲的，腕部向着产道，叫腕部前置。

（2）分娩时胎位和胎势的改变　分娩时胎向不发生变化，但胎位和胎势则必须发生改变，使胎儿纵轴成为细长，以适应骨盆腔的情况，有利于分娩。这种改变主要靠阵缩压迫胎儿血管，胎儿处于缺氧状态，发生反射性挣扎所致。结果胎儿由侧位或下位转为上位，胎势由屈曲变为伸展。

一般家畜分娩时，胎儿多是纵向，头部前置，马98%～99%、牛约95%、羊70%、猪54%。牛、羊双胎时，多为一个正生一个倒生，猪常常是正倒交替产生。

正常姿势在正生时两前肢、头颈伸直，头颈放在两前肢上面；倒生时，两后肢伸直。这种以楔状进入产道的姿势，容易通过骨盆腔。

1. 分娩一般预兆

母畜分娩前，在生理和形态上发生一系列变化。对这些变化的全面观察，可以预测分娩时间，做好助产准备。

（1）乳房　分娩前迅速发育，腺体充实，有些底部水肿，可挤出少量清亮胶体液体或乳汁，乳头增大变粗。预测分娩时间可靠。

（2）外阴部　临近分娩前数天，阴唇柔软、肿胀、增大，黏膜潮红、稀薄滑润，子宫颈松弛。

（3）骨盆　骨盆及荐髂韧带松弛，荐骨活动性增大，尾根及臀部肌肉塌陷，骨盆血流量增多。

（4）行为　猪在分娩前6～12 h衔草做窝；兔拉胸腹毛做窝；羊前肢刨地，食欲下降，行为谨慎，僻静离群。

2. 分娩过程

分娩是借助子宫和腹肌的收缩，把胎儿及其附属膜（胎衣）排出来，可分为三个阶段：开口期（从分娩开始到子宫颈口开张）；产出期（从子宫颈口开张到胎儿产出）；胎衣排除期（从胎儿产出到胎衣排出）。

（1）开口期 从子宫开始间歇性收缩到子宫颈口完全开张直至与阴道之间的界限完全消失为止。这时期的特点是：母畜只有阵缩而不出现努责；初产孕畜表现起卧不安、举尾徘徊、食欲减退；经产孕畜一直表现安静。

由于子宫颈的扩张和子宫肌的收缩，迫使胎水和胎膜推向松弛的子宫颈，促使子宫颈口开张。开始子宫肌每隔 15 分钟收缩一次，每次持续 20 s，且随时间的进展，收缩频率、强度和持续时间增加，一直到最后以每隔几分钟收缩一次。

子宫颈口开张的原因：一是松弛素和雌激素作用使子宫颈变软；二是由于子宫颈是子宫肌的附着点，子宫肌收缩使子宫内压升高，子宫颈被迫开张。开张后，使胎儿和尿膜绒毛膜进入骨盆入口，尿膜绒毛膜在该处破裂，尿水流出阴门，假如紧接着不露出羊膜囊，就会发生难产。

（2）胎儿产出期 指从子宫颈完全开张到排出胎儿为止。由阵缩和努责共同作用，而努责是排出胎儿的主要的力量，它比阵缩出现的晚，停止早，每次阵缩时间为 2～5 min。而间歇期为 1～3 s，此期产畜极度不安、痛苦难忍，起先时常起卧、前蹄刨地、后肢踢腹、回顾腹部、嗳气、弓背努责；继而产畜侧卧、四肢伸直，强烈努责。呼吸脉搏加快，牛脉搏达 80～130 次/min、马 80 次/min、猪 160 次/min。

当羊膜随着胎儿进入骨盆入口，便引起膈肌和腹肌反射性和随意性收缩。胎儿最宽部分的排出时间最长，特别是头通过盆腔及其出口时母畜努责最强烈。如为正产，当肩部排出后，阵缩和努责较缓和，其余部分便迅速排出，仅胎衣仍留在子宫内。

牛羊的胎盘属子叶性，胎儿产出时胎盘与母体子叶继续结合供氧，不会发生窒息。但马、驴属于弥散性胎盘，胎儿与母体的联系在开口期开始不久就已破坏，切断了氧的供应，所以在产出期应尽快排出胎儿，以免胎儿发生窒息。

（3）胎衣排出期 胎衣是胎儿附属膜的总称，此期指从胎儿排出后到胎衣完全排出为止。其特点是胎儿排出后，产畜即安静下来。经过几分钟，子宫主动收缩，有时还配合轻度努责而使胎衣排出。

排出胎衣的机理：子宫强烈收缩，从绒毛膜和子叶中排出大部分血液使母体子宫黏膜腺窝压力降低；胎儿排出后，母体胎盘的血液循环减弱，子宫黏膜腺窝的紧张性减低；胎儿胎盘血液循环停止，绒毛膜上的绒毛体积缩小，间隙增大，使绒毛很容易从腺窝中脱落。由于母体胎盘血管不受到破坏，所以各种家畜的胎衣脱落都不会引起出血。

1. 助产前准备

①提前对产房进行卫生消毒。

②根据配种卡片和分娩征兆，分娩前一周转入产房。

③铺垫柔软干草，消毒外阴部，尾巴拉向一侧。

④准备必要的药品及用具：肥皂、毛巾、刷子、绷带、消毒液（新洁尔灭、来苏尔、

酒精和碘酒）、产科绳、镊子、剪子、脸盆、诊疗器械及手术助产器械。

⑤母畜多在夜间分娩，应做好夜间值班，遵守卫生操作规程。

2. 正常分娩的助产

一般情况下，正常分娩无须人为干预。助产人员主要任务在于监视分娩情况和护理仔畜。

（1）保证胎儿顺利产出和母畜的安全　应按以下步骤和方法（主要针对马、牛、羊）进行。

①清洗母畜的外阴部及其周围，并用消毒药水擦洗。马、牛需用绷带缠好尾根，拉向一侧系于颈部；在产出期开始时，穿好工作服及胶围裙、胶靴，消毒手臂，准备做必要的检查工作。

②为了防治难产，当胎儿前置部分进入产道时，可将手臂消毒后伸入产道，进行检查，确定胎儿的方向、位置及姿势是否正常。如果胎儿正常，正生时三件（唇、二蹄）俱全，可自然排出。此外还可检查母畜骨盆有无变形，阴门、阴道及子宫颈的松软程度，以判断有无产道反常而发生难产的可能。

③当胎儿唇部或头部露出阴门外时，如果上面盖有羊膜，可帮助撕破，并把胎儿鼻腔内的黏液擦净，以利呼吸。但不要过早撕破，以免胎水过早流失。

④阵缩和努责是仔畜顺利分娩的必要条件，应注意观察。胎头通过阴门困难时，尤其当母畜反复努责时，可沿骨盆轴方向帮助慢慢拉出，但要防止会阴撕裂。

猪在分娩时，有时两胎儿的产出时间拖长。这时如无强烈努责，虽产出较慢，但对胎儿的生命没有影响；如曾强烈努责，但下一个胎儿并不立即产出，则有可能窒息死亡。这时可将手臂及外阴消毒后，把胎儿掏出来；也可注射催产药物，促使胎儿尽早排出来。

（2）对新生仔畜的处理

①擦净鼻孔内的羊水，并观察呼吸是否正常。

②处理脐带。胎儿产出后，脐血管由于前列腺素的作用而迅速封闭。所以，处理脐带的目的并不在于防止出血，而是希望断端及早干燥，避免细菌侵入。结扎和包扎会妨碍断端中液体的渗出及蒸发，而且包扎物浸上污水后反而容易感染断端，不宜采用。只要在脐带上充分涂以碘酒或在碘酒内浸泡，每天一次，即能很快干燥。碘酒除有杀菌作用外，对断端也有鞣化作用。

③擦干身体。将小马及仔猪身上的羊水擦干，天冷时尤需注意。牛、羊可由母畜自然舔干，对头胎羊需注意，不要擦羔羊的头颈和背部，否则母羊可能不认羔羊。

④扶助仔畜站立，帮助吃初乳。

⑤检查胎衣是否完整和正常，以便确定是否有部分胎衣不下和子宫内是否有病理变化。

3. 产后期及新生仔畜的护理

（1）产后期　指胎盘排出、母体生殖器官恢复到正常不孕的阶段。此阶段是子宫内膜的再生、子宫复原和重新开始发情周期的关键时期。

①子宫内膜的再生。分娩后子宫黏膜表层发生变性、脱落，由新生的黏膜代替曾作为母体胎盘的黏膜。在再生过程中，变性的母体胎盘、白细胞、部分血液及残留羊水、子宫腺分泌物等被排出，最初为红褐色，以后变为黄褐色，最后为无色透明，这种液体叫恶

露。恶露排出的时间：马为 2~3 d，牛为 10~12 d，绵羊为 5~6 d，山羊为 14 d 左右，猪为 2~3 d。恶露持续时间过长，说明子宫内有病理变化。

牛子宫阜表面上皮，在产后 12~14 d 通过周围组织的增殖开始再生，一般在产后 30 d 内才全部完成；马产后第一次发情时，子宫内膜高度瓦解并含有大量白细胞，一般产后 13~25 d 子宫内膜完成再生；猪子宫上皮的再生在产后第一周开始，第三周完成。

②子宫复原。指胎儿、胎盘排出后，子宫恢复到未孕时的大小。子宫复原时间：牛需 30~45 d，马产驹 1 个月之后，绵羊 24 d，猪 28 d。

③发情周期的恢复牛：卵巢黄体在分娩后才被吸收，因此产后第一次发情较晚。若产后哺乳或增加挤奶次数，发情周期的恢复就更长。一般产犊后卵泡发育及排卵常发生于前次未孕角一侧的卵巢。马：卵巢黄体在妊娠后半期开始萎缩，分娩时黄体消失。因此分娩后很快就有卵泡发育，且产后发情出现的早。一般产后十几天便发生第一次排卵。猪：分娩后黄体很快退化，产后 3~5 d 便可出现发情，但因此时正值哺乳期，卵泡发育受到抑制，所以不排卵。

（2）新生仔畜的护理

①注意观察脐带。脐带断端一般于生后 1 周左右干缩脱落，仔猪生后 24 h 即干燥。此期注意观察，勿使仔畜间互相舔吮，防止感染发炎。如脐血管闭缩不全，有血液滴出，或脐尿管闭缩不全，有尿液流出，应进行结扎。

②保温。新生仔畜体温调节能力差，体内能源物质储备少，对极端温度反应敏感。尤其在冬季，应密切注意防寒保温，如采用红外线保姆箱（伞）、火炕（墙、炉）、暖气片或空调等，确保产房适宜温度。

③早吃、吃足初乳。初乳不仅含有丰富的营养（大量的维生素 A 可防止下痢；大量的蛋白质无须经过消化，可直接被吸收）及较多的镁盐（软化和促进胎粪排出），而且含有大量抗体，可增加仔畜抵抗力。

④预防疾病。由于遗传、免疫、营养、环境等因素以及分娩的影响，常在生后不久多发疾病，如脐带闭合不全、胎粪阻塞、白肌病、溶血病、仔猪低血糖、先天性震颤等。因此，应积极采取预防措施：一是做好配种时的种畜选择；二是加强妊娠期间的饲养管理；三是注意环境卫生。对于发病者针对其特征及时进行抢救。

技能考核项目

1. 说出公畜和母畜的生殖器官各由哪些部分组成？
2. 说出按照来源，生殖激素如何划分？
3. 说出母畜分娩有哪些征兆？
4. 如何护理产后母畜和新生仔畜？
5. 说出母牛为什么容易发生难产？

复习思考题

一、名词解释

产力　产道　胎向　胎位　胎势　前置

二、判断题

1. 卵巢是母畜的性腺，睾丸是公畜的生殖腺。

2. 阴囊的主要作用是保护睾丸。

3. 牛、羊、猪阴茎体上都有一个"S"状弯曲。

4. 精子最适宜在高渗透压下存活。

5. 家畜睾丸的温度应低于体温。

6. 猪、马输精管的壶腹部比较发达，而牛、羊则没有壶腹部。

7. 在马、牛、羊、猪四种家畜中，猪的射精量最大。

8. 精子在有氧环境中可以延长存活时间。

9. 精子靠自身运动从输精部位到达受精部位。

10. 马的胎盘是绒毛膜胎盘。

11. 生殖激素是指由动物生殖器官产生的激素。

12. 前列腺素是由动物的前列腺产生的。

13. 睾丸只能产生雄激素，不能产生雌激素。

14. 前列腺可用于家畜诱发分娩和治疗繁殖疾病。

15. 促进母畜发情排卵的主要激素是雄激素。

16. 精子的发生过程有赖于促卵泡素、促黄体素和雄激素的调节。

17. 促黄体素可以促进睾丸间质细胞合成和分泌雄激素。

18. 卵巢分泌的主要激素是雌激素和孕酮

19. 副性腺液的 pH 值一般偏酸性，能增强精子的运动能力。

20. PMSG 与 LH 的作用相似。

三、简答题

1. 各种公畜的生殖器官的构造有哪些特点？

2. 叙述睾丸和附睾的形态、位置及其主要生理功能？

3. 各种母畜的卵巢、输卵管、子宫的位置和结构有哪些特点？

4. 公畜有哪些副性腺？它们有哪些主要生理机能？

5. 叙述前列腺素的来源和主要生理功能，它在畜牧生产上有何用途？

6. 叙述下丘脑、垂体、性腺和生殖激素之间的相互关系？

7. 试述分娩是如何发动的？怎样才能保证正常分娩？

8. 母畜分娩有哪些征兆？

9. 如何护理产后母畜和新生仔畜？

10. 如何做好正常分娩的助产工作？

11. 母牛为什么容易发生难产？怎样预防？

项目七 畜禽繁殖技术

【知识目标】

了解母畜发情鉴定的方法。

【技能目标】

懂得精液品质检查、精液稀释、输精的方法与步骤。

【链接】

胚胎移植、胚胎分割。

【拓展】

野生动物的繁殖问题的解决。

单元一 发情鉴定与发情控制

母畜的繁殖过程是一个发生、发展直至衰老的过程。性的活动显示出一定的规律性。雌性动物发情后，如果配种受精，便开始妊娠，发情周期自动终止。如果没有配种或配种后未受胎，便继续进行周期性发情。

一、发情的概念

1. 性活动

母畜发育到一定阶段，会出现性发育、性成熟等性活动的现象。雌性动物性活动的主要特点是具有周期性。

2. 性发育

性发育的主要标志是雌性动物生长发育到一定时期，卵巢开始活动，在雌激素的作用下，出现明显的雌性第二性征，如乳房增大、皮下脂肪沉积增加。当雌性动物第一次出现发情和排卵时，就达到了初情期。

1. 初情期

雌性动物第一次出现发情表现并排卵的时期，称为初情期。如猪 3～4 月龄，牛 8～10 月龄初情期的长短与动物繁殖力有关，也受品种、气候、饲养水平和出生季节等因素的影响。

2. 性成熟期

雌性动物在初情期后，一旦生殖器官发育成熟，发情和排卵正常并具有正常的生殖能力，则称为性成熟。如猪 5～6 月龄，牛 10～12 月龄。性成熟的主要标志是发情和排卵正常并具有正常的生殖能力。

性成熟期与初情期有类似的发育规律，即不同动物种类、同种动物不同品种以及饲养水平、出生季节、气候条件等因素都对性成熟期有影响。

3. 适配年龄

在生产中一般选择在性成熟后一定时期才开始配种。适配年龄的确定应根据其具体生长发育情况和使用目的而定，一般在开始配种时的体重应为其成年体重的70%左右，如猪6月龄以后，牛1.5岁以后。

4. 体成熟期

动物出生后达到成年体重的年龄，称为体成熟期。雌性动物在适配年龄后配种受胎，身体仍未完全发育成熟，只有在产下2～3胎以后，才能达到成年体重。

5. 繁殖能力停止期

繁殖能力停止期的长短与动物的种类及终身寿命有关。此外，同种动物内品种、饲养管理水平以及动物本身的健康状况等因素，均可影响繁殖能力停止期，如猪6岁，牛10～12岁。

1. 发情周期的概念

动物从一次发情开始至下次发情开始、或者从一次发情结束到下次发情结束所间隔的时间，称为发情周期。各种动物的发情周期长短不一，同种动物内不同品种以及同一品种内不同个体，发情周期可能不同。

发情是母畜发育到一定时期后产生的周期性的性活动的现象。是由卵巢上的卵泡发育引起，受下丘脑—垂体—卵巢轴控制的生理现象。某些动物如绵羊（湖羊例外）只有在特定季节才发情，称为季节性发情，而湖羊、山羊、猪、牛等动物在全年均可发情，称为非季节性发情。雌性动物发情时，主要包括卵巢、生殖道和行为的变化。

（1）生殖道变化　发情时随着卵泡的发育、成熟，雌激素分泌增加，孕激素分泌减少。排卵后开始形成黄体，孕激素分泌增加。由于雌激素和孕激素的交替作用，引起生殖道的显著变化。

（2）卵巢变化　雌性动物一般在发情开始前3～4 d，卵巢上的卵泡开始生长，至发情前2～3 d卵泡迅速发育，卵泡内膜增生，卵泡液分泌增多，卵泡体积增大，卵泡壁变薄而突出于卵巢表面，至发情症状消失时卵泡已发育成熟，卵泡体积达到最大。在激素的作用下，卵泡壁破裂，卵子从卵泡内排出，即排卵。

（3）血管系统变化　雌性动物发情时随着卵泡分泌的雌激素量增多，生殖道血管增生并充血，至排卵前卵泡达到最大体积，雌激素分泌达到最高峰，生殖道充血最明显。排卵时，雌激素水平骤然降低，引起充血的血管发生破裂，血液从生殖道排出体外。

（4）黏膜变化　以牛为例，输卵管的上皮细胞发情时快速增长，至发情后由于孕激素的作用，子宫内膜增厚；阴道黏膜在发情时呈现水肿和充血；外阴在发情时充血、肿胀，是鉴别发情的主要特征之一。

（5）子宫腺体变化　发情时子宫腺体生长发育加快并分泌大量黏液，是鉴别发情的另一主要特征。排卵前由于雌激素的作用，子宫腺分泌的大量稀薄黏液从阴道排出体外，排卵后由于孕激素的作用，黏液量分泌减少而变浓稠。

（6）肌肉变化　发情时子宫肌细胞的大小和活动也发生变化，表现为子宫肌细胞变长，收缩频率加快，收缩幅度减小。

（7）行为变化　发情开始时，雌性动物兴奋不安，对外界环境变化特别敏感，表现为食欲减退、鸣叫、喜接近公畜，或举腰拱背、频繁排尿，或到处走动，甚至爬跨其他雌性动物或障碍物。

2. 发情周期阶段的划分

阶段的划分主要有二种方法，由于侧重面不同，实际意义也不同。四分法主要侧重于发情征状，适于进行发情鉴定时使用；二分法侧重于卵泡发育，适于研究卵泡发育、排卵和超数排卵的规律和新技术时使用。

（1）四分法

①发情前期：相当于发情周期的 16～18 天。卵巢上的黄体已经萎缩或退化，新的卵泡开始发育。但此时母畜还无性欲表现，母畜不接受公畜和其他母畜的爬跨。

②发情期：有明显发情征状的时期，相当于发情周期的 1～2 天。精神兴奋，食欲减退，接受公畜或其他母畜的爬跨，外阴充血肿胀、湿润，有交配欲。

③发情后期：是发情征状逐渐消失的时期，相当于发情周期的 3～4 天。发情状态由兴奋转为抑制，母畜拒绝爬跨，外阴肿胀逐渐消失。

④间情期：又称休情期，相当于发情周期 4～15 天。性欲消失，精神和食欲恢复正常。

（2）二分法　随着对卵泡发育、排卵和黄体形成规律的深入认识，在研究卵泡发育和超数排卵规律及方法时，逐渐习惯于将发情周期划分为卵泡期和黄体期。从时间分布的均衡性方面分析，该法对大动物发情周期的描述比较适宜。

①卵泡期：指卵泡从开始发育至发育完全并破裂、排卵的时期，在猪、马、牛、羊、驴等大动物中约持续 5～7 天，约占整个发情周期（17 或 21 天）的 1/3，相当于发情前期第 1 天至发情期第 2 天或发情后期第 1 天。

②黄体期：指黄体开始形成至消失的时期。在发情周期中，卵泡期与黄体期交替进行。卵泡破裂后形成黄体。黄体逐渐发育，待生长至最大体积后又逐渐萎缩，至消失时卵泡开始发育。

影响雌性动物周期性发情或发情周期的因素很多，除环境因素外，遗传因素和饲养管理水平都有影响。

1. 遗传因素

遗传因素对发情周期的影响主要表现在：不同动物种类、同种动物不同品种以及同一品种不同家系或不同个体间的发情周期长短不一。对于季节性发情的动物，只有在发情季节才有发情周期出现。

2. 环境因素（主要包括光照、气温和湿度）

光照时间的变化对于季节性发情动物（如绵羊、野生动物）发情周期的影响比较明显。某些动物在长日照（白天时间逐渐延长的季节）或人工光照条件下，可提早发情或提高产蛋率，这些动物通常称为长日照动物，马、貂和蛋鸡即如此。绵羊和鹿的发情季节发生于光照时间最短的季节，即秋分至春分，所以称为短日照动物。

猪、牛、水牛、羊等动物对高温环境特别敏感，高温可以抑制动物的发情。

二、发情鉴定

1. 牛、羊发情鉴定常用方法

鉴定母牛发情的方法有外部观察法、试情法、阴道检查法和直肠检查法等。

（1）外部观察法（外部行为特征观察法）　外部观察法是鉴定母牛发情的主要方法，主要根据母牛的外部表现来判断发情情况。母牛发情时往往兴奋不安，食欲和奶量减少，尾根举起；追逐、爬跨其他母牛并接受它牛爬跨；发情牛爬跨其他牛时，阴门搐动并滴尿，具有公牛交配动作；外阴部红肿，从阴门流出黏液。

（2）试情法　试情法是根据母牛爬跨的情况来发现发情牛，这是最常用的方法。此法尤其适用于群牧的繁殖母牛群，可以节省人力，提高发情鉴定效果。试情法有两种：一种是将结扎输精管的公牛放入母牛群中，日间放在牛群中试情，夜间公母分开，根据公牛追逐爬跨情况以及母牛接受爬跨的程度来判断母牛的发情情况；另一种是将试情公牛接近母牛，如母牛喜靠公牛，并作弯腰弓背姿势，表示该母牛可能发情。

母牛发情鉴定的目的是及时发现发情应配母牛，正确掌握配种时间，适时配种，防止误配漏配。实践证明，正确掌握母牛发情和排卵规律、抓住最佳配种期进行适时配种是提高母牛受胎率的重要措施之一。

（3）阴道检查法　阴道检查法是用阴道开张器来观察阴道的黏膜、分泌物和子宫颈口的变化来判断发情与否。发情母牛阴道黏膜充血潮红，表面光滑湿润；子宫颈外口充血、松弛、柔软开张，排出大量透明的纤维性黏液，如玻棒状（俗称吊线），不易折断。黏液最初稀薄，随着发情时间的推移，逐渐变稠，量也由少变多。到发情后期，量逐渐减少且黏性差，颜色不透明，有时含淡黄色细胞碎屑或微量血液。不发情的母牛阴道苍白、干燥，子宫颈口紧闭，无黏液流出。

（4）直肠检查法　进行直肠检查法时，检查者须将指甲剪短、磨光，手臂上涂润滑剂，先用手抚摸肛门，然后将手指并拢成锥形，以缓慢的旋转动作伸入肛门，掏出粪便。再将手伸入肛门，手掌展平，掌心向下，按压抚摸，在骨盆腔底部可摸到一个长圆形质地较硬的棒状物，即为子宫颈。沿子宫颈再向前摸，在正前方可摸到一个浅沟，即为角间沟。沟的两旁为向前向下弯曲的两侧子宫角。沿着子宫角大弯向下稍向外侧，可摸到卵巢。用手指检查子宫角的形状、大小、反应以及卵巢上卵泡的发育情况，来判断母牛的发情。发情母牛子宫颈稍大、较软，由于子宫黏膜水肿，子宫角体积也增大，子宫收缩反应比较明显，子宫角坚实。在子宫角的两侧，可摸到两个卵巢，卵巢上发育的卵泡突出卵巢表面、光滑，触摸时略有波动，发育最大时的直径为 $1.8 \sim 2.5$ cm，排卵前有一触即破感。不发情的母牛，子宫颈细而硬，子宫较松弛，触摸不那么明显，收缩反应差。成年母牛的卵巢较育成牛大（因为经过多次发情，不少退化的黄体仍然存在），卵巢的表面有小突起，质地坚实。

2. 母猪的发情鉴定

对于初产母猪，$6 \sim 7$ 月龄时开始表现发情行为。为了提高母猪的窝产仔数，建议跳过其第一次发情，到母猪第二次发情时再输精或者配种。大多数情况下，初产母猪在给仔猪断奶后 7～10 d 开始下一次发情。成年健康的经产母猪通常在给仔猪断奶后 4～7 d 天发情。发情母猪的外阴部开始轻度充血红肿，逐渐变得明显，阴户内黏膜的颜色由粉红转为深红，有爬跨其他母猪的表现，也任其他母猪爬跨，这是母猪发情的最基本表现。当用力压母猪背部，母猪呆立不动（又称静立反射），则说明母猪已进入发情旺期，最适合输精。

三、发情控制

应用某些外源激素或药物以及管理措施人工控制母畜个体或群体发情并排卵的技术，称为发情控制。发情控制分为诱导发情、同期发情和排卵控制。

诱导单个母畜发情并排卵的技术，称为诱导发情。在畜牧业生产中常发现，有些母畜生长发育到初情期后，仍不出现第一次发情或成年母畜长期无发情表现，也有些母畜在分娩后甚至在断乳后迟迟不出现发情。为了提高繁殖效率，常常对这些乏情母畜进行诱导发情。

1. 牛的诱导发情

（1）孕激素处理法　与孕激素同期发情处理方法相同，常处理 9～12 d，可促进静止的卵泡活动和卵泡发育。如孕激素处理结束时，给予一定量的 PMSG 或 FSH，效果会更加明显。

（2）PMSG 处理法　处理前应确认乏情母牛卵巢上应无黄体存在。使用 750～1 500 IU 或 3.5 IU/kg 体重的 PMSG 肌肉注射，可促进卵泡的发育和发情。10d 内仍未发情的可再次同法处理，剂量应稍加大。

（3）FSH 处理法　使用 FSH 纯品诱导发情时，剂量为 5～7.5 mg，分 6～8 次，连续 3～4 d，分上、下午各注射 1 次。

（4）GnRH 处理法　目前使用的是 GnRH 的合成类似物，有促排卵素 2 号（LRH-A2）和促排卵 3 号（LRH-A3），使用剂量为 0.05～0.1 mg，一次肌肉注射。

2. 羊的诱导发情

多数羊属于季节性发情动物，在休情期内或产羔不久作诱导发情处理，可获得正常的发情和配种受胎。对于那些发情季节到来后仍不发情的母羊，也可通过处理诱导其正常的发情。用孕激素制剂处理 9～12 d（皮下埋植或阴道栓），孕激素处理结束前 1～2 d 或当天肌肉注射 500～1 000 IU PMSG，能够取得较好的诱导发情效果。

3. 猪的诱导发情

诱导哺乳母猪发情并排卵，效果最好的方法是肌肉注射孕马血清促性腺激素（PMSG 750～1 000 IU），处理时期一般在分娩后第 6 周，若早于这个时期，则需加大激素用量。提早断奶是诱导发情的方法之一，但断奶时间愈早，断奶至出现发情的间隔时间愈长。

4. 马的诱导发情

乏情母马可用促性腺激素和（或）前列腺素进行诱导发情，用盐水冲洗子宫也可促进发情。

使一群母畜在同一时期内发情并排卵的技术，称为同期发情。同期发情的实质是诱导家畜群体在同一时期集中发情排卵的方法，在畜牧生产中的主要意义是便于组织生产和管理，提高畜群的发情率和繁殖率。同期发情的基本原理是通过调节发情周期，控制群体母畜的发情排卵在同一时期发生，使黄体期延长或缩短的方法，通过控制卵泡的发生或黄体的形成，均可达到同期发情并排卵。

延长黄体期最常用的方法是进行孕激素处理，常用的有孕酮、甲孕酮、甲地孕酮、18-甲基炔诺酮、16-次甲基甲地孕酮等。它们对卵泡发育具有抑制作用，通过抑制卵泡期的到来而延长黄体期。处理方法有皮下埋植、阴道栓、口服和肌肉注射等。

缩短黄体期的方法有：①注射前列腺素；②注射促性腺激素；③注射促性腺激素释放激素等。

牛的同期发情：孕激素和前列腺素是诱导同期发情最常用的激素，前者通常用皮下埋植或阴道栓给药方式，后者一般以肌肉注射方式给药，若采用子宫灌注投药，可节省用药量。

（1）孕激素阴道栓塞法　取 18-甲基炔诺酮 50 ~ 100 mg，用色拉油溶解，浸于海绵中。海绵呈圆柱形，直径和长度约 10 cm，在一端系一细绳。在发情周期的任意 1 d，利用开张器将阴道扩张，用长柄钳夹住海绵，送入阴道中，使细绳暴露在阴门外，14 ~ 16 d 后拉住细绳将海绵栓取出。为了提高发情率，最好在取出海绵后肌肉注射 PMSG 或氯前列烯醇。

除海绵栓外，国外有阴道硅橡胶环孕激素装置，使用方法同海绵栓。这种装置由硅橡胶环和附在环内用于盛装孕激素的胶囊组成。另一种孕激素装置为 CIDR（原产于新西兰），孕酮含量为 1.38 mg，形状呈"Y"字形，尾端有尼龙绳。用特制的放置器将阴道栓放入阴道，首先将阴道栓收小，装入放置器内，将放置器推入子宫颈口周围，推出阴道栓，取出放置器即完成。

（2）孕激素埋植法　将 18-甲基炔诺酮 20 ~ 40 mg 及少量消炎粉装入塑料细管中，并在管壁上打一些孔，以便药物释放。利用兽用套管针将细管埋植于耳背皮下，9 ~ 12 d 后将细管挤出，同时注射 PMSG 500 ~ 800 IU，取出后，大多母牛在 2 ~ 5 d 内发情排卵。

使单个或多个母畜发情并控制其排卵的时间和数量的技术称为排卵控制。排卵控制包括控制排卵时间和排卵数目两个方面的内容。所谓控制排卵的时间也就是在母畜发情周期的适当时候，用促性腺激素处理，诱发母畜排卵，以代替母畜靠自身的促性腺激素作用下的自发排卵，也即促使成熟的卵泡提早排卵。而控制排卵数，是指利用促性腺激素处理增加发情母畜的排卵数目。根据不同的目的又分为以增加排卵数为主要目的的超数排卵和以一产多胎为目的的限数排卵。超数排卵多用于胚胎移植，而限数排卵多用于母畜的一产多胎。

1. 诱发排卵

（1）牛的诱发排卵　牛从发情至排卵的时间相对而言较为稳定，一般在发情后的 8 ~ 12 h，只有少数可能会延至数十小时，在这种情况下需要用外源激素促进排卵，以提高配种受胎率。诱发排卵的激素用量是：50 ~ 100 IU LH，1 000 ~ 2 000 IU HCG；用药时间：一般在配种前数小时或第一次配种的同时注射。

（2）兔的诱发排卵　家兔属于诱发性排卵动物，不加以交配或子宫颈不给予刺激不能排卵。即使实施上述方法排卵数和胎儿数也不多。为此用 5 ~ 10 IU LH 或 1 000 ~ 2 000 IU

HCG 来诱发排卵，可得到理想的效果。

2. 同期发情

（1）牛的同期排卵 利用 PG 对牛进行同期发情，其同期化程度比用孕激素处理效果差，受胎也低。为此，在同期发情处理后，注射 100 IU LH、1 000～2 000 IU HCG 以使排卵进一步同期化，提高同期发情后的受胎率。

（2）母猪的同期排卵 母猪在同期发情处理后，其发情的变化范围比牛、羊大，很少能定时，而是观察到发情后适时输精。而同期发情处理后再作同期排卵处理，可使排卵同期化，以定时输精。对初情期前的母猪用 800～1 000 IU PMSG 处理后 72 h，肌肉注射 500 IU HCG，大型母猪断奶当天或 1 d 后用 1 000～1 500 IU PMSG 处理后 72 h，肌肉注射 700～1 000 IU HCG，以提高排卵的同期化程度。

（3）羊的同期排卵 羊同期发情后，通过观察发情来确定输精不能正确反映同期发情的效果。而作定时输精则因排卵的同期化程度不高对受胎率有一定的影响。因此，在孕激素同期发情处理结束后 24～48 h 或 PG 处理后 48～72 h 肌肉注射 400 IU HCG，可提高配种受胎率。

3. 超数排卵

详见单元四，现代繁殖新技术中的胚胎移植技术。

单元二　人工授精

一、概述

人工授精就是使用器械采集公畜的精液，再用器械把经过检查和处理后的精液输入到母畜生殖道内，以代替公、母畜自然交配而繁殖后代的一种繁殖技术。

1. 人工授精的发展概况

自 20 世纪 40 年代以来，人工授精技术蓬勃发展，已成为家畜品种改良的重要手段。目前，人工授精技术在牛、猪、羊的生产中推广应用比较普及，尤其在奶牛和黄牛生产中，冷冻精液人工授精技术得到迅速地普及和发展。

2. 人工授精在家畜生产中的意义

人工授精是用器械采取公畜的精液，再用器械把精液注入到发情母畜生殖道内，以代替公、母畜自然交配的一种配种方法，它有下列优点。

①有效地改变家畜的配种过程，提高优良种公畜的配种效能和种用价值。利用人工授精，每头公畜可配的母畜数超过自然交配的配种母畜数许多倍（猪、马、羊），甚至数百倍（牛）。特别在现代技术条件下，一头优良公牛每年配种的母牛可达万头以上。

②加快家畜品种改良速度，促进育种工作进程。这样就能只选择质量优秀的公畜用于配种，从而成为迅速增殖良种家畜的有效方法。

③由于每头公畜可配的母畜数增多，减少了种公畜的饲养头数，降低其饲养管理费用。

④由于人工授精必须遵守操作规程，公、母畜不接触即可完成配种，可防止各种接触性疾病的传播。

⑤克服公、母畜因体格相差过大不易交配，或生殖道因某些异常不易受胎的困难，并能及时发现不孕症等生殖器官疾病，有利于提高母畜的受胎率。

⑥冷冻精液可以长期保存和运输，母畜配种不受地域限制，并可开展国际间的交流和贸易，代替种公畜的引进。

⑦用保存的精液经运输可使母畜配种不受地区的限制和有效地解决公畜不足地区的母畜配种问题。

3. 人工授精的基本技术环节

人工授精的基本技术环节包括公畜的采精，精液品质检查，精液的稀释、保存（液态保存、冷冻保存）与运输，冷冻精液的解冻与检查以及输精等。

二、采精

采精是人工授精工作中的重要技术环节，必须按照操作规程的要求做好采精工作，以保证公畜正常、充分的性行为表现，采集到量多、质优、无污染的精液。

1. 采精场地

采精应有专用的场地，以便使公畜建立稳固的条件反射。最好在宽敞、平坦、安静、清洁、避光的采精室内进行。如为室外采精场，则要注意地势平坦干燥、避风、肃静、有围墙、避免阳光直射。场内要设有采精架以保定台畜，或设立假台畜，供公畜爬跨进行采精。采精场地应与精液处理室相连。

2. 台畜的准备

台畜的选择要尽量满足种公畜的要求，可利用活台畜或假台畜。采精时用发情良好的母畜作台畜效果最好，经过训练过的公、母畜也可作台畜。对于活台畜来说应性情温顺、体壮、大小适中、健康无病。采精前，将台畜保定在采精架内，对其后躯特别是尾根、外阴、肛门等部位进行清洗、擦干，保持清洁。

应用假台畜采精，简单方便且安全可靠，各种家畜均可采用。假台畜的骨架可用木材或金属材料等制成，要求大小适宜、坚固稳定、表面柔软干净，模仿母畜的轮廓或外面披一张母畜的畜皮即可，猪的采精台更为简单，可做成轻巧灵活的长凳或具有高低调节的装置。

3. 种公畜的准备和调教

公畜采精前必须用诱情的方法促使公畜有充分的性兴奋和性欲，尤其对性欲迟钝的公畜要采取改换台畜、变换位置及观摩其他家畜爬跨等方法。

利用假台畜采精必须对种公畜进行调教，使其建立条件反射。一般方法是：

①在假台畜旁牵一发情母畜，诱使其爬跨数次，但不使其交配，当公畜性兴奋达高峰时即牵向假台畜使其爬跨。

②在假台畜后躯涂抹发情母畜的阴道分泌物或尿液，刺激公畜的性欲并引诱其爬跨假台畜，经过几次采精后即可调教成功。

③将待调教的公畜拴系在假台畜附近，让其观看另一头已调教好的公畜爬跨假台畜采精，然后再诱导其爬跨假台畜。

另外，训练公猪时，可利用另一头公猪爬跨过的假台猪，或将其他采精公猪的尿液涂抹在假台猪上，诱使调教的公猪接触，引起爬跨反射。

在调教过程中，一定要反复进行训练，耐心诱导，切勿施加逼迫、抽打、恐吓等不良刺激，以免引起调教困难。第一次采精成功后，还要经过几次反复，并注意非配种季节也要定期采精，从而巩固公畜建立的条件反射。

采精方法有多种，目前比较常用的方法有假阴道法、手握法、按摩法、电刺激法等。

1. 假阴道法

假阴道法适用于各种家畜。该方法是模拟母畜阴道环境条件，并诱导公畜在其中射精，从而获取精液的方法。应用此方法采精的三个主要条件是假阴道的温度、压力和润滑度。

（1）假阴道的结构　假阴道是一圆筒状结构，主要由外壳、内胎、集精杯（瓶、管）及附件构成。外壳由硬橡胶或轻质铁皮制成，其上带有一个开关的小孔，可由此注入温水和吹入空气。内胎为柔软而富有弹性的橡胶制成，装在外壳内，构成假阴道内壁。集精杯由暗色玻璃或橡胶制成，装在假阴道的一端。此外，还有固定集精杯用的外套、固定内胎用的胶圈、连接集精杯用的橡胶漏斗、充气调压用的气卡等。各种家畜的假阴道结构基本相同，但形状各异，大小不一（图7-1）。

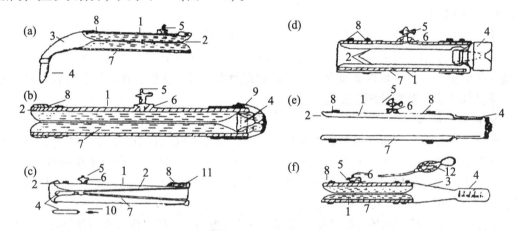

图7-1　各种家畜的假阴道

（引自：魏国生．动物生产概论．北京：中央广播电视大学出版社，1999）

（a）欧式牛用假阴道　　（b）苏式牛用假阴道　　（c）西川式牛用假阴道

（d）羊用假阴道　　（e）猪用假阴道　　（f）羊用假阴道

1. 外壳　2. 内胎　3. 橡胶漏斗　4. 集精管（杯）　5. 气嘴　6. 注水孔　7. 温水　8. 固定胶圈

9. 集精杯固定套　10. 瓶口小管　11. 假阴道入口泡沫垫　12. 双联球

（2）假阴道的安装　假阴道在使用前必须进行洗涤、安装内胎、消毒、冲洗、注水、涂润滑剂、调节温度和压力等步骤。

①温度：假阴道内胎的温度因公畜而异，一般控制在 38～40 ℃。可通过注入相当于假阴道内、外壳容积 2/3 的温水来保持，温度不当往往造成采精失败。集精杯也应保持在 34～35 ℃，以防止射精后因温度变化对精子的影响。

②压力：借助注水和空气来调节假阴道的压力。压力不足不能刺激公畜射精，压力过大则使阴茎不易插入或插入后不能射精。以假阴道内胎入口处形成"Y"形为宜。

③润滑度：用消毒的润滑剂对假阴道内表面加以润滑，涂抹部位是假阴道全长的1/2～2/3。但涂沫润滑剂不宜太多，以免混入精液，降低精液品质。

另外，还要注意凡是接触精液的部分，如内胎、集精杯、橡胶漏斗等均需严格消毒。外壳、内胎、集精杯要仔细检查，不能有裂隙或漏水、漏气。

采精前，假阴道入口处用消毒过的纱布 2~4 层盖住，防止污染。一般将装好的假阴道放入 40~42 ℃的恒温箱内，以免采精前温度下降。

（3）采精操作　利用假台畜（图 7-2）采精时，有一种是将假阴道安置到假台畜后躯内，公畜爬跨假台畜将精液射于假阴道内而收集精液。这个方法比较简单且安全。

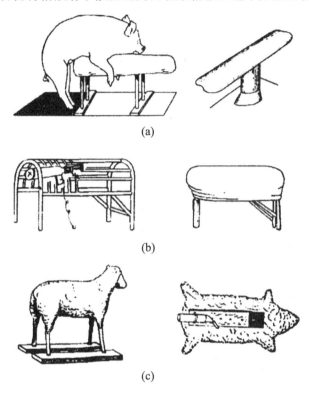

(a)

(b)

(c)

图 7-2　猪、马、羊的采精架

（引自：魏国生. 动物生产概论. 北京：中央广播电视大学出版社，1999）

（a）左为公猪爬跨假台猪图；右为两端式假台猪　（b）左为假台马的结构（已装上假阴道）；右为假台
马外形，牛亦可参照此图　（c）左为假台羊外形；右为假阴道安装位置

公牛采精时，采精人员应站立于台畜的右后侧，右手握住假阴道，集精杯一端向上。当公畜爬跨时，将假阴道与公畜阴茎方向成一直线，将阴茎导入假阴道入口内，公畜的后躯向前冲即射精，随后将假阴道集精杯向下倾斜，以使精液完全流入集精杯内。当公畜爬下时，采精人员应持假阴道随阴茎后移，打开开关，放出空气，当阴茎自行软缩脱出后迅速而自然地取下假阴道，立即送入精液处理室检查，取下集精杯，盖上集精杯盖。

公牛和公羊对假阴道的温度比压力更敏感，因此要求温度更准确。牛、羊阴茎导入假阴道时，要用掌心托住包皮，切勿用手抓握阴茎。牛、羊交配时间短，仅几秒钟，因此，采精过程要求迅速、敏捷、准确，并注意避免阴茎突然弯折而损伤。

公马和公驴对假阴道的压力的要求比温度更为重要。可用手握住阴茎中后部导入假阴道内，阴茎在假阴道内来回抽动数次才能射精，因此，采精时要牢固地将假阴道固定于台畜内部。马、驴射精时，阴茎基部、尾根部呈现有节奏收缩和搏动。

公兔采精以手握假阴道置于台兔后肢的外侧，在公兔爬跨台兔时，将假阴道口趋近阴茎挺出的方向，当公兔阴茎一旦插入假阴道内，就会前后抽动数秒钟，随后向前一挺，后肢蜷缩向一侧倒下，同时发出叫声，表示射精结束。

对驯服好的雄鹿也可采用假阴道采精，其方法基本同牛。为避免雄鹿与人接触恐慌，可将假阴道固定在台鹿右后部，并覆盖一块鹿皮隐蔽。可将集精杯口上盖一块薄胶膜，膜上留有一直径 1 cm 左右的小圆孔，射精时，其阴茎前端插入小孔中，可防止精液倒流。

2. 手握法

手握法采精一般适用于公猪及犬的采精，具有设备简单、操作方便，能选择采集精子浓稠部分的精液。但也存在精液容易污染和精子易受低温打击等缺点，应加以注意。

（1）公猪的手握法采精　手握法采精是模仿母猪子宫颈对公猪螺旋状阴茎龟头约束力而引起射精的生理刺激，以手握其阴茎龟头呈节奏性松紧给予压力进行刺激，因此适当的压力十分重要。

采精操作时，采精人员要带上灭菌乳胶手套，一只手持瓶口带有特制过滤纸或4层纱布的集精瓶或杯，蹲在假台畜一侧，待公猪爬跨台猪后，先用0.1%高锰酸钾溶液清洗消毒公猪的阴茎包皮及其周围，然后再用灭菌生理盐水冲洗并擦干。当阴茎从包皮内开始伸出时立即紧握龟头，待其抽送片刻后，手呈拳状有节奏的对阴茎施加压力，以不使阴茎滑脱为准。待阴茎充分勃起时，顺势牵引向前即能引起公猪射精。

（2）犬的手握法采精　操作者右手戴上乳胶手套（图 7-3），轻缓地抓住公犬阴茎，左手拿住玻璃试管及漏斗，位于公犬的左侧准备收集精液。用拇指和食指握住阴茎，轻轻从包皮拉出，将龟头球握在手掌内并给予犬手握法采精适当的压力，一般公犬的阴茎即会充分勃起，而有的公犬需经按摩包皮后阴茎方能勃起，大约经20 s即射精，射精过程持续3~22 min。在采精时还要注意不能使阴茎接触器械，否则会抑制其射精，延长射精时间。由于公犬分段射精，可在射精间隙更换集精容器。犬的射精分为三段射出。第一部分是由尿道球腺分泌的水样液体，无精子；第二部分是富含精子的部分，为白色黏滑液体；最后部分是前列腺分泌物，量最多但不含有精子。

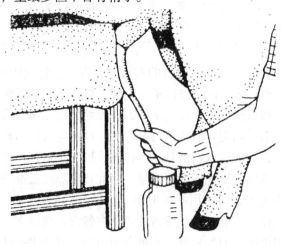

图 7-3　猪的徒手采精法

（引自：张忠诚. 家畜繁殖学（第4版）. 北京：中国农业出版社，2006）

3. 电刺激法

电刺激法是利用电刺激采集器，通过电流刺激公畜（雄兽）引起射精而进行采精的一种方法。适用于各种家畜和动物，尤其对于那些种用价值高而失去爬跨能力的优良种畜或不适宜用其他方法采精的小动物和野生动物，更具有实用性。

电刺激采集器由电子控制器和电极棒两部分组成，采精时依据动物种类、大小、个体特性等，适当调节好频率、刺激电压、电流及时间。调节时，一般由低向高渐次进行。

电刺激法采集的精液量一般较多，而精子密度较低。

4. 按摩法

按摩法采精适用于无爬跨能力的公牛和禽类。对牛采精操作时应先将直肠内的宿粪排除，剪去包皮口的长毛，将手伸入直肠膀胱背侧稍后部位，轻柔按摩精囊腺，刺激其分泌部分精清，可排出包皮之外，然后将食指放在两输精管末端的壶腹部之间，而壶腹部一侧为中指和无名指，另一侧为拇指。按摩时，手指向前向后滑动并轻轻伴以压力，反复进行按摩，即可引起公牛精液流出，由助手将精液接于集精管中。

为减少细菌污染，助手最好配合在公牛后腹部由上向下按摩阴茎的"S"状弯曲部，使阴茎伸出包皮外，利于精液收集。用该方法采精比用假阴道法所采集的精子密度低，细菌污染程度高。

禽的按摩法采精操作可双人或单人进行。双人操作时，保定员用左、右手分别将公鸡两腿握住，使其自然分开，拇指扣住翅膀，使公鸡尾部朝向采精员。采精员以酒精棉球消毒泄殖腔周围，待酒精挥发后进行采精。采精时先用右手中指与无名指之间夹着集精杯，杯口朝外或朝内，握于手心内，以避免按摩时公鸡排粪污染。然后以左手拇指为一方，其余四指为另一方，从鸡翼根部沿体躯两侧滑动，推至尾脂区，如此反复按摩数次，引起公鸡性欲。接着采精员立即以左手掌将尾羽拨向背部，同时右手掌紧贴公鸡腹部柔软处，拇指与食指分开，于耻骨下缘抖动触摸若干次，当泄殖腔外翻露出退化交配器时，左手拇指与食指立刻捏住泄殖腔上缘，轻轻挤压，公鸡立刻射精，右手迅速用集精杯接取精液。采集到的精液置于水温25～30℃的保温瓶内以备输精。

单人操作时，采精员坐在凳上，将公鸡保定在两腿间，头部朝左下侧，可空出两手，按上法按摩即可。

采精频率是指每周内对公畜的采精次数。

为维持种公畜正常的性生理机能，保持健康的体况和最大限度的提高射精量及精液品质，合理安排利用种公畜的采精频率是十分重要的。

各种公畜的采精频率应根据其正常生理状况下可产生的精子数量与附睾内精子的贮量、每次射精量及其精子总数、精子活率、精子形态正常率及公畜的饲养管理状况和性活动等因素来决定。

生产实际中，成年公牛一般每周采精2次，也可以每周采3次，隔日采精；青年公牛精子产量较成年公牛少1/3～1/2，采精次数应酌减。公猪和公马每次射精时排出大量的精子，很快使附睾尾部贮存的精子排空，所以，采精频率适宜隔日一次，如生产需要每日采精一次，则在一周内连续采精几天后停采休息1～2 d。犬的采精频率依其精子产生的生理特性，可隔日采精一次。

三、精液品质检查

1. 精液的组成

精液是公畜性腺、副性腺及输精管道的分泌物，由精子和精清组成，精子占较小的比例。精清是附睾、副性腺、输精管壶腹的分泌物，占精液的大部分。精液中干物质只有2% ~ 10%，其余为水分。

2. 精液的理化特性

（1）精液的物理特性　精液一般呈不透明的灰白或乳白色，精子的密度大，其白色就深。牛、羊精液中精子密度在 10 亿 ~ 30 亿/ml，精液呈乳白或厚乳白色。精液一般有腥味，牛、羊精液往往带有微汗脂味。精液 pH 值的大小主要由副性腺的分泌物决定，刚采出的精液近于中性，牛、羊的精液呈弱酸性，猪、马的呈弱碱性。此后由于精子较旺盛的代谢，造成酸度累积，致使 pH 值下降，精子存活受影响。

（2）精液的化学特性

①无机成分：在精液中的无机离子主要有 K^+、Na^+、Ca^{2+}、Mg^{2+}、Cl^-、PO_4^{3-} 等离子，对维持渗透压起重要作用。精液中 K^+、Na^+ 的含量最高。经试验证明，在含钾的溶液中精子的活力强，但钾的浓度过高会降低活力；在不含钾的溶液中，精子很快就会失去活力。

②糖类：糖是精液中的重要成分，是精子代谢的能量来源。精液中的糖类主要有果糖、山梨醇、唾液酸等。果糖在精液中含量较高，主要来自副性腺。刚排出的精液，果糖很快分解为丙酮酸，其释放的热量是精子的主要能源。

③氨基酸：精液中含有 10 多种游离的氨基酸，是精子有氧代谢的基质，有利于合成核酸。

④酶：精液中的酶较多，对精子体外代谢起着催化作用。如顶体酶与精卵受精有着重要关系；三磷酸腺苷酶是精子的呼吸和糖酵解活动所必需的；脱氢酶使精子具有受精力等。

⑤维生素：牛的精液中已发现有硫胺素、核黄素、抗坏血酸、烟酸、泛酸等，这些维生素对于增加精子活力和密度至关重要。

⑥脂质：精液中的脂质组成因动物种类而异，其主要为磷脂，在精子中大量存在，主要存在于精子外膜和线粒体中。卵磷脂有助于延长精子存活时间，对精子能起到抗冷冻作用。

哺乳动物的精子是一形态特殊、结构相似、能运动的雄性生殖细胞。精子形似蝌蚪，分为头、颈、尾三部（图 7 - 4）。

1. 头部

家畜的精子头部呈扁椭圆形，主要由核构成，其中含有染色质，最重要的成分是 DNA，家畜的遗传信息排列在 DNA 链上。精子核的前部为顶体，是一个不稳定的特殊结构，其中含有许多酶类，与受精有关。精子的顶体在衰老时容易变性，出现异常或从头部脱落，为评定精子品质的指标之一。

2. 颈部

精子的颈部位于头和尾之间，其中含 2 ~ 3 个颗粒。核和颗粒之间有一基板，尾部的纤维丝即以此为起点。颈部很脆弱，外界环境不适会引起颈部畸形。

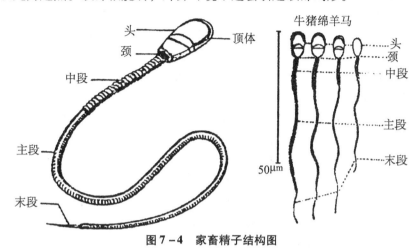

图 7 - 4　家畜精子结构图

(引自：魏国生. 动物生产概论. 北京：中国广播电视大学出版社，1999)

3. 尾部

尾部是精子的运动器官，尾部出现鞭索状运动，推动精子向前运行。精子尾部分为中段、主段、尾段三部分。

中段由颈部延伸而成，线粒体是螺旋状缠绕致密的纤丝，50 ~ 70 转。中段是尾部最长的部分，没有线粒体的复形物环绕。

从中段至主段有 2 条中心纤维、9 条内卷纤维和 9 条外卷纤维。主段以后，纤丝的直径越来越小，最外周的纤维消失，外面由强韧的蛋白鞘膜包被。尾梢很短，只有 3 ~ 5 μm，纤维鞘消失。

1. 精子的代谢

精子在体外生存，必须进行物质代谢和能量代谢，以满足其生命活动所需要养分。精子代谢过程较为复杂，主要有糖酵解和呼吸作用。

（1）精子的糖酵解　糖类对维持精子的生命活动至关重要，但精子内部的糖很少，必须依靠精清中的糖作为原料，经酵解后供精子利用。精子糖酵解主要利用果糖，代谢产物是丙酮酸和乳酸，在有氧的情况下最终分解成 CO_2 和水，并释放能量。精子对糖的分解能力与精子密度成正比，可作为评定精液品质的标准。

（2）精子的呼吸　精子的呼吸主要在尾部进行，通过呼吸作用，对糖类彻底氧化，从而得到大量能量。呼吸旺盛，会使氧和营养物质消耗过快，造成精子早衰，对精子体外存活不利。为防止这一不良现象，在精液保存时常采取降低温度、隔绝空气和充入 CO_2 等办法，使精子减少能量消耗，以延长其体外存活时间。

（3）精子的耗氧率　精子中含有代谢基质多，呼吸强度就大，精液的 pH 值和温度及精子密度也与呼吸有关。精子的耗氧量通常按 1 亿精子在 37 ℃ 1 h 所消耗的氧量来计算，家畜精子的耗氧量一般为 5 ~ 22 μl。当精液中磷的含量升高时，精子的耗氧量降低，使乳酸积累增多，根据乳酸的多少来间接测定出精子的耗氧量，通常按 1 亿个精子在 37 ℃ 下，经 1 h 产生的乳酸的微克数来计算。

（4）精子的呼吸商　精子在呼吸过程中吸收 O_2，排出 CO_2，由精子产生的 CO_2 除以消耗的 O_2 的量，即为呼吸商，由此可反映出代谢基质的种类和性质。

2. 精子的运动

精子运动与其代谢机能有关，是活精子的主要特征。

（1）精子的运动形式

①直线前进运动：在条件适宜的情况下，正常的精子作直线前进运动，这样的精子能运行到输卵管的壶腹部与卵子完成受精作用，是有效精子。

②原地摆动运动：精子头部摆动，不发生位移，这种精子是无效的。另外，当精子周围环境不适时，如温度偏低或 pH 值下降等，也会引起精子出现摆动。

③圆周运动：精子围绕点作转圈运动，最终会导致精子衰竭，这样的精子同样是无效的。

（2）精子运动的速度　精子周围的液体性质影响其运动速度。在非流动性液体中，马的精子运动速度约为 90 μm/s，而在流速 120 μm/s 的液体中速度能达到 180～200 μm/s。

（3）精子的运动特性　在流动的液体中，精子表现出逆流向上的特性，运动速度随液体流速而加快。在母畜生殖道中，由于发情时分泌物向外流动，所以精子可逆流向输卵管方向运行。

①向触性：在精液中如果有异物，精子就会向着异物运动，其头部顶住异物作摆动运动，精子活力就会下降。

②向化性：精子具有向着某些化学物质运动的特性，雌性动物生殖道内存在某些特殊化学物质如激素、酶，能吸引精子向生殖道上方运行。

1. 温度的影响

温度是精子接触的主要外环境，在体温状态下，精子的代谢正常。

（1）高温　精子在高温下，代谢增强，能量消耗快，使精子在短时间内死亡。精子忍耐的最高温度为 45 ℃，驴的精子能承受 48 ℃高温，超过这一温度精子会发生热僵死亡。

（2）低温　在低温下，精子的代谢和运动能力下降，当温度降至 10 ℃以下时，代谢非常微弱，几乎处于休眠状态。鲜精从体温状态缓慢降到 10 ℃以下，精子运动逐渐变弱，待升温后可恢复正常活力。如果精液的温度从体温状态急剧降到 0 ℃以下，会不可逆地失去活力，不能复苏，这种现象称为冷休克。出现冷休克的原因是精子的膜遭到破坏，使三磷酸腺苷、细胞色素、钾等从细胞膜渗出，渗透压加大，精子不能成活。

（3）超低温　现在生产中用液氮做冷源保存精液，精子处于 -196 ℃的低温，其运动基本停止，可以长期保存。牛的精液在超低温下可保存 20 年以上，解冻后达到输精要求。在精液冷冻中要防止冰晶的出现，0～60 ℃的环境对精子存活不利，其中 15～25 ℃为最危险区域，需加甘油等保护剂才能成功。

2. 光和辐射

日光中含有紫外线和红外线，红外线能使精液升温，精子代谢增强，紫外线对精子的影响取决于其强度，强烈的紫外线照射能使精子活力下降甚至死亡，紫外线灯能发射紫外线，对精子亦有不利影响。因此，在精液处理室应避免阳光直射，减少辐射。盛装精液的玻璃容器最好用棕色瓶，以阻隔光的影响。

3. 渗透压的影响

精子与其周围的液体环境（精清、稀释液）要保持等渗，才能正常地代谢和存活，如果周围液体的渗透压大，精子就会失水皱缩，原生质变干，内部发生变化而死亡；如果精子周围环境的渗透压小于精子内部的渗透压，水分就会进入精子内部使精子膨胀。精子对渗透压有逐渐适应能力，但这种适应能力是有限度的。相对而言，低渗危害更大。

4. pH 值

家畜精液的 pH 值，牛为 6.9 ~ 7.0，绵羊为 7.0 ~ 7.2，猪为 7.0 ~ 7.5。在弱酸环境中精子代谢运动减弱，但存活时间延长；在弱碱环境中精子代谢和运动加快，能量消耗较快，不利于精子存活。

5. 化学药品

凡消毒药、具有挥发性异味的药物对精子均有危害。在精液处理过程中，常加入一些化学药品，如抗生素、磺胺类药物、甘油等，使用时一定注意用量，否则会对精子产生危害。

6. 离子浓度

精液中离子（电解质）浓度影响精子的代谢和运动。电解质对细胞的通透性较差，对渗透压破坏较大，达一定浓度后会损坏精子。一般阴离子对精子的损害大于阳离子。精子中离子浓度高，精子存活时间短；相反，非电解质浓度较高时，有利于精子的存活。

7. 稀释

家畜的鲜精液精子运动较活跃，经一定倍数稀释后有利于增强活力，精子的代谢和耗氧量增加。经高倍稀释后，精子表面的膜发生变化，细胞膜通透性增大，精子内各种成分渗出，而精子外的离子又向内入侵，影响精子代谢和生存，这就是稀释打击。

四、精液品质检查

精液品质检查的目的是鉴定精子品质的优劣，作为输精参考，同时也是评价公畜的饲养管理水平和种用价值的依据。

检查精液品质时，要对精液进行编号，将采得的精液迅速置于 30 ℃的温水中，防止低温打击，检查要迅速、准确，取样有代表性。

1. 采精量

采精后即可测出精液量的多少。猪、马的精液应用 4 ~ 6 层的消毒纱布过滤或离心处理，除去胶状物质后再读数。各种家畜的采精都有一定范围，精液量出现差异，应及时查明原因，及时休整或治疗。各种家畜的一次射精量：牛 8 ml（3 ~ 10 ml）；羊 1 ml（0.5 ~ 2 ml）；猪 250 ml（150 ~ 500 ml）；马 100 ml（30 ~ 200 ml）。

2. 颜色

精液一般为乳白色或灰白色，精子密度越大，精液的颜色越深。牛、羊的精液呈乳白或乳黄，有时呈淡黄色；马、猪的精液为淡乳白或灰白色。如果精液颜色异常，属不正常现象。若精液呈红色说明混有鲜血；精液呈褐色很可能混有陈血；精液呈淡黄色则是混有脓汁或尿液。颜色异常的精液应废弃，立即停止采精，查明原因及时治疗。

3. 气味

正常精液略带有腥味，牛、羊精液除具有腥味外，另有微汗脂味。气味异常常伴有颜色的变化。

4. 云雾状

牛、羊的精液精子密度大，放在玻璃容器中观察，精液呈上下翻滚状态，像云雾一样，称为云雾状，这是精子运动活跃的表现。云雾状明显可用"+++"表示，"++"较为明显，"+"表示不明显。

精子活力又称活率，是指精液中作直线运动的精子占整个精子数的百分比。活力是精液检查的重要指标之一，在采精后、稀释前后、保存和运输前后、输精前都要进行检查。

1. 检查方法

检查精子活力需借助显微镜，放大 200~400 倍，把精液样品放在镜前观察。

（1）平板压片法　取一滴精液于载玻片上，盖上盖玻片，放在镜下观察。此法简单、操作方便，但精液易干燥。检查应迅速。

（2）悬滴法　取一滴精液于盖玻片上，迅速翻转使精液形成悬滴，置于有凹玻片的凹窝内，即制成悬滴玻片。此法精液较厚，检查结果可能偏高。

2. 评定

评定精子活力多采用"十级评分制"，如果精液中有80%的精子作直线运动，精子活力计为0.8；如有50%的精子作直线前进运动，活力计为0.5，以此类推。评定精子活力的准确度与经验有关，具有主观性，检查时要多看几个视野，取平均值。

牛、羊及猪的精液精子密度较大，为观察方便，可用等渗溶液如生理盐水等稀释后再检查。

温度对精子活力影响较大，为使评定结果准确，要求检查温度在37~38℃，需用有恒温装置的显微镜。

精子密度是指单位体积（1 ml）精液内所含有精子的数目。精子密度大，稀释倍数高，进而增加可配母畜数，也是评定精液品质的重要指标。

1. 估测法

估测法通常结合精子活力检查来进行，根据显微镜下精子的密集程度，把精子的密度大致分为稠密、中等、稀薄三个等级（图7-5），这种方法能大致估计精子的密度，主观性强，误差较大。

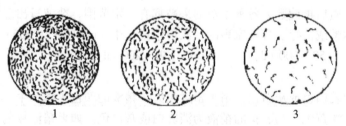

图7-5　精子密度示意图

（引自：耿明杰. 畜禽繁殖与改良. 北京：中国农业出版社，2006）

1. 稠密　2. 中等　3. 稀薄

2. 血细胞计数法

用血细胞计数法定期对公畜的精液进行检查，可较准确地测定精子密度，基本操作步骤如下。

(1) 在显微镜下找到红细胞计算板上的计算室 计算室的高度为 0.1 mm，为一正方形，边长 1 mm，由 25 个中方格组成，每一中方格分为 16 个小方格。寻找方格时，先用低倍镜看到整个格的全貌，然后再用高倍镜进行计数。

(2) 稀释精液 用 3% 的 NaCl 溶液对精液进行稀释，同时杀死精子，便于精子数目的观察。牛、羊的精液用红细胞吸管（100 倍或 200 倍），马、猪的精液用白细胞吸管（10 或 20 倍）稀释，抽吸后充分混合均匀，弃去管尖端的精液 2~3 滴，把一小滴精液充入计算室。

(3) 镜检 把计算室置于 400 倍镜下对精子进行计数。在 25 个中方格中选取有代表性的 5 个（四角和中央）计数（图 7-6）。数完精子数后，按公式进行计算。

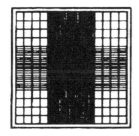

血细胞计算板上计算室平面图

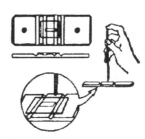

将稀释后的精液滴入计算室

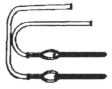

白细胞吸管(上)
和红细胞吸管(下)

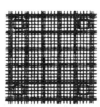

应计数的方格

计算精子的顺序和方法
(只计算头部为黑色的精子)

图 7-6 利用血球计数器测定精子密度

（引自：魏国生. 动物生产概论. 北京：中央广播电视大学出版社，1999）

1 ml 原精液中的有效精子数 = 5 个中方格的精子数 ×5(等于 25 个中方格的精子数) ×
10(等于 1 mm³ 内的精子数) ×1 000(1 ml 稀释后的精子数) × 稀释倍数

为保证检查结果的准确性，在操作时要注意：滴入计算室的精液不能过多，否则会使计算室高度增加；检查中方格时，要以精子头部为准，为避免重复和漏掉，对于头部压线的精子采"上计下不计，左计右不计"的办法；为了减少误差，应连续检查两次，求其平均值。

如两次差异较大，要求做第三次。

3. 光电比色法

现世界各国普遍应用于牛、羊的密度测定。此法快速、准确、操作简便。其原理是根据精液透光性的强弱，精子密度越大，透光性就越差。

事先将原精液稀释成不同倍数，用血细胞计数法计算精子密度，从而制成精液密度标准管。然后用光电比色计测定其透光度，根据透光度求每相差1%透光度的级差精子数，编制成精子密度对照表备用。测定精液样品时，将精液稀释80～100倍，用光电比色计测其透光值，查表即可得知精子密度。

1. 精子的畸形率检查

凡形态和结构不正常的精子都属畸形精子。精子畸形率一般牛、猪不超过18%，羊不超过14%，马不超过12%，如果畸形精子超过20%，则视为精液品质不良，不能用作输精。

精子畸形一般分为四类：①头部畸形，如头部巨大、瘦小、细长、缺损、双头等；②颈部畸形，如颈部膨大、纤细、曲折、双颈等；③中段畸形，如膨大、纤细、带有原生质滴等；④主段畸形，如弯曲、曲折、回旋、双尾等。

检查时将精液制成抹片，用红、蓝墨水染色，水洗干燥后镜检。检查精子200～500个，计算畸形精子的百分率。

2. 精子顶体异常率检查

精子顶体异常会导致受精障碍，顶体异常有膨胀、缺损、脱落等。正常精液精子的顶体异常率不高，牛平均5.9%，猪为2.3%，如果精子顶体异常率超过14%，受精能力就会明显下降。

检查精子顶体异常率的方法是先把精液制成抹片，干燥后用95%的酒精固定，水洗后用姬姆萨液染色1.5～2 h，再水洗；干燥后用树脂封装，放在镜下1 000倍观察，随机观察500个精子，计算顶体异常率。

3. 精子生存时间和生存指数检查

精子的生存时间和生存指数与受精能力有关，也是鉴定精液处理效果的一种方法。

精子生存时间是指精子总的存活时间，检查时将精液置于一定的温度下，每隔8～12 h检查精子活力，直至无活动精子为止。所有间隔时间累加后减去最后两次间隔时间的一半即为精子的生存时间。生存指数是指相邻两次检查的间隔时间与平均活力的积之和。

精子生存时间越长，生存的指数越大，说明精子活力就强，精液品质好。

4. 美蓝褪色试验

美蓝是一种氧化还原剂，氧化时呈蓝色，还原时无色。精子在美蓝溶液中呼吸时氧化脱氢，美蓝被还原而褪色。因此，根据美蓝溶液褪色时间的快慢可估测出精子的密度和活力。

牛、羊精液美蓝褪色试验的方法是：取含有0.01%美蓝的生理盐水与等量的原精液混合，置于载玻片上，然后用内径0.8～1.0 mm、长6～8 cm的毛玻璃管吸取，使液柱高达1.5～2 cm，然后放在白纸上，在18～25 ℃的温度下观察并计时。牛、羊精液褪色分别在10 min和7 min为品质良好；褪色时间在10～30 min和8～12 min为中等；30 min和12 min以上视为品质较差。

5. 精液果糖分解测定

测定果糖的利用率，可反映精子的密度和精子的代谢情况。通常用1亿精子在37 ℃

厌氧条件下每小时消耗果糖的毫克数表示。其方法是在厌氧情况下把一定量的精液（如 0.5 mL）在 37 ℃的恒温箱中停放 3 h，每隔 1 h 取出 0.1 mL 进行果糖量测定，结果与放入恒温箱前比较，最后计算出果糖酵解指数。牛、羊精液一般果糖利用率为 1.4～2 mg，猪、马由于精子密度小，指数很低。

五、精液的稀释

精液稀释的意义和目的在于扩大精液量，延长精子在体外的存活时间，增强其受精能力，充分提高优良种公畜的配种效率，利于精子的保存和运输。

1. 营养物质

用于提供营养以补充精子生存和运动所消耗的能量。常被精子利用的营养物质主要有果糖、葡萄糖等单糖以及卵黄和奶类（鲜全奶、脱脂乳或纯奶粉）等。

2. 保护性物质

保护性物质包括维持精液 pH 值的缓冲剂，防止精子冷休克（低温打击）的抗冻物质以及抗菌物质。

（1）缓冲物质 保持精液适当的 pH 值，利于精子存活。常用缓冲物质有柠檬酸钠、酒石酸钾钠、磷酸氢二钠、磷酸二氢钾等，以及近年来应用的三羟甲基氨基甲烷（Tris）、乙二胺四乙酸二钠（EDTA）等。

（2）抗冻物质 在精液的低温和冷冻保存过程中需降温处理，精子易受冷刺激，常发生冷休克，造成不可逆的死亡，所以加入一些防冷刺激物质有利于保护精子的生存。常用的抗冻剂为甘油、乙二醇、二甲基亚砜（DMSO）等，此外卵黄、奶类也具有保护作用。

（3）抗菌物质 在精液稀释液中加入一定剂量的抗菌素，以利于抑制细菌的繁衍。常用的抗菌素有青霉素、链霉素以及氨苯磺胺等。

3. 其他添加剂

（1）酶类 如过氧化氢酶能分解精子代谢过程中产生的过氧化氢，消除其危害，维持精子活率；淀粉酶能促进精子获能，提高受胎率。

（2）激素类 添加催产素、前列腺素可促进母畜生殖道的蠕动，有利于精子向受精部位运行而提高受精率。

（3）维生素类 如维生素 B_1、维生素 B_2、维生素 B_{12}、维生素 C 等，能改善精子存活率。

4. 稀释液的种类和配制方法

（1）稀释液的种类 根据稀释液的用途和性质，可将稀释液分为四类。

①现用稀释液。此类稀释液常以简单的等渗糖类或奶类配制而成，也可用生理盐水作为稀释液。适用于采集的新鲜精液，以扩大精液量、增加配种头数为目的，采精后立即稀释进行输精。

②常温保存稀释液。适用于精液常温短期保存，一般 pH 值较低。

③低温保存稀释液。适用于精液低温保存，具有含卵黄和奶类为主的抗冷休克物质。

④冷冻保存稀释液。适用于精液冷冻保存，其稀释液成分较为复杂，具有糖类、卵

黄，还有甘油或二甲基亚砜等抗冻剂。

（2）稀释液的配制　凡进行保存的精液，必须稀释，切忌原精保存，而且在采精后，应立即稀释。用于稀释精液的稀释液必须和精液是等渗的。

配制稀释液原则上是现用现配。如隔日使用和短期保存（1周内），必须严格灭菌、密封，放在0~5℃冰箱中保存。但卵黄、抗生素、酶类、激素等物质，必须在使用前添加。配制稀释液用水应为新鲜、无菌的蒸馏水或重蒸水。药品最好用分析纯，称量药品必须准确，充分溶解并过滤。使用新鲜的鸡蛋卵黄。所有配制稀释液用具都必须认真清洗和严格消毒。卵黄及抗生素等必须在稀释液冷却后加入。

1. 精液稀释方法

精液在稀释前首先检查其活率和密度，然后确定稀释倍数。将精液与稀释液同时置于30℃左右的恒温箱或水浴锅内，进行短暂的同温处理，稀释时，将稀释液沿器皿壁缓慢加入，并轻轻摇动，使之混合均匀。如做高倍稀释（20倍以上）时，分两步进行，先加入稀释液总量的1/3~1/2，混合均匀后再加入剩余的稀释液。稀释完毕后，再进行活率、密度检查，如活率与稀释前一样，则可进行分装、保存。

2. 稀释倍数

适宜的稀释倍数与家畜的种类及稀释液种类密切相关。确定精液稀释倍数应依据精液的精子密度和活率，以保证每个输精剂量所含直线前进运动的精子数不低于输精标准要求。

六、精液的保存

精液的保存方法分液态保存和冷冻保存两大类。

液态精液保存是指精液稀释后，保存温度在0℃以上，以液态形式作短期保存。液态保存又分为常温保存和低温保存两种类型。

1. 常温保存

常温保存的温度一般是15~25℃。由于保存温度不十分恒定，允许其有一定的变化幅度，春、秋季可放置室内，夏季也可置于地窖或用空调控制的房间内，故又称室温保存或变温保存。一般将稀释的精液分装后密封，用纱布或毛巾包好，置于15~25℃环境下避光存放即可。

用此方法保存不需要特殊设备，简单易行，便于普及和推广，适用于各种家畜精液的短期保存，特别适用于猪的全份精液保存。

保存原理：精子在弱酸性环境中，其活动受到抑制，降低了能量消耗，pH值一旦恢复到中性，则精子即可复苏。因此，在精液稀释液中加入弱酸性物质，调整精子的酸性环境，从而抑制精子的活动，达到保存精子的目的。

精子在一定的pH值范围内，处于可逆行抑制。不同酸类物质对精子产生的抑制区域和保护效果不同，一般认为有机酸较无机酸好。但常温保存精液也利于微生物的生长繁殖，因此必须加入抗菌素。此外，加入必要的营养物质（如单糖）及隔绝空气等，均有利于精液的保存。

2. 低温保存

低温保存的温度是 0 ~ 5 ℃。一般将稀释好的精液置于冰箱或广口保温瓶中，在保存期间要保持温度恒定，不可过高过低。操作时注意严格遵守逐步降温的操作规程，原则上精液稀释后，要逐渐降温到 0 ~ 5 ℃，避免精子发生冷休克。所以一般要用平均每 30 min 降低 5 ℃ 的速度降温，即每分钟下降 0.2 ℃ 左右的速率。

低温保存的精液在输精前一定要进行升温处理，一般可将存放精液的试管或小瓶直接浸入 30 ℃ 温水中即可。

保存原理：当温度缓慢降至 0 ~ 5 ℃ 时，则精子呈现休眠状态，精子代谢机能和活动力减弱。因此，利用低温来抑制精子活动，降低代谢和运动的能量消耗。当温度回升后，精子又逐渐恢复正常的代谢机能而不丧失其受精能力。为避免精子发生冷休克，在稀释液中需添加一定的卵黄、奶类等抗冷物质，并采取缓慢降温的方法。

精液的冷冻保存是指将采集到的新鲜精液，经过特殊处理后，主要利用液态氮（-196 ℃）作为冷源，以冻结的形式保存于超低温环境下，进行长期保存。精液冷冻保存是比较理想的一种保存方法，对现代畜牧业的发展有着十分重要的意义。

1. 精液冷冻保存的意义

第一，充分提高优良种公畜的利用率并保证大量母畜的配种需要，加快畜群品种改良步伐，推进育种工作进程。第二，便于开展国际、国内种质交流。第三，推动繁殖新技术在生产上的应用。第四，建立动物精液基因库，能进行品种资源保存。

2. 精液冷冻保存原理

精子具有受温度变化直接影响其本身活动力和代谢能力的生物学特性。精液经过特殊处理后，保存在超低温下，精子的代谢活动完全受到抑制，其生命在静止状态下长期保存下来，当温度回升后又能复苏，且具有受精能力。

有关精子能从冻结状态复苏的冷冻保存原理，目前尚未定论，比较公认的论点是精液在冷冻的过程中，在抗冻保护剂的作用下，采用一定的降温速率，尽可能形成玻璃化，而防止精子水分冰晶化。冰晶是造成冷冻精子死亡的主要因素。精液冷冻过程中对精子的伤害主要有两个方面。

化学伤害：冰晶化是水在降温过程中的一定温度条件下，水分子重新按几何图形排列形成冰晶的过程。冰晶使精子膜内的溶质浓度和渗透压增高，水由精子内向外渗透，造成精子细胞脱水，从而使精子细胞发生不可逆的化学毒害而死亡。

物理伤害：精子水分形成冰晶，其体积增大且形状不规则，由于冰晶的扩展和移动，造成精子膜和细胞内部结构的机械损伤，引起精子死亡。

由此可见，冰晶对精子是有危害的，冰晶越大危害越大，而冰晶化只有当温度在 -60 ~ 0 ℃ 温度范围内，缓慢降温条件下形成，降温越慢冰晶越大，-25 ~ -15 ℃ 时形成冰晶最多，对精子危害最大。在冷冻精液过程中，只有避开 -60 ~ 0 ℃ 这个有害温度区，才利于精子长期保存。

玻璃化的冷冻状态是水在超低温下，水分子仍保持原来自然的一种无次序的排列状态，形成玻璃样的坚硬而均匀的冰结。精子在这样的状态下，不会发生细胞脱水，细胞结构维持正常，精子解冻后可以复苏。因而，为了避免发生冰晶化，必须快速降温通过发生冰晶的温度范围，并保存在远远低于这个温度范围的超低温条件下，形成玻璃化冻结。形成玻璃化的温度区域是 $-250 \sim -60\ ℃$。但这一过程具有不稳定的可逆性，当缓慢升温时又转化为冰晶化，再液化，同样会造成精子死亡。为此，在冷冻精液技术中，无论降温或升温均应采取快速处理，以避免出现有害温度区。

另外，在稀释液中添加一定量的甘油、二甲基亚砜等抗冻保护物质，以增强精子的抗冻能力，并对防止发生冰晶起重要作用。甘油具有较强的吸水性，抑制水分子形成冰晶，使水处于过冷状态，降低水形成冰晶的温度，缩小危险温度区。但研究表明，甘油浓度过高对精子有毒害作用，可能造成其顶体和颈部损伤，尾巴弯曲及某些酶类破坏，降低其受精能力。因此，在冷冻精液稀释液中加入甘油要适量。

3. 冷冻保存技术程序

（1）冷冻精液的冷源　冷冻精液在制作和保存过程中都要求保持超低温的条件，早期冷冻精液使用干冰（固体二氧化碳，$-79\ ℃$）作为冷源，目前基本上都用液氮（$-196\ ℃$）作为制作和贮存冷冻精液的冷源。由于液氮的温度可以保持恒定的 $-196\ ℃$，距精子冷冻的危险温区的温差大，所以温度安全范围大，利于精液冷冻贮存。其效果安全可靠，操作比较方便。

（2）液氮的特性

①理化性质：氮是无味、无色、无毒害的气体。在一个标准大气压下，当温度降到 $-196\ ℃$ 时，氮气即变为液态，相对密度为 0.974。同水加热在 $100\ ℃$ 发生沸腾一样，$-196\ ℃$ 的液氮吸收了外界的热量也要沸腾，变为同温度的气态氮。打开液氮容器或取存精液时，有白色不透明的气体放出。氮和氧均为空气中的主要气体，氮约占空气的 78%，氧约占空气的 21%，在生产中多依据其物理性质将氮气和氧气分离来提取氮气。

②液氮容器：液氮容器用于贮存冷冻精液和贮存、运输液氮。贮存冷冻精液的液氮容器多为容量不等的液氮罐，大的可达数百升，小的不到 1 L；贮存、运输液氮的液氮容器有大容量的液氮槽、液氮车，也有小容量的运输液氮罐。

液氮罐由外壳、内层、夹层、颈管、盖塞、贮精提筒及外套构成。

液氮罐有内、外两层，外层称为外壳，其上部是罐口；内层也称为内胆，其中的空间称为内槽，可将液氮和冷冻精液贮存于内槽中。内槽的底部有底座，用于固定贮精提筒；内、外两层间的空隙为夹层，是真空状态，夹层中装有绝热材料和吸附剂，以增强罐体的绝热性能，使液氮蒸发量小，延长容器的使用寿命；颈管有一定的长度，以绝热物质将罐的内、外两层连接，其顶部为罐口，与盖塞之间有孔隙，利于液氮蒸发的氮气排出，从而保证安全，同时具备绝热性能，以尽量减少液氮的气化量；盖塞是由绝热性能良好的塑料制成，以阻止液氮蒸发。

（3）精液的稀释　冷冻前的精液稀释方法有一次稀释法和两次稀释法。

①一次稀释法：常用于颗粒精液，近年来也应用于细管、安瓿冷冻精液。即将采出的精液与含有甘油抗冻剂的稀释液一次按稀释比例同温稀释，使每一剂量（颗粒、细管、安瓿）中解冻后所含直线运动精子数达到规定标准，一般每支细管精液含精子 1 000 万 ~ 1 500万个。

②二次稀释法：为减少甘油抗冻剂对精子的化学毒害作用，采用二次稀释法效果比较好，常用于细管精液冷冻，也适用于安瓿冷冻。即将采出的精液先用不含甘油的第一液稀

释至最终倍数的一半，然后将其稀释后的精液经过 1~1.5 h，使之温度降到 4~5 ℃时，再用含甘油的第二液在同温下做等量的第二次稀释。

（4）分装与平衡

精液的分装依据精液的冷冻方法，目前有三种类型或剂型。

①颗粒精液。将处理好的稀释精液直接进行降温平衡，然后再滴冻成颗粒状。制作简便，利于推广，可充分利用贮存罐。但有效精子数不易标准化，原因是滴冻时颗粒大小不标准，不易标记，品种或个体之间易混淆，精液暴露在外，易污染；大多精液需解冻液解冻。

②安瓿精液。将处理好的稀释精液分装于安瓿中。制作复杂，冻结、解冻时易爆裂，破损率高；由于体积大，液氮罐利用率低，相对成本增高，但保存效果好，标记好，不易污染。

③细管精液。目前牛冷冻精液多采用 0.25、0.5 ml 的塑料细管。它具有颗粒、安瓿法的优点，对于机械化生产极为方便，多采用自动细管冻精分装装置，装于细管中精液不与外界环境接触，而且细管上标记有畜号、品种、日期、活率等，易于贮存，冻后效果好。

将稀释的精液缓慢降温至 4~5 ℃，并在此环境中放置一定时间（2~4 h），以增强精子的耐冻性，这个处理过程叫平衡。

（5）精液的冷冻

①颗粒精液冷冻法：将装有液氮的广口保温容器上置一铜纱网或铝饭盒盖，距液氮面 1~2 cm，预冷数分钟，使网面温度保持在 -120 ~ -80 ℃。或用聚四氟乙烯凹板（氟板）代替铜纱网，先将其浸入液氮中几分钟后，置于距液氮面 2 cm 处。然后将平衡后的精液定量而均匀的滴冻，每粒 0.1 ml。停留 2~4 min 后颗粒颜色变白时，将颗粒置入液氮中。取出 1~2 粒解冻，检查精子活率，活率达 0.3 以上者则收集到小瓶或纱布袋中，并作好标记，贮存于液氮罐中保存。

②细管、安瓿精液冷冻法：与颗粒精液冷冻法相同，将冷冻样品平放在距液氮面 2~2.8 cm 的铜纱网上，冷冻温度为 -120 ~ -80℃，停留 5~7 min，待精液冻结后，移入液氮中，收集于塑料管或纱布袋中，作好标记，置于液氮罐中保存。

4. 精液的解冻

解冻方法直接影响到解冻后精子的活率，这是不可忽视的一个环节。目前，冷冻精液的解冻温度有三种：低温冰水解冻（0~5 ℃）、温水解冻（30~40 ℃）及高温解冻（50~80 ℃）。

不同畜种及剂型的冷冻精液，其解冻温度和方法有差别。一般牛细管、安瓿冷冻精液，可直接浸入（38±2）℃温水中解冻，颜色一变，即可取出，放在手心中来回搓动；颗粒冻精解冻，将装有 1 ml 解冻液的灭菌试管置于（38±2）℃的水浴中，当解冻液温度与温水温度相同时，投入一颗粒精液，摇动至融化，取出后即可用于输精。

5. 冷冻精液的保存与运输

冷冻精液的保存原则是精液不能脱离液氮，确保其完全浸入液氮中。由于每取用一次精液就会使整个包装的冷冻精液脱离液氮一次，如取用不当易造成精液品质下降，因而取用精液时一定要注意。运输中避免强烈震动和暴晒，随时检查并及时补充液氮。

七、输精

输精是把一定量的合格精液，适时而准确地输入到发情母畜生殖道内的一定部位，以使其达到妊娠的操作技术。这是人工授精技术的最后一个重要环节，是确保获得较高受胎率的关键。

1. 母畜的准备

经过发情鉴定已确定要配种的母畜，在输精前应进行适当的保定。牛一般在输精架内或拴系于牛床上保定输精。马、驴可在输精架内或后肢用脚绊保定。母羊可实行横杆保定，使羊头朝下前肢着地，后腹部压伏在横杆上，后肢离地保定，母猪一般不用保定，在圈舍内就地站立输精即可。

母畜保定后，将尾巴拉向一侧，清洗阴门及会阴部，再用消毒液进行消毒，然后用灭菌的生理盐水冲洗、灭菌布擦干。

2. 输精器材的准备

各种输精用具（图7-7）在使用前必须彻底清洗、消毒，再用稀释液冲洗。玻璃和金属输精器可用蒸汽、75%酒精消毒或置于高温干燥箱内消毒；输精胶管不宜高温，可用蒸汽、酒精消毒，但一定要在输精前用稀释液冲洗2~3次。阴道开张器及其他金属器材等用具，可高温干燥消毒，或浸泡在消毒液内，也可用酒精火焰消毒。

输精管一般以每头母畜一支为宜，但当输精器不够使用时，可用75%酒精棉球涂擦消毒外壁，然后用稀释液冲洗外壁及管腔2~3次。

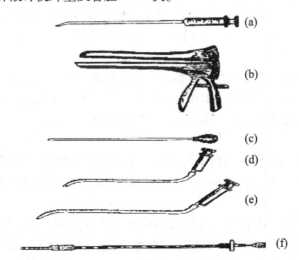

(a)
(b)
(c)
(d)
(e)
(f)

图7-7 各种动物的输精器械

（引自：魏国生. 动物生产概论. 北京：中央广播电视大学出版社，1999）

（a）羊用输精管　（b）开膣器　（c）牛直肠把握输精管　（d）猪用输精管　（e）马用输精管　（f）牛用输精枪

3. 精液的准备

用于输精的精液必须符合各种动物输精所要求的输精剂量、精子活率等级及有效精子数。

4. 输精人员的准备

输精人员要身着工作服，指甲剪短磨光，手洗净擦干后用75%酒精消毒，如需手臂伸入阴道内，手臂也要清洗消毒并涂以灭菌稀释液。牛直肠把握输精时，则应戴长臂手套并涂以灭菌润滑剂。

输精剂量和输入有效精子数，应根据母畜种类、年龄、胎次、子宫大小等生理状况及精液类型而异。猪、马、驴的输精量比牛、羊、兔的多。体型大、经产、产后配种和子宫松弛的母畜，应适当增加输精量；液态保存精液的输精量一般比冷冻保存的精液量多。超数排卵处理的母畜应比一般配种母畜的输精量和有效精子数有所增加。

适宜的输精时间通常是根据母畜发情鉴定的结果来确定，但应考虑其排卵时间和精子获能时间、精子在母畜生殖道内维持受精能力时间、卵子维持受精能力时间、精液类型等因素，以利于精子和卵子结合。

奶牛的发情周期平均是21 d（18~24 d），发情时间较短，6~18 h，排卵一般发生在发情结束后10~16 h，因此，准确的发情鉴定、适时输精是提高受胎率的保证。实践表明，母牛在早上接受爬跨，可当日下午输精，如果次日早晨仍接受爬跨则应再输一次；母牛在下午或傍晚接受爬跨，可于第二天早晨输精。一般间隔8~10 h进行第二次输精。一次输精剂量的冷冻精液有效精子数颗粒型为1 200万以上，细管型为1 000万以上，安瓿型为1 500万以上。

母猪应在发情后19~30 h输精，即发情的当天傍晚或次日早晨，间隔12~18 h再输精一次。

输精部位与受胎率有关，一般牛采用直肠把握法子宫颈深部或子宫体输精；猪、马、驴子宫内输精；山羊和绵羊子宫颈浅部输精。

1. 牛的输精方法

牛的输精方法有阴道开张器输精和直肠把握子宫颈输精两种。

（1）阴道开张器输精法　使用阴道开张器扩张母牛阴道，并借助一定的光源（手电筒或额镜等）找到子宫颈外口，把消过毒的输精器插入子宫颈1~2 cm，将精液徐徐注入，随后撤出输精器和取出开张器。此方法输精部位浅，受胎率较低，目前基本停止使用。

（2）直肠把握子宫颈输精法　是普遍采用的输精方法。其优点是输精部位深，可防止努责所造成的精液逆流，用具简单，操作方便，不易感染，受胎率比开张器法提高10%~20%，可大幅度提高奶牛的繁殖效率和经济效益。同时，通过直肠检查触摸卵巢变化，进一步判断发情或妊娠情况，还可发现卵巢、子宫疾病。

直肠把握子宫颈输精（图7-8）方法与直肠检查相似。输精时，将母牛保定，对其外阴部用清洁温水冲洗、擦干。输精器清洗干净并消毒，输精时再用灭菌的生理盐水或稀释液冲洗2~3次后吸取精液。操作人员一只手伸入直肠握住子宫颈后端（注意不要把握过前，造成宫口游离下垂，输精器不易插入），手臂下压使阴门开张；另一只手持输精器，由阴门插入，先向上倾斜插，避开尿道口，然后再平插，直至子宫颈口。此时两手配合，将输精器前端插入子宫颈内5~8cm（接近子宫颈内口）处，随即注入精液。如果精液受阻，可将输精器稍后退，同时将精液注入，然后撤出输精器。

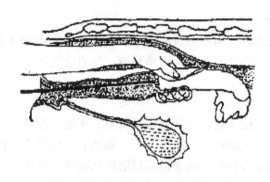

图 7 - 8 牛的直肠把握输精法

（引自：魏国生．动物生产概论．北京：中央广播电视大学出版社，1999）

注意操作过程要防止粗暴，插入输精器应小心谨慎，不可用力过猛，以防损伤阴道壁和子宫颈。插入输精器时，注意防止污染输精器，其前端只能与阴道薄膜接触。如子宫颈过细或过粗难以把握时，可将子宫颈挤向骨盆侧壁固定后再输精。插入输精器后，手要松握，并随牛移动，以防折断和伤害母牛。如子宫颈难以插入，可用扩宫棒扩张，或用开张器检查子宫颈是否不正、狭窄。输精器抽出后，如发现大量精液残留在输精器内，要重新输精。

2. 羊的输精方法

羊常用的输精方法有阴道开张器输精法和输精管阴道插入法两种。

（1）阴道开张器输精法（图 7 - 9） 将发情母羊固定在输精架内或由助手用两腿夹住母羊头部，两手提起母羊后肢将羊保定好。洗净并擦干其外阴部，将已消过毒的开张器顺阴门裂方向合并插入阴道，旋转 450° 角后打开开张器，并借助一定的光源（手电筒或额镜等）找到子宫颈外口，把输精器插入子宫颈内 0.5 ~ 1 cm，将精液徐徐注入，随后撤出输精器和取出阴道开张器。

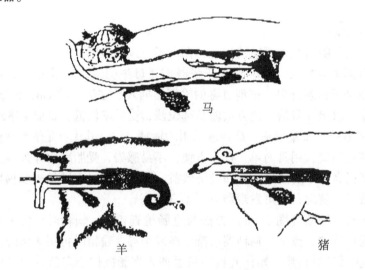

马

羊   猪

图 7 - 9 马、羊、猪的输精法

（引自：魏国生．动物生产概论．北京：中央广播电视大学出版社，1999）

（2）输精管阴道插入法 具体输精方法：先拔掉输精管一端的头盖或剪去封口，一人将羊保定好，并对母羊外阴进行常规的清洗消毒后，拨开阴户，将输精管缓缓旋转的插入母羊阴道一定深度时，去掉另一端的尾盖，精液即可自行流入子宫颈口内。输精完毕后，轻轻抽出输精管，并在母羊背部拍打一下，以防精液逆流。

（3）腹腔内窥镜子宫角输精 对于冷冻精液使用子宫颈输精法受胎率较低，目前有些地区，采用腹腔内窥镜进行子宫角输精，可大大提高受胎率。但腹腔内窥镜价格较高，操作方法也较为复杂，在生产中推广应用还有一定距离。

3. 猪的输精方法

母猪的阴道与子宫颈结合处无明显界限，因此，对猪的输精采用输精管插入法。目前输精管多采用一次性海绵头和螺旋头输精管，前者适用于经产母猪，后者适用于后备母猪。液态精液常用瓶装或袋装。用手持输精管插入阴门，先稍向上再水平，边插入边逆时针旋转，经推送 2～3 次，直至不能前进为止，输精管即可经子宫颈口达到子宫内，然后向外拉出一点，借助压力或推力缓缓输入精液。输入精液时间一般为 3～5 min，注射器或输精瓶（袋）一定要倾斜抬高，以利精液输入。输精出现精液倒流时，应及时调整输精的位置、减慢输入速度，或暂停一段时间后再行输精，切勿将精液强行挤入母猪体内。输精完毕后缓慢抽出输精管，并用手捏母猪的腰部，防止精液倒流。

1. 公畜精液品质

公畜精液品质优劣主要反映在精子活率和受精能力强弱上，这与公畜合理的饲养管理和配种制度密切相关。

2. 母畜体况和繁殖机能

母畜在具有繁殖能力期间，其生理状况和生殖机能一旦失调或异常则会严重影响受胎率。

3. 输精适期

母畜明显的发情和正常的排卵，以及掌握适时的输精，均可有利于提高其受胎率。

4. 操作人员技术水平

操作人员的技术水平是人工授精成败的重要因素之一，直接影响母畜受胎率的高低。人工授精除要求熟练掌握有关母畜人工授精的各项技术外，还必须严格遵守卫生消毒制度和操作规程。

单元三　动物的妊娠与妊娠诊断技术

一、妊娠母畜的主要生理变化

1. 母畜外部体况的变化

怀孕后，母体的新陈代谢旺盛，食欲增进，消化能力提高。因此，孕畜营养状况改善，表现为体重增加，毛色光润。

在妊娠后半期，由于胎儿骨骼发育的需要，母体内钙、磷往往含量降低，如饲养时矿物缺乏，可常见母畜后肢跛行，牙齿也易受到缺钙的影响而磨损较快。

妊娠末期，母畜因不能消化足够的营养物质以供给迅速发育的胎儿的需要，致使消耗妊娠前半期贮存的营养物质。所以，母畜在分娩前常常消瘦。要使孕畜本身正常生长，又要保证胎儿的发育良好。

怀孕母畜随着胎儿的增长，母体内脏器官容积缩小，这就使排粪、排尿次数增多而每次排量减少。妊娠末期，腹部轮廓也发生变化，行动稳定，谨慎，容易疲倦，出汗。

2. 卵巢的变化

母畜配种后，没有怀孕时，卵巢上的黄体退化，然而有胚胎时，这种黄体可作为妊娠黄体继续存在，从而中断发情周期。在怀孕早期，这种中断是不完全的，在一些母牛，由于卵巢的卵泡活动，妊娠早期仍可出现发情。虽然有卵泡发育甚至接近排卵前的体积，然而这些卵泡最终会变为闭锁卵泡。

妊娠母牛卵巢的黄体以最大的体积持续存在于整个怀孕期，其颜色为金褐色，并不突出于卵巢表面。卵巢的位置：怀孕后随着胎儿体积的增大，妊娠子宫逐渐沉入腹腔，卵巢也随之下沉。

马怀孕 3 个月时，卵巢除了下沉外，两侧卵巢都靠近中线。测定妊娠早期的青年母牛黄体生物化学和组织学的变化，发现孕激素随妊娠期的进展而减低含量。

3. 子宫的变化

随着怀孕的进展，子宫逐渐增大。为使胎儿得以伸展，子宫的变化有增生、生长和扩展三个时期，其具体时间随畜种而不同，子宫内膜由于孕酮的致敏而增生，发生在胚胞附植之前，其主要变化为血管分布增加，子宫腺增长，腺体卷曲及白细胞浸润。子宫的生长是在胚胞附植后开始，它包括子宫肌的肥大，结缔组织基质的广泛增长，纤维成分及胶原含量增加。

在子宫扩展期间，子宫生长减慢而其内容物则以加速度增长。

怀孕时子宫颈内膜的脉管数目增加，并分泌一种封闭子宫颈管的黏液称子宫颈栓。牛的子宫颈栓较多，且经常更新，排出时常附着于阴门下角。马的子宫颈栓较少，子宫颈的括约肌收缩很紧。因此，子宫颈管就完全封闭起来，宫颈外口即紧闭。妊娠中后期，由于胎儿沉向腹腔，子宫颈阴道部往往被牵引而稍微偏向一侧。子宫颈的质地较硬，牛的往往稍变扁，马的细圆。

4. 阴门及阴道

怀孕初期，阴唇收缩，阴门裂紧闭，随妊娠期进展，阴唇的水肿程度增加，牛的这种变化比马的明显，处女牛在 5 个月时出现，成年母牛在 7 个月时出现。怀孕后阴道黏膜的颜色变为苍白，黏膜上覆盖有从子宫颈分泌出来的浓稠黏液。因此，阴道黏膜并不滑润而比较涩滞，插入开张器时较为困难。在怀孕末期，阴唇、阴道变得水肿而柔软。

5. 子宫动脉的变化

由于子宫的下沉及扩展，子宫阔韧带内及子宫壁内血管也逐渐变得较直，由于供应胎儿的营养需要，血量增加，血管变粗，同时由于动脉血管内膜的皱褶增高变厚，而且因它和肌肉层的联系疏松，所以血液流过时所造成的脉搏从原来清楚的跳动变为间隔不明显的颤动。这种间隔不明显的颤动叫做怀孕脉搏。怀孕脉搏孕角比空角出现的早且显著。

二、妊娠诊断

在配种之后为及时掌握母畜是否妊娠、妊娠的时间及胎儿和生殖器官的异常情况，采用临床和实验室的方法进行检查，谓之妊娠诊断。

1. 早期妊娠诊断的意义

妊娠诊断的目的是确定母畜是否已经妊娠，以便按妊娠母畜对待，加强饲养管理，维持母畜健康，保证胎儿正常发育，以防止胚胎早期死亡或流产。如果确定没有妊娠，则应密切注意其下次发情，抓好再配种工作，并及时找出其未孕的原因。例如，交配时间和配种方法是否合适，公畜精液品质是否合格，生殖器官是否患病等等，以便在下次配种时作必要的改进或及时治疗。

2. 妊娠诊断的基本方法

目前妊娠诊断的方法，主要包括外部观察法、阴道检查法、直肠检查法和超声波检查法、X线检查法等。

（1）外部观察法 母畜妊娠以后，一般表现为周期发情停止，食欲增进，营养状况改善，毛色润泽光亮，性情变得温顺，行为谨慎安稳．到一定时期（马、牛5个月，羊3～4个月，猪2个月以后）腹围增大，妊娠后期腹壁一侧较另一侧更为突出（牛、羊右侧比左侧突出，马左侧比右侧突出），乳房胀大，有时牛、马腹下及后肢可出现水肿。牛8个月以后，马、驴6个月以后可以看到胎动，即胎儿活动所造成的母畜腹壁的颤动。在一定时期（牛7个月后，马、驴8个月后，猪2.5个月以后），隔着右侧（牛、羊）或左侧（马、驴）或最后两对乳房的上方（猪）的腹壁可以触诊到胎儿，在胎儿胸壁紧贴母体腔壁时，可以听到胎儿的心音，可根据这些外部表现诊断是否妊娠。

上述方法的最大缺点是不能早期进行诊断，同时，没有某一现象时也不能肯定未孕。

此外，不少马、牛妊娠后，亦有再出现发情的，依此作出未孕的结论将会判断错误。还有的在配种后没有怀孕，但由于饲养管理和利用不当、生殖器官炎症，以及其他疾病而不复发情，据此作出怀孕的结论也是不合适的。

外部观察法对牛、马等大家畜来说并不重要，因为有更可靠的直肠检查法。

（2）阴道检查法 阴道检查判定母畜是否怀孕的主要依据是由于胚胎的存在，阴道的黏膜、阴道的黏液、子宫颈发生了某些变化。主要观察阴道黏膜的色泽、干湿状况，黏液性状（黏稠度、透明度及黏液量），子宫颈形状位置。这些性状的表现，各种家畜基本相同，只是稍有差异。这种方法主要适用于牛、马等大动物。一般于配种后经过一个发情周期以后进行检查，这时如果未妊娠，周期黄体作用已消失，所以阴道不会出现妊娠时的征象，如果已妊娠，由于妊娠黄体分泌孕酮的作用而发生妊娠变化。

阴道检查时，术前准备及消毒工作和发情鉴定的阴道检查法相同，必须认真对待。如果消毒不严，会引起阴道感染，如果操作粗鲁，还会引起孕畜流产，故务必谨慎。

阴道检查所提各项，因个体间差异颇大，所以难免造成误诊，如被检查的母畜有异常的持久黄体或有干尸化胎儿存在时，极易和妊娠征象混淆，而误判为妊娠。当子宫颈及阴道有病理过程时，孕畜又往往表现不出怀孕征状而判为空怀。阴道检查不能确定怀孕日期，特别是它对于早期妊娠诊断不能作出肯定的结论，所以阴道检查法只可作为一个辅助方法，不可作为主要的诊断方法。

（3）直肠检查法 直肠检查判定母畜是否妊娠的重要依据是怀孕后生殖器官的变化。

通过直肠触诊卵巢、子宫、子宫动脉的变化，孕体是否存在而进行判断。其方法操作简便、结果准确，是大家畜最可靠的妊娠诊断方法，在生产上广为应用。妊娠母牛的直肠检查：配种后约一个情期（18～25 d），如果母牛仍未出现发情，可进行直检，但此时子宫角的变化不明显。如卵巢上没有正在发育的卵泡，而在排卵侧有妊娠黄体存在，可初步诊断为妊娠。

妊娠 30 d，两侧子宫角已不对称，孕角比空角略粗大松软。稍用力触压，感觉子宫内有波动，收缩反应不敏感，子宫角最粗处壁薄，空角较厚且有弹性。用手指从子宫角基部向尖端轻轻滑动，偶尔可感到胎胞从指间滑过。

妊娠 60 d，直检可发现孕角比空角粗约两倍，孕角有波动，但角间沟仍清晰可辨。此时，一般可确诊。

妊娠 90 d，孕角继续增大，孕角大如婴儿头，波动明显，子宫已开始沉入腹腔。空角比平时增长 1 倍，很难摸到角间沟。有时可以摸到胎儿。孕角子宫动脉根部已有轻微的妊娠脉搏。

妊娠 120 d，子宫已全部沉入腹腔，只能摸到子宫的后部及该处的子叶，子宫动脉的震颤脉搏较明显。

妊娠 180 d，直检可触到明显胎动。自此以后直至分娩，随着胎儿增大，子宫日渐膨大，子宫动脉加粗，开始表现清晰的妊娠脉搏。寻找子宫动脉时，手伸入直肠内，掌心朝上紧贴椎体前移，找到腹主动脉的最后一个分支——髂内动脉，在其前方由髂内动脉基部分出的一条动脉即是子宫动脉，子宫动脉沿子宫阔韧带下行至子宫角小弯处进入子宫。

（4）超声波诊断法　超声波诊断法是利用超声波的物理特性，即其在传播过程碰到母畜子宫不同组织结构出现不同的反射，来探知胚胎的存在、胎动、胎儿心音和胎儿脉搏等情况从而进行妊娠诊断的方法。

超声断层扫描，简称 B 超，是将超声回声信号以光点明暗显示出来，回声的强弱与光点的亮度一致，这样由点到线到面构成一幅被扫描部位组织或脏器的二维断层图像，称为声像图。超声波在家畜体内传播时，由于脏器或组织的声阻抗不同，界面形态不同，以及脏器间密度较低的间隙，造成各脏器不同的反射规律，形成各脏器各具特点的声像图。用 B 超可通过检查胎水、胎体或胎心搏动以及胎盘来判断母畜妊娠阶段、胎儿数、胎儿性别及胎儿的状态等。

（5）免疫学诊断法　免疫学妊娠诊断主要依据是：母畜妊娠后，可由胚胎、胎盘及母体组织产生某些化学物质、激素或酶类，其含量在妊娠的过程中具有规律性的变化；同时其中某些物质可能具有很好的抗原性，能刺激动物产生免疫反应。如果用这些具抗原性的物质去免疫家畜，会在体内产生很强的抗体，制成抗血清后，只能和其诱导的抗原相同或相近的物质进行特异结合。抗原和抗体的这种结合可以通过两种方法在体外被测定出来。其一是荧光染料和同位素标记，然后在显微镜下定位；其二是利用抗体和抗原结合产生的某些物理性状，如凝集反应、沉淀反应的有无来作为妊娠诊断的依据。

目前研究较多的有红细胞凝集抑制试验、红细胞凝集试验和沉淀反应等方法。

（6）血或奶中孕酮水平测定法　根据母畜妊娠后，由于妊娠黄体的存在，在相当于下一个情期到来的时间阶段，其血中（血清）和奶中（乳汁或乳脂）孕酮含量要明显高于未妊母畜，采用放射免疫、蛋白竞争结合法等测定血清或奶中孕酮含量，与未妊母畜对比来判断是否妊娠的方法。

由于在采样（血、奶）阶段母畜未妊和妊娠母畜的孕酮平均水平都各有一个不同的变化规律，一般在配种后，相当于下一个发情周期开始阶段，孕畜的孕酮水平明显高于不孕者。因此，根据被测母畜孕酮水平的实测值很容易作出妊娠或未妊娠的判断。

（7）其他方法　其他方法是指在某些特定条件下进行的简单妊娠判断方法。例如，子宫颈-阴道黏液理化性状鉴定、尿中雌激素检查、外源激素特定反应等方法。

单元四　现代繁殖新技术

一、胚胎移植技术

1. 胚胎移植的概念

胚胎移植，又称受精卵移植，俗称"借腹怀胎"。它是将体内、外受精的哺乳动物早期胚胎移植到同种的生理状态相同的雌性动物生殖道内，使之继续发育成正常个体的生物技术。提供胚胎的雌性动物叫供体，接受胚胎的动物称受体。在畜牧生产中，家畜的超数排卵和胚胎移植通常同时应用，合称超数排卵胚胎移植技术。

2. 发展简史

（1）实验研究阶段　1890年英国剑桥大学的 Walter Heape 教授以家兔为试验材料，在世界上首次通过胚胎移植成功地使比利时母兔产出了安哥拉仔兔。

20世纪30年代前后，以剑桥大学为中心，哺乳动物胚胎移植技术的研究普遍展开，胚胎移植山羊（1932年）和绵羊（1933年）相继出世。

1951年，猪的胚胎移植取得成功，同年，世界上第一头由超数排卵和胚胎移植产生的犊牛在美国威斯康星州出生。

从此以后，胚胎移植技术引起生物学界和畜牧学界的广泛关注，加速了胚胎移植技术的推广应用，以胚胎移植技术为基础的体外受精、胚胎冷冻、胚胎分割与胚胎体外培养技术等发展迅速。

（2）实际应用阶段　20世纪60年代以后，以牛为主的胚胎移植技术发展迅速，供体的超数排卵、胚胎采集和移植方法等关键技术环节都取得了令人鼓舞的成果。目前，牛胚胎移植成功率大幅度提高，进入产业化应用阶段。

3. 胚胎移植在畜牧生产上的意义

（1）胚胎移植可充分发挥雌性优秀个体的繁殖潜力　通过胚胎移植可以人为生产双胎或多胎。具体表现为：缩短了供体本身的繁殖周期，同时通过超数排卵处理和胚胎移植可获得比自然繁殖多十几倍到几十倍的后代。

（2）简化良种引进方法　可在短期大幅度增加优良个体母畜和公畜的后代数量，迅速扩大良种畜群，加速育种和品种改良工作。

（3）降低种质资源保存费用　可以通过保存胚胎来保存品种资源和濒危动物胚胎移植和胚胎冷冻技术为保存国家或地区间特有的家畜品种资源，建立种质资源库提供新的技术手段。

（4）加速育种进程　MOET 技术能大幅度提高母畜繁殖力，扩大优秀母畜在群体中的影响，增加后代选择强度。如在奶牛育种中，MOET 技术能获得更多具有高产性能的半同胞和全同胞，在较短的时间内达到后裔测定所要求后代的数量，提早完成后裔测定工作，增加选择强度和准确性，缩短育种进程。

（5）利于防疫　在养猪业中，为了培育无特异病原体（SPF）猪群，向封闭猪群引进新的个体时，作为控制疾病的一种措施，采用胚胎移植技术代替剖腹取仔的方法。

（6）促进生殖生理理论与胚胎生物技术的发展　经冷冻保存的胚胎可进行国内和国际交换，代替活畜的引种或进出口。

4. 胚胎移植的生理学基础与基本原则

（1）生理学基础　母畜发情后，生殖器官都会发生一系列变化，在正常自然状态下，母畜发情、配种、受精和妊娠是连续的、不间断的、有规律性的生理现象。因此，母畜在发情后数日内，无论生殖道内有无胚胎存在，生殖系统的变化都是相同的；同种家畜的不同个体，在相同发情时期内，生理状态是基本相同的。在妊娠识别发生之前，同种动物胚胎只要其发育阶段与受体母畜发情时期相对应，移植到受体后就可以继续发育为完整胎儿。

（2）早期胚胎的游离状态　牛胚胎在附植之前一般处于游离状态，从输卵管移行到子宫角，发育需要的营养主要来源于自身贮存物质以及输卵管、子宫内膜分泌物，胚胎与子宫未建立组织联系。

（3）子宫对早期胚胎的免疫耐受性　在妊娠期，由于母体局部免疫发生变化以及胚胎表面特殊免疫保护物质的存在，受体母畜对同种胚胎、胎膜组织一般不发生免疫排斥反应。所以，在同种动物内，胚胎从一个母体子宫或输卵管移入另一个母体子宫或输卵管不仅能够存活下来，而且还与子宫内膜建立密切的组织联系，保证胎儿健康发育。

（4）胚胎遗传物质的稳定性　胚胎遗传信息在受精时就已确定，以后的发育环境只影响其遗传潜力的发挥，而不能改变它的遗传特性。因此，胚胎移植后代的遗传性状由供体母畜及与其配种公畜决定，代孕母体仅影响其体质的发育。

5. 胚胎移植遵循的基本原则

（1）胚胎移植前后环境的同一性　同一性的原则要求胚胎的发育阶段与移植后的生活环境相适应，其中要求：

①胚胎供体与受体在分类学上属于同一物种。分类关系较远的物种，由于胚胎的生物学特性、发育所需环境条件、胚胎发育速度与子宫环境差异太大，胚胎与受体子宫间无法进行妊娠识别和胚胎附植。

②胚胎发育阶段与受体发情时间上的一致性。在胚胎移植实践中，胚胎发育阶段与受体的同步差不能超过正负一天，同步差越大，受胎率越低。

③胚胎发育阶段与受体生殖道解剖位置的一致性。早期胚胎发育是从母体输卵管向子宫角移行过程中完成的，如果发育阶段与所处的环境不统一，胚胎将不能正常发

育或与母体的妊娠识别失败。因此，在胚胎移植时，应根据物种和胚胎发育阶段确定移植在受体生殖道内的解剖位置。例如牛、羊16细胞之前胚胎通常移入输卵管中，而桑甚胚以后的胚胎需要移入子宫角；而猪和人的胚胎在8细胞阶段就可以移入子宫角。

（2）胚胎发育阶段　胚胎移植的理想时间应在妊娠识别发生之前，通常是在供体发情配种后3~8 d内采集胚胎，受体也在相同时间接受胚胎移植。

（3）胚胎质量　只有形态、色泽正常的胚胎移入受体后才与受体子宫顺利进行妊娠识别和胚胎附植，最终完成体内发育；而质量低劣的胚胎在发育中途便退化，导致妊娠识别和胚胎附植失败、早期胚胎丢失或流产。

（4）经济效益或科学价值　供体胚胎应具有独特经济价值，如生产性能优异或科研价值重大，而受体生产性能一般，但繁殖性能良好，环境适应能力强。

6. 胚胎移植应具备的条件

（1）实验室条件　如环境温度过低、溶液的酸碱度和渗透压不当、化学药物的纯度不够、胚胎遭到病原微生物的污染等。在胚胎操作过程中，建立温度恒定、空气洁净、设备齐全和布局合理的实验室是提高胚胎移植效率的关键因素。

（2）技术条件　在家畜胚胎移植实践中，从供、受体选择，饲养，同期发情，超排处理，胚胎采集到胚胎质量鉴定，胚胎冷冻和解冻等都需要丰富的实践经验。

（3）胚胎来源　充足的胚胎供应是实施胚胎移植产业化的前提，目前胚胎的来源主要是通过超数排卵处理后由供体子宫内采集获得，少部分由体外受精获得。进口胚胎时除了考虑胚胎的价格以外，还必须注意当地的疫情，胚胎质量、遗传品质和系谱等。

胚胎移植（图7-10）主要包括供、受体母牛的选择，供、受体同期发情，供体的超数排卵，供体的配种，胚胎采集，胚胎质量鉴定和保存，胚胎的移植技术等环节。

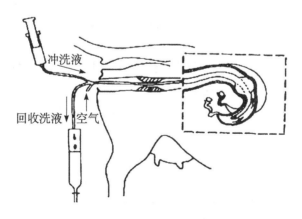

图7-10　牛非手术法采集胚胎示意图
（引自：张忠诚. 家畜繁殖学（第4版）. 北京：中国农业出版社，2006）

1. 供、受体母畜的选择

供体：健康，有较高育种价值，生殖机能正常，已证明对超数排卵反应较好的母畜。

受体：选择健康、繁殖性能良好，体型较大的母畜。

2. 同期发情

牛的同期排卵利用 PG 对牛进行同期发情，其同期化程度比用孕激素处理效果差，受胎也低。为此在同期发情处理后，注射 100 IU LH、1 000~2 000 IU hCG 以使排卵进一步同期化，提高同期发情后的受胎率。

母猪的同期排卵母猪在同期发情处理后，其发情的变化范围比牛、羊大。很少能定时，而是观察到发情后适时输精。而同期发情处理后再作同期排卵处理，可使排卵同期化，以主时输精。对初情期前的母猪用 800~1 000 IU PMSG 处理后 72 h，肌肉注射 500 IUhCG，大型母猪断奶当天或 1d 后用 1 000~1 500 IU PMSG 处理后 72 h，肌肉注射 700~1 000 IU HCG，以提高排卵的同期化程度。

羊的同期排卵羊同期发情后，通过观察发情来确定输精不能正确反映同期发情的效果。而作定时输精则因排卵的同期化程度不高对受胎率有一定的影响。因此，在孕激素同期发情处理结束后 24~48h 或 PG 处理后 48~72h 肌肉注射 400 IU HCG，可提高配种受胎率。

3. 超数排卵

（1）概念及原理　在母畜发情周期的适当时间，注射外源促性腺激素，使卵巢比自然发情时有更多的卵泡发育并排卵，这种方法称为超数排卵，简称超排。母畜卵巢上约有99% 的有腔卵泡发生闭锁而退化，只有 1% 能发育成熟而排卵。在排卵之前再注射 LH 或HCG 补充内源性 LH 的不足，可保证多数卵泡成熟、排卵。

（2）超数排卵方法　主要利用缩短黄体期的前列腺素或延长黄体期的孕酮，结合促性腺激素进行家畜的超数排卵。

①牛的超数排卵。

FSH + PG 法：自然发情的供体，发情之日为 0d，在发情后的第 9~13 天中的任何一天开始（日本进口 FSH 为第 9、10、11 天）连续 4d 递减肌肉注射 FSH，每天两次，间隔12 h，注射 FSH 48 h 后每头牛注射 $PGF_{2\alpha}$ 4 ml。人工输精 3 次，每次间隔 12 h。

②羊的超数排卵。

FSH + PG 法：绵羊在发情周期的第 12 或 13 天、山羊在发情周期的第 16~18 天任意一天开始连续 3 天 6 次递减肌肉注射 FSH，每天两次，间隔 12 h。第 5 次注射 FSH 同时注射 $PGF_{2\alpha}$ 2 ml，注射 FSH 后的 24~48 h 发情。配种或输精 2 次，每次间隔 12 h，同时注射LH 100~150 IU。

4. 胚胎采集

胚胎采集又称冲卵、采胚，它是利用特定的溶液和装置将早期胚胎从母畜的子宫或输卵管中冲出并回收利用的过程。

胚胎采集是胚胎移植的关键环节之一，它包括冲胚液的配制与灭菌、冲胚器械的准备、供体母畜的检查与麻醉、冲胚操作等步骤。

冲胚液是从母畜生殖道内冲取胚胎和进行胚胎体外短时间保存，并与胚胎细胞等渗的溶液。

冲胚时需要的主要器械有：①二路式或三路式冲胚管，其主要作用是导入和导出冲胚液；②外科手术器械，如手术刀、剪刀、止血钳、肠钳、缝合针、缝合线、剪毛剪等，用于手术法冲胚；③保定架；④必备的药品包括消毒药品如70%酒精、碘酊、新洁尔灭、高锰酸钾，麻醉药品如2%利多卡因、2%普鲁卡因或2%静松灵，抗生素如青霉素、链霉素、土霉素、庆大霉素或卡那霉素等，生理盐水。

冲胚前所有使用的器械要进行灭菌处理，在无菌间用冲胚液冲洗消毒后的冲胚管及其连接导管、集卵杯，插入冲胚管钢芯（牛用），检查气球是否完好。冲胚液在37℃的水浴锅或恒温箱中预热、备用。

5. 供体母畜的检查与处理

供体牛在发情的第5~6天通过直肠检查两侧卵巢上的黄体数，确定进行冲胚处理牛的头数。两侧卵巢上有两个或两个以上黄体的母牛才进行冲胚。冲胚一般安排在发情的第7天进行。

母畜在冲胚前禁水、禁食10~24h。冲胚在冲胚室内进行。冲胚时在保定架内呈前高后低保定，冲胚室的温度维持在20℃左右（18~25℃）。牛在冲胚前10 min，剪去荐椎和第一尾椎结合处或第一尾椎和第二尾椎结合处的被毛，用酒精消毒后注射2%利多卡因（2%普鲁卡因）实行尾椎硬膜外麻醉。麻醉目的是使母牛镇静，子宫颈松弛，以利于进行冲胚操作。

6. 胚胎的收集

（1）收集胚胎的时间　冲卵时间要根据胚胎的发育阶段来确定。家畜的胚胎采集一般在配种3~8d后，发育至4~8细胞胚以上为宜。牛最好在桑葚胚至早期囊胚阶段收集和移植，一般在配种6~8d进行。

（2）收集胚胎的方法

①手术法收集胚胎（图7-11）：羊、猪和兔等小动物采用手术法收集胚胎。它是通过外科手术将动物的子宫角、输卵管和卵巢部分暴露，然后注入冲胚液从子宫角或输卵管中冲取早期胚胎。

手术法冲胚时，母畜进行仰卧保定。全身麻醉后在腹部中线距乳房约4 cm处做一切口，切口大小以能拉出子宫角为宜。打开切口后，轻轻拉出子宫角和输卵管，并观察卵巢上的黄体数。并向暴露的生殖道喷洒生理盐水，以防止粘连。根据所需胚胎的发育阶段，选择不同的冲胚方法。不同动物有不同方式，按冲卵部位的不同分以下两种方式：输卵管采胚法；子宫角采胚法。

②非手术法收集胚胎：牛、马、马鹿等大体型动物采用非手术法收集胚胎。它比手术法简便易行，而且对生殖道伤害小。牛非手术法的具体操作如下。

A. 母牛麻醉后将尾巴竖直绑在保定架上，清除直肠内的宿粪，先用清水冲洗会阴部和外阴部，再用0.1%高锰酸钾溶液冲洗消毒并用灭菌的卫生纸擦干，最后用70%酒精棉球消毒外阴部。

B. 通过直肠把握，对青年牛可用扩张棒对子宫颈进行扩张，并用黏液去除器去除子宫颈黏液，然后把带芯的冲胚管慢慢插入子宫角。

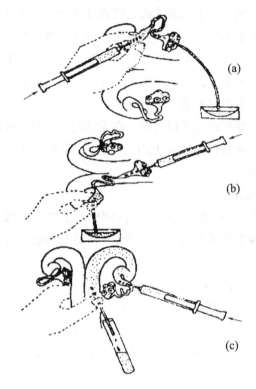

图 7 – 11　手术法冲洗胚胎的示意图
（a）由子宫角向输卵管伞部冲洗　　（b）由伞部向子宫角冲洗　　（c）由子宫角上端向基部冲洗
（引自：张忠诚. 家畜繁殖学，2006）

C. 用注射器一次向冲胚管气囊充气约 10 ml，然后操作者根据气囊所在子宫角的粗细，确定充气量，一般青年母牛为 14～16 ml，经产母牛为 18～25 ml。冲胚管固定后抽出内芯。

D. 灌流冲胚液，灌流方式有吊瓶法和注入法。吊瓶法是将每头供体需要的冲胚液盛放在 1 L 的吊瓶中，用 Y 型硅胶管将吊瓶和冲胚管连接在一起，然后将吊瓶挂在距母牛外阴部垂直上方 1 m 处。冲卵操作者用一只手控制液流开关，向子宫角灌注冲胚液 20～50 ml，另一只手通过直肠按摩子宫角，在灌流的时候，用食指和拇指捏紧宫管结合部，灌流完毕后，关闭进流阀，开启出流阀，用集卵杯或量筒收集冲胚液，同时从宫管结合部向冲胚管方向挤压子宫角，以使灌入的冲胚液尽可能被回收。如此反复冲洗和回收 8～10 次，每侧子宫角的总用量为 300～500 ml。将回收冲胚液的集卵杯或量筒密闭后，置于 37 ℃的恒温箱或无菌室内静置。一侧子宫角冲胚结束后，用相同的方法冲洗另一侧。

E. 两侧子宫角冲胚完成后，放出气囊中的一部分气体，将冲胚管抽至子宫体，灌注含 3 g 土霉素的生理盐水 100 ml 或添加 320 万单位青霉素和 100 万链霉素的生理盐水 10 ml。冲胚后 2 d 肌肉注射 PG 0.4～0.6 mg 以溶解卵巢上的黄体。

7. 胚胎的检查

胚胎的检查是指在体视镜下从冲胚液回收胚胎，同时检查胚胎的数量和质量。对发育正常的胚胎供移植或体外培养和保存。

胚胎的鉴定是指应用各种手段对胚胎质量和活力进行评定或等级分类。

8. 胚胎的保存

胚胎的保存是指将胚胎在体内或体外正常发育温度下，暂时储存起来而不使其失去活力；或者将其保存于低温或超低温情况下，使细胞的新陈代谢和分裂速度减慢或停止，即使其发育处于暂时停顿状态，一旦恢复正常发育温度时，又能再继续发育。

胚胎冷冻保存的意义在于适应胚胎移植产业化；便于胚胎运输；建立动物基因库。目前多采用超低温冷冻保存，是在极低的温度（干冰 -79 ℃，液氮 -196 ℃，液氦 -269 ℃）下保存动物胚胎。超低温下，胚胎的新陈代谢几乎完全暂时停止，因而可以达到长期保存的目的。

目前为止，哺乳动物胚胎的保存方法较多，包括异种活体保存、常温保存、低温保存和超低温冷冻保存（包括常规冷冻保存和玻璃化冷冻保存）等。

（1）异种活体保存　异种活体保存并不是任何一种动物的胚胎都能在另一种动物的输卵管或子宫内存活。实验证明，家兔输卵管比较适于其他动物早期胚胎的保存。牛的早期胚胎（原核-8-细胞）可在结扎的家兔输卵管中保存 3 ~ 4 d；2 ~ 4 细胞羊胚胎保存 3 d 的成活率最高，可存活 5 d；马的桑葚胚和早期囊胚可保存 2 d；猪的 8 ~ 16 细胞可保存 1 ~ 3 d。尽管如此，异种胚胎在家兔输卵管中所保存的时间是有限的。为避免胚胎丢失或吸收，可将胚胎在 1% 琼脂液中包埋，胚胎被封入圆形琼脂小柱，再移植于家兔输卵管中保存。

（2）常温保存　常温保存是指胚胎在 15 ~ 25 ℃温度下于培养液中保存。这种温度下胚胎能保存 24 h，随时间的延长活力下降，此方法只能做短暂的保存和运输。

（3）低温保存　低温保存是指在 0 ~ 5 ℃的区域内保存胚胎的一种方法。此时，胚胎卵裂暂停，代谢速度显著减慢，但尚未停止。这种方法使细胞的某些成分特别是酶处于不稳定状态，保存时间较短。但低温保存操作简便，设备简单，适于野外应用。不同动物的胚胎对温度的反应不同，小鼠、家兔和羊的胚胎冷却到 0 ℃仍能存活，而猪胚胎抗低温能力较差。目前认为，低温保存一般以 5 ~ 10 ℃较好。几种哺乳动物的适宜保存的参考温度分别是：小鼠 5 ~ 10 ℃、家兔 10 ℃、绵羊 10 ℃、山羊 5 ~ 10 ℃、牛 0 ~ 6 ℃，而猪胚胎 15 ~ 20 ℃之间为宜。

（4）冷冻保存

①常规冷冻法：它是将胚胎移入含低浓度抗冻剂的冷冻保存液中，通过程序冷冻控制仪使胚胎缓慢降温，以诱导胚胎外液形成冰晶，胚胎内形成玻璃化状态，而使胚胎存活的技术。

现在为止沿用的常规冷冻法，在室温下用 PBS 等生理性溶液配制成 1.0 ~ 2.0 mol/L 的抗冻液，将细胞置于此溶液中处理。采用的抗冻保护剂有 DMSO、丙三醇和乙二醇等。由于细胞外部的抗冻液其渗透压比较高，为保持细胞内、外渗透压的平衡，防止细胞内的水分向外渗出，胚胎开始收缩。随后抗冻保护剂渗入，同时水分向细胞内回流，胚胎体积得以恢复。平衡时间需 10 ~ 20 min。

将胚胎装入配置好抗冻液的 0.25 ml 塑料细管中，于程序降温仪中降温。当降温至冰点或稍低于冰点温度时，用浸入液氮冷却后的镊子夹住细管的棉栓部，瞬间使抗冻液产生冰晶，即人工植冰。然后以 0.3 ~ 0.5 ℃/min 的速度降温至 -30 ~ -35 ℃，缓慢降温使得细胞内液高度浓缩，即使降温到液氮相同的温度，胞质内也不会有冰晶生成。另外，细胞外液的冰晶之间也有部分浓缩的溶液存在，这部分溶液也不会形成冰晶。无论是何种溶液，在急速降温的情况下，溶液的薪性急剧增高，形成非结晶的固体的现象称为玻璃样状态，即玻璃化。

溶液形成玻璃化的温度（玻璃化转相温度）大约在 -110 ~ -130 ℃。若快速通过此温度域，易造成胚胎破裂。所以当样本慢速降温至 -25 ~ -35 ℃（或 -60 ~ -75 ℃）时，不直接投入液氮中，而是在液氮气中熏蒸数分钟，使其缓慢通过玻璃化转相温度，然后再投入液氮中冷冻效果较好。

常规冷冻法的优点是解冻后胚胎存活率较高，适合在大规模胚胎生产中使用，但操作程序比较复杂，需要冷冻设备，冷冻过程耗时较长。

②玻璃化冷冻法：它是将胚胎放入高浓度抗冻剂的冷冻保存液中，通过快速降温使胚胎内外溶液形成玻璃化状态，从而阻止胚胎内冰晶形成时造成的物理和化学损伤。目前已研制出多种玻璃化溶液，不同的玻璃化溶液有不同的冷冻程序。这种方法的优点是操作简单，不需冷冻仪，适合胚胎的现场操作，也适合保存体外受精胚胎，缺点是每一步操作环节控制必须严格，否则冷冻效果的差异很大。

玻璃化冷冻法所采用的抗冻液，投入液氮中冷冻后细胞内、外液皆无冰晶生成，即称为玻璃化溶液。此溶液是以 PBS 为基础液，添加高浓度的抗冻保护剂配制而成。

9. 胚胎的移植

胚胎移植程序见图 7 - 12，与胚胎采集一样，胚胎的移植也有手术法和非手术法两种。

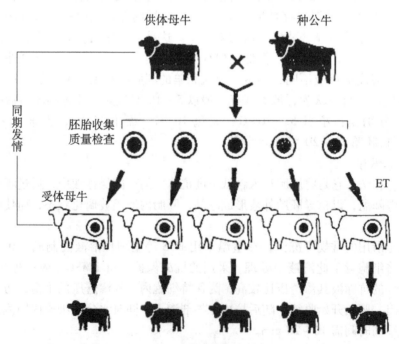

图 7 - 12 胚胎移植程序示意图

（引自：张忠诚. 家畜繁殖学（第 4 版）. 北京：中国农业出版社，2006）

（1）手术法移植　牛胚胎的手术法移植与冲胚的操作基本相同，在肷部或腹中线切口，但切口可以小一些。首先经过直肠检查确定黄体的位置，取出黄体侧输卵管或子宫角。3 日龄前的胚胎（8 细胞之前）移入输卵管，将吸有胚胎的吸管由伞部插入输卵管内，直到壶腹部；5 日龄后的胚胎输到子宫角顶端，用钝针头在子宫角的上 1/3 部位穿刺，注意要避开血管。用尖端烧圆的玻璃捡卵管吸取胚胎，由穿刺孔移入胚胎。移入胚胎后，将输卵管或子宫角回位，缝合创口。

（2）非手术法移植　目前，牛主要采用非手术法移植，是用移植枪通过直肠把握子宫角的方法将胚胎移入有黄体侧的子宫角内。

①器械：胚胎移植枪、移植枪塑料硬外套、无菌软外套、剪毛剪、碘酒棉球、70% 酒精棉球、2% 利多卡因、5ml 一次性塑料注射器、灭菌卫生纸等。

②受体选择：胚胎移植除了考虑受体牛的体格与健康状况，还需要选择合适的季节，这需要根据当地的气候和饲料资源来确定。放牧型母牛的最佳胚胎移植季节在每年的 8 ~ 11 月份，而舍饲型母牛最理想的季节是在春季或秋季，严冬或酷暑不适宜进行胚胎移植。在胚胎移植前，要根据胚胎的发育阶段，选择处于不同发情时期的受体母牛。用鲜胚移植时，供受体必须进行同期发情处理；用冻胚移植时，根据胚胎发育阶段选择发情时期吻合的母牛。

胚胎移植前一天要检查黄体的发育状况，黄体的直径应在 11 ~ 15 mm 以上，手感弹性好，质地软而充实。可选用非优良品种个体，但应具有良好的繁殖性能和健康体况，可选择与供体发情周期同步的母牛为受体。

（3）胚胎移植操作步骤

①根据合格受体的头数和发情时期，确定需要的鲜胚或冻胚数和胚胎发育阶段。

②对照胚胎记录，解冻胚胎。

③受体保定、剪毛、消毒，在 1、2 尾椎间注射 5 ~ 8 ml 2% 普鲁卡因或利多卡因进行硬膜外麻醉，清除宿粪，用高锰酸钾水冲洗外阴部，用卫生纸擦干后再用酒精消毒。

④对照受体发情记录，选择合适阶段和级别的胚胎，装入细管和胚胎移植枪中，套上硬外套，用塑料环卡紧，最后套上灭菌软外套。

⑤将移植枪插入阴道子宫颈外口，捅破软外套，用直肠把握法将移植枪插入黄体侧子宫角的大弯处（约子宫角的上 1/3），推出胚胎，缓慢、旋转地抽出移植枪，最后轻轻按摩子宫角 3 ~ 4 次。

⑥做好受体移植记录。

二、体外受精技术

体外受精是指哺乳动物的精子和卵子在体外人工控制的环境中完成受精过程的技术，英文简称为 IVF。由于它与胚胎移植技术（ET）密不可分，又简称为 IVF-ET。在生物学中，把体外受精胚胎移植到母体后获得的动物称试管动物。这项技术成功于 20 世纪 50 年代，在最近 20 年发展迅速，现已日趋成熟而成为一项重要而常规的动物繁殖生物技术。

早在 1878 年，德国人 Scnenk 就以家兔和豚鼠为材料，开始探索哺乳动物的体外受精技术，但一直没有获得成功。直到 1951 年，美籍华人张明觉和澳大利亚人 Austin 同时发现了哺乳动物的精子获能现象，这一领域的研究才获得突破性进展。

1959年，张明觉以家兔为实验材料，从一只交配后12 h的母兔子宫中冲取精子（即体内获能的精子），从另外两只超数排卵处理母兔的输卵管中收集卵子，精子和卵子在体外人工配制的溶液中完成受精过程。然后，正常卵裂的36枚胚胎被移植到6只受体的输卵管中，其中4只妊娠，并产下15只健康仔兔，这是世界上首批试管动物，它们的正常发育标志着体外受精技术的最终建立。

20世纪60年代初至80年代中期，人们以家兔、小鼠和大鼠等为实验材料，进行了大量基础研究，在精子获能机理和获得方法方面取得很大进展。精子由最初在同种或异种雌性生殖道孵育获能，发展到用子宫液、卵泡液、子宫内膜提取液或血清等在体外培养获能，最后用成分明确的化学溶液培养获能。同时，通过射出精子和附睾精子获能效果的比较研究，人们发现射出精液中含有去能因子，并认识到获能的实质是去除精子表面的去能因子。

20世纪80年代后期，牛的活体取卵技术与IVF-ET结合已成为欧美和大洋洲等畜牧业发达国家的农场主为扩大良种母牛群选择的重要繁殖技术。

哺乳动物体外受精的基本操作程序，主要环节包括以下几个方面。

1. 卵母细胞的采集和成熟培养

（1）卵母细胞的采集　卵母细胞的采集方法通常有以下两种。

①超数排卵：雌性动物用促卵泡素和促黄体素处理后，从输卵管中冲取成熟卵子，直接与获能精子受精。这种采卵方式多用于小鼠、大鼠和家兔等实验动物，也可用于山羊、绵羊和猪等小型多胎家畜。在大家畜中，由于操作程序复杂，成本较高，很少使用。这种方法的关键是掌握卵子进入输卵管和卵子排出后维持受精能力的时间，一般要求在卵子具有旺盛受精力之前冲取。

②从活体卵巢中采集卵母细胞：这种方法是借助超声波探测仪或腹腔镜直接从活体动物的卵巢中吸取卵母细胞。

（2）卵母细胞的选择　采集的卵母细胞绝大部分与卵丘细胞形成卵丘细胞-卵母细胞复合体（COC）。无论用何种方法采集的COC，都要求卵母细胞形态规则，细胞质均匀，卵母不能发黑或透亮，外围有多层卵丘细胞紧密包围。在家畜体外受精研究中，常把未成熟卵母细胞分成A、B、C和D四个等级。A级卵母细胞要求有三层以上卵丘细胞紧密包围，细胞质均匀；B级要求卵母细胞质均匀，卵丘细胞层低于三层或部分包围卵母细胞；C级为没有卵丘细胞包围的裸露卵母细胞；D级是死亡或退化的卵母细胞。在体外受精实验中，一般只培养A级和B级卵母细胞。

（3）卵母细胞的成熟培养　由超数排卵或从排卵前卵泡中采集的卵母细胞已在体内发育成熟，不需培养可直接与精子受精。对未成熟卵母细胞需要在体外培养成熟。培养时，先将采集的卵母细胞在实体显微镜下经过挑选和洗涤后，然后放入成熟培养液中培养。

2. 体外受精

哺乳动物精子的获能方法有培养和化学诱导两种方法。

牛、羊的精子常用化学药物诱导获能，诱导获能的药物常用肝素和钙离子载体。在体外受精研究中，牛、羊的精子主要采用冷冻精液。获能处理时，精液在30～37℃水浴中解冻后，先用洗涤液离心洗涤两次，然后在获能液中诱导获能。牛和山羊精子获能的方法基本相同：洗涤液常用 TALP 或 BO 液，获能时在洗涤液中添加肝素或钙离子载体。肝素对精子有害影响小，可长时间处理，而钙离子载体对精子活力影响较大，处理时间要短，一般在 1min 左右。

（1）受精　即获能精子与成熟卵子的共培养，除钙离子载体诱导获能外，精子和卵子一般在获能液中完成受精过程。

（2）胚胎培养　精子和卵子受精后，受精卵需移入发育培养液中继续培养以检查受精状况和受精卵的发育潜力，质量较好的胚胎可移入受体母畜的生殖道内继续发育成熟或进行冷冻保存。

提高受精卵发育率的关键因素是选择理想的培养体系。

胚胎在培养过程中要求每 48～72 h 更换一次培养液，同时观察胚胎的发育状况。当胚胎发育到一定阶段时可进行胚胎移植或冷冻保存，牛、羊受精卵通常培养到致密桑葚胚或囊胚时进行移植或冷冻保存，猪的 IVF 胚胎抗冻能力差，要求在发育早期移入受体内继续发育。

（3）家畜体外受精技术的发展现状和存在的问题

①发展现状。家畜体外受精技术经过近 20 年的发展，已取得很大进展。其中，牛的 IVF 水平最高，入孵卵母细胞的卵裂率为 80%～90%，受精后第 7 天的囊胚发育率为 40%～50%，囊胚超低温冷冻后继续发育率为 80%，移植后的产犊率为 30%～40%。平均每个卵巢可获得 A 级卵母细胞 10 个左右，经体外受精可获得 3～4 个囊胚，移植后产犊 1～2 头。绵羊和山羊入孵卵母细胞的卵裂率为 80%～90%，体外受精第 5 天的囊胚发育率为 30%～40%，囊胚超低温冷冻后继续发育率为 80%，移植产羔率为 50%。猪的 IVF 技术在最近也取得很大进展，入孵卵母细胞受精后的卵裂率为 90%，囊胚发育率达 60%～70%，但移植产仔率仅 30% 左右，胚胎冷冻保存技术有待深入研究。

②存在的问题和发展方向。

A. 囊胚发育率低，细胞数少。体外受精卵在培养过程中普遍存在发育阻断，即胚胎发育到一定阶段后停止发育并发生退化的现象。牛、羊胚胎阻断发生在 8～16 细胞阶段，猪胚胎发生在 4 细胞阶段，这就导致体外受精卵的囊胚发育率远低于体内受精。此外，与体内受精囊胚相比，体外受精囊胚的细胞总数和内细胞团细胞数还明显减少。

B. 产犊率低，胎儿初生重高。家畜体外受精胚胎，特别是牛的 IVF 胚胎移入受体后，产犊率比体内受精低 15%～20%，但胎儿初生重比人工授精后代高 3～4 kg，导致受体母畜难产发生率高。

3. 辅助受精技术

辅助受精技术是体外受精（IVF）的延伸，它是通过人为方法使精子和卵子完成受精过程，克服精子不能穿过透明带和卵黄膜的缺陷。这项技术起源于 20 世纪 60 年代，在 80 年代得到迅速发展，在医学上已成为治疗某些男性不育症的主要措施之一，在基础生物学中，它对研究哺乳动物受精和发育机理有很重要的价值；它还对挽救濒危动物和充分利用优良种公畜等有重要意义。目前，哺乳动物的辅助受精技术有透明带修饰和精子注入两种方法。由于两种方法都需要借助显微操作仪来完成，所以又称辅助授精技术为显微授精。

（1）透明带修饰法　它是运用显微操作仪对卵母细胞的透明带进行打孔、部分切除或撕开缺口，为精子进入卵黄周隙打开通道，然后把卵子与一定浓度的精子共培养以完成受精过程。这种方法适用于具有一定运动能力，但顶体反应不全，无法穿过透明带的精子。

它的优点是对卵子的损伤小，但对于靠透明反应阻止多精入卵的动物易造成多精子受精，影响胚胎继续发育。目前这种方法仅在小鼠中取得成功。

（2）精子注入法　它是利用显微操作仪直接把精子注入卵黄周隙或卵母细胞的胞质中，前者称透明带下授精，后者称胞质内精子注射。透明带下授精要求注入的精子数有严格要求：具有活力且已发生顶体反应的精子要单个注入，没有发生顶体反应的精子，注入的数目可加大。这种方法的优点是对卵母细胞的损伤小，已在临床医学上得到运用，但多精入卵是制约这一技术发展的主要原因。胞质内精子注射对精子活力、形态和顶体反应没有特殊要求，只需注入单个精子即可，为提高受精率，注射后卵子需要人为激活。胞质内注射精子作为治疗由男性引起受精障碍症的方法已在许多国家得以应用，由此获得的试管婴儿数已超过 3 000 例。

三、克隆技术

克隆，这一词来源于希腊文 KIon，原意是树木的枝条繁育（插枝）。在生物学中，它是指由一个细胞或个体以无性繁殖方式产生遗传物质完全相同的一群细胞或一群个体。在动物繁殖学中，它是指不通过精子和卵子的受精过程而产生遗传物完全相同新个体的一门胚胎生物技术。哺乳动物的克隆技术在广义上包括胚胎分割和细胞核移植技术，在狭义上它仅指细胞核移植技术，其中包括胚胎细胞核移植和体细胞核移植技术。

胚胎分割（图 7 – 13）是运用显微操作系统将哺乳动物附植前胚胎分成若干个具有继续发育潜力部分的生物技术，运用胚胎分割可获得同卵孪生后代。在畜牧生产上，胚胎分割可用来扩大优良家畜的数量；在实验生物学或医学中，运用同卵孪生后代作实验材料，可消除遗传差异，提高实验结果的准确性。

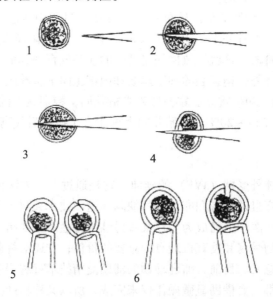

图 7 – 13　哺乳动物胚胎分割示意图
（引自：张忠诚. 家畜繁殖学（第 4 版）. 北京：中国农业出版社，2006）
1. 胚胎（囊胚）　2～4. 胚胎分割　5. 半胚移入孔透明带内　6. 经培养发育至囊胚

1. 发展简介

1970 年，Mullen 等才通过分离小鼠 2 细胞胚胎卵裂球，获得同卵双生后代。后来，Moustafa（1978）又将小鼠桑葚胚一分为二，也获得同卵孪生后代。1979 年，Willadsen 和 Meineck-Tillman 等成功地进行了绵羊早期胚胎的分割。20 世纪 80 年代以后，哺乳动物胚胎分割技术发展迅速，Willad-sen 等在总结前人经验的基础上，建立了系统的胚胎分割方法，并运用这种方法获得绵羊的 1/4 和 1/8 胚胎后代和牛的 1/4 胚胎后代。胚胎分割技术已用于提高家畜胚胎移植成功率和早期胚胎的性别鉴定。

2. 胚胎分割的基本程序

（1）分割器具的准备　胚胎分割需要的器械有体视显微镜、倒置显微镜和显微操作仪。在进行胚胎分割之前需要制作胚胎固定管和分割针，固定管要求末端钝圆，外径与所固定胚胎直径相近，内径一般为 20 ~ 30 μm。分割针目前有玻璃针和微刀两种，玻璃针一般是由显微操作用微玻璃管拉成；微刀是用锋利的金属刀片与微细玻璃棒粘在一起制成。

（2）胚胎预处理　为了减少分割损伤，胚胎在分割前一般用链霉蛋白酶进行短时间处理，使透明带软化并变薄或去除透明带。链酶蛋白酶的浓度为 0.2% ~ 0.3%，在室温下酶的处理时间与胚胎发育阶段有关，完全去除透明带处理的时间为 5 ~ 8 min，软化透明带的处理时间在 1 min 之内。

（3）胚胎分割　在进行胚胎分割时，先将发育良好的胚胎移入含有操作液滴的培养皿中，操作液常用添加 0.2 mol 蔗糖的杜氏磷酸缓冲液，然后在显微镜下用分割针或分割刀把胚胎一分为二。不同阶段的胚胎，分割方法略有差异。

①桑葚胚之前的胚胎：这一阶段胚胎因为卵裂球较大，直接分割对卵裂球的损伤较大。常用的方法是用微针切开透明带，用微管吸取单个或部分卵裂球，放入另一透明带中，透明带通常来自未受精卵或退化的胚胎。

②桑葚胚和囊胚的分割：对于这一阶段的胚胎，通常采用直接分割法。操作时，用微针或微刀由胚胎正上方缓慢下降，轻压透明带以固定胚胎，然后继续下切，直至胚胎一分为二，再把裸露半胚移入预先准备好的空透明带中，或直接移植给受体。在进行囊胚分割时，要注意将内细胞团等分。

（4）分割胚的培养　为提高半胚移植的妊娠率和胚胎利用率，分割后的半胚需放入空透明带中或用琼脂包埋移入中间受体在体内培养或直接在体外培养。半胚的体外培养方法基本同于体外受精卵。体内培养的中间受体一般选择绵羊、家兔等小型动物的输卵管，输卵管在胚胎移入后需要结扎以防胚胎丢失。琼脂包埋的作用是固定胚胎，便于回收，但不影响胚胎的发育。发育良好的胚胎移植到受体内继续发育或进行再分割。

（5）分割胚胎的保存和移植　胚胎分割后可以直接移植给受体，也可以进行超低温冷冻保存。为提高冷冻胚胎移植后的受胚率，分割的胚胎需要在体内或体外培养到桑葚或囊胚阶段，再进行冷冻。由于分割胚的细胞数少，耐冻性较全胚差，解冻后的受胚率低于全胚。

3. 胚胎分割的技术进展

哺乳动物的胚胎分割技术在近 20 年取得了较大进展，主要表现为操作方法越来越简单。在胚胎分割中，技术人员可不借助显微操作仪，徒手分割。在牛的胚胎移植生产中，胚胎分割已用于提高胚胎移植的总受胎率和克服异性孪生不育。此外，胚胎分割取样已用于胚胎的性别鉴定和转基因阳性胚胎的早期选择。

尽管胚胎分割技术已在多种动物，包括人类中取得成功，但是仍然存在很多问题（如初生重低等）需作深入研究。

胚胎细胞核移植又称胚胎克隆，它是通过显微操作将早期胚胎细胞核移植到去核卵母细胞中构建新合子的生物技术。通常把提供细胞核的胚胎称核供体，接受细胞核的卵子称核受体。由于哺乳动物的遗传性状主要由细胞核的遗传物质决定，因此由同一枚胚胎作核供体通过核移植获得的后代，基因型几乎一致，称之为克隆动物。通过核移植得到的胚胎可作供体，再进行细胞核移植，称再克隆。在理论上，一枚胚胎通过克隆和再克隆，可获得无限多的克隆动物。

胚胎克隆技术在畜牧生产和生物学基础研究中具有重要价值。在畜牧生产上，通过胚胎克隆可大量扩增遗传性状优良的个体，加速家畜品种改良和育种进程。在濒危动物保护中，运用胚胎克隆技术可扩大濒危物种群。

1. 哺乳动物胚胎克隆的研究简介

1975 年 Bromhall 最早在家兔上证实哺乳动物的胚胎细胞核移植是可行的。哺乳动物的胚胎克隆技术在 20 世纪 80 年代得到迅速发展，相继获得了小鼠、绵羊、牛和猪的克隆后代。

2. 胚胎克隆的操作程序（图 7-14）

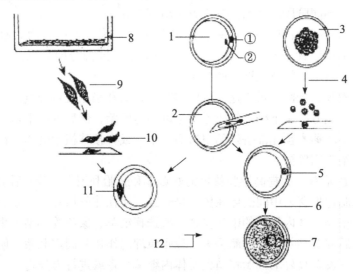

图 7-14 哺乳动物细胞核移植示意图

（引自：张忠诚. 家畜繁殖学（第 4 版）. 北京：中国农业出版社，2006）

1. 受体卵母细胞：①第一极体 ②MⅡ期纺锤体　2. 去核（去除第一极体和纺锤体）　3. 供体胚胎
4. 供体胚胎卵裂球的分离　5. 向去核卵母细胞移入单个卵裂球　6. 融合与激活　7. 新合子
8. 细胞的传代培养　9. Go 或 GⅠ　10. 用于核移植的体细胞　11. 移核　12. 融合与激活

哺乳动物胚胎克隆的基本操作程序，主要包括以下几个步骤。

（1）卵母细胞的去核　去除卵子染色体的方法目前有细管吸除法和紫外线照射法两

种，前者是用微细玻璃管穿过透明带吸出第一极体和其下方的ＭⅠ期染色体，后者是用紫外线破坏染色体 DNA 达到去核目的。目前，最常用的是吸除法。

（2）供体核的准备和移植　胚胎克隆过程中，供体核来自早期胚胎。供体核的准备实质上是把供体胚胎分散成单个卵裂，每个卵裂球就是一个供体核。取得卵裂球的方法有两种，一是用蛋白酶消化透明带，然后用微管把胚胎分散成单个卵裂球，此法主要用于家兔和绵羊的胚胎克隆；另一种方法是用尖锐的吸管穿过透明带吸出胚胎中的卵裂球，这种方法主要用于猪和牛的胚胎克隆。准备好卵裂球后，用移植微管吸取一个卵裂球，借助显微操作仪把此卵裂球放入一个去核卵子的卵黄周隙中，即完成移植过程。

（3）卵裂球与卵子的融合　融合是运用一定方法将卵裂球与去核卵子融为一体，形成单细胞结构。融合方法目前有电融合和仙台病毒诱导融合两种。电融合是将操作后的卵子卵裂球复合体放入电解质溶液中，在一定强度的电脉冲作用下，使卵裂球与卵子相互融合。在电击过程中，两者的接触要与电场方向垂直。这种方法广泛用于小鼠、家兔、牛、羊和猪的细胞融合。融合效率与脉冲电压、脉冲持续时间、脉冲次数、融合液、卵裂球的大小和卵子的日龄有密切关系，不同种动物，以上参数都略有不同。仙台病毒诱导融合在20 世纪 80 年代曾用于家兔、小鼠、绵羊和牛的细胞融合，由于融合效果不稳定，并具有感染性，已被简易而效果稳定的电融合法取代，目前，只有小鼠的胚胎克隆仍在使用。

（4）卵子的激活　在正常受精过程中，精子穿过透明带触及卵黄膜时，引起卵子内钙离子浓度升高，卵子细胞周期恢复，启动胚胎发育，这一现象称激活。在胚胎克隆过程中，通常用一定强度的电脉冲作用卵母细胞，造成卵母细胞内外膜结构出现瞬时通道，胞质内的钙离子进入受体核区，激活细胞核，恢复细胞周期，启动胚胎发育。在融合过程中，卵母细胞也可被激活，但激活率不高。通常采取增加脉冲次数、延长脉冲时间来提高激活率。

（5）克隆胚胎的培养　克隆胚胎可在体外作短时间培养后，移植到受体内，也可以在中间受体或体外培养到高级阶段再进行冷冻保存或胚胎移植。培养方法同与体外受精卵的培养。

单元五　家畜的繁殖力

一、繁殖力的概念

繁殖力可概括为家畜维持正常繁殖机能、生育后代的能力。对于种畜来说，繁殖力就是它的生产力。

对母畜来说，繁殖力是一个包括多方面的综合性概念，它表现在性成熟的早晚，繁殖周期的长短，每次发情排卵数目的多少，卵子受精能力的高低，妊娠、分娩及哺乳能力高低等。概括起来，集中表现在一生或一段时期内繁殖后代数量多少的能力，其生理基础是生殖系统（主要是卵巢）机能的高低。

而公畜则主要表现为能否产生品质良好的精液和具有健全、旺盛的性行为。因此，公畜的生理状态、生殖器官特别是睾丸的生理功能、性欲、交配能力、配种负荷、与配母畜的情期受胎率、使用年限及生殖疾病等都是公畜繁殖力所涵盖的内容。

就整个畜群来说，繁殖力高低是综合个体的上述指标，以平均数或百分数表示之，如总受胎率、繁殖率、成活率和平均产仔间隔等。

所谓正常的繁殖力是指在正常的饲养管理条件下，所获得的最佳经济效益的繁殖力。

决定繁殖力的主要生理因素为排卵数目、受精卵数和产仔数。排卵数因畜种而异，也受品种和环境条件的影响。受精卵数除决定于正常排卵数外，还决定于正常精子的数量、获能与受精，以及配种技术等条件。另外，生殖机能异常和病理因素也会影响繁殖力。

1. 牛的正常繁殖力

母牛的繁殖力常用一次受精后受胎效果来表示。此一数值随着妊娠天数的增加，至分娩前达到最低数值。这说明在妊娠过程中，由于早期胚胎的丢失、死亡和早期流产而降低了最终受胎率。

具有较高繁殖力公牛的主要指标为：膘度适中、健壮、性欲旺盛、睾丸大而有弹性、精液量大、精子活率高而密度大、畸形精子的比例低等。

2. 马的正常繁殖力

一般来说，马的繁殖力比其他家畜低。这与其本身的生殖生理特点和明显的季节性发情有关。目前，通常公马以性反射强弱，以及在一个配种期内所交配的母马数、采精次数、精液品质、与配母马的情期受胎率、配种年限、幼驹的品质等反映公马的繁殖力水平。

3. 羊的正常繁殖力

对于进行自然交配的种公羊来说，正常情况下交配而未孕的母羊百分数可反映出不同公羊的繁殖力。对于各品种的公羊来说，这一指标有一个平均的范围，一般在10%～30%之间。若低于5%可认为是繁殖力很高的公羊。除此之外，目前把睾丸的大小、质地，精液品质和性欲等作为公羊繁殖力综合评定的主要依据。

4. 猪的正常繁殖力

公猪的繁殖力高低对母猪的受胎率、产仔数等有明显的影响。首先，要求公猪有旺盛的性欲，保证其顺利地完成交配和采精；其次，公猪精液的品质和射精量是影响其繁殖力的重要因素。

在正常情况下，母猪的实际繁殖力低于其可能达到的水平。影响母猪的繁殖力的因素除受胎率外，更重要的是产仔数、年产仔窝数和断奶仔猪数。

受胎率即评定母畜的受胎能力或公畜的受精能力的综合性指标。常有以下几种表示方法。

1. 情期受胎率

情期受胎率即表示妊娠母畜头数占配种情期数的百分率，可按月份、季度进行统计。它在一定程度上更能反映出受胎效果和配种水平，能较快的发现畜群的繁殖问题。一般来说，当母畜健康、排卵正常、输精较适时，精液品质良好状态下，情期受胎率就高，但通常总要低于总受胎率。

情期受胎率又可分为：

（1）第一情期受胎率　即第一情期配种的妊娠母畜数占第一情期配种母畜数的百

分率。

（2）总情期受胎率　即配种后最终妊娠母畜数占总配种母畜情期数（包括历次复配情期数）的百分率。

2. 总受胎率

总受胎率即最终妊娠母畜数占配种母畜数的百分率。一般在每年配种结束后进行统计，在计算配种头数时应把有严重生殖道系统疾病（子宫内膜炎等）和中途失配的个体排除。

3. 不返情率

不返情率即配种后某一定时间内，不再表现发情的母畜数占配种母畜数的百分率。但使用不返情率时，必须冠以观察时间，如 30 ~ 60 d 不返情率、60 ~ 90 d 不返情率、90 ~ 120 d 不返情率等。配种后母畜不发情的时间越长，不再发情率越接近实际受胎率。常用于猪、牛和羊。

4. 配种指数

配种指数即指参加配种母畜每次妊娠的平均配种情期数。它是衡量受胎力的一种指标，在相同的条件下，则可反映出不同个体和群体间的配种难易程度。

5. 繁殖率

繁殖率即指本年度内出生仔畜数占上年度终存栏适繁母畜数的百分率，主要反映畜群增殖效率。

6. 成活率

成活率一般是指断奶成活率，即断奶时成活仔畜数占出生时活仔畜总数的百分率。或为本年度终成活仔畜数（可包括部分年终出生仔畜）占本年度内出生仔畜的百分比。

（1）繁殖成活率　繁殖成活率即本年度内成活仔畜数占上年度终适繁母畜数的百分率。

（2）产犊指数　产犊指数即指母牛两次产犊所间隔的天数，也称产犊间隔。常用平均天数表示，奶牛正常产犊指数约为 365 d，肉牛为 400 d 以上。

（3）产仔窝数　产仔窝数一般指猪或兔在一年之内产仔的窝数。

（4）窝产仔数　窝产仔数即猪或兔每胎产仔的总数（包括死胎和死产），是衡量多胎动物繁殖性能的一项主要指标。一般用平均数来比较个体和群体的产仔能力。

（5）产羔率　产羔率主要用于评定羊的繁殖力，即产活羔羊数占参加配种母羊数的百分率。

7. 牛繁殖效率指数

牛繁殖效率指数直接与参加配种母牛数和犊牛断奶前死亡的母牛数有关，在其他条件相似的前提下，可比较不同牛群的管理水平。

$$牛繁殖效率指数（REI）＝断奶活犊牛数／（配种母牛数＋配种至犊牛断奶期间死亡的母牛数）$$

除此之外，衡量繁殖力的指标还有配种率、流产率、增殖率和空怀率等。

二、繁殖障碍

繁殖障碍是指家畜生殖机能紊乱和生殖器官畸形以及由此引起的生殖活动的异常现象，

如公畜性无能、精液品质降低或无精；母畜乏情、不排卵、胚胎死亡、流产和难产等。

公畜的隐睾症、睾丸发育不良、阴囊病和母畜的生殖器官先天性畸形以及雄性和雌性动物的染色体嵌合等遗传疾病，均可引起雄性不育和雌性不孕。

1. 饲养

饲养因素引起家畜繁殖障碍主要表现在以下几方面。

（1）营养水平　营养水平与家畜生殖有直接和间接两种关系。直接作用可引起性细胞发育受阻和胚胎死亡等；间接作用通过影响家畜的生殖内分泌活动而影响生殖活动。营养水平过低、过高也可引起繁殖障碍，主要表现为性欲降低，交配困难。此外，母畜如果膘情过肥，可使胚胎死亡率增高、护仔性减弱、仔畜成活率降低。

（2）饲料中的有毒有害物质　某些饲料本身存在对生殖有毒性作用的物质，如大部分豆科植物和部分葛科植物中存在植物激素，主要为植物雌激素，对公畜的性欲和精液品质都有不良影响，造成配种受胎率下降，对母畜引起卵泡囊肿、持续发情和流产等；棉籽饼中含有的棉酚，对精子的毒性作用很强。菜籽饼中含有硫代葡萄糖苷毒素，致使精子活力和密度、畸形率改变。

2. 环境因素

高温和高湿环境不利于精子发生和卵泡的发育及胚胎发育，对公、母畜的繁殖力均有影响。绵羊和马为季节性繁殖动物，在非繁殖季节公畜无性欲，即使用电刺激采精方法采集精液，精液中的精子数也很少。母畜在非繁殖季节卵泡不发育，处于乏情状态，卵巢静止。

3. 管理

发情鉴定不准、配种不适时是引起家畜繁殖障碍的重要管理原因之一。水牛的发情表现不明显，加上水牛喜好泡在水中，更不便于观察外阴变化情况，易导致水牛发情而未及时配种；在黄牛和奶牛人工授精中，大多数配种员都已熟练掌握输精技术，但真正掌握牛的卵泡发育规律，并根据直肠触摸卵巢方法准确进行发情鉴定的配种员数量不多，这是降低配种受胎率的原因之一。

在母畜妊娠期间如果管理不善，造成妊娠母畜跌倒、挤压、使役过度、长途运输、惊吓或饲喂冰冻的青贮饲料及饮冷水等，易导致流产。

4. 传染病

生殖器官感染病原微生物是引起动物繁殖障碍的重要原因之一。母畜生殖道可成为某些病原微生物生长繁殖的场所。被感染的动物有些可表现明显的临床症状，有些则为隐性感染而不出现外观变化，但可通过自然交配传染给公畜，或在阴道检查、人工授精过程中由于操作不规范而传播给其他母畜，有些人畜共患病还可传染给人。某些疾病还可通过胎盘传播给胎儿（垂直感染），引起胎儿死亡或传播给后代。

1. 遗传性繁殖疾病

（1）隐睾症　隐睾睾丸因位于腹腔，在动物出生后的生长发育过程中睾丸发育受阻，不仅体积小，而且内分泌机能和生精机能均受到影响，甚至不产生精子。解剖腹腔内睾丸检查发现，虽然间质细胞数量增加，但精细管上皮只有一层精原细胞和支持细胞。两侧隐睾的精液中，只有副性腺分泌液而无精子，单侧隐睾的精液中可见到精子，但是精子密度较低。

隐睾症为隐性遗传病，为了防止隐睾症的发生，在一个群体一旦发现隐睾症，就必须淘汰所有与之有亲缘关系的个体。

（2）睾丸发育不全 睾丸发育不全是指精细管生殖层的不完全发育。睾丸发育不全较轻的病例用手触诊时往往不易判断。但对睾丸发育不全的公牛进行白细胞培养后做染色体组型分析时，可见染色体发生变化。如对更赛牛进行细胞遗传研究时，发现睾丸发育不全的公牛具有类似常染色体继发性收缩的特征。

（3）染色体畸变 染色体发生 1/29 罗伯逊易位是引起不育较常见的遗传疾病，可引起公畜无精。此外，染色体嵌合、镶嵌，常染色体继发性收缩等，均可引起公畜不育。

2. 免疫性繁殖障碍

引起公畜繁殖障碍的免疫性因素使精子易发生凝集反应。现已发现，哺乳动物的精子至少含有三种或四种与精子特异性有关的抗原。在病理情况下，如睾丸或附睾损伤、炎症、精子通路障碍等，精子抗原进入血液与免疫系统接触，便可引起自身免疫反应，即产生可与精子发生免疫凝集反应的物质，引起精子相互凝集而阻碍受精，使受精率降低。

精子凝集试验证实，牛精子至少含有四种特异性抗原，一种分布于头部，另一种分布于尾部，其余两种在头和尾均有分布。

3. 机能性繁殖障碍

（1）性欲缺乏 性欲缺乏又称阳痿，是指公畜在交配时性欲不强，以致阴茎不能勃起或不愿意与母畜接触的现象。公马和公猪较多见，其他家畜也常发生。生殖内分泌机能失调引起的性欲缺乏，主要表现在雄激素分泌不足或畜体内雌激素含量过多，可肌肉注射雄激素、HCG 或 GnRH 类似物进行治疗。

（2）交配困难 交配困难主要表现在公畜爬跨、阴茎的插入和射精等交配行为发生异常。爬跨无力是老龄公牛和公猪常发生的交配障碍。蹄部腐烂、四肢外伤、后躯或脊椎发生关节炎等，都可造成爬跨无力。

阴茎从包皮鞘伸出不足或阴茎下垂，都不能正常交配或采精。由先天性、外伤性和传染性引起的"包茎"或包皮口狭窄，或阴茎海绵体破裂而形成血肿等，均可妨碍阴茎的正常伸出。公牛交配时常见阴茎猛力冲向母牛的会阴部，易发生挫伤，引起"S"状弯曲部发生血肿，并伴以包皮下垂，从而影响交配。

（3）精液品质不良 精液品质不良是指公畜射出的精液达不到使母畜受精所要求的标准，主要表现为射精量少、无精子、死精子、精子畸形和活力不强等。此外，精液中带有脓液、血液和尿液等，也是精液品质不良的表现。

引起精液品质不良的因素包括气候恶劣（高温、高湿）、饲养管理不善、遗传病变、生殖内分泌机能失调、感染病原微生物以及精液采集、稀释和保存过程中操作失误等。

4. 生殖器官炎症

（1）睾丸炎及附睾炎（阴囊积水）

睾丸炎和附睾炎通常由物理性损伤或病原微生物感染所引起。引起牛睾丸炎的细菌主要有流产布氏杆菌、化脓性球菌、结核病菌、牛放线菌；引起猪睾丸炎的病原菌主要为布氏杆菌；引起羊睾丸炎的主要病原菌为布氏杆菌、化脓性球菌等。

引起睾丸炎的病原微生物也可引起附睾炎。急性附睾炎通过影响阴囊的热调节功能而影响精液品质。慢性附睾炎虽对阴囊的热调节功能没有影响，但可引起睾丸炎。附睾发生炎症时，附睾尾肿胀、发热、疼痛。

（2）外生殖道炎症　外生殖道炎症包括阴囊炎、阴囊积水、前列腺炎、精囊腺炎、尿道球腺炎和包皮炎等。阴囊炎和睾丸炎可导致不育。阴囊积水多发生于年龄较大的公马和公驴，外观上可见阴囊肿大、紧张、发亮，但无炎性症状，触诊时可明显地感到有液体波动，随时间的延长往往伴有睾丸萎缩、精液品质下降。

雌性动物繁殖障碍包括发情、排卵、受精、妊娠、分娩和哺乳等生殖活动的异常，以及在这些生殖活动过程中由于管理失误所造成的繁殖机能丧失，是使雌性动物繁殖率下降的主要原因之一。引起母畜繁殖障碍的因素主要有遗传、环境气候、饲养管理、生殖内分泌机能、免疫反应和病原微生物等。

1. 遗传性繁殖障碍

（1）生殖器官发育不全和畸形　母畜生殖器官发育不全主要表现为卵巢和生殖道体积较小，机能较弱或无生殖机能。幼稚型动物的生殖器官常常发育不全，即使到达配种年龄也无发情表现，偶有发情，但屡配不孕。

（2）雌雄间性　雌雄间性又称两性畸形，指同时具有雌雄两性的部分生殖器官的个体。如果某个体的生殖腺一侧为睾丸，另一侧为卵巢，或者两侧均为卵巢和睾丸的混合体即卵睾体，这种现象称为真两性畸形。两性畸形的睾丸通常位于腹股沟皮下或腹腔内，无生精机能。性腺为某一性别，而生殖道属于另一种性别的两性畸形，称为假两性畸形。雌性假两性畸形有卵巢和输卵管畸形以及肥大的阴茎，但无阴门。

（3）异性孪生母犊　异性孪生母犊中约有95%患不育症，主要表现为不发情，体型较大，阴门狭小，阴蒂较长，阴道短小，子宫角非常细，卵巢极小，乳房极不发达，常无管腔。

（4）种间杂交　种间杂交的后代往往无生殖能力。如马与驴杂交所生的后代骡子，因卵巢中卵原细胞极少，睾丸中精细管堵塞，不能产生精子，所以均无生殖能力。细胞遗传学研究发现，骡的染色体数目成单数（63条），而且染色体在第一次成熟分裂时不能产生联会，可能是引起杂种不育的遗传基础。另外，马（64条）和驴（62条）的染色体组型在形态上差异很大，可能是导致染色体成熟分裂时不能联会的原因。

黄牛和牦牛杂交所生的后代犏牛，雌性有生殖能力，但雄性无生殖能力或生殖能力降低。同样，双峰驼与单峰驼杂交所生的后代，雌性也有生殖能力。

2. 免疫性繁殖障碍

母畜因免疫性因素引起的繁殖障碍主要表现为受精障碍、早期胚胎丢失或死亡、死胎及新生儿死亡，引起屡配不孕、流产或幼畜成活率低。

（1）受精障碍　精子具有免疫原性，可以刺激异体产生抗精子抗体。母畜接受多次输精后，如果在生殖道损伤或感染情况下，精子抗原可刺激机体产生精子抗体，可与外来精子结合而阻碍精子与卵子结合，使受精困难，引起屡配不孕。

雌性动物对精子抗原既有体液免疫反应，又有细胞免疫反应。在雌性生殖道中，特别是子宫具有巨噬细胞和其他免疫细胞，可吞噬精子。此外，子宫颈腺体细胞也具有吞噬精子的作用。当精子接触到这些吞噬细胞和中性细胞时，吞噬细胞立即辨认出异物，并将精子吞噬、消化、吸收。

（2）胎儿和新生儿溶血 红细胞和其他有核细胞一样，具有特征性表面抗原，即血型抗原。一个动物的红细胞进入另一个动物体内时，如果供体红细胞所带血型抗原与受体血型抗原相同时，就不会产生免疫应答反应。相反，如果供体红细胞带有受体没有的抗原，则由于天然同族抗体的存在，将迅速产生免疫，引起红细胞凝集或溶血而危及生命。

目前已知马的红细胞表面抗原，即 Aa，Qa，R，S，Dc 及 Ua 等血型因子，可能与马驹溶血病的发生有直接关系。

（3）胚胎早期死亡 胎儿中的一半遗传物质对于母体来说是"异体蛋白"，均有可能刺激机体产生抗胎儿的抗体而对胎儿产生排斥反应。但在正常情况下，母体和胚胎均可以产生某些物质，如输卵管蛋白、子宫滋养层蛋白、早孕因子等，可对胎儿和母体产生免疫耐受反应，从而维持胎儿不被排斥。相反，如果这些产生免疫耐受效应的物质分泌失调，则有可能引起早期胚胎丢失或死亡。

3. 卵巢疾病

卵巢疾病包括卵巢机能减退、萎缩及硬化。卵巢机能减退是由于卵巢机能暂时受到扰乱而处于静止状态，不出现周期性活动，故又称为卵巢静止。如果机能长久衰退，则可引起卵巢组织萎缩、硬化。卵巢萎缩除衰老时出现外，母畜瘦弱、生殖内分泌机能紊乱、使役过重等也能引起。卵巢硬化多为卵巢炎和卵巢囊肿的后遗症。卵巢萎缩或硬化后不能形成卵泡，外观上看不到母畜有发情表现。随着卵巢组织的萎缩，有时子宫也变小。治疗此病最常用的药物是 FSH、HCG、PMSG 和雌激素等。

（1）持久黄体 妊娠黄体或周期黄体超过正常时间而不消失，称为持久黄体。持久黄体在组织结构和对机体的生理作用方面，与妊娠黄体或周期黄体没有区别，同样可以分泌孕酮，抑制卵泡发育和发情，引起不育。前列腺素及其合成类似物对治疗持久黄体有显著的疗效。

（2）卵巢囊肿 卵巢囊肿可分为卵泡囊肿和黄体囊肿两种。卵泡囊肿是由于发育中的卵泡上皮变性，卵泡壁变薄，有的结缔组织增生而变厚，几乎没有颗粒细胞，卵母细胞退化或死亡，卵泡液增多、体积增大，但不排卵。黄体囊肿是由于未排卵的卵泡壁上皮发生黄体化，或者排卵后由于某些原因而黄体化不足，在黄体内形成空腔并蓄积液体而形成。

卵泡囊肿多发生于奶牛，尤其是高产奶牛泌乳量最高的时期，猪、马、驴也可发生。卵泡囊肿最显著的临床表现是出现"慕雄狂"。

黄体囊肿与卵泡囊肿相反，患畜表现为长期的乏情。直肠检查时，牛的囊肿黄体与囊肿卵泡大小相近，但壁较厚而软，不那么紧张。

4. 生殖道疾病

（1）子宫内膜炎 是子宫黏膜慢性发炎。此病发生于各种家畜，常见于奶牛、马和驴，而且为母牛不育的主要原因之一。

（2）子宫积水 慢性卡他性子宫炎发生后，如果子宫颈管黏膜肿胀而阻塞子宫颈口，以致子宫腔内炎症产物不能排出，使子宫内积有大量棕黄色、红褐色或灰白色稀薄或稍稠的液体，称为子宫积水。

（3）子宫积脓 往往发现阴道和子宫颈膣部黏膜充血、肿胀，子宫颈外口可能附有少量黏稠脓液。直肠检查时，发现子宫显著增大，往往与妊娠2~3个月的子宫相似，在个别患畜还可能更大。子宫壁变厚，但各处厚薄及软硬程度不一致。整个子宫紧张，触诊感觉有硬的波动或面团状感觉。

积脓的子宫角显著增大且两侧对称，子宫中动脉大多有类似妊娠的脉搏，牛的卵巢上常有黄体，有的有囊肿。

（4）流产　母畜在妊娠期满之前排出胚胎或胎儿的病理现象称为流产。流产可发生在妊娠的各个阶段，但以妊娠早期多见。流产的表现形式有早产和死产两种。

早产是指产出不到妊娠期满的胎儿，虽然胎儿出生时存活，但因发育不完全，生活力降低，死亡率增高。

死产是指在流产时从子宫中排出已死亡的胚胎或胎儿，一般发生在妊娠的中期和后期。妊娠早期（2个月前）发生的流产，由于胎盘尚未形成，胚胎游离于子宫液中，死亡后组织液化，被母体吸收或者在母畜再发情时随尿排出而不易被发现，故又称为隐性流产。

（5）难产　难产是指母畜分娩超出正常持续时间的现象。根据引起难产的原因，可将难产分为产力性、产道性和胎儿性三种。前两种由于母体原因引起，后一种由于胎儿原因引起。

难产的发病率与家畜种类、品种、年龄、饲养管理水平等因素有关，一般以胎儿性难产发生率较高，约占难产总数的80%；因母体原因引起的难产较少发生，约占20%。

（6）胎盘滞留　母畜分娩后胎盘（胎衣）在正常时间内不排出体外，称为胎盘滞留或胎衣不下。各种家畜在分娩后，如果胎衣在一定时间内（马1.5 h，猪1 h，羊4 h，牛12 h）不排出体外，则可认为发生胎衣不下。各种家畜都可发生胎衣不下，相比之下以牛最多，尤其在饲养水平较低或生双胎的情况下，发生率最高。猪和马的胎盘为上皮绒毛膜型胎盘，胎儿胎盘与母体胎盘联系不如牛、羊的子叶型胎盘牢固，所以胎衣不下发生率较低。

三、提高繁殖率的措施

提高畜群繁殖力的措施必须综合考虑上述因素，还需从提高公畜和母畜繁殖力两方面着手，挖掘优良公、母畜的繁殖潜力。

1. 加强饲养管理，确保营养全面

配合饲料中营养缺乏、能量不足以及饲料配合不合理是造成母畜不育的重要原因之一。如果营养不良，又使役繁重，母畜瘦弱，生殖机能就受到抑制。饲料过多且营养成分单纯，缺乏运动，可使母畜过肥，也不易受孕。

如长期饲喂过多的蛋白质、脂肪或碳水化合物饲料时，可使卵巢内脂肪沉积，卵泡发生脂肪变性，这样的母畜临床上不表现发情。直肠检查发现卵巢体积缩小，没有卵泡或黄体，有的子宫颈缩小、松软。

2. 防止饲草饲料中有毒有害物质引起中毒

棉籽饼中含有的棉酚和菜籽饼中含有的硫代葡萄糖苷素，不仅影响公畜精液品质，还可影响母畜受胎、胚胎发育和胎儿的成活等；豆科牧草和葛科牧草中存在的雌激素，既可影响公畜的性欲和精液品质，又可干扰母畜的发情周期，还可引起流产等。

维生素和微量元素不足，长期饲喂品质不良的饲料也能引起母畜不育。如长期大量饲喂青贮饲料，可引起慢性中毒；饲料中维生素 A 不足或缺乏，可使子宫内膜上皮角质化，影响胚胎附植。

3. 加强环境控制

母畜的生殖机能与日照、气温、湿度、饲料成分等外界因素的变化有密切关系。如天气寒冷，加之营养不良，母畜就会停止发情或出现安静发情；而天气炎热，受胎率也会下降。长途运输、环境突然改变等应激反应，使生殖机能受到抑制，造成暂时性不孕。

4. 加强繁殖管理

（1）提高种公畜的配种机能，提高交配能力 将公畜与母畜分群饲养，采用正确的调教方法和异性刺激等手段，均可增强种公畜的性欲，提高种公畜的交配能力。对于性机能障碍的公畜可用雄激素进行调整，对于长时间调整得不到恢复和提高的公畜予以淘汰。

（2）提高精液品质 加强饲养和合理使用种公畜，是提高公畜精液品质的重要措施。在自然交配条件下，公畜的比例如果失调，或者母畜发情过分集中，易引起种公畜因使用过频而降低精液品质。这种现象在经济不发达地区经常发生，常常使一头种公畜在同一天或同一时期内配种多头母畜，导致母畜受胎率降低。

5. 提高母畜受配率

（1）维持正常发情周期 维持母畜在初情期后正常发情排卵，是诱导发情、提高母畜受配率的主要措施之一。一些家畜生长速度虽然很快，但在体重达到或超过初情期体重后仍无发情表现，即初情期延迟。从国外引进的猪种易发生初情期延迟，防治的办法是定期用公猪诱导发情，必要时可用促性腺激素（FSH、PMSG）、雌激素或三合激素进行诱导发情。

（2）缩短产后第一次发情间隔 诱导母畜在哺乳期或断奶期后正常发情排卵，对于提高受配率、缩短产仔间隔或繁殖周期具有重要意义。延长产仔间隔，会降低繁殖力。

6. 提高情期受胎率

（1）适时配种 正确的发情鉴定结果是确保适时配种或输精的依据，适时配种是提高受胎率的关键。在马、牛、驴等大家畜的发情鉴定中，目前准确性最高的方法是通过直肠触摸卵巢上的卵泡发育情况，在小家畜则用公畜结扎输精管的方法进行试情效果最佳。

（2）治疗屡配不孕 屡配不孕是引起母畜情期受胎率降低的主要原因。造成屡配不孕的因素很多，其中最主要的因素是子宫内膜炎和异常排卵。而胎衣不下是引起子宫内膜炎的主要原因。

（3）降低早期胚胎丢失和死亡率 胚胎丢失或死亡的发生率与家畜的品种、母畜年龄、饲养管理和环境条件以及胚胎移植的技术水平等因素有关。在正常配种或人工授精条件下，使情期受胎率降低的主要原因是早期胚胎丢失或死亡。

7. 加强对育种场和良种繁殖场的规范化管理

家畜育种场和良种繁殖场需持有经主管部门认可的种畜经营许可证。场舍建设与饲养管理应符合种畜的生产和防疫的要求，建立和健全公、母畜的系谱与繁殖性能档案，按照品种的标准严格进行选育和遗传品质鉴定。对遗传与繁殖性能低下者严格淘汰。对技术人员进行专业化与操作程序的规范化培训与管理。

8. 推广应用繁殖新技术

（1）提高公畜利用率的技术　人工授精技术是当前提高种公畜利用率有效的手段。随着超低温生物技术的发展，该技术在提高种公畜利用率方面所起的作用更大。今后的重点应放在：①进一步提高牛、羊冷冻精液输精后的受胎率；②改进和提高马、驴、猪的精液冷冻效率，大力推广应用冷冻精液输精；③推广应用国外先进的精液品质评定标准和精液保存新方法。

（2）提高母畜繁殖利用率的新技术　提高母畜繁殖利用率的技术主要有发情控制技术、超数排卵和胚胎移植技术、胚胎分割技术、卵母细胞体外培养、体外成熟技术和体外受精技术、母牛孪生技术等。

9. 控制繁殖疾病

（1）控制公畜繁殖疾病　控制公畜繁殖疾病的主要目的是通过预防和治疗公畜繁殖疾病，提高种公畜的交配能力和精液品质，最终提高母畜的配种受胎率和繁殖率。

（2）控制母畜繁殖疾病　母畜繁殖疾病主要有卵巢疾病、生殖道疾病、产科疾病三大类。控制母畜繁殖疾病，对于提高繁殖力具有重要意义。

（3）控制与繁殖相关的常见传染病与寄生虫病　繁殖疾病除了由上述直接因素控制外，还与下列常发的传染病与寄生虫病有相应关系。如布氏杆菌病、钩端螺旋体、弧菌病、成年牛病毒性腹泻及毛滴虫病等，都可引起妊娠母畜早期胚胎的丢失、死亡及不同发育阶段胎儿的流产。

技能考核项目

1. 发情的母畜（牛、猪）外部有哪些表现？
2. 现场演示猪的人工授精的方法。
3. 现场演示牛的妊娠诊断的方法。
4. 现场进行精液的实验室检查。
5. 说出精液稀释液的主要成分是什么？

复习思考题

一、名词解释

发情　性成熟　人工授精　精子活率　精子密度　精液解冻　精子的冷休克　受精　附植　透明带反应　精子获能　胚胎移植　体外受精　胚胎分割　胚胎细胞核移植　受胎率　繁殖率

二、填空

1. 精液由_____和_____组成。

2. 精液常温保存温度为_____℃，低温保存温度为_____℃，冷冻保存温度为_____℃。

3. 受精的过程一般分为_____，_____，_____，_____，_____。

4. 在胚胎移植中，提供胚胎的个体称为_____，接受胚胎的个体称为_____。

5. 精子进入母畜生殖道后，经过_____，_____和_____的筛选后，到达_____与卵子结合完成_____。

三、简答题

1. 简述精子的形态结构。

2. 精子运动有哪几种形式？哪种属于正常运动？

3. 简述外界环境对精子有哪些影响？

4. 简述胚胎移植的技术程序。

5. 妊娠诊断的方法有几种？

6. 简述人工授精的技术程序。

7. 家畜的人工授精有哪些优越性（好处）？

8. 简述假阴道的构造。

9. 简述人工授精效果好坏的关键。

10. 简述精液稀释的目的。

11. 精液稀释液的主要成分是什么？

12. 什么是克隆？有哪些步骤？

13. 发情的母畜（牛、猪）外部有哪些表现？生殖道（阴道、子宫颈）有哪些变化？

三、计算题

某奶牛场，已配种的母牛数是430头，受胎母牛数是344头，受胎率是多少？

四、论述题

上网搜集有关资料，按照"浅谈提高家畜繁殖率的措施"的思路，撰写一篇论文。要求论点明确，论据充分，条理清楚，具有说服力。字数4 000字左右。

项目八　畜牧场场址选择与建筑设计

【知识目标】
了解环境因素对畜禽的关系。
【技能目标】
畜舍场选址、畜禽建筑的规划。
【链接】
畜舍类型、养殖设备。
【拓展】
畜舍规划与设计、AutoCAD 软件应用。

单元一　环境因素对畜禽的影响

一、气象与畜禽的关系

气象因素主要包括太阳辐射、气温、气湿、气压和气流等，是影响家畜健康和生产的主要外界环境因素。它可以直接影响畜禽的热调节，还可以通过影响饲料的生长、化学组成和季节性供应，以及寄生虫和其他疾病的发生与传播，间接地影响畜禽。

太阳辐射对畜禽机体的作用，决定于辐射强度、被机体吸收的程度和它的生物化学作用。太阳辐射作用于家畜机体时，被组织吸收的光能转变为各种形式的能量，并产生不同的效应。光的长波部分如红光或红外线能产生光热效应，具有促进畜禽的生长发育、消炎、镇痛、降低血压和神经兴奋性等作用；光的短波部分如紫外线能产生光化学反应和光电效应，具有杀菌、抗佝偻病及增强抗病能力等作用。

(1) 气温对生长肥育的影响　主要在于改变能量转化率。家畜处于不利的温热环境（炎热或寒冷）下，其生产率均下降。畜禽只有在其等热区内生产率最高，生长肥育效果最好。

(2) 气温对产蛋与蛋品质的影响　各种家禽产蛋的适宜温度在 13 ~ 23 ℃。温度过高，产蛋率下降，蛋形变小，蛋壳变薄、变脆，表面粗糙；温度过低，亦会使产蛋率下降，但蛋较大，蛋壳质量不受影响。蛋重对温度的反应比产蛋率敏感，如气温从 21 ℃ 升高到

29 ℃时，对产蛋率尚无明显影响，但蛋重已经明显下降。

（3）气温对产奶量和奶成分的影响　高温不仅影响产乳量还对乳脂率和牛饲料消化利用率产生不良影响。气温从10 ℃上升到29.4 ℃，乳脂率下降，如果气温继续上升，产奶量将急剧下降，乳脂率却又异常地上升。

（4）气温对生殖力的影响　气温的季节性变化，明显地影响家畜的性活动。高温使奶牛的发情持续期缩短，并使发情不明显。母畜的受胎率和产仔数与气温为显著的负相关。母禽产蛋的受精率与产蛋量的季节性变化相似，以春季最高，夏季下降。气温过高、过低还会影响种蛋的孵化率。

（1）气湿对热调节的影响　在常温条件下，气湿对畜禽的热调节没有影响，但是高温或低温时，气湿将通过影响散热方式的途径干扰热调节。

在高温、高湿的环境中，蒸发散热量减少，畜体散热困难；在低温、高湿的环境中，非蒸发散热量显著增加，使机体感到更冷，因此无论气温高低，高湿对畜禽的热调节都是不利的，而低湿则可减轻高温和低温的不良作用。

在低温环境中，动物机体可提高代谢率以维持热平衡，一般湿度高低对体温没有影响，但在高温时，由于高温抑制蒸发散热，可引起体温进一步上升，易使家畜患热射病。

（2）气湿对畜禽健康的影响　在高湿的环境下，机体的抵抗力减弱，发病率上升，易引起传染病的蔓延。高温、高湿易造成饲料、垫料的霉败，可使雏鸡群暴发霉曲菌病。低温、高湿易造成家畜患各种呼吸道疾病、感冒性疾患、神经炎、风湿症、关节炎等。

在低湿的环境下，皮肤和黏膜对微生物的防卫能力减弱。相对湿度在40%以下时，易发生呼吸道疾病。湿度过低，是家禽羽毛生长不良的原因之一，而且易使家禽发生互啄癖。

（3）气湿对畜禽生产力的影响　气温超过35 ℃时，牛的繁殖率与相对湿度为明显的负相关。气温下降至35 ℃以下时，高湿对繁殖率的影响很小。气温在23.9 ℃以下，湿度的高低对牛的产奶量、奶的成分、饲料和水的消耗以及体重等均无影响。但若在此温度以上，相对湿度升高时，荷兰牛、娟姗牛的产奶量和采食量都下降。冬季相对湿度在85%以上，对产蛋有不良的影响。

（1）气压对神经系统的影响　大脑皮层对缺氧特别敏感，缺氧时，皮层细胞工作能力降低，引起保护性抑制，家畜出现全身软弱无力，发生运动机能障碍，失去对周围环境的定向能力，嗜眠等。

（2）气压对呼吸系统的影响　由于缺氧引起的代偿性反应，呼吸次数与呼吸量增多，发生喘息。

（3）气压对循环系统的影响　心肌机能亢进，脉搏显著增加，由于缺氧导致血管扩张，毛细血管渗透性增加，鼻腔或呼吸道黏膜破裂出血。

（4）气压对消化系统的影响　表现为食欲减退、消化不良，胃肠道方面，常因气压降低而引起肠道内气体膨胀，发生腹痛。当气压下降到3.210 4 Pa，家畜一般不易存活。

在夏季，气流有利于对流散热和蒸发散热，因而对家畜的健康和生产力具有良好的作用。在冬季，气流会增加家畜的散热量，使能量消耗增多，甚至使生产力受到影响。值得注意的是，畜舍中切忌产生贼风，贼风往往会引起关节炎、肌肉炎、神经炎、冻伤、感冒以至肺炎、瘫痪等。

二、畜舍空气环境卫生与控制

家畜生活在畜舍小气候中，随时与之发生相互作用，这些影响有时可以锻炼家畜机体对外界气候的适应性和抵抗力，但当其发生骤然变化，这些变化超出了家畜的调节范围时，反而会降低其抵抗力，特别是对弱畜、幼畜危害重大。影响畜舍小气候的因素很多，但对家畜影响最主要的是气温、气湿、气流和光照。

1. 气温

气温过高、过低都会使生产力下降，成本增加，甚至使机体健康和生命受到影响。怎样的温度才算适宜，要根据不同地区条件、家畜种类、品种和年龄等对空气温度的要求而定。一般来说，冬季畜舍温度应维持在 5~10 ℃以上。各种畜舍标准温度参数见表 8－1。

表 8－1　各种畜舍的标准温度参数　　　　　　　　　　　（℃）

畜舍	温度	畜舍	温度
成年乳牛舍，1 岁以上青年牛舍		空怀妊娠前期母猪舍	15（14~16）
拴系或散放饲养	10（8~10）	公猪舍	15（14~16）
散放厚垫料饲养	6（5~8）	妊娠后期母猪舍	18（16~20）
牛产间	16（14~18）	哺乳母猪舍	18（16~18）
犊牛舍		哺乳仔猪舍	30~32
20~60 日龄	17（16~18）	后备猪舍	16（15~18）
60~120 日龄	15（12~18）	肥育猪舍：断奶仔猪	22（20~24）
4~12 日龄	12（8~16）	165 日龄前	18（14~20）
1 岁以上小公牛及小母牛舍	12（8~16）	165 日龄后	16（12~18）
公羊舍、母羊舍、断奶后及去势后的小羊舍	5（3~6）	成年禽舍 鸡舍：笼养	20~18
羊产间	15（12~16）	地面平养	12~16
公羊舍内的采精间	15（13~17）	火鸡舍	12~16
兔舍	14~20	鸭舍	7~14
马舍	7~20	鹅舍	10~15
马驹舍	24~27	鹌鹑舍	20~22
雏鸡舍		雏鸭舍	
1~30 日龄：笼养	31~20	1~10 日龄：笼养	31~22
地面平养	31~24	地面平养	22~20（伞下35~26）
31~60 日龄：笼养	20~18	11~30 日龄	20~18（伞下26~22）
地面平养	18~16	31~55 日龄	16~14
61~70 日龄：笼养	18~16	雏鹅舍	
地面平养	16~14	1~30 日龄：笼养	20

（续表）

畜舍	温度	畜舍	温度
71～150 日龄	16～14	地面平养	22～20（伞下 30）
		31～65 日龄	20～18
		66～240 日龄	16～14

在提供适宜的舍内空气温度方面，畜舍类型有着重要意义。不同类型的畜舍，因与外界隔绝的程度不同，舍内小气候特点也各不相同，因而对各地区、各种家畜的适用性也有差异。

2. 气湿

畜舍内水汽主要来自：①畜体水分的蒸发；②潮湿的地板、垫料和墙壁蒸发；③空气本身所含水分。绝对湿度的变化与空气温度的变动相适应，夜间下降、白天升高。相对湿度的变化则与气温的变动相反，夜间升高、白天下降。畜舍空气中的湿度范围和空气温度一样，要按各地区条件、家畜种类、品种和年龄等来确定。一般来说，各种畜舍湿度以50%～70%为宜，最高不超过75%。

3. 气流

气流的产生源于通风设备、门窗开闭、墙壁缝隙和畜体热量散发等。一般来说，靠近门、窗、通风管的地方气流较强，其他地方较弱；白天气流较强，夜晚较弱；畜舍两端变化大，中部变化小。

在夏季，气流有利于对流散热和蒸发散热，因而对家畜的健康和生产力具有良好的作用。应尽量提高空气流动速度，加大通风量，当气温为21.1～35.0 ℃时，气流速度以0.2～2.5 m/s为宜。在冬季，气流会增加家畜的散热量，使能量消耗增多，甚至使生产力受到影响。但舍内也应保持一定的气流速度，这样有利于舍内空气温度、湿度、化学组成均匀一致，有利于污浊空气排出。一般来说，畜体周围气流速度以0.1～0.2 m/s为宜，最高不超过0.25 m/s。

4. 光照

畜舍内光照的来源有自然采光和人工照明。一般情况下畜舍都采取自然采光，此种方法最经济，但难于控制光照强度。夏季为了避免舍内温度升高，应防止直射光进入畜舍，冬季为了提高舍温，并使地面保持干燥，应让阳光直射到畜床。

光照时间、强度和光色，对家畜生产力均有影响。一般来说，种用畜禽的光照时间应长一些，育肥畜禽则应当适当短一些。各种畜禽的光照时间见表8-2。

表8-2　各种畜禽1昼夜所需光照时间　　　　　　　　　　（h）

畜禽	奶牛	种公牛	犊牛、育成牛	肉牛	母羊、种公羊	怀孕后期母羊、羔羊
光照时间	16～18	16	8～10	14～18	8～10	16～18

畜禽	育成鸡	产蛋鸡	兔	瘦肉猪	脂肪型猪	其他猪
光照时间	8～9	14～16	15～18	6～12	5～6	14～18

光照强度蛋鸡10 lx，肉鸡与雏鸡5 lx，其他家畜以10 lx为宜。光色对鸡有一定的影响，红光比蓝、绿或黄光好，光色对其他家畜的影响，研究尚少。

畜舍小气候是影响家畜健康和生产力的外界条件之一。要保证家畜具有适宜的畜舍小气候，最根本的就是要保证畜舍的所有结构从设计到施工都必须符合采光、隔热、通风、排水的卫生要求。

1. 畜舍采光的控制

（1）自然采光　影响畜舍自然采光的因素主要有是窗户面积、窗户入射角、窗户透光角。窗户面积的大小常用采光系数表示，采光系数是指窗户的有效面积同舍内地面面积之比。各种畜舍的采光系数见表8－3。

表8－3　各种畜舍的采光系数

畜舍	乳牛舍	肉牛舍	犊牛舍	成年羊舍	羔羊舍
采光系数	1:12	1:16	1:(10~14)	1:(15~25)	1:(15~20)
畜舍	成禽舍	畜禽舍	种猪舍	肥育猪舍	后备猪舍
采光系数	1:(10~12)	1:(7~9)	1:(10~12)	1:(12~15)	1:10

窗户入射角即窗户上缘外侧或屋檐一点到畜舍地面纵中线所引垂线与地面之间的夹角。入射角愈大，采光愈好，一般不小于25°。

窗户透光角又叫开角，即窗户上缘外侧和下缘内侧各取一点向畜舍地面纵中线所引两条垂线的夹角。透光角愈大，采光愈好，一般不小于5°。

（2）人工照明　多用于家禽，其他家畜很少用。多选择白炽灯或荧光灯，满足畜禽的最低照度，即蛋鸡10 lx，肉鸡与雏鸡5 lx，其他家畜10 lx。通常在灯高2 m，灯距3 m，每0.37 m² 鸡舍1 W，或每平方米鸡舍2.7 W，可得到相当于10 lx的照度。多层笼养鸡舍为使笼底具有足够的照度，设计时，照度应提高一些，一般为3.3~3.5 W/m²。为了使舍内照度均匀，应适当降低每个灯的瓦数，鸡舍内以40~60 W 为宜，灯与灯之间的距离为灯高的1.5 倍。

2. 畜舍温度的控制

（1）防暑降温措施　在炎热地区应采取以下措施进行防暑降温：①加强畜舍外围护结构的隔热设计，可防止或削弱高温与太阳辐射对舍温的影响。②加强舍内的通风设计，可驱散舍内产生的热能，防止其在舍内堆积而致舍温升高。③进行遮阳和绿化。④当气温接近畜体体温时，应采取降温措施。

（2）防寒保暖措施　我国东北、西北、华北等寒冷地区，必须采取有效的防寒保暖措施。在设计、修建畜舍时应加强畜舍外围护的保温隔热设计，选择有利保温的大跨度畜舍或南向单列舍，畜舍朝向以南向为好，冬季应加强防寒管理，必要时实行采暖。

3. 畜舍通风换气的控制

适当的通风换气，在任何季节都是必要的，夏季通风换气能缓和高温的不良影响，冬季通风换气能排除舍内污浊空气并防止舍内潮湿。畜舍通风有自然通风、机械通风两种方式。

自然通风可根据热压进行设计，但计算方式较烦琐，也可根据平均每间畜舍所需通风量进行设计。设计时首先按家畜种类、数量及畜舍间数确定每间畜舍所需通风量，然后检验采光窗夏季通风量能否满足要求，若不能满足，则需增设地窗、天窗、通风屋脊、屋顶风管等，以加大夏季通风量。对不设天窗或屋顶风管的小跨度畜舍，冬季通风量较小，可在南窗上部设置类似风斗的外开下旋窗作排风口。对设置天窗或屋顶风管的大跨度畜舍，风管要高出屋面 1 m 以上，下端伸入舍内不少于 0.6 m。

机械通风可分为正压通风、负压通风和联合通风，我国采用负压通风较多。设计时首先应确定负压通风的形式、畜舍所需通风量、风机的数量、每台风机风量、风机全压，然后确定进风口面积、进风口的数量和每个进风口的大小，最后布置风机和进风口。

4. 畜舍湿度的控制

畜舍内经常有家畜的大量排泄物及管理上的弃水，保证这些污物弃水的及时排除，是畜舍湿度控制的重要措施。除此之外，还应注意防潮管理。

畜舍的排水系统分为传统式和漏缝地板式两种类型。传统式的排水系统由畜床、排尿沟、降口、地下排出管及粪水池组成。设计时应保证畜床向排尿沟方向有适宜的坡度，排尿沟以明沟为宜，朝降口方向有 1% ~5% 的坡度。降口通常位于畜舍的中段，上有铁篦子、下设沉淀池以防堵塞，降口内设水封以防臭气逆流进入舍内。地下排水管向粪水池也应有 3% ~5% 的坡度。粪水池一般设在舍外地势较低处，按容积 20 ~30 m³ 来修建。

漏缝地板式的排水系统一般与清粪设施配套，清粪系统由漏缝地板和位于其下方的粪沟组成。粪尿落到地板上，液体部分从缝隙部分流入粪沟，固体部分被家畜从缝隙踩踏下去，少量残粪人工冲洗，粪沟随时或定期清除。

在畜牧业生产过程中，除集中产生大量的粪尿污水等废弃物外，还会产生大量的微粒、微生物、有害气体、噪声及臭气等，严重污染畜舍空气环境，影响家畜健康和生产力。因此，在控制畜舍小气候的同时，还必须预防和消除畜舍空气污染。

1. 畜舍空气中的微粒和微生物及其控制

大气和畜舍空气中都含有微粒，在畜舍内及其附近，由于分发饲料、清扫地面、使用垫料、通风除粪、刷拭畜体、饲料加工及家畜本身的活动、咳嗽、鸣叫等，都会使舍内空气微粒含量增多。微粒对家畜的皮肤、眼睛和呼吸都会产生直接危害，还会引起人和家畜的过敏性反应，甚至影响乳的质量。应采取以下措施加以控制：种草种树，保证良好的通风，采用避免产生尘埃的先进工艺、材料和设备，饲料加工场所设防尘措施并远离畜舍，容易引起尘埃的饲养管理操作应趁家畜不在舍内时进行，禁止在舍内刷拭畜体、干扫地面等。

微生物可附着微粒生存并传播疾病，凡能使空气中微粒增多的因素，都能使微生物的数量增加。为了预防空气传染，除了严格执行对微粒的防制措施外，还必须建立严格的检疫、消毒和病畜隔离制度，对同一畜舍的家畜采取"全进全出"的饲养制度，保持良好的通风换气。

2. 畜舍空气中的有害气体及其控制

畜舍空气中对畜禽产生较大危害的是氨、硫化氢和二氧化碳。畜舍空气中氨的最高允许浓度为 26 mg/kg，鸡舍最高允许浓度为 20 mg/kg，畜舍空气中硫化氢的浓度应不超过 6.6 mg/kg，二氧化碳的浓度应不超过 1 500 mg/kg。这些有害气体若超标均会导致各种疾病发生，造成生产力下降，因此，必须控制畜舍中有害气体的含量，要及时清除舍内的粪尿，保持舍内干燥，合理地通风换气，使用垫料或吸收剂。

三、水、土壤及运输卫生

水是影响畜禽生活和生产的重要环境因素，只有满足畜牧生产对水质和水量的要求，才能保证畜禽健康和生产力的正常发挥。水的污染源包括工业废水、生活污水、农药污染、畜产污染等。水体如受到病原微生物的污染，可能导致介水传染病的流行，污染水体的化学物质很多，可能会引起急、慢性中毒。水体受到一定的污染以后，会进行自净以消除污染，但当污染浓度超过水体自净的能力时，其污染不能自净消除，因此，对水源进行卫生防护是具有重要意义的。

1. 水源的卫生防护

对地面水源进行防护，首先应选好取水点，并清除周围半径 100 m 内水域的各种污染源，在取水处可设置汲水踏板或建汲水码头，以便能汲取远离岸边的清洁水，还可在岸边修建自然渗滤井或砂滤井以改善地面水水质。对地下水源的防护即对水井的卫生防护，其要求如下：①水井位置应便于取用，不宜建在依山或沼泽地带，井址周围要清洁。②水井结构合理。③在井的周围 3～5 m 范围内划为卫生防护带，并建立卫生检查制度。

2. 饮用水的净化与消毒

水的净化目的主要是除去悬浮物质和部分病原体，处理方法有沉淀（自然沉淀及混凝沉淀）和过滤。水的消毒目的是防止介水传染病的传播，确保饮用水的安全。常用的消毒方法有物理消毒法（如煮沸消毒、紫外线消毒等）和化学消毒法，我国主要采用的化学消毒法为氯化消毒法。水源如含铁、氟量过高，硬度过大或有异味、异臭，必要时应采取除铁、除氟、软化、除臭等特殊处理。

1. 土壤污染与自净

土壤污染主要是由化学农药、不合理施肥、污水灌溉、工业废气及其他加工业废渣等引起的，进入土壤的污染物，不仅污染作物，并可进一步扩散，引起水源及大气的污染。同水体一样，土壤也具有自净作用。

2. 土壤污染的防治

首先应控制和消除土壤的污染源，其次应采取各种措施治理土壤污染，例如，生物防治、施加抑制剂、增施有机肥、加强水田管理、改变耕作制度及客土、深翻等。

家畜良种的推广和引进、畜群的调运都要通过各种运输来完成。因此，创造良好合理的运输条件，使家畜能维持原有的健康水平，不造成体重和生产力的降低及疾病的传染，这在卫生学和经济效益方面都具有重要意义。家畜运输有铁路、公路、水路、航空等方式。

1. 铁路运输

（1）装运前的准备　托运的家畜在启运前 5～10 d 开始由普通饲料改变为运输饲料，对托运畜群要进行卫生检疫，并做好运输计划，此外要根据当时的气候、家畜种类、路途远近选择合适的车厢，并确定装载家畜的数量。

（2）装载时的注意事项　上车的踏板要结实牢固，平整不滑，以免家畜挫伤；进入车厢时，应以温顺的家畜带头，必要时用食物引诱或以强制方式驱赶，将常在一起饲喂的拴在一起，以免互相踢咬；大家畜应拴系在车厢内固定的系环或横木上，最好采用纵列顺装法；猪、羊可以双层或多层装载，且不必拴系，但要预留人行通道，便于检查。

（3）运输途中的饲喂与管理　在运输过程中，对家畜给予合理饲喂和管理，以防止体重降低。运输途中每天饲喂2~3次，每次间隔8h，饮水充足，每天2次；车厢每天清扫2~3次，清扫的废物不得随意丢弃，到车站后集中处理；车厢注意通风，炎热季节可以在车内喷洒冷水，寒冷季节防止牲畜聚堆挤压；运输途中如果发现家畜发病，应及时隔离，并采取相应措施。

（4）到达终点站的处理　到达目的地后，安放好踏板，先让健康者下车，有问题的后下，并根据情况采取隔离、治疗等；新运到的家畜，即使看似健康，也要隔离1个月并检疫；在装载家畜较集中的车站，车箱要根据不同情况采取不同的消毒措施。

2. 汽车运输

（1）汽车运输的特点　行驶时震动大，成本高，在远离铁路的偏远地区常采用，或自火车站至加工厂、屠宰厂选用。

（2）运输车的准备　多选用卡车，车厢周围有车厢板，装猪的卡车，车厢板不低于1m,装大家畜的车厢板不低于1.7~2m，且内部设置隔木；车厢底部密闭不漏水，壁面光滑无尖锐突出物，如果本车运送过农药、化肥等有毒有害物品，必须经过清洗方可使用。卡车应配备遮雨（或遮阳）帆布；在车厢前部应单独隔离一处供草料放置及押送人员休息。

（3）运输途中注意事项　时间不宜过长，以7~8h为宜；注意车速，以不超过50km/h为好；事先了解沿途疫情，绕开疫病流行区，若无路绕行，应适当加速。

3. 水路运输

（1）水路运输的特点　运载量大，运费低廉，管理方便，状态类似舍饲，家畜精神上平稳，容易保持健康。

（2）运输前的准备　设置专用码头，在码头附近备有畜圈，以方便家畜休息和检疫；运输船只要求船舱宽敞，底部平坦，通风和防雨设施齐全；根据装运头数、航程远近，备好相关物品，如饲料、饮水、药品、饲喂工具、照明工具等。

（3）家畜的装载　船只的装运头数由船的吨位、家畜种类、季节、航程远近等决定。木船每吨位冬、春季节可运送猪4头，夏季可运送3头；轮船和驳船的运送数量按规定面积计算；海轮则按吨位计算。押运人员大家畜每20头配备1人，猪羊每60~120头（只）配备1人。

（4）运输途中的饲喂与管理　家畜船上的运输注意事项与铁路运输基本相同。

单元二　畜牧场场址选择与生产布局

畜牧场是从事动物生产的主要场所，畜牧场环境的好坏直接影响到畜舍内空气环境质量和畜牧生产的组织。良好的畜牧场应具备以下环境条件：①保证场区具有较好的小气候条件，有利于畜舍内空气环境的控制。②便于严格执行各项卫生防疫制度和措施。③便于合理组织生产，提高设备利用率和工作人员的劳动生产率。因此，建立一个畜牧场，必须从场址选择、生产布局、建筑设计以及场内卫生防疫设施等多方面综合考虑，合理设计，为畜禽生产创造一个良好的环境。

一、场址选择

场址的好坏直接关系到投产后场区小气候状况、畜牧场的经营管理及环境保护状况，因此，场址选择是畜牧场建设必须面对的首要问题。

一个理想的畜牧场场址，需具备以下几个条件：
（1）满足基本的生产需要　包括饲料、水、电、供热燃料和交通。
（2）足够大的面积　用于建设畜舍、贮存饲料、堆放垫草及粪便，控制风、雪和径流，扩建，能消纳和利用粪便的土地。
（3）适宜的周边环境　包括地形和排污，自然遮护，与居民区和周边单位保持足够的距离和适宜的风向，可合理使用附近的土地，符合当地的区划和环境距离要求。

无论是新建畜牧场，还是在现有设施的基础上进行改建或扩建，选址时都必须根据畜牧场的经营方式、生产特点、饲养管理方式及生产集约化程度等基本特点，结合地形地势、土壤、水源、地方性气候等自然条件，以及饲料、电力和物质供应、交通运输、与周围环境的配置关系等社会条件进行综合考虑，确定畜牧场的位置。

1. 地形、地势

地形是指场地形状、大小和地物情况。畜牧场的地形应开阔整齐，并有足够的面积。地形开阔，是指场地上原有房屋、树木、河流、沟坎等地物要少，可减少施工前清理场地的工作量或填挖土方量。地形整齐，则有利于建筑物的合理布局，并可充分利用场地。要避免选择过于狭长或边角太多的场地，因为地形狭长，会拉长生产作业线和各种管线，不利于场区规划、布局和生产联系；而边角太多，则会使建筑物布局凌乱，降低对场地的利用率，同时也会增加场界防护设施的投资。场地面积应根据畜禽种类、规模、饲养管理方式、集约化程度和饲料供应情况（自给或购进）等因素，按照初步设计来确定，在尚未作出初步设计时，可按表 8-4 的推荐值估算。确定场地面积应本着节约用地的原则，不占或少占农田。我国畜牧场的建筑物多采取密集型布置方式，建筑系数一般为 20% ~35%（建筑系数是指畜牧场建筑面积占场地总面积的百分数）。

地势是指场地的高低起伏状况，畜牧场地势应高燥、平坦、有缓坡。地势高燥，有利于保持地面干燥，防止雨季洪水的冲击。而地势低洼则容易积水而潮湿泥泞，易造成蚊蝇和微生物孳生，降低畜舍的保温隔热性能和使用寿命。因此，畜牧场应选择高燥场地，一般要求，畜牧场场地至少应高出当地历史洪水线以上，地下水位在 2 m 以下。场地平坦，可减少建场施工土方量，降低基建投资。场地宜稍有坡度，以利于排水。在坡地建场宜选择向阳坡，因为我国冬季盛行北风或西北风，夏季盛行南风或东南风，所以向阳坡夏季迎风利于防暑，冬季背风可减弱风雪的侵袭，对场区小气候有利；同时，向阳坡阳光充足，土壤自净能力较强。但场地坡度不宜过大，一般要求不超过 25%，否则，不仅会加大建场施工工程量，而且也不利于场内运输，并易受雨水冲刷。

表8-4 畜牧场所需场地面积推荐值

牧场性质	规模	所需面积/（m²/头）	备注
奶牛场	100~400头成乳牛	160~180	
繁殖猪场	100~600头基础母猪	75~100	按基础母猪计
肥猪场	年上市0.5万~2.0万头	5~6	本场养母猪，按上市肥猪头数计
羊场		15~20	
蛋鸡场	10万~20万只蛋鸡	0.65~1.0	本场养种鸡，蛋鸡笼养，按蛋鸡计
蛋鸡场	10万~20万只蛋鸡	0.5~0.7	本场不养种鸡，蛋鸡笼养，按蛋鸡计
肉鸡场	年上市100万只肉鸡	0.4~0.5	本场养种鸡，肉鸡笼养，按存栏20万只肉鸡计
肉鸡场	年上市100万只肉鸡	0.7~0.8	本场养种鸡，肉鸡平养，按存栏20万只肉鸡计

2. 土壤

土壤可以直接影响畜禽的健康和生产力，也可以通过影响空气、水和饲料的特性而间接地影响畜禽的健康和生产力。

透气性和透水性差、吸湿性大的土壤，降水后易潮湿、泥泞，使场区空气湿度大。当受粪尿等有机物污染以后，进行厌氧分解，产生氨和硫化氢等有害气体，使场区空气受到污染。土壤中的污染物还易于通过土壤孔隙或毛细管而被带到浅层地下水中，或被降水冲刷到地面水源里，从而使水源受到污染。此外，潮湿的土壤易造成病原微生物、寄生虫卵以及蝇蛆等孳生，并易使建筑物的基础变形，缩短建筑物的使用寿命，同时也会降低畜舍的保温隔热性能。

因此，适合于建立畜牧场的土壤，应该是透气透水性强、毛细管作用弱、吸湿性和导热性小、质地均匀、抗压性强的土壤。沙壤土由于沙粒和黏粒的比例比较适宜，具备上述特点，是建立畜牧场较为理想的土壤。但在一定地区内，由于客观条件的限制，选择理想的土壤是不容易的。这就需要在畜舍的设计、施工、使用和其他日常管理上，设法弥补当地土壤缺陷。

3. 水源

建立一个畜牧场，必须要有可靠的水源。畜牧场的水源要求水量充足，水质良好，便于取用和进行水源保护，并易于进行水的净化和消毒。

畜牧场水源的水量，必须满足畜牧场内的人、畜饮用和其他生产、生活用水，并应考虑消防、灌溉和未来发展的需要。人员用水可按每人每天24~40 L计算，畜禽饮用水和饲养管理用水可按表8-5估算，消防用水按我国防火规范规定，场区设地下消火栓，每处保护半径应不大于50 m，消防水量按每秒10 L计算，消防延迟时间按2 h考虑。灌溉用水可以根据场区绿化、饲料种植情况确定。

畜牧场人、畜饮用水必须符合饮用水的卫生标准。若水源水不符合饮用水卫生标准，需经净化和消毒处理后饮用。若水源水含有某些矿物性毒物，还须进行特殊处理，达到标准后方可饮用。

表8-5　各种畜禽的每日需水量　　　　　　　L/（d·头）

家畜种类		需水量	家畜种类		需水量
牛	泌乳牛	80～100	猪	哺乳母猪	30～60
	公牛及后备牛	40～60		公猪、空怀及妊娠母猪	20～30
	犊牛	20～30		育成育肥猪	10～15
	肉牛	45		断奶仔猪	5
马	成年母马	45～60	羊	成年羊	10
	种公马	70		羔羊	3
	1.5岁以前的小马	45	禽	鸡和火鸡	1
其他	狐狸、白狐	7		鸭和鹅	1.25
	兔	3	兽医院	每头大家畜	160
	水貂、黑貂	5		每头小家畜	80

注：1. 雏、幼禽可按表中标准的50%计；2. 表中用水量标准包括家畜饮水、冲洗畜舍、畜栏、挤奶桶、冷却牛奶、调制饲料等用水。

4. 气候

主要指与建筑设计有关和造成畜牧场小气候的气候气象资料，如气温、风力、风向、降雨量及灾害性天气的情况。各地区均有民用建筑热工设计规范标准，在畜舍建筑的热工计算时可以参考。

气温资料不仅在畜舍热工设计时需要，而且对畜牧场防暑、防寒措施及畜舍朝向、遮阳设施的设置等均有意义。风向、风力、日照情况与畜舍的建筑方位、朝向、间距、排列次序等均有关系。

5. 社会联系

首先，选择场址要考虑合适的地理位置。畜牧场场址应尽可能接近饲料产地和加工地，靠近产品销售地，确保其有合理的运输半径。畜牧场要求交通方便，但交通干线又往往是疫病传播的途径，因此，在选择场址时，要使畜牧场与交通干线保持适当的卫生间距。一般来说，距国道、省际公路500 m，距省道、区际公路300 m，距一般道路100 m。

其次，选择场址还要考虑水电供应条件。供水及排水要统一考虑，在保证水源水质的前提下，可引用附近自来水公司供水系统或本场打井修建水塔。畜牧场生产、生活用电都要求有可靠的供电条件，特别是集约化程度较高的大型畜牧场，必须具备可靠的电力供应。通常，建设畜牧场要求有Ⅱ级供电电源，在Ⅲ级以下供电电源时，则需自备发电机。为了保证生产的正常进行，减少供电投资，应尽量靠近原有输电线路，缩短新线架设距离。

最后，选择场址必须遵循社会公共卫生准则，使畜牧场不致成为周围社会的污染源，同时也要注意不受周围环境的污染。因此，畜牧场应选在文化、商业区及居民点的下风处且地势较低处，但要避开其污水排出口，同时，畜牧场不能位于化工厂、屠宰场、制革厂等易造成环境污染的企业的下风处或附近。此外，畜牧场与居民点及其他畜牧场应保持适当的卫生间距：与居民点之间的距离，一般牧场应不少于300～500 m，大型牧场应不少于1 000 m；与其他畜牧场之间的距离，一般牧场应不少于150～300 m（禽、兔等小家畜之间距离宜大些），大型牧场之间应不少于1 000～1 500 m。

二、畜牧场生产布局

在畜牧场场址选好之后，应在选定的场地上进行合理的分区规划和建筑物布局，即进行畜牧场的平面图设计，这是建立良好的畜牧场环境和组织高效率畜牧生产的先决条件。设计时主要考虑不同场区和建筑物之间的功能关系、场区小气候的改善以及畜牧场的卫生防疫和环境保护。

畜牧场通常分为三个功能区，即管理区、生产区和隔离区。

分区规划的基本原则是：①在满足生产的前提下，尽量节约用地。②合理利用地形地势以解决挡风防寒、通风防热、采光的问题，有效地利用原有道路、供水、供电线路以及原有建筑物等，为提高劳动生产率、减少投资、降低成本创造条件。③全面考虑畜禽粪尿和养殖场污水的处理与循环利用。④采用分阶段、分期、按单元建设的方式，规划时应充分考虑未来的发展，对各区应留有余地，对生产区的规划更应注意。

1. 管理区

管理区是畜牧场从事经营管理活动的功能区，与社会环境具有极为密切的联系。包括行政和技术办公室、车库、杂品库、配电室、宿舍、食堂等。此区位置的确定，除考虑风向、地势外，还应考虑将其设在与外界联系方便的位置。管理区一般处于畜牧场的最上风向且地势最高的地方，与生产区应保持 100～200 m 以上的距离。为了防疫安全，管理区要以围墙分隔，单独设区，严格消毒、防疫。

2. 生产区

生产区是畜牧场的核心区，是从事动物养殖的主要场所，包括各类畜禽圈舍（如种畜禽舍、幼畜禽舍、育成舍、成年或育肥舍等）、饲料加工车间及料库、青贮垫草区、防病防疫室、人工授精室、机器房、水塔等。生产区应设于全场的中心地带，规模较小的畜牧场，可根据不同畜群的特点，统一安排各种畜舍；大型的畜牧场，则应将种畜、幼畜、育成畜、商品畜等分开，设在不同地段饲养，分区饲养管理以利于防疫。

通常将种畜群、幼畜群设在防疫比较安全的上风处和地势较高处，然后依次为青年畜群、商品畜群。各类畜禽舍的安排还要兼顾畜禽的生物学和生产利用特点。例如公猪舍为了避免公猪闻到母猪气味而骚动不安，应与母猪舍保持相当的距离。商品群与场外的联系比较频繁应安排在靠近场门交通比较方便的地段，以减少外界疫情向场区深处传播的机会。

饲料加工车间及料库，原则上应设在生产区上风处和地势较高处。设置时还要考虑饲料加工车间应尽量缩短饲喂距离，可安排在养殖场中间部分或一侧的尽端。料库要考虑运料与加工方便，可安排在养殖场一侧的尽端。

青贮垫草区应安排在饲料加工室附近。由于防火的需要，干草和垫草的堆放场所必须设在生产区的下风向，并与其他建筑物保持 60 m 的防火间距。由于卫生防护的需要，干草和垫草的堆放场所不但应与堆粪场、病畜隔离舍保持一定的卫生间距，而且要避免场外运送干草、垫草的车辆进入生产区。

3. 隔离区

隔离区包括兽医诊疗室、病畜隔离舍、尸坑或焚尸炉、粪便污水处理设施等，应设在场区的最下风向和地势较低处，并与畜舍保持300 m以上的卫生间距。该区应尽可能与外界隔绝，处理病死家畜的尸坑或焚尸炉更应严密隔离。为运输隔离区的粪尿污物出场，应设单独的通道和出入口（污道）。此外，在规划时还应考虑严格控制该区的污水和废弃物，防止疫病蔓延和污染环境。

在已确定的功能分区内，建筑物布局合理与否，对场区环境状况、卫生防疫条件、生产组织、劳动生产率及基建投资都有直接影响。畜牧场建筑物布局的任务就是合理设计各种房舍建筑物及设施的排列方式和次序，确定每栋建筑物和每种设施的位置、朝向和相互间距。在畜牧场布局时，要综合考虑各建筑物之间的功能联系、场区的小气候状况以及畜舍的通风、采光、防疫、防火要求，同时兼顾节约用地、布局美观整齐等要求。畜牧场建筑物和设施的功能联系见图8-1。

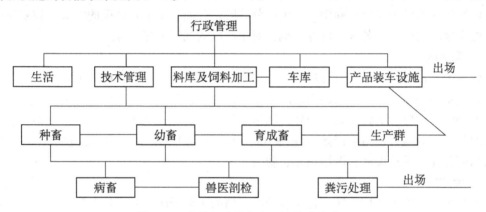

图8-1　畜牧场建筑物和设施的功能联系

1. 建筑物的排列

畜牧场的建筑物应根据各地区建筑朝向，设计为横向成排、竖向成列，尽量做到整齐、紧凑、美观。生产区内畜舍的布置，应根据场地形状、畜舍的数量和长度，酌情布置为单列、双列或多列（图8-2）。要尽量避免横向狭长或竖向狭长的布局，使管理和生产联系不便，如场地条件允许，生产区应采取方形或近似方形布局。

2. 建筑物的位置

确定每栋建筑物和每种设施的位置时，主要根据它们之间的功能联系和卫生防疫要求加以考虑。在安排其位置时，应将相互有关、联系密切的建筑物和设施就近设置，以便于生产联系。

考虑卫生防疫要求时，应根据场地地势和当地全年主风向布置各种建筑物。若地势与主风向相一致时较易设置，但若二者正好相反时，则可利用与主风向垂直的对角线上两"安全角"来安置防疫要求较高的建筑物。例如，主风为西北风而地势南高北低时，则场地的西南角和东北角均为安全角。

3. 建筑物的朝向

畜舍建筑物的朝向关系到舍内的采光和通风状况。畜舍通常采取南向，这样的朝向，冬季可增加射入舍内的直射阳光，有利于提高舍温；而夏季可减少舍内的直射阳光，以防止强烈的太阳辐射影响家畜。同时，这样的朝向也有利于减少冬季冷风渗入和增加夏季舍

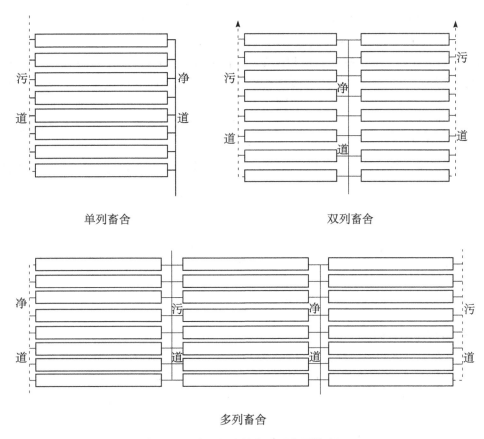

图 8 - 2　畜牧场建筑物排列布置模式图

内通风量。设计时可根据当地的地形条件和气候特点，采取南向或南偏东、偏西 45°以内配置。

4. 建筑物的间距

确定畜舍间距主要从日照、通风、防疫、防火和节约用地等多方面综合考虑。间距大，前排畜舍不致影响后排光照，并有利于通风排污、防疫和防火，但势必增加牧场的占地面积。因此，必须根据当地气候、纬度、场区地形、地势等情况，酌情确定畜舍适宜的间距。

根据日照确定畜舍间距时，应使南排畜舍在冬季不遮挡北排畜舍日照，在我国绝大部分地区，间距可保持檐高的 3 ~ 4 倍。根据通风要求确定舍间距时，应使下风向的畜舍不处于相邻上风向畜舍的涡风区内，畜舍的间距取檐高的 3 ~ 5 倍时，可满足畜舍通风排污和卫生防疫要求。防火间距取决于建筑物的材料、结构和使用特点，参照我国建筑防火规范，畜舍建筑一般防火间距为 6 ~ 8 m。综上所述，畜舍间距不小于畜舍檐高的 3 ~ 5 倍时，可基本满足日照、通风、排污、防疫、防火等要求。

1. 运动场的设置

种用家畜需设置舍外运动场。运动场应设在向阳背风的地方，一般是利用畜舍间距或在畜舍两侧分别设置。如受地形限制，也可设在场内比较开阔的地方，但不宜距畜舍太远。运动场要平坦，稍有坡度（1%～3%），以利于排水和保持干燥。

运动场的面积应能保证家畜自由活动，又要节约用地，一般按每头家畜所占舍内平均面积的3～5倍计算。种鸡按鸡舍面积的2～3倍计算，水禽则按舍内面积的1～1.5倍计算。每头家畜的舍外运动场面积可参考表8－6。运动场的四周应设置围栏或墙，其高度为：马1.6 m、牛1.2 m、羊1.1 m、猪1.1 m、鸡1.8 m。各种公畜运动场的围栏高度可再增加20～30 cm。为了防止夏季烈日曝晒，应在运动场的两侧及南侧设置遮阳棚或种植树木。运动场围栏外侧应设排水沟。

饲养育肥猪、肉鸡和笼养蛋鸡，由于饲养期短或饲养方式的限制，一般不设运动场。

表8－6　家畜舍外运动场面积

家畜种类	面积/（m²/头）	围栏高/（m）	家畜种类	面积/（m²/头）	围栏高/（m）	家畜种类	面积/（m²/头）	围栏高/（m）
成乳牛	20	1.4～1.6	2～6月龄猪	4～7	0.8	羊	4	1.0
青年牛	15	1.4～1.6	种公猪	30	1.2			
犊牛	5～8	1.2～1.4	育肥猪	5	0.8			
种公牛	15～25	2.0～2.5	带仔母猪	12～15	1.0			

2. 场内道路的规划

场内道路应尽可能短而直，以缩短运输线路；主干道路与场外运输线路连接，宽度一般为5.5～6.5 m。支干道与畜舍、饲料库、产品库、贮粪场等连接，宽度一般为2～3.5 m。生产区的道路应区分为净道（运送产品、饲料的道路）和污道（转群、运送粪污、病畜、死畜的道路），从卫生防疫角度考虑，要求净道和污道不能混用或交叉。路面要不透水，可根据条件修为柏油路、混凝土、砖、石或焦渣路面，并且要有一定的弧度以利排水。道路两侧应设排水沟并应植树。

3. 防疫沟

畜牧场四周应建较高的围墙或坚固的防疫沟，以防止场外人员及其他动物进入场区。为了更有效地切断外界污染因素，必要时可往沟内放水。场界的这种防护设施必须严密，使外来人员、车辆只能从牧场大门进入场区。在场内各区域间也可设较小的防疫沟或围墙，或种植隔离林带。

在畜牧场大门（设在管理区）、生产区入口和各畜舍入口处，应设相应的消毒设施，如车辆消毒池、脚踏消毒槽、喷雾消毒室、更衣换鞋间、淋浴间等，对进入场区的车辆、人员进行严格消毒。车辆消毒池设在牧场大门和生产区入口处，深度一般为20 cm，长度应能保证大型拖拉机后车轮在消毒液中至少转一周。脚踏消毒槽应设在人行边门，其深度一般为10 cm。在生产区和畜舍入口处，还可设紫外线消毒室，对进入人员衣服表面进行消毒，要求安全消毒时间为3～5 min。

4. 排水设施

场内排水设施可排除雨水、雪水，保持场地干燥卫生。为了减少投资，一般可在道路两侧或者一侧设置明沟排水，沟内、沟底可以砌砖、石，也可将土夯实做成三角形或梯形断面。排水沟最深处不应超过30 cm，沟底应有1%～2%的坡度，上口宽30～60 cm。

场地坡度较大的小型牧场，也可以采用地面自由排水，在地势低处的围墙上设置一定数量的排水口。有条件时可以设置暗沟排水，但不宜与舍内排水管道通用，以防止泥沙淤塞，影响舍内排污，并防止雨季污水池满溢，污染周围环境。

5. 贮粪池

贮粪池是指蓄积畜舍粪尿的场所。应设置在生产区的下风向，与畜舍至少保持100 m的卫生间距（有围墙及防护设备时，可缩小为50 m），同时应远离饮水井500 m以上，并便于运往农田。

贮粪池要求不渗、不漏，以免污染地下水源，底部可用黏土夯实，或做成水泥池。贮粪池容积应按贮积20~30 d粪水的能力设计，一般深1 m，宽9~40 m，长30~50 m。各种家畜所需贮粪池的面积，可以参考下列数据：牛2.5 m²/头，马2 m²/匹，羊0.4 m²/只，猪0.4 m²/头。

6. 绿化

畜牧场植树、种草绿化，对改善场区小气候、净化空气、防疫、防火具有重要的意义。进行场地规划时必须规划出绿化地，其中包括防风林、隔离林、行道绿化、遮阳绿化和绿地。

（1）防风林　在场界四周、沿围墙内外应种植乔木和灌木混合林带，尤其在冬季上风向（场界的北、西侧），应加宽这种混合林带，以起到防风阻沙的作用。属于乔木的有大叶杨（北京杨和加拿大杨）、旱柳、垂柳、笔杨（钻天杨）、榆树及常绿针叶树等；属于灌木的有河柳、柽柳、紫穗槐、刺榆、醋栗和榆叶梅等。

（2）隔离林　主要用以分隔场内各区及防火，应在各个功能区四周都种植这种隔离林带。可选择树干高、树冠大的乔木，如北京杨、柳或大青杨（辽杨）、榆树等，其两侧种植2~3行灌木，必要时在沟渠的两侧各种植1~2行，以便切实起到隔离作用。

（3）行道绿化　指道路两旁和排水沟边的绿化，起路面遮阳和排水沟护坡作用。路旁绿化一般种1~2行，常用树冠整齐的乔木或亚乔木，如槐树、杏树、唐槭以及某些树冠呈锥形、枝条开阔、整齐的树种。

（4）遮阳绿化　在畜舍的南、西侧和运动场的周围、中央，应种植1~2行遮阳林。一般可选择树干高大，枝叶开阔、生长势强、冬季落叶后枝条稀少的树种，如北京杨、加拿大杨、辽杨、槐、枫及唐槭等，也可利用爬墙虎或葡萄树来达到同样目的。运动场内种植遮阳树时，可选用枝条开阔的果树类，既可增加遮阳作用，又可增加观赏及经济价值，但必须采取保护措施，以防家畜破坏。

（5）场地绿化　是指畜牧场内裸露地面的的绿化，可以植树、种花、种草，也可以种植具有饲用价值或经济价值的植物，如苜蓿、草坪、果树等。

单元三　畜舍建筑设计

畜舍建筑设计的任务在于确定畜舍的样式、结构类型、各部尺寸、材料做法等。设计合理与否，不仅影响舍内小气候条件如温度、湿度、光照、通风换气等，而且影响畜舍环境改善的程度和控制能力。

一、畜舍类型的选择

从环境控制和改善的角度，根据人工对畜舍环境的调控程度分类，可将畜舍分为开放式和密闭式两种。

开放式畜舍指充分利用自然条件，辅以人工调控或不进行人工调控的畜舍。按其封闭程度可分为完全开放式畜舍、半开放式畜舍和有窗式畜舍三种。

（1）完全开放式畜舍　也称为敞棚式、凉棚式或凉亭式畜舍，指正面无墙或四面均无墙的畜舍。完全开放式畜舍屋顶可防止日晒雨淋，四周敞开可使空气流通，是防暑的一种极好形式。由于棚舍在削弱热辐射的影响方面有较好的效果，所以适用于养牛。此类畜舍只能起到遮阳、避雨及部分挡风作用，而保温能力较差，为了扩大其使用范围，可以考虑在冬季用帘子将开放的部位封闭以改善舍内小气候。

（2）半开放式畜舍　指三面有墙，正面上部敞开，下部仅有半截墙的畜舍，多用于单列的小跨度畜舍。通常敞开部分朝南，冬季可保证阳光照入舍内，而在夏季只照到屋顶。这类畜舍由于舍内空气流动性大，舍内外温差不大，御寒能力较低。为了提高使用效果，可在半开放式畜舍的后墙开窗，夏季加强空气对流，提高畜舍防暑能力，冬季除将后墙上的窗子关闭外，还可在南墙的开露部分挂草帘或加塑料窗，以提高其保温性能。较适用于耐寒性较好的成年家畜如牛、马、绵羊等。

（3）有窗式畜舍　指通过墙体、窗户、屋顶等维护结构形成全封闭状态的畜舍。此类畜舍跨度可大可小，其通风换气、采光主要依靠门、窗或通风管。它的特点是防寒容易、防暑较难，可以采用环境控制设施进行调控。另一特点是舍内温度分布不均匀：天棚和屋顶温度较高，地面温度较低；舍中央部位温度较高，窗户和墙壁附近温度较低。由于有窗式畜舍具有这一温度分布特点，在安置畜禽时应尽量将初生仔畜安置在舍中央，笼养方式育雏室内尽量将日龄较小的雏禽安置在上层。此外，必须加强畜舍外围护结构的保温隔热设计，满足畜禽的要求。在我国，这种畜舍最广泛。

密闭式畜舍也称为无窗畜舍或环境控制舍，四面设墙，墙上无窗，进一步提高了畜舍的密封性和与外界的隔绝程度，畜舍内的环境条件完全依靠人工调节。这种畜舍最主要的特点是抵御外界不良因素影响的能力较强，舍内环境容易控制。舍内根据畜禽生产特点，通过人工调节小气候，自动化、机械化程度高，省人工、生产效率高，但土建和设备投资较大，耗能较多。密闭式畜舍主要适用于靠精饲料喂养的畜禽——肥猪、鸡以及其他幼畜。

各类畜舍结构见图8-3。除上述畜舍形式外，还有大棚式畜舍、拱板结构畜禽舍、复合聚苯板组装式畜禽舍、被动式太阳能猪舍、联栋式畜舍等形式。畜舍的形式是不断发展变化的，新材料、新技术不断应用于畜舍，使畜舍建筑越来越符合家畜对环境条件的要求。

在选择畜舍形式时，应根据不同形式畜舍的特点，结合当地的气候特点、经济状况、建筑习惯全面考虑，选择适合本地、本场实际情况的畜舍形式。在我国，畜舍选择开放式较多，密闭式较少。一般热带气候区域选用完全开放式畜舍，寒带气候选择有窗开放式畜舍。畜舍的建筑面积应根据饲养规模、饲养方式和自动化程度，结合畜禽的饲养密度标准，确定拟设计畜舍的建筑面积。

二、畜舍建筑设计

确定畜舍的样式后，应进行畜舍外围护结构及内部设计。设计时，应该根据气候因

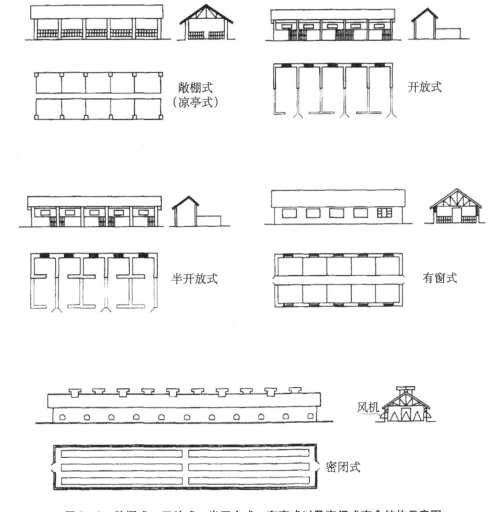

图 8-3 敞棚式、开放式、半开方式、有窗式以及密闭式畜舍结构示意图

素、畜牧业生产特点、建筑材料、建筑习惯和投资能力等因素综合考虑。畜舍建筑的原则
是：①舍内应干燥、不透水、不滑，冬季地面应保温。要求墙壁、屋顶等结构的导热性
小、耐热、防潮。②舍内要有一定数量和大小的窗户，以保证太阳光线直接射入和散射光
线射入。③要求供水充足，污水、粪尿能排净，舍内清洁卫生、空气新鲜。④安置家畜和
饲养人员的住房要合理，以便于正常工作。

　　畜舍的墙、屋顶及天棚、门、窗和地面构成了畜舍的外壳，称为"畜舍外围护结构"，
是畜舍结构的重要部分。畜舍以其外围护结构而使舍内空间不同程度的与外部隔开，形成
不同于舍外环境状况的畜舍小气候。因而，畜舍内小气候状况在很大程度上取决于畜舍外
围护结构状况。在畜舍外围护结构中，对舍内温热环境影响最大的是屋顶与天棚，其次是
墙壁、地面，最后是门、窗。

1. 基础、地基

　　房舍的墙或柱埋入地下的部分称为基础，基础下面承受荷载的那部分土层称为地基。

基础和地基支撑着畜舍地上部分，保证畜舍的坚固、耐用和安全。

基础必须具备坚固、耐久、防潮、防冻和抗机械作用等能力。一般基础应比墙宽，基础的地面宽度和埋置深度应根据畜舍的总荷载、地基的承载力、土层的冻涨程度及地下水位状况计算确定。目前，在畜舍建筑中，多采用钢筋混凝土与石块组合结构作基础。

地基必须具备足够的强度和稳定性，分为天然地基和人工地基。砂砾、碎石、岩性土层以及有足够厚度且不受地下冲刷的砂质土层是良好的天然地基。若是疏松的黏土，需用石块或砖砌好墙基并高出地面，地基深 80~100 cm。地基与墙壁之间最好有油毡绝缘防潮层。

2. 墙

墙是将畜舍与外部空间隔开的主要外围护结构，具有承重和分割空间、围护作用，对畜舍内温度和湿度状况的保持起着重要作用。据测定，冬季通过墙散失的热量占整个畜舍总失热量的 35%~40%。

墙有不同功能。起到承受屋顶荷载作用的墙称为承重墙。外墙之两长墙叫纵墙或主墙，两端短墙称为端墙或山墙。由于各种墙的功能不同，故设计与施工中的要求也不同。墙壁必须具备坚固、耐久、抗震、耐水、抗冻、结构简单、便于清扫和消毒等优点，同时应具有良好的保温隔热性能。墙的保温与隔热能力取决与所选择的建筑材料的特性与厚度。尽可能地选用隔热性能好的材料，保证最高的隔热设计，在经济上是最有利的措施。

受潮墙身不仅可以提高墙的导热能力，造成舍内潮湿，而且会影响墙体寿命，所以潮湿地区应采取严格的防潮、防水措施，以加强墙壁的保温性能。外墙墙身与舍外地面接触的部位称勒脚。勒脚经常受屋檐滴下的雨水、地面雨雪的浸溅及地下水的浸蚀。为了防止墙壁被空气和土壤水汽浸蚀，可在勒脚与墙身之间用油毡、沥青、水泥或其他建筑材料铺 1.5~2.0 cm 厚的防潮层；沿外墙四周做好排水沟，以免墙身受到积水的浸泡；在舍内墙的下部设置墙围，防止水汽渗入墙体，对提高墙的保温具有重要意义。

3. 屋顶

屋顶是畜舍上部的外围护结构，主要起遮风、避雨雪和隔绝太阳辐射、保温防寒等作用。屋顶必须有较好的保温隔热性能，并且要求承重、防水、防火、不透气、光滑、耐久、结构轻便、简单、造价低。在建筑设计时应科学地选择屋顶材料和屋顶形式。

北方寒冷地区屋顶应用导热性低和保温的材料，南方则应用防暑、防雨并通风良好的材料。

屋顶的形式种类繁多，在畜舍建筑中常用的有以下几种。

（1）单坡式屋顶 屋顶只有一个坡向，跨度小，结构简单，利于采光，适用于较小规模的单列式饲养的畜群。

（2）双坡式屋顶 屋顶呈"人"字形，易于修建，保温隔热性能好，适用于各种规模的各种畜群。

（3）联合式屋顶 这种屋顶在前缘增加一个短椽，起挡风避雨作用，适用于跨度较小的畜舍。与单坡式屋顶相比，采光较差，但保温性能好。

（4）钟楼式和半钟楼式屋顶 在双坡式屋顶单侧或双侧增设天窗以加强通风和采光。

这种屋顶造价高,适用于温暖地区、跨度较大的畜舍。

(5)拱顶式和平拱顶式屋顶　是一种节省材料、造价低廉的屋顶,但屋顶保温较差,不便于安装天窗和其他设施,而且对施工技术的要求较高。适用于跨度较小的畜舍。

(6)平屋顶　其优点是可充分利用屋顶平台,缺点是防水问题比较难解决。

此外,还有哥德式、锯齿式、折板式等形式的屋顶,在我国畜舍建筑上很少选用。畜舍建筑中常用的屋顶样式见图8-4。

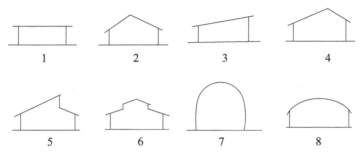

图8-4　畜舍屋顶形式
(王燕丽. 猪生产. 北京:化学工业出版社,2009)
1. 平屋顶　2. 双坡式屋顶　3. 单坡式屋顶　4. 联合式屋顶
5. 半钟楼式屋顶　6. 钟楼式屋顶　7. 拱式屋顶　8. 平拱屋顶

4. 天棚

天棚又叫顶棚或者天花板,是将畜舍与屋顶下空间隔开的外围护结构。由于天棚与屋顶之间形成较大的空气间层,封闭的空气间层具有良好的保温隔热作用。特别是在-30 ℃以下的寒冷地区,天棚能使畜舍更加温暖;对于炎热地区,天棚又能减少太阳辐射热从屋顶进入畜舍内,避免畜舍过热;采用负压机械纵向通风的畜舍,天棚可大大减少过风面积,显著提高通风效果。因此,良好的天棚对于加强畜舍通风换气、冬季的保温和夏季的防热都具有重要作用。要求天棚导热性小、不透水、不透气、结构简单、重量轻,厚度要薄,同时能耐久、耐火,而且无论在寒冷的北方还是炎热的南方,天棚上均应铺设足够厚度的保温层以起到保温隔热的作用。

5. 地面

地面是畜舍建筑的主要结构。畜禽的采食、饮水、休息、排泄等生命活动和一切生产活动,均在地面上进行。畜舍地面质量好坏,不仅可影响舍内小气候卫生状况,还会影响畜体及其产品(奶、毛)的清洁,甚至影响畜禽的健康及生产力。

畜舍地面应具备下列基本要求:①坚实、致密、平坦、有弹性、不硬、不滑;②有足够的抗机械能力与抗各种消毒液和消毒方式的能力;③温暖、不透水、易于清扫与消毒。

地面的防水和隔潮性能对地面本身的导热性和舍内卫生状况影响很大。必须对地面进行防潮处理,常用的防潮材料有油毡纸和沥青。地面排水沟应有一定的坡度,以保证粪、尿水及洗涤用水能及时排走,不致滞留及渗入土层。选择地面材料时,应对多种材料进行科学组合、综合利用,可以根据生产特点和实际需要在不同部位、不同层次采用不同材料的地面，取长补短，达到良好的效果。

6. 门、窗

（1）门 门是供人、畜出入畜舍、畜栏或房间的通路，开启时也起通风采光作用。门的位置可根据畜舍的长度和跨度确定。一般设在两端墙上，正对中央通道，便于运输饲料与粪便。专供人出入的门一般高 2.0～2.4 m，宽 0.9～1.0 m；供人、畜、手推车等出入的门一般高 2.0～2.4 m，宽 1.2～2.0 m；供家畜出入的圈栏门 高度取决于隔栏高度，宽度一般为：猪 0.6～0.8 m；牛、马 1.2～1.5 m；鸡 0.25～0.3 m。

畜舍的大门应坚实牢固，宽 200～250 cm，在寒冷地区，为了防止冷空气大量侵入畜舍，通常在大门之外设立有窗的门斗，畜舍门应向外开，门上不应有尖锐突出物，不应有门槛与台阶。但为了防止雨水淌入舍内，畜舍地面一般应高出舍外 20～30 cm，舍内外以坡道相联系。

（2）窗 窗户的功能是保证畜舍的自然采光和通风。窗户多设在纵墙或屋顶上，南窗应较多、较大，而北窗宜少、小。窗户是外围护结构中保温隔热性能最差的部分，在设置时，考虑到采光、通风与保温的矛盾，应根据本地区的温热情况统筹兼顾、科学设计。一般原则是在保证采光系数的前提下尽量少设窗户，以能保证夏季通风为宜。

其他结构和配件有过梁、圆梁和吊顶等。过梁是设在门窗洞口上的附件，有砖、木板、钢筋和钢筋混凝土过梁。圆梁是加强房舍整体稳定性的构件，有钢筋砖圆梁和钢筋混凝土圆梁。吊顶为屋顶底部的附加构件，一般用于坡屋顶，可采用纤维板吊顶、苇箔抹灰吊顶、玻璃钢吊顶、矿棉吸声板吊顶等。

畜舍内部建筑设计包括畜栏、笼具的布置和排列，通道、粪尿沟、排水沟、饲槽、饮水器等设施和设备的安排，舍内附属房间的配置等。舍内建筑设计应保证饲养管理方便，符合畜禽生产和生活的要求，建筑上尽量节约面积和造价，方便施工，尺寸尽量符合建筑设计要求。制定畜舍内部建筑设计方案后，应绘制出畜舍的平面、剖面及立体图。

1. 畜舍的平面设计

需根据每栋畜舍容纳畜禽头（只）数、饲养管理方式、当地气候条件、建筑材料和建筑习惯等，合理安排和布置畜栏、笼具、通道、粪尿沟、食槽及附属房间等。

（1）畜栏或笼具的排列 畜栏或笼具通常是沿畜舍的长轴纵向排列的，根据畜群规模大小酌情布置为单列、双列或多列。排列数多，要求畜舍跨度大，可相对减少通道所占面积，节省建筑面积，并减少外围护结构面积，这种排列方式有利于畜舍的保温隔热，但不利于自然通风和采光。有些畜舍如笼养育雏舍、笼养兔舍等是沿畜舍短轴布笼具的，这样自然采光和通风好，但是增加了建筑面积。采用何种排列方式，需要根据场地面积、建筑情况、人工照明、机械通风、供暖降温条件等综合决定。

确定畜栏、笼具的排列方式后，如果计划采用工厂生产的圈栏、笼具定型产品，需根据每栏（笼）的容纳畜禽数和每栋畜舍的畜禽总数计算出所需栏（笼）数，按确定的排列方式，并考虑通道、粪尿沟、食槽、水槽、附属房间的设置，初步确定畜舍跨度、长度，绘出平面图。如果采用的栏圈不是定型产品，则需根据每圈头数和每头采食宽度，确定栏圈宽度，以保证畜禽采食时不拥挤，减少争斗现象。各类畜禽的采食宽度见表 8-7。确定了畜禽采食宽度，可进而根据每圈饲养头数，计算出每圈的宽度。畜禽每圈头数及每头所需地面面积见表8-8。

表8-7　各类畜禽的采食宽度 （cm/头或只）

畜禽种类		采食宽度	畜禽种类		采食宽度
牛	拴系饲养 3~6月龄犊牛	30~50	蛋鸡	0~4周龄	2.5
	青年牛	60~100		5~10周龄	5
	泌乳牛	110~125		11~20周龄	7.5~10
	散放饲养 成年乳牛	50~60		20周龄以上	12~14
猪	20~30 kg	18~22	肉鸡	0~3周龄	3
	30~50 kg	22~27		4~8周龄	8
	50~100 kg	27~35		9~16周龄	12
	自动饲槽 群养	10		16周龄以上	15
	自由采食 成年母猪	35~40			
	成年公猪	35~40			

表8-8　畜禽每圈头数及每头所需地面面积 （m²/头）

畜禽种类			每圈适宜头数	所需面积
牛	拴系饲养的牛床	种公牛	1	3.3~3.5
		6月龄以上青年母牛	25~50	1.4~1.5
		成年母牛	50~100	2.1~2.3
	散放饲养乳牛		50~100	5~6
	散放饲养肉牛	犊牛		1.86
		1岁犊牛		3.72
		肥育牛	10~20	4.18~4.65
猪		断奶仔猪	8~12	0.3~0.4
		后备猪	4~5	1
		空怀母猪	4~5	2~2.5
		孕前期母猪	2~4	2.5~3
		孕后期母猪	1~2	3~3.5
		设固定防压架的母猪	1	4
		带仔母猪	1~2	6~9
		育肥猪	8~12	0.8~1
鸡	地面平养蛋鸡	0~6周龄		0.04~0.06
		7~20周龄		0.09~0.11
		成年鸡		0.25~0.29
	厚垫草地面平养肉鸡	0~6周龄	500~1 500	0.05~0.08
		7~22周龄	≤500	0.12~0.19
		成年母鸡	≤500	0.25~0.30
	厚垫草地面平养肉仔鸡	0~4周龄	≤3 000	0.05
		5~9周龄	≤3 000	0.07~0.08

注：所需地面面积不包括运动场、排粪区、饲槽、通道等。

（2）舍内通道的数量和宽度　畜栏或笼具沿舍长轴纵向布置时，饲喂、清粪及管理通道也纵向布置，其宽度参考值见表8-9。纵向通道数量因饲养管理的机械化程度不同而异，机械化程度越高，通道数量越少。进行手工操作的畜舍，纵向通道的数量一般为畜栏或笼具列数加1。如果靠一侧或两侧纵墙布置畜栏或笼具，则可节省1~2条纵向通道，但这种布置方式使靠墙畜禽受墙面冷或热辐射影响较大，且管理也不太方便。在设计时应根据本场实际酌情确定。

对于较长的或带有运动场的双列式或多列式畜舍，为了管理方便，应每30~40 m沿跨度方向设一条横向通道，其宽度一般为1.5 m，马舍、牛舍较宽，为1.8~2.0 m。

表8-9 畜舍纵向通道宽度

畜舍种类	通道用途	使用工具及操作特点	宽度/cm
牛舍	饲喂	用手工或推车饲喂精、粗、青饲料	120~140
	清粪及管理	手推车清粪、放奶桶、放洗乳房的水桶等	140~180
猪舍	饲喂	手推车喂料	100~120
	清粪及管理	清粪（幼猪舍窄、成年猪舍宽）、接产等	100~150
鸡舍	饲喂、捡蛋、清粪、管理	用特制手推车送料、捡蛋时，可采用一个通用车盘	笼养80~90 平养100~120

（3）粪尿沟、排水沟及清粪设施的布置　拴系饲养或固定栏架饲养的牛舍、马舍和猪舍，笼养的鸡舍和猪舍，因排泄粪尿位置固定，应在畜床后部或笼下设粪尿沟。目前，许多猪舍采用沿清粪通道设置粪尿沟的设计形式，粪尿沟上盖铁箅子可兼作清粪道，粪尿沟宽度一般为25~30 cm。这样的设计则在计算畜舍跨度时可不考虑饲槽和排尿沟宽度。畜舍内有些部位，冲洗消毒的水无法利用排粪尿设施的地沟排出时，应单独设排水沟。笼养鸡舍采用自流水槽时，可在横向通道上设通长地沟，上盖铁箅子，排除各排鸡笼水槽的水。

（4）确定附属房间及附属设施　畜舍一般应设饲料间，存放3~5 d的混合料，牛舍则还应设置草棚，存放当天的青贮、青饲料、多汁饲料。机械化饲喂的畜舍，一般在舍外设置金属制料塔。此外，为加强管理，有的牧场还在畜舍内设置饲养员值班室（特别是产房、幼畜禽舍）。乳牛舍一般还设置真空泵房、奶桶间等，大型畜舍还可设置消毒间、工具间等。长度不大的畜舍，附属房间可设于一端，一般置于靠近场内净道一端。长度较大的畜舍，附属房间可设置在畜舍中部。

舍内附属设施包括地秤、产品装车台、消防设施及各种消毒设施等。建筑设计时应对附属房间和设施提出具体要求。

2. 畜舍的剖面设计

主要是确定畜舍各部、各种结构配件、设备和设施的高度尺寸，并绘出与平面图相对应的剖面图和立体图。

（1）确定畜舍的高度、跨度和长度　畜舍高度除取决于自然采光和自然通风外，还应考虑当地气候和防寒、防暑要求，也与畜舍跨度有关，寒冷地区檐下高度一般以2.2~2.7 m为宜，跨度9 m以上的畜舍可适当加高，炎热地区不宜过低，一般以2.7~3.3 m为宜。

舍内平面的高度，一般应比舍外地面高30 cm，场地低洼时，可提高45~60 cm。畜舍大门前应设置坡道（坡度不大于15%），以保证畜禽和车辆的进出，不能设置台阶。畜舍内的坡度，一般在畜床部位保证2%~3%，以防畜床积水导致舍内潮湿，厚垫草平养的畜禽舍，地面应向排水沟有0.5%~1.0%的坡度，以便清洗消毒。

以上数据确定后，即可按下列公式计算出畜舍的跨度和长度：

①畜舍净跨度：畜舍净跨度 = 畜栏（笼具）深度 × 列数 + 饲喂道宽度 × 数量 + 清粪道宽度 × 数量 + 饲槽宽度 × 数量 + 排尿沟宽度 × 数量，对于鸡舍，不考虑饲槽和排尿沟两项。

②畜舍净长度：畜舍净长度 = 畜栏（笼具）宽度 × 每列畜栏（笼具）数量 + 横向通道宽度数量。

③畜舍总跨度：畜舍总跨度 = 畜舍净跨度 + 纵墙厚 × 2。

④畜舍总长度：畜舍总长度 = 畜舍净长度 + 端墙厚 + 端部附属房间长度。

（2）饲槽、水槽、饮水器及隔栏的高度　饲槽、水槽、饮水器安置高度及畜舍隔栏高度，因畜禽种类、品种、年龄的不同而有差异。

①饲槽、水槽及饮水器设置：鸡饲槽、水槽的高度一般应使槽上缘与鸡背同高；猪、牛的饲槽和水槽底可与地面同高，或稍高于地面；猪用饮水器距地面的高度为，仔猪 10 ~ 15 cm，育成猪 25 ~ 35 cm，肥猪 30 ~ 40 cm，成年母猪 45 ~ 55 cm，成年公猪 50 ~ 60 cm。如将饮水器装成与水平呈 45° ~ 60° 角，则距地面高 10 ~ 15 cm 即可供各种年龄的猪使用。

②隔栏的设置：平养成年鸡舍隔栏高度一般不应低于 2.5 m，猪栏高度一般：哺乳仔猪为 0.4 ~ 0.5 m，育成猪为 0.6 ~ 0.8 m，育肥猪为 0.8 ~ 1.0 m，空怀母猪为 1.0 ~ 1.1 m，妊娠后期及哺乳母猪为 0.8 ~ 1.0 m，公猪为 1.3 m；成年母牛舍隔栏高度为 1.3 ~ 1.5 m。

技能考核项目

1. 说出理想的畜牧场场址应该具备哪些基本条件？

2. 畜舍建筑设计包括哪些内容？

3. 现场分析畜舍防暑降温和防寒保暖措施各有哪些？

4. 现场指出畜牧场应分为哪些功能区？原因是什么？

复习思考题

1. 如何进行畜舍温度的控制？

2. 畜舍空气中的有害气体包括哪些？如何对其进行控制？

3. 理想的畜牧场场址应该具备哪些基本条件？

4. 畜牧场址选择主要应考虑哪些因素？

5. 畜牧场分区规划的原则是什么？

6. 畜牧场分为哪些功能区？它们是如何分布的？

7. 为保证采光、通风和防疫、防火要求，如何确定建筑物朝向与间距？

8. 畜舍建筑设计包括哪些内容？在进行畜舍建筑设计时，应遵循哪些原则？

9. 畜舍的类型与特点是什么？

10. 畜舍平面设计主要包括哪些内容？

11. 畜舍外围护结构由哪些部分组成？它们各有什么作用？

12. 常用屋顶形式有哪些？各有什么特点？

项目九　畜舍环境控制与无公害生产

【知识目标】
了解畜舍环境控制的方法。

【技能目标】
懂得畜牧场环境污染的来源与危害，能进行相应的处理。

【链接】
畜禽无公害控制指标。

【拓展】
无公害畜产品生产技术。

单元一　畜舍环境控制

根据畜禽的生物学要求和生理学特点，通过设计建造不同类型的畜禽圈舍和科学应用机械设备以克服自然气候因素的影响，改善和控制畜舍的环境，使之适于并有利于畜禽的生活与生产需要，叫做畜舍环境控制或调控。畜舍环境控制主要有温度的调控、湿度的调控、采光与照明、通风与换气、水体消毒等。

一、温度的调控

家畜的生产力，只有在一定的外界温度条件下才能得到充分发挥。温度过高或过低都会使生产力下降，成本增加，甚至使机体健康和生命受到影响。为畜禽创造适宜的环境，以克服自然因素的不良影响，最重要的措施是对畜舍内温度进行调控。

畜舍温度的调控主要包括外围护结构的保温隔热设计、畜舍人工供暖、防暑降温以及加强防寒管理措施等。

畜舍的保温隔热设计，要根据地区气候差异和畜种气候生理的要求选择适当的建筑材料和合理的畜舍外围护结构，使围护结构总热阻值达到基本要求，这是畜舍保温隔热的根本措施。

畜舍内的热能向外发散，主要通过屋顶、天棚，其次是墙壁、地面和门窗。因此，屋顶、天棚的结构必须严密、不透气，透气的屋顶会导致内外空气的对流，降低保温隔热性能。在选择屋顶和墙的构造方案时，尽量选用导热系数小的材料。如选用空心砖代替普通红砖，墙的热阻值可提高41%，而用加气混凝土块，则可提高6倍。采用空心墙体或在空心中填充隔热材料，也会大大提高墙的热阻值，但有一个前提条件是空心墙体必须不透气、不透水，而且防潮。

在冬季通过上述措施仍不能达到所要求的适宜温度时，在有条件的地方宜采用人工采暖，以补充热源，对家畜产房、幼畜舍和育雏舍尤为重要。采暖与保温、防潮与换气应全面考虑，妥善处理。畜舍采暖可分集中采暖和局部采暖，采用哪种方式应根据畜禽要求和供暖设备投资、运转费用等综合考虑。

（1）集中采暖 由一个集中的热源（如锅炉、沼气、地热、太阳能等），将热水、蒸汽或预热后的空气，通过管道输送到舍内的散热装置（暖气片等）。集中采暖在饲养规模较大时采用。

（2）局部采暖 由火炉（包括火墙、地龙等）、电热器（板）、保温伞、红外线灯等就地产生热能，供一个或几个畜栏采暖。初生仔畜禽对低温反应敏感，活动范围小，采用红外灯、保温伞进行局部采暖，既经济又实用。

在夏季，我国南方、北方普遍炎热，尤其是南方各省，夏季气温高、热期长、日辐射强，对畜禽的健康和生产性能极为不利。从生理上看，家畜一般比较耐寒而怕热，尤其是皮毛类动物。因此，高温对家畜的危害比低温大，在炎热的季节应采取防暑降温的措施，以减少由此而造成的严重的经济损失。

除外围护结构的隔热措施外，生产中常用的降温措施还有以下几种。

（1）遮阳 在畜舍周围植树或棚架攀缘植物，在舍外或屋顶上搭凉棚，在窗口上设置遮阳板、挂竹帘带等以遮挡太阳光对畜舍的影响。要将畜舍的遮阳、采光和通风作为一个整体，分清主次，妥善进行处理。

（2）绿化 绿化不仅起遮阳作用，还具有缓和太阳辐射、降低环境温度的意义。绿化降温作用有以下三点：通过植物的蒸腾作用和光合作用，吸收太阳辐射热以降低气温；通过植物叶片的遮阳以降低辐射；通过植物根部所保持的水分，也可从地面吸收大量热能而降温。

由于绿化的上述降温作用，使空气"冷却"，同时使地表面温度降低，从而使辐射到外墙、屋面和门、窗的热量减少，并通过树木遮阳挡住阳光透入舍内，降低了舍内温度。此外，绿化还有减少空气中尘埃和微生物、减弱噪声等作用。绿化遮阳可以种植树干高、树冠大的乔木，为窗口和屋顶遮阳；也可以搭架种植爬蔓植物，在南墙窗口和屋顶上方形成绿荫棚。

（3）其他 当大气的温度接近或超过畜禽的体温时，用上述方法达不到降低空气温度的目的，为避免或缓和因热应激而引起的健康状况的异常和生产力下降，可通过直接向动物体表面洒水、喷淋及使家畜水浴等，达到蒸发降温的作用；也可采用向屋顶、地面洒水或喷淋、舍内喷雾和蒸发热（挂湿帘）的方法使环境蒸发降温；或采用盛放制冷物质的设施来散热，制冷物质有水、冰、干冰等，设备有水管、金属箱等，如空调。这种方法效果较好，但成本高，在使用时要考虑经济效益。

要及时维修畜舍，认真做好越冬准备工作。在冬季，在不影响饲养管理及舍内卫生状况的前提下，可适当加大畜禽的饲养密度，以提高畜禽周围的环境温度。改舍内防潮可减少动物机体热能的损失，如采用垫草和其他垫料以保温吸湿，吸收有害气体，改善舍内小气候，提高畜禽防寒能力。

二、湿度调控

潮湿是影响畜舍内环境的重要指标，尤其是密闭式畜舍更为突出，家畜每天排出的粪尿量很大，日常饲养管理所产生的污水很多，粪尿和污水导致舍内潮湿，排除水汽就须加大通风，而冬季加大通风就会降低舍温。因此，合理设置畜舍的排水系统，及时清除粪尿及污水是防潮的重要措施。

畜舍的排水系统性能不良，往往会给工作造成很大的不便，它不仅影响畜舍本身的清洁卫生，也可造成舍内潮湿，影响家畜健康和生产。畜舍的排水系统因家畜种类、畜舍结构、饲养管理方式等不同而有差别，一般分为传统式和漏缝地板式两种类型。

依靠手工清理操作并借粪水自然流动而将粪尿及污水排出的系统，主要包括粪尿沟、地下排出管和粪水池组成。

现代畜禽养殖已进入工厂化生产，将畜禽舍修成漏缝地面，其下直接是贮粪池，或在漏缝地面下设粪沟。粪尿落到地板上，液体部分从缝隙流入地板下的粪沟，固体部分被家畜从缝隙踩踏下去，少量残粪人工用水略加冲洗清理。这与传统式清粪方式相比，可大大节省人工，提高劳动生产效率。

利用垫草不仅可以改善畜禽床的状况，而且还具有吸水的作用。

采用网床、高床培育仔猪和幼猪，高床笼养蛋鸡。

利用家畜的排粪行为，可改善舍内环境并简化清粪过程。

在生产中，为了防止舍内潮湿，常采用以下综合措施：选择良好的场地，将畜台建在地势高燥处；加强畜舍保温；尽量减少用水，防止饮水系统滴漏；使用干燥垫料，提高吸水能力；及时清除畜舍内的粪尿污水；保证通风系统完好。

三、采光与照明

光照对于家畜的生理机能和生产性能具有重要的调节作用，畜舍能保持一定强度的光照，除了满足家畜生产需要外，还为人的工作和家畜的活动（采食、起卧、走动等）提供了方便。采光分为自然光照和人工光照两种。在开放式或半开放式畜舍和一般有窗畜舍主要靠自然采光，必要时辅以人工光照；在无窗畜舍则靠人工光照。

自然光照是让太阳的直射光或散射光通过畜舍的开露部分或窗户进入舍内以达到采光

的目的。在一般条件下，畜舍都采用自然采光。夏季为了避免舍内温度升高，应防止直射阳光进入畜舍；冬季为了提高舍内温度，并使地面保持干燥，应让阳光直射在畜床上。影响自然光照的因素很多，如畜舍的方位、舍外情况、窗户面积、入射角和透光角的大小、舍内的反光情况等。畜舍的方位直接影响畜舍的自然采光及防寒防暑，为增加舍内自然光照强度，畜舍的长轴方向应尽量与纬度平行。畜舍附近如果有高大的建筑物或大树，就会遮挡太阳的直射光和散射光，影响舍内的照度。窗户面积愈大，进入舍内的光线愈多。采光系数是指窗户的有效采光面积与畜舍地面面积之比（以窗户的有效采光面积为1）。采光系数愈大，则舍内光照度愈大。如种猪舍的采光系数为 1 : (10 ~ 12)。

利用人工光源发出的可见光进行的采光称为人工照明。除无窗封闭畜舍必须采用人工照明外，人工照明一般作为畜舍自然采光的补充。在通常情况下，对于封闭式畜舍，当自然光线不足时，需补充人工光照，夜间的饲养管理操作需靠人工照明。人工照明以电灯为光源，目前多用于养禽业。光照时间、强度、程序的选择与雏鸡发育和健康关系密切。合理的光照强度、光照程序有利于肉仔鸡延长采食时间，加快生长速度。光照过强，容易使雏鸡休息不好、烦躁不安，甚至互相争斗、诱发啄癖、造成伤亡，同时也会影响肉仔鸡的饲料转化率。一般畜禽最低照度要求：蛋鸡、种鸡 10 lx，肉鸡、雏鸡 5 lx，其他家畜 10 lx。

四、通风与换气

畜舍通风换气是畜舍环境控制的一个重要手段。所谓通风是指在气温高的情况下，通过加大气流使动物感到舒适，以缓解高温对家畜的不良影响；所谓换气是指在畜舍密闭的情况下，引进舍外的新鲜空气，排除舍内的污浊空气，以改善畜舍空气环境状况。因此，通风与换气在含义上不但有所区别，而且在数量上也有所差异，但除在舍内设风扇能使舍内空气形成涡流之外，通常通风和换气是结合在一起的，即通风起到换气作用。组织畜舍通风换气，应满足下列要求：①排除畜舍内多余的水汽，使空气中的相对湿度保持在适宜状态，防止水汽在物体表面凝结；②维持适宜气温，不使其发生剧烈变化；③要求畜舍内气流速度稳定、均匀、无死角、不形成贼风；④减少畜舍空气中的微生物、灰尘以及畜舍内产生的氨、硫化氢和二氧化碳等有害气体。

自然通风是靠舍外刮风和舍内外的温差实现的。

在炎热地区的夏季，单独自然通风往往起不到应有的作用，也不可能保证封闭式畜舍经常进行充分的换气，因此需进行机械通风。机械通风也叫强制通风或人工通风，它不受气温和气压变动的影响，能经常而均衡地发挥作用。

根据通风造成的畜舍气压的变化，将机械通风分为负压通风、正压通风与正负压联合通风三种方式。

（1）负压通风 也称排风式通风或排风，是指利用风机将封闭舍内污浊空气抽出，使舍内压力相对小于舍外。而新鲜空气通过进气口或进气管流入舍内而形成舍内外气体交换。畜舍通风多采用负压通风。采用负压通风，具有设备简单、投资少、管理费用低的优点。

（2）正压通风 也称进气式通风或送风，是指利用风机向封闭畜舍送风，从而使舍内空气压力大于舍外，舍内污浊气体经排气管（口）排出舍外。正压通风的优点在于可对进入的空气进行预处理，从而可有效的保证畜舍内的适宜温湿状况和清洁的空气环境，在严寒、炎热地区均可适用。但其系统比较复杂、投资和管理费用大。

（3）联合通风 联合通风是一种同时采用机械送风和机械排风的通风方式。在大型封闭畜舍，尤其是在无窗封闭畜舍，单靠机械排风或机械送风往往达不到通风换气的目的，故需采用联合式机械通风。联合通风要比单纯的正压通风或负压通风效果好。

五、水体消毒

天然水中常含有泥沙、悬浮物、盐类、微生物等，为了畜禽饮用的安全，应将天然水加以净化和消毒。

1. 畜牧场给水方式

畜牧场的给水方式有两种，即分散式给水和集中给水。分散式给水是指各用水点分散，由各水源（井、河、湖、塘等）直接取水。集中给水通常称自来水，统一水源取水，集中净化消毒处理，通过管道输送到各用水点。

2. 水的净化

将水中悬浮物除去称为水的净化，净化一般采取沉淀和过滤的方式。净化的目的主要是除去悬浮物质和部分病原体，改善水质的物理性状。沉淀又分为自然沉淀和混凝沉淀。自然沉淀是指水流缓慢或静止时，水中较大的颗粒借助于自身的重力逐渐下沉；混凝沉淀是指水中较小的悬浮物和带负电的胶质很难自然下沉，必须加入混凝剂如铝盐、铁盐中和其电荷才能彼此聚集成絮状物而沉淀。这种絮状物表面积和吸附力较大，可吸附一些不带电荷的悬浮微粒及病原体共同沉淀。据相关资料表明，混凝沉淀能减除悬浮物 70% ~ 95%，除菌效果约为 90%。水进行沉淀、凝集处理以后还需要使水通过滤料即过滤得到净化。其原理一是隔滤作用，即水中悬浮物粒子大于滤料的孔隙者，不能通过滤层而被阻留；另一种是沉淀和吸附作用，即水中的微小物质如细菌、胶体粒子等，虽不能被滤层隔滤，但当通过滤层时即沉淀在滤料表面上，同时滤料表面因胶体物质和细菌的沉淀而形成胶质生物滤膜，吸附水中的细小粒子和病原体。通过过滤，可除去 80% ~90% 以上的细菌及 99% 左右的悬浮物，也可除臭、色以及阿米巴孢囊及血吸虫尾蚴等，常用的滤料是砂，所以也叫砂滤。

3. 水的消毒

经过净化处理后，水的质量明显提高，细菌数量大大减少，但没有完全消除，病原微生物还有存在的可能，因此为了防疫安全，必须进行消毒。饮水消毒的方法很多，如氯化法、煮沸法、紫外线照射法、臭氧法、超声波法、高锰酸钾法等，目前生产中应用最广、简单有效的方法是氯化法。氯化法是用氯或含有效氯的化合物进行消毒的一种方法。常用的氯化消毒剂有漂白粉、漂白粉精和液态氯。各种氯化消毒剂在水中能生成次氯酸，而氧化细菌体内的酶，抑制其活性，使细菌物质代谢障碍而死亡。影响氯化消毒效果的因素包括消毒剂的用量和消毒时间、水的 pH 值、水温、水的浑浊度等。

4. 给水设施的卫生防护

（1）水井 水井的位置不应建在低洼沼泽积水的地方，水井周围 3 ~5 m 内禁止倒污水，20~30 m 内不得设置渗水厕所、渗水粪坑、垃圾堆等污染源，40 m 内不得设置畜舍，水井最大服务半径不超过 150 m。

（2）河水 取水点应设在污水排放口、码头等的上游，取水地点两岸约 50 m 内不得有厕所、粪坑、污水坑、垃圾堆等污染源。

（3）湖水和池塘水 面积较大时，按不同用途分区取水，可选择一个水质良好、容易防护的封闭区域供饮水专用。并禁止在饮用水塘内洗涤物品和放养水禽，防止一切可能污染塘水的活动。

（4）降水 缺水地区利用雨水时，应通过沉淀、过滤、净化、消毒后才能使用，并经常检查水质是否污染变质。

单元二 畜牧场的环境保护

畜牧场的环境保护包括两个方面的含义，一方面要防止周围环境的污染源对畜牧场造成影响，如工厂的废水、废气、废渣以及农业上的化肥、农药等；另一方面要防止畜牧场生产本身对周围环境的污染，如畜牧生产的废弃物等。在畜牧业生产规模由小变大、由分散到集中的情况下，产生的大量废弃物处理不当会造成公害，因此，畜牧场的环境保护引起世界各国的关注。

一、畜牧场环境污染的来源与危害

工业生产过程中产生的"废水、废气、废渣"（简称"工业三废"），农业生产中农药和化肥的残留物，畜牧生产中产生的粪尿等废弃物，都可通过大气、水、土壤进入生态系统，使环境受到污染，并由此对人、畜健康，自然环境和畜牧生产等造成各种危害。

畜产废弃物是造成畜牧场环境污染的主要污染源。畜产废弃物中可造成环境污染的物质有：畜禽粪尿、尸体、垫草，畜牧场的污水，畜产品加工产生的污水及废弃物，畜牧场排出的有害气体与恶臭气味，饲料加工厂的粉尘，孵化厂的废弃物（死胚、蛋壳）等。在上述污染物中，以未处理或处理不当的家畜粪尿及畜牧场污水的数量最大，危害最严重。从家畜种类看，以猪粪尿数量最大，占 46.6%，其次为鸡粪，约占 31.4%。

1. 大气污染

引起大气污染的主要物质有以下几种。

（1）二氧化硫（SO_2） 主要来自冶炼厂、石油化工厂以及燃烧含硫的煤、石油而产生的废气。二氧化硫主要侵害呼吸系统，引起气管、支气管和肺部疾病。

（2）氟化物 来自炼钢厂、磷肥厂、玻璃厂等，以氟化氢（HF）、氟化硅（SiF_4）等形式排入大气。氟化物被人、畜吸收进入血液，会影响钙、磷代谢，过量的氟与钙结合为氟化钙（CaF_2），磷则由尿大量排出，使钙、磷代谢失调，以致引起牙齿钙化不全，釉质受损，骨骼和四肢变形并跛行，长期氟中毒会逐渐衰竭死亡。

（3）氮氧化物 主要来自燃烧的煤、石油及氮肥厂、染料厂等工厂排放的废气，主要包括一氧化二氮、一氧化氮、二氧化氮、三氧化二氮和五氧化二氮等，其中以二氧化氮和一氧化氮的污染最常见。氮氧化物可引起慢性或急性中毒，0.5~17 mg/m^3 可引起呼吸道发炎、支气管痉挛和呼吸困难；$60 \sim 150 \ mg/m^3$ 时，导致昏迷或死亡；$200 \sim 700 \ mg/m^3$ 可引起急性中毒死亡。

（4）碳氢化物　来自工农业生产和交通运输工具排放的废气。包括一氧化碳，各种萘、蒽等。碳氢化物经阳光照射产生臭氧（O_3）等有害物质，可刺激黏膜，引起肺部疾病。

（5）畜牧场产生和排放的恶臭及尘埃　家畜由消化道排出的气体以及粪尿和其他废弃物腐败产生的气体，不仅含有多种有害物质，而且产生恶臭。在各种恶臭气体中，主要包括硫化物、氮化物、脂肪族化合物。这些恶臭物质会刺激嗅觉神经与三叉神经，从而对呼吸中枢发生作用，影响人、畜的呼吸机能；刺激性臭味亦会使血压及脉搏发生变化，有的还具有强烈的毒性，如硫化氢、氨等；恶臭也刺激人的感觉器官，使人产生不愉快感，严重影响工作效率。畜牧生产排放的尘埃会严重污染大气环境，直接影响人、畜的呼吸系统健康，其中微生物也随尘埃漂浮于大气中，能传播疾病，对人、畜造成危害。

2. 土壤污染

农药、水中污染物和大气污染物都是污染土壤的来源。一些有毒化学物质通过土壤被植物吸收，畜禽采食后可致中毒。土壤污染物的另一类是各种病原体，包括肠细菌、带芽孢的致病菌和霉菌等。

3. 水污染

工业废水、生活污水、农业污水、大气污染物是水污染的主要来源。污染物质主要有腐败性有机物、病原微生物、重金属元素如汞、铅、铬等，以及酚类化合物、有机氯农药、有机磷农药等。水污染恶化水的感官性状使其不符合饮用水的水质标准；病原微生物的污染可引起某些传染病的传播与流行；有毒有害化学物质的污染可引起畜禽中毒等。

二、畜牧场粪污处理方法

畜牧场主要的废弃物是粪便和污水，如能妥善处理好粪污，也就解决了畜牧场环境保护中的主要问题。采用物理、化学、生物学或者结合处理的方法，系统地处理畜牧场的废弃物以达到净化的目的，可有效地防止其对人、畜健康造成的危害及对环境可能形成的污染。

家畜粪尿由于土壤、水和大气的理化和生物作用，经扩散、稀释和分解，逐渐得到净化，进而通过微生物、动植物的同化、异化作用，又重新形成蛋白质、脂肪和糖类，也就是再变为饲料，再被家畜利用。充分利用这种循环途径，采用农牧结合、相互促进的方法，是当前处理家畜粪尿的基本原则。

1. 畜禽粪便的处理与利用

目前，对家畜粪便的处理与利用方法有用作燃料、用作饲料、用作肥料。

（1）用作肥料　家畜粪便是优良的有机肥料，在改良土壤结构、提高土壤肥力方面具有化肥所不能代替的作用。为防止病原微生物污染土壤和提高肥效，应经生物发酵或药物处理后再利用。

生物发酵处理是将人、畜粪便和垫草等固体有机废弃物按一定比例堆积起来，在微生物作用下进行生物化学反应而自然分解、转化成为植物能吸牧的无机质和腐殖质。发酵过程中产生的高温（可达 $50 \sim 70 \ ℃$）及微生物的相互拮抗作用使病原体及寄生虫卵死亡，而达到无害化的目的，并能获得优质肥料，其使用肥效可比新鲜粪便提高 4～5 倍。

在急需用肥的季节或血吸虫病、钩虫病流行的地区，为在短时间内使粪肥达到无害化，可采用药物处理，选用的药物应对农作物和人、畜无害，不损肥效，灭虫卵效果好、价格低，使用方便。常用的药物有敌百虫、尿素、硝酸铵等。

（2）生产沼气　沼气是利用厌氧菌（主要是甲烷菌）对畜禽粪尿、垫料等有机物进行厌氧发酵产生的混合气体，其主要成分为 CH_4，占 60%～70%，其余为 CO_2、CO 和 H_2S。沼气燃烧产生大量热能，可作燃料供生活和生产用。沼气生产过程中，厌氧发酵可杀死病原微生物和寄生虫卵，发酵的残渣又可作肥料，因而生产沼气既能合理利用废弃物，又能防止环境污染。

（3）用作饲料　家畜粪便用作养殖业饲料的研究和生产实践在国内外有许多报道，但由于畜粪用作饲料的安全性问题，国内外还存在许多分歧。就世界各地的情况来看，目前发达国家已较少用，而发展中国家还有部分使用，但总的趋势是将畜粪作饲料资源使用越来越少。就我国来说，特别是近年来，逐步提倡并实行放心、安全、优质农产品生产，对包括畜产品在内的农产品生产将提出越来越高的要求，畜粪作饲料的空间会越来越小，在经济相对较发达的沿海地区以及外向型农业区域更会如此。

畜粪饲料安全性问题主要包括畜粪中可能含有高量重金属铜、铬、砷、铅等的残留、各种抗生素、抗寄生虫药物的残留以及含有大量病原微生物与寄生虫、虫卵等。但一些研究和实践表明：只要对畜粪进行适当处理并控制其用量，一般不会对动物造成危害。若处理不当或喂量过大，则可能会造成家畜健康与生长的危害，并影响畜产品质量。

在畜禽粪便中，以禽粪作饲料最普遍，效果也最好，因禽粪中的营养物质含量明显高于其他家畜粪便。特别是用禽粪饲喂牛、羊，其中的非蛋白态氮可被瘤胃中的微生物利用并合成菌体蛋白，再被牛、羊吸收，利用率更高。

畜禽粪便用作饲料的方法主要有以下几种：

①粪便酸贮：利用鲜粪便（牛、猪、鸡、鸭粪均可）与其他糠麸、碎玉米等混合作成酸贮饲料，适口性好，无异味，喂牛、猪效果良好。

②鸡粪与垫草混合直接饲喂：可用散养鸡舍内鸡粪混合垫草直接饲喂乳牛和肉牛；鲜鸡粪摊晒自然风干脱臭、过筛、粉碎后，用 20% 鸡粪代替 10% 混合精料喂肥猪，效果很好；鲜鸡粪直接饲喂乳牛与肉牛效果亦较好。

畜禽粪便处理方法有干燥法和发酵法。

2. 粪水与污水的处理

畜牧业的高速发展和生产效率的提高，畜牧养殖场产生的污水量大大增加，如乳牛养殖场和养猪场的污水中含有许多腐败有机物，常带有病原体，若不妥善处理，就会污染水源、土壤等环境，引起疾病传播。

畜牧场污水处理的基本方法有物理处理法、化学处理法和生物处理法。这 3 种处理方法单独使用时均无法把养殖场高浓度的污水彻底处理好，要采用综合处理系统。

（1）物理处理法　将废水中的固形物与液体分离、过滤、沉淀，除去大部分可沉淀固形物，将这些固形物分出后，可作堆肥处理，剩下的稀薄液体可用于灌溉农田或排入鱼塘。

（2）化学处理法　化学处理法是向废水中加入化学试剂，通过化学反应改变水体及其污染物性质以分离、去除废水中污染物或将其转化为无害物质的方法，主要包括中和法、混凝法等。

中和法是利用酸碱中和反应的原理，向水体中加入酸性（碱性）物质以中和水体碱性（酸性）物质的过程。畜牧场废水含有大量有机物，一般经微生物发酵产生酸性物质。因此，向废水中一般加入碱性物质即可。

混凝法除去水中悬浮物的原理是向水中加入混凝剂后，混凝剂在水中发生水解反应，产生带正电荷的胶体，它可吸附水中带负电荷的悬浮物颗粒，形成絮状沉淀物。絮状沉淀物可进一步吸附水体中微小颗粒并产生沉淀，使悬浮物从水体中分离。

（3）生物处理法　生物处理法是借助生物的代谢作用分解污水中的有机物，使水质得到净化的过程。生物处理法可以分为人工生物处理法和自然生物处理法。人工生物处理法是指通过采取人工强化措施为微生物繁衍增殖创造条件，通过微生物活动降解水体有机物，使水体净化的过程，主要包括活性污泥法和生物膜法。自然生物处理法主要是利用自然生态系统生物的代谢活动降解水体有机物，使水体净化的过程，包括氧化塘法和人工湿地法。

①活性污泥处理法：活性污泥是微生物群体（细菌、真菌和原生动物等）及它们所吸附的有机物和无机物的总称，是一种由微生物和胶体所组成的絮状体。细菌是活性污泥净化功能的主体。活利用重力沉淀法可使水体的菌体形成絮状沉淀，将菌体从水体中分离出来。活性污泥对污水的净化作用分为三个步骤。第一步为吸附作用，微生物活动分泌的多糖类黏质层包裹在活性污泥表面，使活性污泥具有很大的表面积和吸附力。活性污泥表面多糖类黏质层与废水接触后，很短时间内便会大量吸附污水中的有机质。在初期，活性污泥对水体的有机物的吸附去除率很高。第二步为微生物分解有机物作用，活性污泥微生物以污水中各种有机物作为营养，在有氧条件下分解水体中有机物，将一部分有机物转化为稳定的无机物，另一部分合成为新的细胞物质。通过活性污泥微生物的作用，除去了水体中的有机物，使废水净化。第三步为絮凝体的形成与絮凝沉淀，污水中有机物通过生物降解，一部分氧化分解形成二氧化碳和水，另一部分合成细胞物质成为菌体。

②生物膜法：是利用微生物活动降解水体有机物，净化水体的一种方法。生物膜法和活性污泥法有显著的区别，活性污泥法是依靠曝气池中悬浮流动着的活性污泥来降解有机物，而生物膜法是通过生长在固定支承物表面上生物膜中微生物的活动降解水体中有机物，生物膜表面为好氧微生物，中间为兼性微生物，内层为厌氧微生物。

③氧化塘法：是利用天然水体和土壤中的微生物、植物和动物的活动来降解废水中有机物的过程。国外氧化塘生物主要由菌类和藻类组成。国内氧化塘生物主要由菌类、藻类、水生植物、浮游生物、低级动物、鱼、虾、鸭、鹅等组成，将污水处理与利用相结合。按占优势微生物对氧的需求程度，可以将氧化塘分为好氧塘、兼性塘、曝气塘和厌氧塘。

A. 厌氧塘。水体有机质含量高，水体缺氧。水体中的有机物在厌氧菌作用下被分解产生沼气，沼气将污泥带到水面，形成了一层浮渣，浮渣可起保温和阻止光合作用，维持水体的厌氧环境。厌氧塘净化水质的速度慢，废水在氧化塘中停留的时间最长（30～50 d）。

B. 曝气塘。曝气塘是在池塘水面安装有人工曝气设备的氧化塘。曝气塘水深为3～

5 m，在一定水深范围内水体可维持好氧状态。废水在曝气塘停留时间为 3 ~ 8 d，曝气塘 BOD 负荷为 30 ~ 60 g/m^3，BOD 去除率平均在 70% 以上。

C. 兼性塘。水体上层含氧量高，中层和下层含氧量低。一般水深在 0.6 ~ 1.5 m，阳光可透过塘的上部水层。在池塘的上部水层，生长着藻类，藻类进行光合作用产生氧气，使上层水处于好氧状态。而在池塘中部和下部，由于阳光透入深度的限制，光合作用产生的氧气少，大气层中的氧气也难以进入，导致水体处于厌氧状态。因此，废水中的有机物主要在上层被好氧微生物氧化分解，而沉积在底层的固体和老化藻类被厌氧微生物发酵分解。废水在塘内停留时间为 7 ~ 30d，BOD 负荷 2 ~ 10 $g/m^2 \cdot d$，BOD 去除率为 75% ~ 90%。

D. 好氧塘。水体含氧量多，水较浅，一般水深只有 0.2 ~ 0.4 m，阳光可以透过水层，直接射入塘底，塘内生长藻类，藻类的光合作用可向水体提供氧气，水面大气也可以向水体供氧。塘中的好氧菌在有氧环境中将有机物转化为无机物，从而使废水得到净化。好氧氧化塘所能承受的有机物负荷低，废水在塘内停留时间短，一般为 2 ~ 6d，BOD 的去除率高，可达到 80% ~ 90%，塘内几乎无污泥沉积，主要用于废水的二级和三级处理。

④人工湿地法：是一种利用生长在低洼地或沼泽地的植物的代谢活动来吸收转化水体有机物，净化水质的方法。当污水流经人工湿地时，生长在低洼地或沼泽地的植物截留、吸附和吸收水体中的悬浮物、有机质和矿物质元素，并将它们转化为植物产品。在处理污水时，可将若干个人工湿地串联，组成人工湿地处理废水系统，这个系统可大幅度提高人工湿地处理废水的能力。人工湿地主要由碎石床、基质和水生植物组成。人工湿地种植的植物主要为耐湿植物如芦苇、水莲等沼泽植物。

⑤土地还原处理法：将经过人工或自然处理的畜禽粪尿污水施用到农田，利用土壤——作物系统吸收利用废水中有机物的方法被称为土地还原处理法。直接用废水灌溉农田容易引起土壤污染，应该防止过量施用废水引起农作物减产。在使用土地还原处理法处理废水时应做到以下几点：①防止地表土壤养分流失，在坡地上施用时，应在斜坡下方挖沟或设置 20 m 宽的缓冲地段（草地或灌丛）；②防止地下渗漏，当将大量家畜排泄物排放到农田时，水体中硝态氮含量很高，可能会对地下水造成污染，应防止氮、磷等营养元素渗漏。

单元三　畜禽无公害生产

畜禽无公害生产，就是能提供无污染、无残留、对人类健康无损害的畜产品生产。可分为三大类：一是在无任何污染的自然条件下生产的畜禽产品；二是自然条件下，通过添加对人体无害的生物制剂生产的畜禽产品；三是在生产过程中，通过添加作用小、残留最低的非人用药品和添加剂而生产的符合绿色食品要求的畜产品。

一、畜禽无公害生产的主要措施

畜禽无公害生产对畜牧生产场生产环境的质量、饲料的使用、饲养管理方法、卫生防疫方法和兽药的使用均有明确的规定，其主要目的是在保证动物生产环境、确保饲料安全、防止疾病发生的同时，降低动物对环境的污染并保证动物的生产效率。主要措施有以下几种。

饲养畜禽的场区应选择在空气清新、水质纯洁、土壤未被污染的良好生态环境地区，其大气、水质、土壤中有害物质应低于国家允许量的标准。具体来讲，饲养场要远离"三废"，远离医院、居民聚居区及交通要道，确保畜禽饮水安全，并不要使用旧的饲养场。

在畜禽生产过程中，环境污染起重要作用。由于工业生产的迅猛发展，废水、废气、废渣的不合理排放，引起大气、土壤、水体等严重污染，可通过土壤—农作物—畜禽这一食物链在动物体内引起残留。从环境进入动物体内的有毒物质主要有汞、镉、铅、砷、铬、硒、氟化物、有机氯等。在无公害畜禽产品养殖过程中，水是重要的微生物传染源。水中菌类比较复杂，既有普通微生物，又有病原微生物；既有细菌、真菌、螺旋体，又有病毒。可见饮水不卫生极易对畜禽生产造成污染。因此，场区要选在生态环境好的地点。

如果饲料配制过程中质量控制缺乏科学性或监管不力，所加工生产的饲料质量不符合要求，就会对动物构成危害。这些危害有：生物危害，如沙门氏菌、寄生虫等；化学危害，如农药、兽药和饲料添加剂残留、违规使用添加剂（如瘦肉精、安眠剂等）以及各种有毒化学元素，如重金属砷、铅、汞和亚硝酸盐等。因此，饲草饲料种植地的施肥、灌溉、病虫害防治、贮存必须符合无公害食品生态环境标准，采用生物防虫技术，长期稳定地保证高质量的饲草饲料原料供应。广大养殖户应积极选用正规厂家加工生产、符合国家标准的各类畜禽饲料产品，不要随意购买"三无"饲料，尤其是添加剂。同时，应积极推广酶制剂、微生态制剂、酸化剂等，用新一代高效、安全的添加剂替代产品及质量优、污染少的牧草产品，如紫花苜蓿等。饲料的保存要做到防潮、防霉、防鼠、防污染。

在引进或利用畜禽良种进行商品生产时，应尽可能选择适应力好的品种（品系）；应大力提倡利用本地畜禽良种或自行培育的新品种或配套品系；商品生产用仔畜，最好自繁自养。在商品畜禽生产中应大力推广"杂种"，不仅可提高畜禽生产效率，还可增强其生活力。要加强畜禽的饲养管理，保持圈舍清洁、干燥、通风、空气新鲜、冬暖夏凉，按不同畜禽的生活习性要求，为它们创造良好的生活环境，充分保证动物的营养、饮水需要，以增强畜禽体质。采取全进全出的饲养模式，限量采食方式，视具体情况每日饲喂 3~4 次，防止畜禽过分采食引起下痢，根据畜禽日龄变化，及时更换不同阶段饲料。

药物残留和动物感染重大疫病，是直接危及人类食品安全的最主要、最突出问题。养殖业是以防病为主，治疗为辅，防大于治为养殖原则。那么，在无公害畜禽控制疫病过程中，养殖场须建立消毒制度，消毒用药必须安全、高效、低毒和低残留；应制定疫病监控方案，采取以防为主，对主要传染病提倡优先使用疫苗，所用疫苗应符合我国兽用生物制品质量标准。必须用药治疗时，抗菌素和抗寄生虫药等兽药的使用，必须严格遵守无公害畜禽兽药使用准则，禁止使用麻醉药、镇痛药、镇静剂等药物。一旦发现疫情则应立即上报，畜禽病害肉尸及其产品应作无害化处理。对于发病的畜禽，执行无公害治疗方案，首选无公害食品生产资料的兽药和中成药，其次慎用抗生素治疗。如果无公害治疗效果不好，可改为普通治疗，但康复后的畜禽，只能做普通畜禽回收处理。中草药在疾病防治中有抗菌素不可比拟的优势，既具有药物和营养两种属性，副作用小，又无污染和药物残留。中草药作为添加剂和药物正顺应了人们对"绿色食品"的追求。

应定期对畜禽产品进行药物残留、重金属、致病性微生物检测，实行安全指标检验：按市场要求进行严格分级、清洗、消毒、包装，防止宰后污染，加工厂环境应清洁、干净，车间有必要的卫生设施。活畜禽必须来自无公害畜禽生产基地，经检验合格方能屠宰。修割后的胴体不得有病变、外伤、血污和其他污物，加工中不得使用任何化学合成防腐剂和人工合成色素。工作人员应持有健康合格证明。杜绝有毒有害畜禽产品上市。此外，应在产品包装上标明"无公害食品"标志，实行标志管理，符合国家食品标签通用标准，符合无公害食品特定包装和标签规定。

宜采用机械物理方法如冷风库、地窖等方法贮藏，保持仓库温度、湿度适宜，采取通风、密封、吸潮、降温等措施。并对产品进行定期检测。选用无毒无害的天然制剂进行保存，尽量减少化学物质在保鲜防腐过程中的应用；运输工具应清洁卫生，不允许含有任何化学物品。加强销售人员的卫生管理，定期对操作人员进行健康检查。

二、主要畜禽无公害生产技术

无公害奶品生产是指在产前、产中、产后各环节均采用先进技术，使用营养清洁的原料，科学管理和防治疾病，采用机械榨乳，完善运输收购冷链体系，加工过程的先进设备、现代化分析检验设备、从源头控制残留、制止掺假、卡住公害、防治污染，进而在无公害食品发展上实现乳品业数量和质量提升，从而减轻或者消除对人类健康和环境的危害。

"无抗奶"生产主要是严格控制乳中抗生素残留。鲜奶中残留抗生素会给人体健康带来不良影响。如过敏反应、引起细菌耐药性、造成肠道内菌群失调、抑制有益菌的生长等；而且有抗生素的奶影响乳酸菌的生长繁殖，因而影响酸乳制品的加工生产。产生有抗奶的原因有：泌乳期奶牛患病或难孕时，使用抗生素治疗，在治疗期间和治疗后的 3d 内，牛奶中会有抗生素残留；泌乳期奶牛日粮中使用了含抗生素药物的添加剂或工业下脚料等产品；接触牛奶的器具被抗生素药物污染；人为在牛奶中掺入抗生素药物。

无公害奶品生产，应从奶业生产的各个环节入手，从场地建设、防疫、繁育到各个生产阶段的饲养管理，都应加强管理，充足的营养，较好的采食量，能使奶牛的泌乳性能得到充分发挥，从而达到高产、稳产和优质的目的。特别在饲料的安全控制和生产环境控制方面要进行有效的监督管理，改善卫生条件，减少奶牛在生长过程的每一个环节感染病原菌的机会，配合饲料中使用的新型饲料添加剂，应尽量减少或者放弃使用抗生寒，生产出符合标准的无公害原料奶。

无公害畜禽肉品生产要经过一系列无污染流程，包括从畜禽品种、饲料、饲养、环境、防疫、屠宰、加工、包装、贮运、销售等全过程控制，不含有损害或威胁人体健康的有毒有害物质或因素，并经国家主管部门严格检测合格的，是更安全、更营养、更卫生的优质猪肉。

1. 畜禽品种

畜禽品种的品质与健康，逐步成为优良畜禽品种的统称，这是生产优质畜禽肉品的重要保证。近几年来，畜禽养殖业提出了一个新的名词——健康育种，指的就是要选取优质畜禽品种不再仅仅局限于它的种质和外形上，而且还要健康。如果畜禽品种本身的抵抗力非常差，在生长过程中，患病的比率就会显著升高。

2. 饲料

饲料原料要求色泽新鲜一致，无发酵、霉变、结块及异味、异臭。有害物质及微生物符合规定标准。制药工业副产品不宜用作猪饲料原料。饲料添加剂更应严格按国家规定使用，发展"绿色添加剂"。例如，酶制剂（饲用植酸酶可减少无机磷的用量，降低磷的排泄造成的环境污染）可提高饲料的转化率，促进生长发育，降低饲料成本；酸化剂能增加采食量，提高蛋白质消化率，促进畜禽生长；饲用微生物制剂可通过改善肠道菌系平衡对动物产生有益影响。

3. 饮水

水是生物赖以生存必不可少的物质，水中含有一定量的矿物质元素，但水中也极易存有杂质、污染物和腐殖质等。其中，"死水"中最易引起水质变硬，水体富营养化即富含磷物质，在畜禽生产中极为常见。因此，现在大多数大型养殖场中均已采用自动饮水器供应流水，一方面可以保证水质，另一方面不会造成因污水蓄积而产生的环境污染及传播疾病。对于水中的病原微生物，则是因为含有病原微生物的人、畜的排泄物、分泌物和污水等会直接或间接污染水源，使水中带有相应的病原微生物。一旦传播，即会传染各种疾病。

4. 空气

空气传染是疾病传播的重要途径。在病畜的周围，通常会因为病畜的喷嚏、咳嗽时飞散出含有病原微生物的液滴或分泌物将病原微生物释放至空气中传播疾病，即飞沫传染和尘埃传染。因此，为减少空气污染，应严格保证畜舍内的通风换气和定期的消毒，并对病畜进行适当的隔离。

5. 疾病控制

疾病主要是由病原微生物的传播引起的。微生物是一类有一定形态结构，能在适宜环境中生长繁殖的细小生物，极易在各种适宜的条件中存活。而病原微生物除了具有微生物的特性外，还对人或动物体具有致病作用。因此，控制病原微生物的生长及传播是疾病防治的一个关键，也是有效地保障猪肉品不受污染的重要途径。生产环境中的场地、水、空气及舍内都可能存有病原微生物。因此，应经常对生产环境进行消毒，实现生存环境的无害化，创造出生产车间的空气净化，无粉尘、无菌落的污染尤为重要。

6. 粪便、污染物和病死畜禽的处理

粪便、污染物和病死畜禽体是传播传染病的主要来源。在某些有机物质含量丰富（如保存有病原菌的粪便、唾液、脓、血液）的土壤中，并有适宜的理化条件，又无抗菌物质的存在，则非常有利于病原微生物的生存，对畜禽健康存在着极大威胁，必须采取无害化处理。粪便、垫草堆积发酵后，经无害化处理后再施入土壤；可疑被病原微生物污染的物品必须进行严格的消毒处理；对于患有传染病的畜禽应尽量利用焚烧炉焚烧，并作无害化处理，以免传播疾病；对畜禽尸体及排泄物、污水等的处理，应切实确保不污染水源。

7. 肉品加工，在畜禽的屠宰加工过程中，更要遵守食品安全

如对畜禽屠宰的工具应进行高温消毒，屠宰加工车间应保证严格的卫生标准，在进行肉品封装过程中，防腐剂的使用也应严格控制等。无公害猪肉的生产实行从"土地到餐桌"的全程质量监控，要求生产企业以无工业污染，生产环境优越的地方作为肉品生产基地；饲料按规程生产，不添加化学催肥剂和催生长剂等添加剂，使用无残留、对人体无害的兽药，并且在加工、运输、销售等环节中严格执行国家有关标准。

1. 制定严格的生物安全制度

鸡场建设应符合鸡场场址选择的社会和自然条件。严禁参观者入场、入舍。工作人员进入生产区要洗澡、更衣和紫外线消毒，每年定期进行体检，传染病患者不得从事养鸡工作。严格执行消毒程序：①鸡舍周围，每2~3周消毒1次，鸡场周围及场内污水池、排粪坑、下水道出口，每1~2个月消毒1次。②鸡场、鸡舍进出口要设消毒池，每周更换1次消毒药。③鸡舍内要定期进行带鸡消毒，正常情况下每周1次，有病情况下可每周2次，在免疫前、中、后3 d不进行带鸡消毒。鸡舍腾空后要进行彻底清扫、洗刷、药液浸泡、熏蒸消毒。消毒后至少闲置2周才可进鸡。进鸡前5 d再进行熏蒸消毒1次。④定期对蛋箱、蛋盘、喂料器等用具进行清洗和熏蒸消毒。

鸡场内分设净道和脏道。净道是专门运输饲料和产品的通道；脏道是专门运输鸡粪、死鸡和垃圾的通道。净道和脏道不能交叉。死鸡及时运走焚烧或深埋，鸡粪及时运到指定地点，采用堆积生物热或干燥的方式处理后作为农业用肥，不得作为其他动物的饲料。鸡舍通风口设置纱窗或安装铁丝网，防止鸟、兽进入。要定期灭鼠，投放鼠药要定时、定点，及时收集死鼠和残余鼠药，并进行无害化处理。

2. 坚持全进全出的饲养制度

3. 选购优质雏鸡

4. 鸡舍内环境控制

鸡舍内的温度、湿度、光照和通风应满足鸡不同生理阶段的要求，以减少鸡群发病的机会。

5. 常备清洁饮水

鸡的饮水要符合国家标准。经常清洗、消毒饮水设备，要采用封闭式节水饮水系统。

6. 选用符合无公害标准的优质饲料

7. 按标准用药

①蛋鸡在雏鸡、育成鸡前期为预防和治疗疾病，使用药物要符合国家规定的 NY 5040标准，即无公害食品蛋鸡饲养允许使用的兽药。

②育成鸡后期（产蛋前7~10 d）停止用药，使用药物要符合国家规定。

③产蛋正常情况下，禁止使用任何药物，包括中草药和抗菌素。

④产蛋阶段发生疾病用药物治疗时，在整个用药过程中，所产鸡蛋不得作为商品蛋

8. 进行免疫接种和常规疫病检测

9. 鸡蛋收集与保存

①集蛋箱和蛋托应经常消毒，工作人员集蛋前洗手消毒。

②集蛋时将破蛋、软蛋、特大蛋、特小蛋单独存放，不作为鲜蛋销售。

③鸡蛋在舍内暴露时间越短越好，从鸡蛋产出到蛋库保存不得超过 2 h。

④鸡蛋收集后立即用福尔马林熏蒸消毒，消毒后送蛋库保存。

⑤鸡蛋要符合卫生标准。蛋壳清洁、无破损，表面光滑有光泽，颜色符合品种特征，蛋形正常。

三、畜禽废弃物无公害处理

畜禽粪便是种植业的优质肥料，近年来，随着化肥工业生产量不断提高和农村劳动力的不断转移，畜禽粪便直接施用很少，而畜禽粪便不能资源化循环利用带来了较为严重的环境污染，特别是对大气、水和土壤环境的污染较为严重。畜禽粪便作为有机肥直接施用的障碍是含水量高、恶臭。此外，NH_3 的大量挥发，造成肥效降低，病原微生物与杂草种子还会对环境构成威胁。粪便的脱水、干燥与除臭主要有物理、化学与生物学方法。

（1）物理方法 通过沉淀、离心、冷冻、过滤等将粪便中固体与液体分开，或用动力进行直接烘干与直接焚烧，以去除水分、杀死病原微生物、杂草种子。

（2）化学方法 通过添加絮凝剂，加快固体物在畜禽排泄物中的分离。

（3）生物学法 生物技术处理畜禽粪便可分为厌气池、好气氧化池与堆肥等三种方法。随着人们对无公害农产品需求的不断增加和可持续发展的要求，增加有机肥使用量、减少化肥用量、加快农业有机废弃物的无害化、资源化利用已成为 21 世纪农业生产的主流和方向。可以预料，生物有机肥料是未来农业生产发展不可缺少的肥料品种，通过高效微生物菌的进一步选育，有机肥原料的科学配方，处理工艺、生产工艺及施肥技术的不断完善，生物有机肥的肥效将得到进一步提高，成本将进一步下降，经济效益和社会效益会更加明显，显示出十分广阔的市场前景。

畜禽场废弃的垫草及场内生活和各项生产过程中产生的垃圾，除和粪便一起用于产生沼气外，还可在场内下风向处选一地点焚烧，焚烧后的灰用土覆盖，发酵后可变为肥料。

家畜尸体会很快分解腐败，散发恶臭，污染环境，特别是因传染病而死的病畜尸体，其病原微生物会污染大气、水源和土壤，造成疾病的传播与蔓延。因此，必须及时合理地处理畜禽尸体。

（1）高温熬煮 此法多用于非传染病而死的畜禽尸体。将尸体放于特制的高压锅（0.5 MPa、150 ℃）内熬煮，既能彻底消毒，又可保留部分产品；也可用普通大锅，经100 ℃以上高温长时间熬煮。

（2）焚烧法 用于处理危害人畜健康极为严重的传染病畜尸体。焚烧时，先在地上挖一"十"字形沟，沟底部铺上干草，尸体架于沟上，洒上酒精、煤油等焚烧。

（3）土埋法　采用土埋法，必须遵守卫生要求：①埋坑应远离畜舍、放牧地、居民点和水源；②掩埋深度不小于 2 m；③畜禽尸体四周应洒上消毒药剂；④埋坑四周最好设栅栏并作上标记。在处理尸体时，无论采用哪种方法，都必须将病畜的排泄物等废弃物一并进行处理，以免造成环境污染。

技能考核项目

1. 现场分析畜舍环境控制内容包括哪些方面？
2. 说出畜禽无公害生产的主要措施有哪些？
3. 畜禽废弃物无公害处理的内容有哪些？

复习思考题

一、名词解释

畜舍环境控制　畜禽无公害生产

二、简答题

1. 简述畜舍环境控制的主要方面。
2. 简述对畜舍环境的温度控制的主要措施。
3. 简述外界环境对精子有哪些影响？
4. 组织畜舍通风换气应满足哪些要求？
5. 畜牧场的环境保护包括哪些方面？
6. 目前，对家畜粪便的处理与利用方法有哪些？

附录一　实训内容

实训一　饲料水分的测定

一、目的要求

通过实训，掌握饲料水分的测定原理、方法步骤，并在规定的时间内测定某饲料水分的含量。

二、饲料水分的测定方法（GB 6435—1986）

本标准适用于测定配合饲料和单一饲料中水分含量，但用作饲料的奶制品、动物和植物油脂、矿物质除外。

试样在（105 ±2）℃烘箱内，在大气压下烘干，直至恒重，逸失的重量为水分。

(1) 实验室用样品粉碎机或研钵。
(2) 分析筛：孔径 0.45 mm（40 目）。
(3) 分析天平：感量 0.000 1 g。
(4) 电热式恒温烘箱：可控制温度为（105 ±2）℃。
(5) 称样皿：玻璃或铝质，直径 40 mm 以上，高 25 mm 以下。
(6) 干燥器：用氯化钙（干燥试剂）或变色硅胶作干燥剂。

(1) 选取有代表性的试样，其原始样量应在 1 000 g 以上。
(2) 用四分法将原始样品缩至 500 g，风干后粉碎至 40 目，再用四分法缩至 200 g，装入密封容器，放阴凉干燥处保存。
(3) 如试样是多汁的鲜样或无法粉碎时，应预先干燥处理，称取试样 200 ~ 300 g，在 105 ℃烘箱中烘 15 min，立即降至 66 ℃，烘干 5 ~ 6 h。取出后，在室内空气中冷却 4 h，称重，即得风干试样。

洁净称样皿，（105 ±2）℃烘箱中烘 1 h，取出，在干燥器中冷却 30 min，称准至

0.000 2 g，再烘干 30 min，同样冷却，称重，直至两次重量之差小于 0.000 5 g 为恒重。用已恒重称样皿称取两份平行试样，每份 2~5 g（含水重 0.1 g 以上，样品厚度 4 mm 以下）。准确至 0.000 2 g，不盖称样皿盖，在（105±2）℃烘箱中烘 3 h（以温度到达 105 ℃ 开始计时），取出，盖好称样皿盖，在干燥器中冷却 30 min，称重。再同样烘干 1 h，冷却，称重，直至两次称重之重量差小于 0.002 g。

1. 计算公式

$$水分 = \frac{W_1 - W_2}{W_1 - W_0} \times 100\%$$

式中：W_1——150 ℃烘干前试样及称样皿重，g；

　　　W_2——105 ℃烘干后试样及称样皿重，g；

　　　W_0——已恒重的称样皿重，g。

2. 重复性

每个试样，应取两个平行样进行测定，以其算术平均值为结果。两个平行样测定值相差不得超过 0.2%，否则重做。

三、注意事项

（1）如果试样如是多汁的鲜样，或无法粉碎时，需进行预先干燥处理，应按下式计算原来试样中所含水分总量：

原试样总水分(%) = 预干燥减重(%) + [100 - 预干燥减重(%)] × 风干试样水分(%)

（2）某些含脂肪高的样品，烘干时间长反而增重，乃脂肪氧化所致，应以增重前那次重量为准。

（3）含糖分高的易分解或易焦化试样，应使用减压干燥法（70℃，600 mmHg 以下，烘干 5 h）测定水分。

四、考核内容

解释恒重的概念及叙述测定饲料中水分应注意的事项。

1. 根据所提供的条件，进行饲料中水分测定。

2. 在规定时间内独立完成，回答问题方法步骤正确，结果符合要求得 100 分；所用时间较长，回答问题方法步骤正确，结果符合要求得 80 分；在教师指导下完成，回答问题基本正确得 60 分，否则不得分。

实训二　常用饲料饲草的识别、饲料样本的采集与保存

一、目的要求

对所提供的各类饲料能正确识别，能认识和描述其典型感官特征，并且掌握各种饲料

样本的采集和保存的方法。

二、仪器与用具

（1）青饲料、粗饲料、青贮饲料、能量饲料、蛋白质饲料、矿物质饲料、饲料添加剂等饲料实物；饲草标本、挂图及幻灯片等；镊子、放大镜、体视显微镜等。

（2）饲料样品、分样板、瓷盘、塑料布、粗天平、恒温干燥箱等。

三、方法步骤

（1）结合实物、标本、挂图、幻灯片等，借助于放大镜或体视显微镜，识别各种饲料、饲草并描述其典型特性。

（2）了解上述各种饲料的主要营养特性。

1. 原始样本的采集

对于不均匀的饲料（粗饲料、块根、块茎饲料、家畜屠体等）或成大批量的饲料，为使取样有代表性，应尽可能取到被检饲料的各个部分，最常采用的方法是"几何法"。

2. 分析样本的采集

均质饲料（搅拌均匀的籽实、粉末状饲料）或混合完全后的原始样本，它们每个部分的成分与其他全部的成分完全相同，可以采取其任何一部分作为分析的样本，可以采取"四分法"。

四分法：将原始样本置于一块塑料布或一张方形纸，提起塑料布或纸的一角，使饲料反复移动混合均匀，然后将饲料展平，用分样板或药铲，从中划一个"十"字或以对角线连接，将样本分成四等份，除去对角的两份，将剩余的两份，如前述混合均匀后，再分成四等份，重复上述过程，直到剩余样本数量与测定所需要的用量相接近时为止。

样本制备好以后，应置于干燥洁净的磨口棕色广口瓶中，作为分析样本，并在样本瓶上登记如下内容：

①样本名称（一般名称、学名和俗名）和种类（品种、质量等级）；

②生长期（成熟程度）收获期，茬次；

③调制和加工方法及贮存条件；

④外观性状及混杂程度；

⑤采样地点和采集部位；

⑥生产厂家和出厂日期；

⑦重量；

⑧采样人、制样人和分析人的姓名。

饲料样本由专人采取、登记、粉碎与保管。样本保存时间的长短应有严格规定，一般条件下原料样本应保留2周，成品样本应保留1个月。有时为了特殊目的饲料样品需保管1~2年。对需长期保存的样品可用锡铝纸软包装，经抽真空充氮气后密封，在冷库中保存备用。专门从事饲料质量检验监督机构的样品保存期一般为3~6个月。

四、实训作业

1. 1~2 种饲料、饲草的识别。

2. 将采集的新鲜青绿饲料样本制成新鲜样本，做好登记，保存，以备以后分析检测。

实训三　青贮饲料的品质鉴定

一、实训目的

懂得青贮的原理掌握青贮饲料品质鉴定的方法。

二、实训器材

青贮饲料品质鉴定所需材料及用具

（1）材料　青贮饲料样品若干份、pH 值试纸（广范试纸）。

（2）仪器　滴瓶（30 ml，盛指示剂用）、搪瓷杯（盛被测青贮料浸出液用）、吸管、玻璃棒和白瓷比色盘等。

（3）试剂

①甲基红指示剂：称取甲基红 0.1 g，溶于 60 ml95% 的乙醇中，再用蒸馏水稀释至 250 ml；

②溴甲酚绿指示剂：称取 0.1 g 溴甲酚绿溶于 7.15 ml 的 0.02 mol/L 氢氧化钠溶液中，再用蒸馏水稀释至 250 ml；

③混合指示剂：按容量的比例，取甲基红指示剂 1 份，与溴甲酚绿指示剂 1.5 份，配合成混合指示剂。

三、实训内容

（1）感观鉴定即根据青贮饲料的颜色、气味、口味、质地和结构等指标，用感观（捏、看、闻）评定其品质好坏（表实 3 - 1）。

表实 3 - 1　青贮饲料品质鉴定表

品质等级	颜色	气味	酸味	质地与结构
优	青绿、黄绿	芳香、有酒香味	浓	湿润、紧密、不发黏
中等	黄褐、暗褐	香味淡	淡	水分较多、柔软
差	黑色、暗黑色	霉味、臭味	无	黏稠、腐烂

（2）pH 值测定

选取具有代表性的三份样品，切断（剪短），放入烧杯中，加入蒸馏水或凉开水，使之淹过青贮料，然后用玻棒不断搅拌，使水和青贮料混合均匀，放置 15~20 min 后，将水浸物经滤纸过滤。用吸管吸取滤得的浸出液 2 ml，移入烧杯或白瓷比色盘中，滴加 1~2 滴混合指示剂，用玻棒搅拌，观察盘内浸出液颜色的变化，判断出近似的 pH 值，借以评定青贮饲料的品质（表实3-2）。然后用玻棒蘸水浸物，用pH值试纸（广范试纸）对浸出液，将变化后的试纸与比色板进行比色。

表实3-2 青贮饲料pH测定表

品质等级	颜色反应	近似pH值
优良	红、紫、紫蓝	3.8～4.4
中等	乌红、紫红	4.6～5.2
低劣	蓝绿、绿、黑	5.4～6.0

四、实训作业

1. 参观不同的奶牛场的青贮饲料的制作与品质评定过程，写出体会。

2. 对不同青贮料样品进行品质鉴定，填写下表。

样品号	颜色	pH值	评定等级

评定时间　　　　　评定人

实训四　鱼粉的掺假与品质鉴定

一、实训目的

掌握鱼粉真假鉴别的简易方法和检验技术。

二、实训器材

1. 材料鱼粉、生豆粉。

2. 试剂

（1）碘一碘化钾溶液：取碘化钾6 g溶于100 ml水中，再加入2g碘，溶解摇匀后置于棕色瓶中。

（2）间苯三酚溶液：取间苯三酚2 g，加90％乙醇至100 ml，溶解摇匀后置于棕色瓶中。

（3）奈斯勒试剂：称取碘化汞23 g，碘化钾1.6 g于100 ml的6 mol/L氢氧化钠溶液中，混合均匀，静置，取上清液置于棕色瓶内备用。

（4）尿素酶溶液：称取尿素酶0.2 g，溶于50 ml水中，置冰箱保存。

（5）甲酚红指示剂：称取0.1 g甲酚红溶于10 ml乙醇中，再加入乙醇至100 ml。

（6）浓盐酸50 ml。

三、实训内容

1. 鱼粉的真假鉴别

（1）感官检查法　根据鱼粉成分的形状、结构、颜色、质地、光泽度、透明度、颗粒度等特征进行品质鉴定。

标准鱼粉一般是颗粒大小均匀，粉中有大量疏松粉的鱼肌纤维以及少量的骨刺、鱼鳞、鱼眼等成分，鱼粉颜色均一，呈浅黄、黄棕或黄褐色；以手握之有疏松感，不结块、不发粘、不成团；闻时带有浓郁的烤鱼香味，并略带鱼腥味，但无异味。

掺假鱼粉在诸多特征上都不同于标准鱼粉。如掺假鱼粉中可见到颗粒大小不一、形状不一、颜色不一的杂质；粉状颗粒较细，易结块，多呈小团块状，手握即成团块状，发粘；鱼香味较淡，无味或者有异味等。

（2）浮沉法　取样品少许，放入洁净的玻璃杯或烧杯中，加入 10 倍体积的水，剧烈搅拌，静置后，观察水面漂浮物和水底沉淀物。若水面漂有羽毛碎片或植物性物质如稻壳粉、花生壳粉、麦数等，杯底有砂石及矿物质等，说明有水解羽毛粉或植物性掺假物质掺入。

（3）筛选法　将鱼粉样品用孔径为 2.80 mm 的标准筛网筛选，标准鱼粉至少有 98% 的颗粒通过，否则说明鱼粉中有掺假物，使用不同网眼的筛子可检出掺入的杂物。

（4）呈色反应法　取样品 1g 和少许黄豆粉放入试管中，加蒸馏水 5 ml。振荡后置 60~70℃ 水中 3~5 min，取出后置 0.1% 甲酚红指示剂中。若出现深紫红色，说明样品中掺有尿素；无尿素，样品呈黄色或棕黄色。

（5）烟雾测试法　取样品少许，火焰燃烧样品，以石蕊试纸测试样品燃烧后的烟雾。若试纸呈红色，系酸性反应，为动物性掺假物质；试纸呈蓝色，系碱性反应，说明鱼粉中掺有植物性物质。

（6）气味测试法　根据样品燃烧时产生的气味可以判别鱼粉的真伪。燃烧时，若闻到似纯毛发燃烧后的气味说明是动物性掺假物质；若闻到谷物干炒时的芳香味，说明鱼粉中掺有植物性物质；取样品 20 g，放入小烧瓶或三角瓶中，加 10 g 大豆粉，适量水，加塞后加热 15~20 min，去掉塞子后可以闻到氨气味，说明有尿素掺入。

（7）灰化检查法　取样品 10 g 放入坩埚内，置电炉上燃烧并彻底灰化，鱼粉的灰分含量不超过 5%，而掺有黄土、砂子的鱼粉，其灰分含量则远高于 5%。

（8）气泡鉴别法　取样品少许放入烧杯中，加入适量 1:1 的稀盐酸，若有大量气泡产生并发出吱吱的响声，说明有石粉、贝壳粉、蟹壳粉等掺假物质。

2. 鱼粉中掺假的化学检验

（1）鱼粉中掺淀粉和木质素的检验

①取鱼粉 1~2 g 于 50 ml 烧杯中，加入 10 ml 水加热 5 min，冷却，滴入 2 滴碘-碘化钾溶液，观察颜色变化，如果溶液颜色立即变蓝或变黑蓝，则表明试样中有淀粉存在，可能是掺入了植物性饲料，如玉米、麸皮等。

②另取鱼粉试样 1 g 置于表面皿中，用间苯三酚溶液浸湿，放置 5~10 min，滴加浓盐酸 2~3 滴，观察颜色，如果试样呈深红色，则表明试样中含有木质素，可能是掺入了植物性饲料，如棉籽饼等。

（2）鱼粉掺尿素及胺盐的检验

①奈斯勒试剂法 取鱼粉试样 1~2g 于试管中，加 10 ml 水，振摇 2 min，静置 20 min，取上清液 2 ml 于蒸发皿中，加入 1 mol/L 氢氧化钠溶液 1 ml，置于水浴上蒸干，再加入水数滴和生豆粉少许（约 10 ml），静置 2~3 min，加奈斯勒试剂 2 滴，如试样有黄褐色沉淀产生则表明有尿素存在。

②尿素甲酚红显色法 取鱼粉试样 10 g，加 100 ml 水，搅拌 5 min，用中速滤纸过滤，用移液管分别吸取滤液及尿素标准液（0%，1%，2%，3%，4%，5% 的尿素水溶液） 1 ml 于白瓷滴板上，再滴入甲酚红指示剂 3 滴，静置 5 min，观察反应液颜色。若试样有尿素存在，则反应液产生与标准液同样的颜色，比较试样与标准液的颜色，可判断尿素的大致含量；此试验在 10~12 min 内观察完毕。

四、实训作业

采用上述物理和化学的方法鉴别鱼粉是否掺假，将鉴定的结果记录于下表，从而判别鱼粉质量的优劣。

样品编号　　　　　　　　　　　　样品采集地点

检验方法	判断依据	判定结果

评定时间　　　　　　　　　　　　评定人

实训五　畜禽饲料配方的设计

一、目的要求

熟悉饲养标准的使用及配合饲料配方设计的原则与方法。

二、方法步骤

单胃动物（猪、禽等）的全价饲料配方设计方法（参看项目三单元二）。

本实训以反刍动物（牛、羊等）的精料补充料配方设计为例。

举例：某乳牛场成年乳牛平均体重为 500 kg，日产奶量 20 kg，乳脂率 3.5%。该场有东北羊草、玉米青贮、玉米、豆饼、麸皮、磷酸氢钙、石粉和食盐等饲料。试配制平衡日粮。

计算过程：

（1）查饲养标准，计算奶牛总营养需要，见表实 5-1。

表实5-1 奶牛总营养需要

饲料名称	可消化粗蛋白质/g	产奶净能/MJ	钙/g	磷/g	胡萝卜素/mg
体重500 kg	317	37.57	30	22	53
日产奶20 kg	1 040	58.6	84	56	—
合计	1 357	96.17	114	78	53

（2）查阅饲料成分及营养价值表，或根据实测值，每千克东北羊草、玉米青贮、玉米、豆饼、麸皮、磷酸氢钙和石粉所含的养分见表实5-2。

表实5-2 配方所选饲料原料成分及营养价值

饲料名称	可消化粗蛋白质/g	产奶净能/MJ	钙/g	磷/g	胡萝卜素/mg
东北羊草	35	3.70	0.48	0.04	4.8
玉米青贮	4	1.26	0.10	0.05	13.71
玉米	67	8.61	0.29	0.13	2.36
豆饼	395.1	8.90	0.24	0.48	0.17
麸皮	103	6.76	0.34	1.15	—
磷酸氢钙	—	—	23.2	18	—
石粉	—	—	36	—	—

（3）先满足牛青粗饲料的需要。按乳牛体重1.5%～2%计算，每日可给7.5～10 kg干草或相当于这一数量的其他粗饲料。现取中等用量7.5 kg，用东北羊草2.5 kg，玉米青贮饲料15 kg（3 kg青贮折合1 kg干草）。其营养成分见表实5-3。

表实5-3 青粗饲料提供的营养成分

饲料名称	可消化粗蛋白质/g	产奶净能/MJ	钙/g	磷/g	胡萝卜素/mg
2.5 kg东北羊草	87.5	9.25	12	1	12
15 kg玉米青贮	60	18.9	15	7.5	205.7
合计	147.5	28.15	27	8.5	217.7

（4）将表实5-3中青粗饲料可供给的营养成分与总的营养需要量比较后，不足的养分再用混合精料来满足，见表实5-4。

表实5-4 青粗饲料供给的营养成分与总的营养需要量差额

对比内容	可消化粗蛋白质/g	产奶净能/MJ	钙/g	磷/g	胡萝卜素/mg
饲养标准	1 357	96.17	114	78	53
全部青粗饲料	147.5	28.15	27	8.5	217.7
差数	1 209.5	68.02	87	69.5	164.7

（5）先用含70%玉米和30%的麸皮组成的能量混合精饲料（每千克含产奶净能为8.055 MJ）8.44 kg（68.02/8.055）。其中玉米为8.44×0.7=5.91 kg，麸皮为8.44×0.3=2.53 kg。经补充能量混合饲料后，与营养需要相比，其日粮中产奶净能已经满足需要，胡

萝卜素超过需要量，但可消化粗蛋白质、钙及磷分别缺少 552.94、61.26 及 32.72 g。

（6）用含蛋白质高的豆饼代替部分玉米。即：每千克豆饼与玉米可消化粗蛋白质之差为 395.1 - 67 = 328.1 g，则豆饼替代量为 552.94/328.1 = 1.69 kg，故用 1.69 kg 豆饼替代等量的玉米，其混合精饲料提供养分见表实 5 - 5。

表实 5 - 5　混合精饲料供给的营养成分与总的营养需要量差额

饲料名称	可消化粗蛋白质/g	产奶净能/MJ	钙/g	磷/g	胡萝卜素/mg
4.22 kg 玉米	282.74	36.33	12.24	5.49	9.96
2.53 kg 麸皮	260.59	17.10	8.60	29.10	—
1.69 kg 豆饼	667.72	15.04	4.06	8.11	0.29
合计	1 211.05	68.47	24.90	42.70	10.25

从表实 5 - 5 可知，日粮中尚缺钙 62.10 g，缺磷 26.8 g，可用磷酸氢钙 62.1/18% = 148.89 g 补充磷的不足。尚缺钙为 62.1 - 148.89 × 23.2% = 29.56 g，可用石粉 29.56/36% = 82.11 g 补充。另外，根据饲养标准的规定，食盐的喂量为每 100 kg 体重给 3 g，每产 1 kg 乳脂率 4% 的标准乳给 1.2 g，故需补充食盐 37.2 g（15 + 1.2 × 18.5）。

乳脂率为 3.5% 的乳 20kg 折算成标准乳的量为：

$$\text{FCM}（kg）= M ×（0.4 + 15F）= 20 ×（0.4 + 15 × 3.5\%）= 18.5$$

式中：M 为实际产奶量（kg）；F 为实际乳脂率。

（7）最后，该乳牛群的日粮组成见表实 5 - 6。

表实 5 - 6　调整后奶牛群日粮组成

日粮组成	可消化粗蛋白质/g	产奶净能/MJ	钙/g	磷/g	胡萝卜素/mg
2.5 kg 东北羊草	87.5	9.25	12	1	12
15 kg 玉米青贮	60	18.9	15	7.5	205.7
4.22 kg 玉米	282.74	36.33	12.24	5.49	9.96
2.53 kg 麸皮	260.59	17.10	8.60	29.10	—
1.69 kg 豆饼	667.72	15.04	4.06	8.11	0.29
148.89 g 磷酸氢钙	—	—	32.54	26.8	—
82.11 g 石粉	—	—	29.56	—	—
合计	1 358.55	96.62	114.01	78.95	227.95
占需要量/%	100.1	100.5	100.0	101.2	430.1

上述日粮组成已基本满足乳牛需要。但在实际生产中，为考虑损耗部分，各种养分含量应高于需要量的 10% 左右。

三、实训作业

1. 为 30～60 kg 的生长猪配合日粮。

2. 为体重 550 kg、妊娠 8 个月、日产奶量 22 kg、乳脂率 3.4% 的第二个泌乳期母牛配合日粮。要求至少选本地区的常用的饲料 6 种；所设计的配方中粗蛋白质、产奶净能、钙和磷等比饲养标准高 5%。

实训六 细胞染色体形态的显微镜观察

一、实训目的

1. 了解常用实验动物染色体的数目及特点。
2. 观察细胞减数分裂过程中不同时期的染色体。

二、实训材料

显微镜、各类畜禽的染色体组型玻片、细胞减数分裂不同时期的染色体的玻片。

三、方法步骤

1. 畜禽染色体的观察

观察各类畜禽的染色体数目、大小、形态特征等的总和。按照染色体的数目、大小和着丝粒位置、臂比、次缢痕、随体等形态特征，对生物核内的染色体进行配对、分组、归类、编号等染色体核型分析。

2. 细胞减数分裂的观察

观察细胞所处的分裂时期，识别性染色体与常染色体。

四、实训作业

1. 绘制一种畜禽的染色体图。
2. 绘制染色体在减数分裂过程中不同时期的示意图。

实训七 畜禽的品种识别

一、目的要求

通过本次实习了解中国畜禽品种资源及现状，熟悉国内外常见畜禽品种的产地、类型和外貌特点，识别畜禽品种。

二、实习材料

幻灯机、各种畜禽品种的幻灯片、模型、挂图或计算机、多媒体投影仪、畜禽品种课件和《中国家养动物遗传资源信息网》（www. cdad-is. org. cn）资源。

三、内容和方法

实习前自学教材中有关畜禽品种部分的内容，熟悉各品种的外貌特征、特性以及在育种和利用上的价值。

1. 我国的地方良种

（1）华北型：东北民猪（黑龙江）、八眉猪（西北）、深县猪（河北）、河套大耳猪（内蒙）、莱芜猪（山东）、淮南猪（河南）、定远猪（安徽）。

（2）华南型：小耳黑背猪（广东）、滇南小耳猪（云南）、陆川猪（广西）、桃园猪（台湾）。

（3）华中型：金华猪（浙江）、宁乡猪（湖南）、皖南花猪（安徽）、闽北黑猪（福建）、关岭猪（贵州）。

（4）江海型：太湖猪（江苏）、安康猪（陕西）、虹桥猪（浙江）。

（5）西南型：内江猪（四川）、荣昌猪（四川）、富源大河猪（云南）。

（6）高原型：藏猪（青藏）、合作猪（甘肃）。

2. 我国的改良品种

哈尔滨白猪（黑龙江）、新淮猪（江苏）。

3. 引进国外品种

约克夏猪（英国）、长白猪（丹麦）、杜洛克猪（美国）、汉普夏猪（美国）、皮特兰猪（比利时）、斯格猪（比利时）。

1. 乳用牛品种

中国荷斯坦牛（中国）、荷兰牛（荷兰）、娟姗牛（英国）、爱尔夏牛（英国）。

2. 肉用品种

海福特牛（英国）、夏罗莱牛（法国）、安格斯牛（英国）、利木赞牛（法国）、瘤牛（印度）、墨累灰牛（澳大利亚）、婆罗门牛（美国）、皮埃蒙特牛（意大利）、蓝白花牛（比利时）。

3. 兼用品种

短角牛（美国）、西门塔尔牛（瑞士）、中国草原红牛（河北、吉林、辽宁、内蒙古）、新疆褐牛（新疆）、三河牛（内蒙古）。

4. 役肉兼用牛品种

南阳牛（河南）、秦川牛（陕西）、鲁西黄牛（山东）、晋南牛（山西）、延边牛(吉林)。

1. 绵羊品种

（1）细毛羊：中国美利奴羊（中国）、新疆细毛羊（新疆）、东北细毛羊（辽宁、吉林、黑龙江）。澳洲美利奴羊（澳大利亚）、德国肉用美利奴羊（德国）、苏联美利奴羊（前苏联）、高加索细毛羊（前苏联）。

（2）半细毛羊：茨盖羊（前苏联）、林肯羊（英国）、罗姆尼羊（英国）、考力代羊（新西兰）、波尔华斯羊（澳大利亚）、边区莱斯特羊（英国）。

（3）肉用羊：夏洛来羊（法国）、无角陶赛特羊（澳大利亚）、萨福克羊（英国）、特克赛尔羊（荷兰）、肉用型德国美利奴细毛羊（德国）。

（4）粗毛羊：蒙古羊（中国）、哈萨克羊（中国）、西藏羊（中国）。

（5）裘皮及羔皮羊：滩羊（宁夏）、湖羊（浙江、江苏）、卡拉库尔羊（前苏联）、青海黑羔皮羊。

（6）肉脂羊：寒羊（山东、河北、河南）、一鸟珠穆沁羊（内蒙古）、阿勒泰羊（新疆）。

2. 山羊品种

（1）奶山羊：萨能奶山羊（瑞士）、崂山奶山羊（山东）、关中奶山羊（陕西）。

（2）绒山羊：辽宁绒山羊（辽宁）、内蒙古白绒山羊（内蒙古）。

（3）肉用山羊：波尔山羊（南非）、南江黄羊（四川）。

（4）毛用山羊：安哥拉山羊（土耳其）。

（5）裘皮、羔皮山羊：济宁青山羊（山东）、中卫山羊（宁夏）。

（6）兼角山羊：槐山羊（河南）、马头山羊（湖南、湖北）、麻羊（四川）、武安山羊（河北）、承德无角山羊（河北）。

1. 鸡的品种

（1）标准品种：白来航鸡（意大利）、洛岛红鸡（美国）、新汉县（美国）、芦花洛克（美国）、白洛克鸡（美国）、澳洲黑鸡（澳洲）、白克尼什鸡（英国）、狼山鸡（中国江苏）、九斤王鸡（中国）、丝毛鸡（中国）、中国黄羽肉鸡（三黄鸡，如广东的惠阳鸡、杏花鸡等）。

（2）现代商品杂交鸡。

白壳蛋鸡：星杂288（加拿大）、京白823（中国）、京白934（中国）、滨白584（中国）、海兰W-36（美国）、海赛克斯白鸡（荷兰）。

褐壳蛋鸡：伊萨褐壳蛋鸡（法国）、海赛克斯褐壳蛋鸡（荷兰）、海兰褐壳蛋鸡（美国）、尼克褐壳蛋鸡（美国）、罗斯褐壳蛋鸡（英国）、星杂579（加拿大）、罗曼褐壳蛋鸡（德国）、迪卡褐壳蛋鸡（美国）。

粉壳蛋鸡：京白939（中国）、尼克粉、海兰粉、伊利莎粉白羽。

肉鸡：AA肉鸡（美国）、艾维因肉鸡（美国）、明星肉鸡（法国）、罗曼肉鸡（美国）、彼德逊肉鸡（美国）、罗斯208肉鸡（英国）。

有色羽肉鸡：红布罗肉鸡（加拿大）、狄高肉鸡（澳大利亚）、海佩科肉鸡（荷兰）、安康红肉鸡（法国）。

（3）我国的地方良种：仙居鸡（浙江）、萧山鸡（浙江）、庄河鸡（辽宁）、浦东鸡（上海）、固始鸡（河南）、桃园鸡（湖南）、寿光鸡（山东）、北京油鸡（北京）。

2. 鸭的品种

（1）蛋用型：绍兴鸭（浙江）、金定鸭（福建）、三惠鸭（贵州）、康贝尔鸭（英国）。

（2）肉用型：北京鸭（北京）、樱桃谷鸭（英国）、狄高鸭（澳大利亚）、瘤头鸭（南美洲）。

（3）兼用型：高邮鸭（江苏）、建昌鸭（四川）、麻鸭（四川）、大余鸭（江西）。

3. 鹅的品种

狮头鹅（广东）、皖西白鹅（安徽、河南）、四川白鹅（四川）、太湖鹅（江苏）。

4. 火鸡的品种

青铜火鸡（美洲）、白色火鸡（荷兰）、白钻石火鸡（加拿大）、尼克拉斯火鸡（美国）、贝蒂纳火鸡（法国）。

四、实训作业

1. 本省有哪些畜禽的优良地方品种？指出其原产地与经济类型。

2. 指出本省饲养哪些国外畜禽良种，并说明它们适应情况怎样。

3. 列举出本省饲养量最大的猪、牛、羊和禽品种各指出 2~3 个，并说明其外貌特征、生产性能和经济类型。

实训八　公、母畜生殖器官观察

一、目的要求

通过观察各种公畜和未孕母畜生殖器官的形态、大小，了解各部分之间的关系，掌握猪、牛、羊、生殖器官的形态、位置。观察睾丸、卵巢的组织构造。为学习生殖器官生理和掌握繁殖技术奠定基础。

二、材料用具

（1）各种公畜生殖器官实物、标本、模型、挂图（或投影）。

（2）各种未孕母畜生殖器官标本、模型、挂图（或投影）。

（3）睾丸、卵巢的组织切片。

（4）解剖刀、剪、镊子、探针和搪瓷盘等。

三、方法步骤

1. 公畜生殖器官的观察

（1）睾丸和附睾的形态观察。注意观察睾丸的前后端及附着缘。认识附睾头、附睾体和附睾尾，比较各种公畜的睾丸，注意它们各自的特征。

（2）精索、输精管的观察。了解其相互关系和经过路线，注意观察比较各种公畜输精管壶腹之异同。

（3）副性腺的观察。比较各种公畜精囊腺、前列腺、尿道球腺的大小、形状、位置。

（4）阴茎和包皮。观察各种公畜阴茎的外形特征，尤其注意比较各种公畜的龟头形状和尿道突特点。

（5）睾丸组织切片的观察。先用低倍镜观察，分出睾丸白膜、纵隔，进一步观察睾丸中隔、小叶及曲精细管的断面。然后在高倍镜下观察睾丸小叶中曲精细管及间质细胞的形状，选一清晰的曲精细管进一步观察复层上皮和致密结缔组织。注意支持细胞和不同发育阶段生精细胞的形态特点。

2. 母畜生殖器官的现察

（1）卵巢的形态观察。注意各种母畜的卵巢形状、大小及位置。观察未孕母畜发情周期各时期卵巢的外形。

（2）输卵管的观察。注意观察输卵管与卵巢和子宫的关系。认识输卵管的漏斗部、壶腹部和峡部，特别要找到输卵管腹腔口和子宫口。

（3）子宫的观察。观察子宫角和子宫体的形状、粗细、长度及黏膜上的特点；观察子宫颈的粗细、长度及其构造特点。

（4）阴道的观察。阴道是阴道穹窿至尿道外口的管道部分。

（5）外生殖器官的观察。注意观察不同母畜尿生殖前庭、阴唇及阴蒂的情况。

（6）卵巢组织切片的观察。先用低倍镜观察，找出卵巢的生殖上皮和白膜，皮质部和髓质部。然后在高倍镜下仔细观察不同发育阶段的卵泡及黄体的特征。

四、实训作业

1. 通过观察和比较，说明各种公、母畜生殖器官的形态、大小、特点。
2. 绘出任一种公、母畜生殖器官的标本图。
3. 绘制所观察到的睾丸和卵巢的组织切片剖面图。

实训九　母畜的发情鉴定

一、实训目的

通过实训，使学生能通过观察母畜行为、阴道变化和性欲表现，判断母畜是否发情，熟悉和掌握大家畜直肠检查的方法，能够利用直肠检查正确判断母畜的发情和排卵情况。

二、实训材料

母牛、母羊、母猪、母马，试情公畜，六柱栏或保定架，开膣器、手电筒、脸盆，毛巾，肥皂，消毒液。

三、实训内容

1. 外部观察法

（1）母牛：发情母牛表现不安，哞叫。吃草不安定，到处走动，接受其他母牛的爬跨、表现为站立不动。其他母牛常去嗅闻发情母牛的阴门。食欲减退，乳量减少，尾巴不时摇摆和高举。阴道流出蛋清样黏液。

（2）母猪：母猪发情表现在各种家畜中最为强烈。表现为在圈内不停走动，碰撞，爬墙，拱地，啃嚼门闩，企图外出，接收其他母猪爬跨。

（3）母马：发情时，常嘶叫不安，竖耳，扬头，注意附近母马，尤其是公马，频频排尿，从阴道中流出蛋清样无色透明黏液，可在阴门外形成一条长长的吊线。

（4）母羊：发情时表现不安，不停摇尾，食欲减退，反刍停止，高声嘶叫。

2. 试情法

（1）母马的试情。用结扎输精管的公马放入群内，未发情的母马对公马有踢咬、躲闪等防御表现。发情母马主动接受公马，高举尾根，接受公马爬跨。

（2）母猪试群。发情母猪性情温顺，接受公猪爬跨，用手按压母猪背部时，安静不动，出现"静立反射"。

（3）母羊试情。将戴有试情兜布的试情公羊放入羊群内，凡接受公羊爬跨的即为发情母羊。

3. 阴道检查法：适应于牛、马等大动物

（1）检查前的准备。保定：最好用六柱栏。

外阴洗涤和消毒：热水或清水清洗──→2%～3%苏打水清洗──→消毒纱布擦干。

开膛器消毒：消毒液清泡。

（2）方法步骤。首先将开膛器插入阴道，借助手电筒或反光镜，第一，观察阴道黏膜的色泽及湿润程度；第二，观察子宫颈的颜色及性状；第三，观察子宫口是否开张及开张程度。

4. 直肠检查法鉴定母畜发情

（1）检查前的准备。保定母畜。检查者指甲剪短磨平，将衣袖挽至肩关节处，手臂（或戴上长臂手套）涂上润滑剂，将被检母马的尾巴拉向一侧。

（2）检查方法。检查者站在被检母马的后肢外侧（母牛站在正后方），给母马（牛）的肛门周围涂上润滑剂，检查者将五指并拢呈锥形，缓缓旋转插入肛门。

手伸入肛门后，掏出宿粪，再次向手臂涂上润滑剂，伸入直肠寻找子宫颈，再沿子宫角度大弯向外侧下行，寻找卵巢。感觉其性状与质地。

（3）直肠检查的注意事项。严冬或早春操作时，注意防寒保暖。手臂若有伤口，应戴上长臂手套后再行直检。保定架后两柱之间，不可架横木或栓系绳索，以免母畜滑倒下卧时导致骨折或关节脱臼。检查中，只能使用手指肚感觉，切不可用指甲乱抠。检查母马（驴）的左卵巢需用右手，检查右卵巢需用左手。一旦发现手臂或手掌上沾有血迹，因停止直检，并灌注3%明矾水500～1 000 ml。

四、实训作业

1. 描述发情母牛、母马在直肠检查时所触摸到的卵巢变化特征。

2. 根据观察和检查结果，分析发情特征，确定输精时间。

实训十　精液品质的检查

一、实训目的

了解精液品质检查的内容，掌握精液品质检查的一般内容，锻炼评定精液品质的能力。

二、实训工具与材料

（一）精液样本：猪、牛、羊的精液样本。

（二）器械：显微镜、离心管、pH 值试纸、滴定管、水浴锅。

（三）药品：1% 氯化钠溶液。

三、实训方法步骤

猪精液采取后，首先用 4~6 层消过毒的纱布，过滤除去胶状物，置于 30 ℃ 恒温水浴锅中，在 25~30 ℃ 下迅速进行品质鉴定。

将采集的精液，立即用 4~6 层消毒纱布滤除胶状物质，观察射精量。射精量因品种、年龄、个体、两次采精时间间隔及饲养管理条件等不同而异。猪一次射精量一般为 200~400 ml，精子总数为 200 亿~800 亿个。

正常精液为乳白色或灰白色，略有腥味。如果呈黄色是混有尿；如果呈淡红色是混有血；如果呈黄棕色是混有脓；有臭味者不能使用。

活力是指精子活动的能力。检查方法：在载玻片上滴一滴原精液，然后轻轻放上盖玻片（不要有气泡，盖玻片不游动），在 300 倍显微镜下观察。精子活动有直线前进、旋转和原地摆动 3 种，以直线前进的活力最强。精子活力评定一般用"十级制"，即计算一个视野中呈直线前进运动的精子数目。100% 者为 1.0 级，90% 者为 0.9 级，80% 者为 0.8 级，依此类推。活力低于 0.5 级者，不宜使用。精子活力是精液品质鉴定的主要指标。为了准确检查精子活力，在冬天最好将精液、载玻片逐渐升温到 35~38 ℃。在实际工作中，精液稀释和输精后，特别是保存的精液，在输精前、后都要进行活力检查。每次输精后的检查方法是，将输精胶管内残留的精液滴一滴于载玻片上，放上盖玻片，于显微镜下观察。如果精子活力不好，证明操作上有问题，应当重新输精。

在显微镜下观察，一般精子所占面积比空隙大的为"密"，反之为"稀"，密、稀之间者为"中"。"稀"级精液也能用来输精，但不能再稀释。

家畜新鲜精液 pH 值因畜种、个体、采精方法不同，而稍有差异或变化。如牛、羊精液因精清比例较小呈弱酸性，故 pH 值为 6.5~6.9；猪、马因精清比例较大，故 pH 值为 7.4~7.5。又如黄牛用假阴道采得的精液 pH 值为 6.4，而用按摩法采得的精液 pH 值上升为 7.85。公猪最初射出的精液为弱碱性，其后精子密度较大的浓份精液则呈弱酸性。如若公畜患有附睾炎或睾丸萎缩症，其精液呈碱性反应。精液 pH 值的高低影响着精液的质量。同种公畜精液的 pH 值偏低其品质较好；pH 值偏高的精液其精子受精力、生活力、保存效果等显著降低。

测定 pH 值的最简单方法是用 pH 试纸比色，目测即得结果，适合基层人工授精站采用。另一种方法是取精液 0.5 ml，滴上 0.05 ml 的溴化麝香兰，充分混合均匀后置于比色计上比色，从所显示的颜色便可测知 pH 值。用电动比色计测定 pH 值结果更为准确，但玻璃电极球不应太大，一次测定的样品量要少。

检查精液品质的标准，要进行综合全面分析，不得以一项指标得出判断结果。如果精液色泽好、密度大、活力高、抗力大，则其受胎率高；相反，色泽不好，每毫升精子数在 5 亿个以上，活力在 0.6 以下，抗力指数低于 1 000，畸形率在 20% 以上时，一般不得用于配种。

四、实训作业

1. 将观察到的结果填入下列表中：

样品名称编号	颜色	气味	pH	密度	活率	畸形率

2. 结果分析：测定的结果是否在正常值范围内，如不在正常值范围则分析原因。

实训十一　母畜的妊娠诊断

一、目的和要求

掌握母畜外部检查的妊娠诊断方法，能通过对母畜阴道的观察结合直肠检查正确判断母畜是否妊娠，初步了解其他各种妊娠诊断方法。

二、材料和器械

妊娠后期的母马、母牛，妊娠 2.5 个月以上的母羊、母猪，未孕母羊、母猪、母牛。

保定架、听诊器、绳索、鼻捻棒、尾绷带、开膣器、额灯或手电筒、脸盆、肥皂、石蜡油、毛巾。

75% 酒精、酒精棉球。

三、方法和步骤

外诊包括视诊、触诊。

1. 视诊

怀孕家畜，可以看到腹围增大，肷部凹陷，乳房增大，出现胎动。但不到怀孕末期难以得到确诊。

（1）马：由后侧观看时，已妊娠母马的左侧腹壁较右侧腹壁膨大，左肷窝亦较充满，在妊娠末期，其左下腹壁较右侧下垂。

（2）牛：由于母牛左后腹腔为瘤胃所占据，检查者站于妊娠母牛后侧观察时，可发现右腹壁突出。

（3）羊：同牛，在妊娠后半期右腹壁表现下垂而突出。

（4）猪：妊娠后半期，腹部显著增大下垂（在胎儿很少时，则不明显），乳房皮肤发红，逐渐增大，乳头也增大。

2. 触诊

常用于猪、羊。

（1）猪：触诊时，使母猪向左侧卧下，然后细心地触摸腹壁，在妊娠3个月时，在乳房的上方与最后两乳头平行处触摸可发现胎儿。消瘦的母猪在妊娠后期才比较容易摸到。

（2）羊：检查者在羊体右侧并列而立，或两腿夹于羊之颈部，以左手从左侧围住腹部，而右手从右侧抱之，如此用两手在腰椎下方压缩腹壁，然后用力压左侧腹壁，即可将子宫转向右腹壁，而右手则施以微弱压力进行触摸，感觉胎儿好似硬物漂浮在腹腔中，营养较差、被毛较少的母羊有时可以摸到子宫，甚至可以摸到胎盘。

1. 准备工作

（1）保定：母畜保定在保定架内，用绷带缠扎尾并拉向一侧。如无保定架也可用三角绊保定。

（2）消毒：对检查用具先用清水洗净后，再以火焰消毒或用消毒液浸泡消毒。但其后必须再用开水或蒸馏水，将消毒液冲净。

母畜阴唇及肛门附近先用温水洗净，最后用酒精棉球涂擦。如需将手伸入阴道进行检查时，消毒手的方法与手术前手的准备相同，但最后必须用温开水或蒸馏水将残留于手上的消毒液冲净。

2. 检查阴道的变化

（1）检查方法。

①给已消毒过的开膣器前端约5 min处向后涂以滑润剂（石蜡油等），并用消毒纱布覆盖备用。

②检查者站于母畜左右侧，右手持开膣器，左手的姆指和食指将阴唇分开，将开膣合拢呈侧向，并使其前端略微向上缓缓送入阴道，待完全进入后，轻轻转动开膣器，使其两片成扁平状态，最后压紧两柄使其完全张开，观察阴道和子宫颈变化。

③检查完毕，将开膣器恢复如送入时状态，然后再缓慢抽出，抽出时切忌将开膣器闭合，否则易于损伤阴道黏膜。

④检查完毕将开膣器进行清洗消毒。

（2）阴道黏膜及子宫颈变化。

①妊娠时阴道黏膜变为苍白、干燥、无光泽（妊娠末期除外）至妊娠后半期，感觉阴道肥厚。

②子宫颈的位置改变，向前移（随时间不同而异），而且往往偏于一侧，子宫颈口紧闭，外有浓稠黏液，在妊娠后半期黏液量逐渐增加，非常黏稠（牛在妊娠末期则变为滑

润）。

③附着于开膣器上的黏液成条纹状或块状，灰白色，在马妊娠后半期稍带红色，以石蕊试纸检查呈酸性反应。

阴道检查时注意事项：对于妊娠母畜开张阴道是一种不良刺激，因此，阴道检查动作要轻缓，以免造成妊娠中断。

1. 准备工作

检查前的准备工作与发情鉴定的直肠检查准备相同。

2. 检查步骤和方法

牛的直肠检查法如下。

（1）手呈锥形从肛门进入直肠。当手腕伸入肛门，手向下轻压直肠肠壁，即可触摸到棒状坚实纵向子宫颈。

（2）将食指、中指、无名指分开沿着子宫向前摸索，在子宫体前，中指可摸到一纵行子宫角间沟，再向前探摸，食指和无名指可摸到类似圆柱状两侧子宫角。

（3）沿子宫角的大弯向外侧下行，即可触到呈扁卵圆形、柔软、有弹性的卵巢。

（4）触摸过程中如摸不到子宫角和卵巢时，应再从子宫颈开始向前逐渐触摸。

四、实训报告

1. 将检查结果写出实训报告，指出该母畜是否妊娠及妊娠时间。

2. 比较不同妊娠检查方法的使用时间、准确性和优缺点。

实训十二　母畜助产技术

一、目的和要求

熟悉母畜的分娩预兆及分娩过程，掌握正常分娩的助产技术。

二、材料和器械

临产母畜。

毛巾、剪刀、产科绳、肥皂、缠尾绷带。

75%酒精、2%~5%碘酒、来苏儿、石蜡油。

三、方法和步骤

主要注意以下几点：

（1）乳房胀大，乳头肿胀变粗，可挤出初乳，某些经产母牛和母马产前常有漏乳现象。

（2）荐坐韧带松弛，触诊尾根两旁即可感觉到荐坐韧带的后缘极为松软。牛、羊表现较明显，荐骨后端的活动性增大。

（3）阴唇肿胀，前庭黏膜潮红、滑润，阴道检查可发现子宫颈口开张、松弛。

（4）母牛产前几小时体温下降 $0.4 \sim 1.2$ ℃。

（5）临产母畜表现不安、常起卧、徘徊、前肢刨地、回顾腹部、拱腰举尾、频频排便。母马常出汗，母猪常有衔草做窝的表现。

（1）对母马和母牛应用缠尾绷带缠尾系于一侧。

（2）用温洗衣粉水彻底清洗母畜的外阴部及肛门周围，最后用来苏儿溶液消毒并擦干。

（3）助产者要将手臂清洗并以酒精消毒。

（1）当母畜开始分娩时，首先要密切注意其努责的频率、强度、时间及母畜的姿态。其次，要检查母畜的脉搏，注意记录分娩开始的时间。

（2）母马和母牛的胎囊露出阴门或排出胎水后，可将手臂消毒后伸入产道，检查胎向、胎位和胎势是否正常，对不正常者应根据情况采取适当的矫正措施，防止难产的发生。当发现倒生时，应及早撕破胎膜拉出胎儿。

（3）马的尿囊先露出阴门，破水后流出棕黄色的尿囊液。随后出现的是羊膜囊，胎儿的先露部位随之排出，羊膜囊破后流出白色浓稠的羊水。牛和羊在分娩时，一般先露出羊膜囊，也有先露出尿囊。

（4）当胎儿的嘴露出阴门后，要注意胎儿头部和前肢的关系。若发现前肢仍未伸出或屈曲应及时矫正。

（5）胎儿通过阴门时，应注意阴门的紧张度。如过度紧张，应以两手顶住阴门的上角及两侧加以保护，防上撕裂。发现胎头较大难以通过阴门时，应将胎膜撕破，用产科绳系住胎儿的两前肢球节，由术者按住下颌，一两名助手牵引产科绳，配合母畜的努责，顺势拉出胎儿。牵引方向应与母畜骨盆轴的方向一致，用力不可过猛，以防止子宫外翻。

（6）当牛、羊胎儿腹部通过阴门时，要注意保护脐带的根部，防止脐血管断于脐孔内，引起炎症。

（7）胎儿排出后，应将胎膜除掉。个别情况下，马的尿膜羊膜与胎儿完整排出，应立即撕破，取出胎儿，并防止胎儿吸入羊水造成窒息或感染。当胎儿排出，但脐带未断时，可将脐带内的血液尽量挤向胎儿，待脐动脉搏动停止后，用碘酒消毒，结扎后断脐，对自动断脐的幼畜脐带也应用碘酒消毒。

猪的胎儿排出常在母猪强烈努责数次之后，但应注意排出胎儿的间隔时间。羊产双羔或三羔时也应注意其间隔的时间，以便采取相应的助产措施。

（1）擦去仔畜鼻口中的黏液，并注意有无呼吸。若无呼吸可有节律地轻按腹部，进行人工呼吸。对新生仔猪和羔羊还可将其倒提起来轻抖，以促进其恢复呼吸。

（2）用干净毛巾擦去（马、猪）或令母畜舔干（牛、羊）仔畜身上的羊水。

（3）注意仔畜保温。

（4）尽早给仔畜吃到初乳。对仔猪和羔羊要防止走失和被母畜压死。

1. 擦净外阴部、臀部和后腿上黏附的血液、胎水及黏液。

2. 更换褥草。

3. 及时饮水并给予疏松易消化的饲料。

4. 注意胎衣排出的时间和排出的胎衣是否完整，如发现胎衣不下或部分胎衣滞留的情况，应及早剥离或请兽医处理。

四、实训作业

记录所观察到的分娩预兆和分娩过程。

五、实训提示

1. 实训前联系好实习牧场，确保有临产母畜。由于母畜分娩时间不定，本实训可机动进行。

2. 根据分娩母畜的种类和数量，将学生分为小组，由教师边带领、边观察、边讲解、边操作。

实训十三　温度、湿度及照度的测定

一、实训目的

通过本实训，掌握气温、气湿和照度测定仪器的构造与工作原理，掌握各种仪器的使用方法，为畜舍温热环境评价打下基础。

二、实训材料

普通温度计、最高温度计、最低温度计、自记温度计，干湿球温度计、通风干湿球温度计、自记湿度计，光电照度计。

三、实训步骤

1. 常用仪器及其使用原理

（1）普通温度计：可分为水银温度计和酒精温度计两种，是利用物质热胀冷缩原理制成的。水银温度计因精确度较高应用较广，酒精温度计不如水银温度计准确，也不能测定高温，但可以准确测到 −80 ℃低温，这是水银温度计所不及的。

（2）最高温度计：是一种水银温度计，可以测定一定时间内的最高温度。这种温度计球部上方出口较窄，气温升高时水银膨胀，毛细管内水银柱上升，当气温下降时水银收缩，但因水银收缩的内聚力小于出口较窄处的摩擦力，因此毛细管内的水银不能回到球部而仍指示着最高温度。每次使用前应将水银柱甩回球部。

（3）最低温度计：是一种酒精温度计，可以测量一定时间内的最低温度。在毛细管中有一个能在酒精柱内游动的有色玻璃小指针，当温度上升时，指针不被酒精带动，而当温度下降时，凹形酒精表面即将指针向球部吸引，因此指针所指示的温度即表示过去某段时间内曾出现过的最低温度。

（4）自记温度计：自记温度计用于观测气温的连续变化，由感温器（双金属片）、自记圆筒及自记笔组成。

感温器是一个弯曲的双层金属薄片，一端固定，一端连接杠杆系统，当气温升高时，由于两种金属的膨胀系数不同，使双层金属薄片稍伸直，气温下降时，则稍弯曲，通过杠杆，使自记笔升降而将温度变化曲线划在自记圆筒上。

自记圆筒内部构造与机械钟相同，上满发条后，每周或每天自转一圈，筒外装上记录纸，此笔与自记笔尖相接触，因而能划出一周或一日内气温曲线，从曲线可读出任一时间内的温度值。

自记笔杆与杠杆系统相联，笔头有贮存墨水的水池，盛有特制的苯胺墨水，笔尖与圆筒上的记录纸接触，随着圆筒的转动记录出温度曲线。

使用时先将外罩打开，从圆筒上取下已经用过的记录纸，换上新的记录纸，纸的左边要压在右边上，贴紧圆筒，接头的横线应对准，添加墨水时先将笔尖取下，墨水不要装的太多，笔尖在圆筒上不要贴得太紧，以免造成很大摩擦力；但是也不能太松，使绘出的曲线断断续续。检查的方法是将整个温度计向有笔尖的一侧倾斜 $30° \sim 40°$ 角，此时笔尖若能离开自计圆筒就为适当。再检查笔尖在记录纸的位置，看是否与当时的普通温度计示数一致，如果不一致，就利用感应部分上面的调节螺丝来调节。用手转到自记圆筒，使笔尖正指在符合安装时间的纵线上。将外罩盖好后，就可以自动记录了。记录纸的横线表示温度，纵线表示时间。

2. 测定方法及注意事项

气温测定的内容，一般包括每日的空气环境温度及最高温度、最低温度。测室外气温时，因影响因素多，必须将温度计放在规格标准的百叶箱内或使用通风干湿球温度计测定，方能得到真实的气温数据。测畜舍内气温时，温度计应放置在不受阳光、火炉、暖气等直接辐射热影响的地方，并尽量排除其他干扰因素的影响。

舍内气温测定点的位置一般在畜舍的中央，距地面的高度以畜、禽头部高度（呼吸线位置）为准。为了解舍内各部位的气温差和获得平均舍温，应尽可能多设观测点，以测定其平面温差和垂直温差。一般在平面上可采用三点斜线或五点梅花形测定点方法，即除舍中央测点外，沿舍内对角线占舍两角取 2 点共 3 个点，或在舍四角取 4 个点共 5 个点进行测定。除舍中央点外，其余舍各点应设在距墙面 0.25 m 处。在每个点又可设垂直风向 3 个点，即距地面 0.1 m 处，畜舍高度的 1/2 处和天棚下 0.2 m 处。此外，根据需要还可选择不同位置进行测定。

观察温度计的示数应在温度计放置 10 min 后进行，为了避免发生误差，在观察示数时，应暂停呼吸，尽快先读小数，后读整数，视线应与示数在同一水平线上。畜舍内气温每天应观测 3 次，一般于 6 ~ 7 时、14 ~ 15 时、22 ~ 23 时观测。

1. 常用仪器及其使用原理

（1）干湿球温度计：这种温度计是由两支形状、大小、构造相同的温度计组成，其中一支的球部包以湿润的纱布，称为湿球温度计，另一支和普通温度计一样，不包纱布，称为干球温度计。干球温度表示空气的实际温度，由于水分蒸发散热，湿球所示的温度比干球所示温度低，其温差与空气中相对湿度成一定比例。根据两支温度计的温差，就可读出相对湿度。例如，假设湿球温度 20 ℃，干球温度 25 ℃，干湿球之差为 5，转动转筒，找出差数 5，则 5 与干球温度 25 ℃相交处即为相对湿度 55%。

（2）通风干湿球温度计：这种温度计是将两支完全相同的水银温度计装入金属套管内，套管的顶部装有一个带发条的通风器，此通风器以一定的风速（一般为 2 ~ 4 m/s）从两支温度计球部套管吸入空气，使球部处于一定的气流中，其中一支温度计的球部用湿润的纱布包裹，由于水分蒸发散热，湿球的温度比干球低，其温差与空气中相对湿度成一定比例。故通过测定干、湿球温度计的温差，就可计算出空气的湿度。

使用时先浸湿湿球的纱布，用钥匙上满发条，将仪器垂直悬挂在测定地点，待通风器充分转动后，经过 3 ~ 5 min，读取温度示数，然后按绝对湿度公式计算绝对湿度。

$$K = E - \alpha(t - t')P$$

式中：K 为绝对湿度；E 为湿球所示温度时的饱和湿度；α 为湿球系数（0.000 67）；t 为干球所示温度；t' 为湿球所示温度；P 为测定时的气压。

另外还需注意的是，夏季测量前 15 min，冬季 30 min，将仪器放置测量地点，使仪器本身温度与测定地点温度一致。

测定地点如有风时，人应站在下风测读数，以免受人体散热的影响。在户外测定时，如风速超过 4 m/s，就应将防风罩套在风扇外壳的迎风面上，以免影响仪器内部的吸入风速。

（3）自记湿度计：这种湿度计能连续自动记录空气中的相对湿度。它的构造与自记温度计类似，所不同的是以毛发来代替自记温度计的感温器，自记湿度计的记录纸上半部记录相对湿度值，下半部记录温度值，一台仪器可同时记录温度和相对湿度的变化，使用较为方便，但精确度较差，特别是当空气相对湿度在 30% 以下和 60% 以上时误差较大，应经常用干湿球温度计或通风干湿球温度计校正。

2. 测定方法及注意事项

（1）干湿球温度计应挂在空气缓慢流动处，并注意避免阳光直接照射或其他冷源与热源的直接作用。测定点的高度一般应以畜禽的头部高度为准。

（2）应使纱布每处都浸上水，如果纱布霉烂了，可用脱脂棉代替。

（3）读数时，不要用手触摸温度计与对着温度计呼气，读数时间应短，先读干球，后读湿球温度，目光垂直于板面，以免产生视差。

1. 常用仪器及其使用原理

照度指物体表面所得到的光通量与被照射面积之比，单位为勒克斯（lx）。现在常用的照度计为硅光电池照度计，它用"光电效应"原理制成。其感应部分是一个光电池，置于不同强度的光照下，就有相应比例的光电流发生，此电流通过一导线流到一个灵敏的电表内，电表指针指示出相应的数值，便是该处的光照强度。照度计由光电探头（内装硅光电池）和测量表两部分组成。当光电头曝光时，它即按光强弱产生相应的光电流，并在电流表上指示出照度数值。照度计测量范围，一般有 4 量程（0 ~ 500、0 ~ 5 000、0 ~ 50 000、0 ~ 150 000 lx）。此外，还有测量范围更广的 6 量程（0 ~ 2、0 ~ 20、0 ~ 200、0 ~ 2 000、0 ~ 20 000、0 ~ 200 000 lx）。

2. 测定方法及注意事项

（1）使用前检查量程开关，使其处于"关"的位置。

（2）将光电探头的插头插入仪器插孔。

（3）将量程开关由"关"的位置顺序拨至高档处，取下光电头上的保护罩，将光电头置于测点的平面上。

（4）测量时，为避免强光引起光电池疲劳和损坏仪表，应根据光源强弱，转动量程开关，选择相应的档次进行观测，待电流表的指针稳定后即可读数。

（5）测量完毕，将量程开关回复到"关"的位置，并将保护罩盖在光电头上，拔下插头，整理装盒。

（6）测定舍内照度时，可在同一高度上选择 3 ~ 5 个测点进行，测点不能紧靠墙壁，应距墙 10 cm 以上。

四、实训作业

1. 测定可控环境的气温。
2. 测定实习畜牧场各种类型的畜舍的气温。
3. 测定实习畜牧场各种类型的畜舍的气湿。
4. 思考怎样减少利用干湿球温度计测定气湿的误差。
5. 实测蛋鸡舍的光照强度，进行卫生评价。

实训十四　畜禽场建筑布局的设计

一、实训目的

通过实训，使学生掌握畜禽场建筑布局的设计方法。

二、实训材料

养殖场（鸡场、猪场或牛场）、铅笔、三角尺、绘图纸。

三、方法步骤

（1）养殖场环境调查（表实 14 - 1）。

（2）仔细观察该场内各建筑物，确定其大体位置。

（3）绘制场内各建筑物平面布局图。

表实14－1　畜牧场环境调查表

养殖场名称	家畜种类与头数
位置	全场面积
地形	地势
土质	植被
水源	当地主风向
畜舍区位置	畜舍栋数
畜舍方位	畜舍间距
畜舍距调料间	畜舍距饲料库
畜舍距产品加工（贮藏）间	畜舍距兽医室
畜舍距公路	畜舍距住宅区

畜舍类型

畜舍面积：　　　　　长　　　　　　宽　　　　　　　面积

畜栏有效面积：　　　长　　　　　　宽　　　　　　　面积

值班室面积：　　　　长　　　　　　宽　　　　　　　面积

饲料室面积：　　　　长　　　　　　宽　　　　　　　面积

其他室面积：　　　　长　　　　　　宽　　　　　　　面积

舍顶：形式　　　　　　　　　　材料　　　　　高度

天棚：形式　　　　　　　　　　厚度　　　　　高度

外墙：材料　　　　　　　　　　厚度

窗：南窗　数量　　　　　　　　每个窗尺寸

　　北窗　数量　　　　　　　　每个窗尺寸

　　窗台高度　　　　　　　　　采光系数

　　入射角　　　　　　　　　　透光率

大门：形式　　　　　　　　数量　　　高　　　宽

通道：数量　　　　　　　　位置　　　宽

畜床：形式　　　　　　　　卫生条件

粪尿沟：形式　　　　　　　宽　　　深

通气设备：进气管个数　　　面积（每个）

　　　　　排气管个数　　　面积（每个

其他通风设备

运动场：位置　　　　　面积　　　土质　　　卫生状况

畜舍小气候观察结果：　　　　　温度　　　湿度

　　　　　　　　　　　　　　　气流　　　照明

养殖场一般环境状况

其他

综合评价

改进意见

调查者：
调查日期：

考核：指导教师根据学生实际操作情况、环境调查表填写结果和作业完成情况给分。

四、实训作业

1. 口述选择场址时，对地势地形的基本能要求。

2. 口述考虑社会联系选择场址时，应注意哪些问题？

3. 口述设计畜舍的基本原则。

4. 对绘制的畜牧场内建筑物布局情况做出正确评价，提出改进意见。

5. 简述畜舍设计的卫生要求。

6. 简述怎样提高畜禽舍的保温能力？

附录二 技能考核项目汇总

技能考核项目（一）

1. 说出必需氨基酸与非必需氨基酸的区别。
2. 说出蛋白质、碳水化合物的营养功能。
3. 在教师的指导下，对本地区某养殖场进行动物营养代谢病调查，并分析其产生的原因，提出防治办法。

技能考核项目（二）

1. 说出什么是营养需要和饲养标准？
2. 说出维持需要和生产需要的区别。
3. 在养猪生产中，影响猪维持营养需要的因素有哪些？

技能考核项目（三）

1. 说出国际饲料分为哪8类？
2. 说出营养性饲料添加剂和非营养性饲料添加剂各包括哪些？
3. 说出饲料青贮的原理是什么？
4. 现场说出玉米青贮的方法与注意事项。

技能考核项目（四）

1. 说出纯合体与杂合体、显性性状与隐性性状的区别。
2. 说出伴性遗传在养鸡业上的应用。
3. 说出数量性状与质量性状的区别。

技能考核项目（五）

1. 家畜生长发育测定的项目有哪些？
2. 何为近交衰退？有哪些表现？
3. 种和品种的主要区别在哪里？
4. 如何计算杂种优势率？
5. 现场说出猪（牛）杂种优势利用的情况。

技能考核项目（六）

1. 说出公畜和母畜的生殖器官各由哪些部分组成？
2. 说出按照来源，生殖激素如何划分？
3. 说出母畜分娩有哪些征兆？
4. 如何护理产后母畜和新生仔畜？
5. 说出母牛为什么容易发生难产？

技能考核项目（七）

1. 发情的母畜（牛、猪）外部有哪些表现。
2. 现场演示猪的人工授精的方法。
3. 现场演示牛的妊娠诊断的方法。
4. 现场进行精液的实验室检查。
5. 说出精液稀释液的主要成分是什么？

技能考核项目（八）

1. 说出理想的畜牧场场址应该具备哪些基本条件？
2. 畜舍建筑设计包括哪些内容？
3. 现场分析畜舍防暑降温和防寒保暖措施各有哪些？
4. 现场指出畜牧场应分为哪些功能区？原因是什么？

技能考核项目（九）

1. 现场分析畜舍环境控制内容包括哪些方面？
2. 说出畜禽无公害生产的主要措施有哪些？
3. 畜禽废弃物无公害处理的内容有哪些？

参考文献

[1] 杨久仙, 宁金友. 动物营养与饲料加工. 北京: 中国农业出版社, 2007.

[2] 杨凤. 动物营养学. 北京: 中国农业出版社, 1993.

[3] 胡坚. 动物饲养学. 长春: 吉林科学技术出版社, 1990.

[4] 刘德芳. 配合饲料学. 北京: 北京农业大学出版社, 1996.

[5] 宋宗勃. 家畜饲养. 北京: 中国农业出版社, 1999.

[6] 姚军虎. 动物营养与饲料. 北京: 中国农业出版社, 2001.

[7] 冯定远. 配合饲料学. 北京: 中国农业出版社, 2003.

[8] 王成章, 王恬. 饲料学. 北京: 中国农业出版社, 2003.

[9] 宁金友. 畜禽营养与饲料. 北京: 中国农业出版社, 2001.

[10] 山东省畜牧兽医学校. 家畜饲养. 第2版. 北京: 中国农业出版社, 1999.

[11] 李德发. 现代饲料生产. 北京: 中国农业出版社, 1996.

[12] 王康宁. 畜禽配合饲料手册. 成都: 四川科学技术出版社, 1997.

[13] 韩友文. 饲料与饲养学. 北京: 中国农业出版社, 1998.

[14] 林东康. 常用饲料配方与设计技巧. 郑州: 河南科学技术出版社, 1995.

[15] 罗清尧. 家禽饲料配制技术问答. 北京: 中国农业出版社, 1998.

[16] 宁金友. 畜禽营养与饲料. 北京: 中国农业出版社, 2001.

[17] 林洪金, 史东辉. 动物营养与饲料. 北京: 中国农业科学技术出版社, 2008.

[18] 高中起, 孙会. 配合饲料学. 北京: 中国科学技术出版社, 1992.

[19] 邱怀. 现代乳牛学. 北京: 中国农业出版社, 2002.

[20] 张力, 许尚忠. 肉牛饲料配制及配方. 北京: 中国农业出版社. 2007.

[21] 吴健. 畜牧学概论. 北京: 中国农业出版社, 2006.

[22] 欧阳叙向. 家畜遗传育种. 北京: 中国农业出版社, 2001.

[23] 刘娣. 动物遗传学. 北京: 北京理工大学出版社, 1999.

[24] 盛志廉, 陈瑶生. 数量遗传学. 北京: 科学出版社, 1999.

[25] 张周. 家畜繁殖. 北京: 中国农业出版社, 2001.

[26] 耿明杰. 畜禽繁殖与改良. 北京: 中国农业出版社, 2006.

[27] 吴健. 畜牧学概论. 北京: 高等教育出版社, 2006.

[28] 李建国. 畜牧学概论. 北京: 中国农业出版社, 2002.

[29] 王恬. 畜牧学通论. 北京: 高等教育出版社: 2002.

[30] 张忠诚. 家畜繁殖学. 第4版. 北京: 中国农业出版社, 2005.

[31] 丁角立, 朱玉琴等. 畜牧基础. 北京: 中国农业出版社, 1993.

［32］魏国生．动物生产概论，北京：中央广播电视大学出版社，1999.

［33］焦骅．家畜育种学．北京：中国农业出版社，1995.

［34］耿社民，刘小林．中国家畜品种资源纲要．北京：中国农业出版社，2003.

［35］岳文斌．畜牧学．北京：中国农业大学出版社，2002.

［36］张沅．家畜育种学．北京：中国农业大学出版社，2001.

［37］张沅．家畜育种规划．北京：中国农业大学出版社，2000.

［38］王建民．现代畜禽生产技术．北京：中国农业出版社，2000.

［39］刘震乙．家畜育种学．第2版．北京：中国农业出版社，1981.

［40］刘榜．家畜育种学．北京：中国农业出版社，2008.

［41］李震钟．家畜环境卫生学附牧场设计．北京：中国农业出版社，1993.

［42］李如治 家畜环境卫生学．第3版．北京：中国农业出版社，2003.

［43］东北农学院主编．家畜环境卫生学．第2版．北京：中国农业出版社，1998.

［44］冯春霞．家畜环境卫生．北京：中国农业出版社，2001.

［45］李震钟．畜牧场生产工艺与畜舍设计．北京：中国农业出版社，1998.

［46］杨金．家畜环境卫生与畜牧场设计学．昆明：云南大学出版社，1995.

［47］顾景凯．家畜环境卫生学．长春：中国人民解放军兽医大学出版社，1992.

［48］姚维祯．畜牧机械．北京：中国农业出版社，1998.

［49］廖新弟．规模化猪场用水与废水处理技术．北京：中国农业出版社，1999.

［50］蒋思文．畜牧概论．北京：高等教育出版社，2006.

［51］王燕丽．猪生产．北京：化学工业出版社，2009.